建筑新技术

7

王立雄　栗德祥　主　编

郭娟利　陈衍庆　副主编

中国建筑工业出版社

图书在版编目（CIP）数据

建筑新技术 7/王立雄，栗德祥主编. —北京：中国建筑工业出版社，2016.6
ISBN 978-7-112-19428-5

Ⅰ.①建… Ⅱ.①王… ②栗… Ⅲ.①建筑工程-高技术 Ⅳ.①TU-39

中国版本图书馆 CIP 数据核字（2016）第 097838 号

《建筑新技术 7》共分六个栏目阐述，即：建筑节能技术，建筑物理环境，绿色建筑教育与实践，建筑工业化，可持续城市、社区，建筑技术与文化。适用于建筑学、城市规划、城市设计、景观园林等专业及其他相关专业的工作者、研究人员、管理人员及大专院校师生在工作和学习中参考。

责任编辑：王玉容
责任校对：陈晶晶　姜小莲

建筑新技术
7
王立雄　栗德祥　主　编
郭娟利　陈衍庆　副主编
*
中国建筑工业出版社出版、发行（北京西郊百万庄）
各地新华书店、建筑书店经销
霸州市顺浩图文科技发展有限公司制版
北京云浩印刷有限责任公司印刷
*
开本：787×1092 毫米　1/16　印张：22¼　字数：552 千字
2016 年 10 月第一版　　2016 年 10 月第一次印刷
定价：**49.00** 元
ISBN 978-7-112-19428-5
（28654）

《建筑新技术》编委会成员

目　录

•建筑节能技术

•建筑物理环境

·绿色建筑教育与实践

·建筑工业化

·可持续城市、社区

·建筑技术与文化

建筑节能技术

天津大学北洋园校区第一教学楼的绿色化路径探索*

【摘　要】 天津大学北洋园校区第一教学楼作为天津市第一个三星级绿色大学建筑，在建筑节能、绿色技术应用上进行了积极的探索与尝试。本文以室内自然通风流场不均匀度和换气次数为指标对建筑布局进行了优化设计，同时以年累计冷热负荷和经济性为指标对围护结构进行了优化设计，并介绍了基于一教的其他绿色校园适用技术，以期为天津市其他校园建设项目的绿色化技术应用提供参考。

【关键词】 绿色建筑　自然通风　年累计冷热负荷　围护结构　绿色技术

根据2013年全国教育事业发展统计公报，截至2013年年底，全国在校学生计2.5亿多，教职工近1413万人，校舍建筑面积总量达25.5亿 m^2[1]，校园成为社会能耗的大户，同样也是节能减排的巨大潜力场所和示范基地。随着绿色建筑的蓬勃发展，绿色校园的建设也逐渐受到各界关注。截至2013年第三季度，全国通过评审的学校绿色建筑共计40多个，其中大学建筑共计14个，主要分布在江苏等地，北方地区绿色学校建筑相对较少。

天津大学积极推进节能减排工作开展，在北洋园校区建设中融入绿色建筑理念，并将第一教学楼打造成为天津市首个最高星级绿色大学建筑。该教学楼在绿色建筑设计过程中，遵循被动技术优先，主动技术作补充的原则，因地制宜地采用绿色节能技术。本文重点对天津大学北洋园校区第一教学楼在绿色化设计过程中的关键技术进行优化设计。

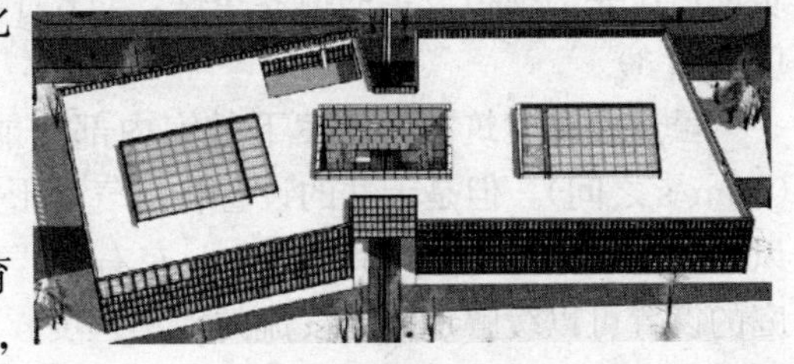

图1　建筑鸟瞰图

1　基本概况

天津大学北洋园校区位于津南区海河教育园区。第一教学楼规划总用地面积21625m^2，总建筑面积10762.1m^2。该建筑南北朝向，南

* 国家科技支撑计划课题《城镇低碳环保能源适用技术供应选择与集成示范》(2015BAJ01B02)。
住房和城乡建设部2015年科学技术项目《绿色校园关键技术体系研究与示范》(2015-R1-018)。

侧为小教室，层高 4.5m，共三层，北侧为大教室，层高 6.75m，共两层。绿地率 44.2%。建筑效果如图 1 所示。

2 基于室内通风的建筑布局优化设计

该建筑整体分为东西两区，东区为南北朝向，西区为南偏东 30°，方案初期拟在东西区连接处、东西区内部分别设计一个天井，使得建筑造型比较简单，南北两侧的教室均与室外接触，有利于室内的自然通风（图 2*a*）。但考虑到建筑内部设置天井不利于冬季防风保温和夏季防雨，因此拟将东西区内部天井改为中庭，既满足了保温防雨的要求，又可增加室内学生的共享空间[2,3]（图 2*b*）。但方案二可能会影响室内夏季和过渡季的自然通风效果。教室是学生学习和教师授课的场所，教室内空气质量的优劣直接影响着学习效率，为了使教室具有良好的自然通风效果，方案二将在中庭上空的天窗设置可开启扇。下面对方案一和方案二的室内自然通风状况进行模拟对比，为选择最佳的设计方案提供指导。

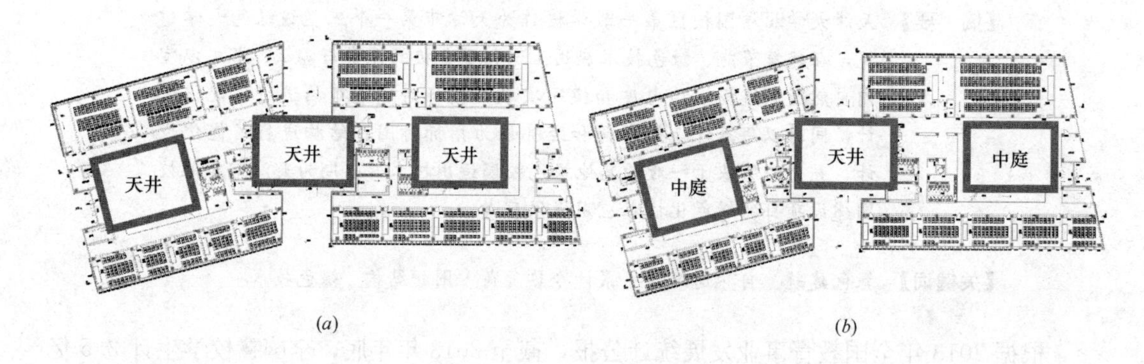

图 2 自然通风优化方案对比

（*a*）方案一；（*b*）方案二

2.1 室内流场分析

室内气流优化目标是在自然通风条件下为室内人员提供更加舒适的工作、生活环境。为对比分析两种方案下的室内自然通风效果，根据《民用建筑供暖通风与空气调节设计规范》（GB 50736—2012）中的天津市室外气候参数，以天津市过渡季室外风环境条件下建筑前后压差为模拟设定的边界条件，对比了距地面 1m 高度处（人员活动区）风场不均匀度（图 3）。

虽然两种建筑布局方案下教室内部均能够获得较好的自然通风效果（风速在 0.2～0.6m/s 之间），但是天井的设置将对气流形成聚集作用，在此形成高风速区，使得走廊处风速过高（平均风速达到 0.8m/s 左右），气流不均匀度较大，引起行人的吹风感。而中庭的设置可以缓解走廊处气流的汇集程度，流场不均匀度降低，为建筑内部营造一个舒适的通风环境，同时走廊处风速也处于舒适水平（约 0.4m/s）。

图 4 所示为东侧中庭部位由南向北的透视图。中庭的设置，有利于教室内热量在中间汇集，中庭热空气密度小，上浮形成热羽流，由此产生稳定压差，带动室内空气的流动，利于室内形成稳定的自然通风，并排出室内余热，增加了教室的舒适性。

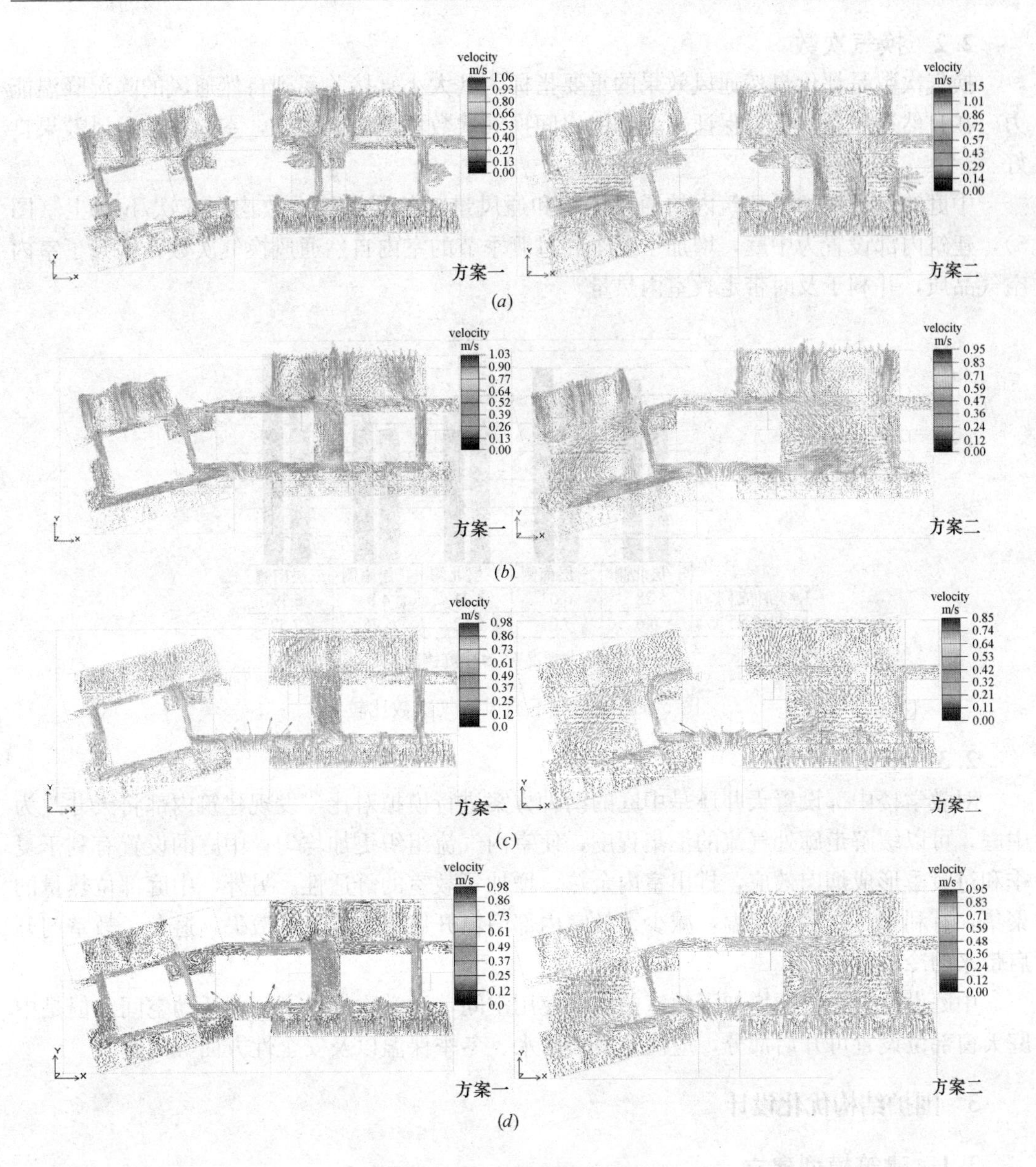

图 3　自然通风模拟结果对比

(*a*) 一层；(*b*) 二层北侧大教室；(*c*) 二层南侧小教室；(*d*) 三层南侧小教室

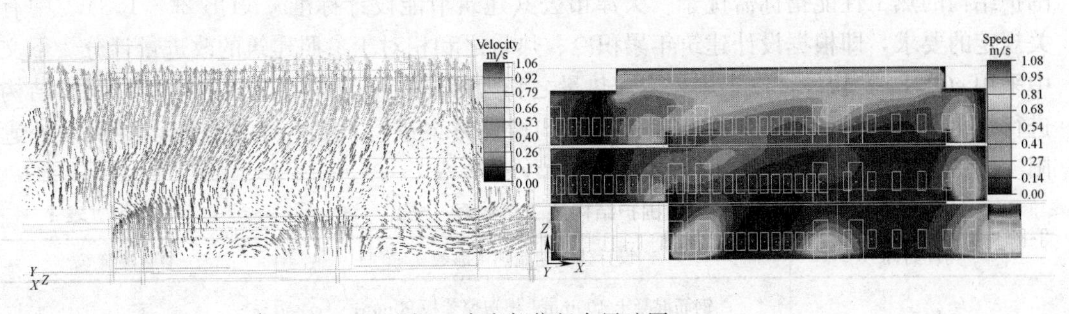

图 4　中庭部位竖向风速图

2.2 换气次数

换气次数是评价自然通风效果的重要指标，其大小直接关系到自然通风的除湿降温能力。在自然通风条件下，保证主要功能房间换气次数不低于 2 次/h，室内自然通风效果良好。

中庭的设计增加了建筑内的通风体积和通风量，各层换气次数均在 5 次/h 以上（图 5），建筑内部设置为中庭，增加了夏季和过渡季节的室内自然通风换气次数，提升了室内空气品质，并利于及时带走教室内热量。

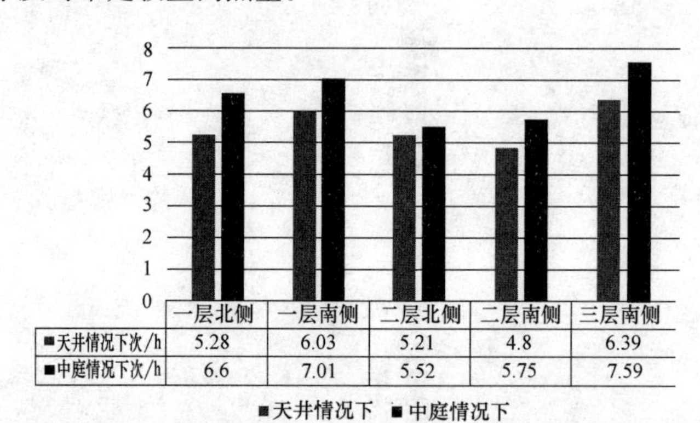

图 5 两种工况下通风换气次数比较

2.3 小结

对教学楼中部设置天井还是中庭的两种方案进行模拟对比，发现建筑内部将天井改为中庭，可以缓解走廊处气流的汇集程度，使室内气流组织更加均匀；中庭的设置有利于夏季和过渡季形成烟囱效应，排出室内余热，增加了教室的舒适性。另外，中庭部位热量的聚集，有利于冬季室内保温，减少了教室内部门窗开启带来的热量散失，避免了教室门开启带来的冷风直射。

中庭设计方案，还增加了教室的内部使用空间，为学生提供了公共活动空间。但是中庭天窗部位设置可开启部分，应注意雨天防水、冬季保温以及安全性方面等问题。

3 围护结构优化设计

3.1 建筑模型建立

根据《天津市绿色建筑评价标准》[4]，该建筑应达到绿色建筑三星级设计要求，建筑围护结构的热工性能指标需优于《天津市公共建筑节能设计标准》（DB 29—153）[5] 中有关规定的要求，即根据设计建筑年累积冷、热量之和相对于参照建筑的改进量计分。下文中采用 eQUEST 软件，以年累积冷、热量之和为考量指标，并考虑经济性，对围护结构进行优化设计。设计建筑依据初始围护结构设计方案进行设置，建筑南向设置活动外遮阳。围护结构参数设置如表 1 所示。

围护结构热工参数表（一） 表 1

构件名称	设计建筑初始热工参数	参照建筑
屋面	钢筋混凝土 100mm+模塑聚苯板 90mm； $K=0.38W/(m^2 \cdot K)$	$K=0.55W/(m^2 \cdot K)$

续表

构件名称		设计建筑初始热工参数	参照建筑
外墙		加气混凝土砌块 190mm+岩棉板 40m； K=0.56W/(m² · K)	K=0.6W/(m² · K)
外窗	东南西	K=2.5W/(m² · K)，SC=0.53(冬)/0.2(夏)	K=2.7W/(m² · K)
	北向	K=2.5W/(m² · K)，SC=0.53(冬)/0.2(夏)	K=2.3W/(m² · K)
天窗		K=2.5W/(m² · K)，SC=0.53	K=2.7W/(m² · K)， SC=0.5

3.2 外围护结构对负荷的影响

围护结构作为建筑内外环境热交换的重要通道，对建筑整体能耗有着巨大的影响[6,7]，据不完全统计，建筑能耗中78%～85%为建筑使用过程中的能耗，其中40%～50%是由建筑外围护结构造成的。

外围护结构的保温层厚度和传热系数将直接影响着建筑负荷。为了在经济性合理的条件下最大限度地降低建筑负荷，对外墙、屋面、外窗、天窗在不同保温层厚度和传热系数工况下对建筑负荷的影响程度进行模拟计算，进而得到经济性与低负荷的最佳外围护结构做法。

（1）外窗

外窗属轻薄轻质构件，与墙体和屋面相比，其隔热性能较差，通过外窗传热引起的耗热量约占基本耗热量的35%[8]，是外墙的2倍多，因此，研究外窗传热系数对建筑能耗的影响至关重要。

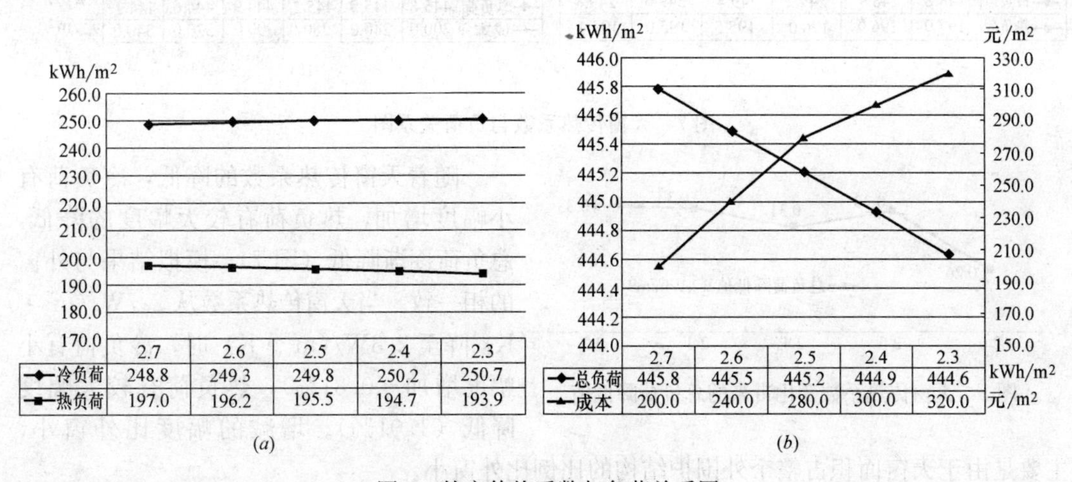

图6 外窗传热系数与负荷关系图

由图6（a）可以看出，随着外窗传热系数的减小，建筑冷负荷有小幅提高，热负荷有大幅降低（外窗传热系数从2.7降至2.3时，冷负荷提高了0.76%，热负荷降低了1.55%）。究其原因主要为：冬季室外温度比室内温度低，外窗传热系数的增加，减少了室内外的换热量，单位面积的热负荷也减小，且基本呈线性关系；而夏季当室外温度较高时，传热系数小的外窗有利于隔绝室内外的热传递，但在夏季夜间及过渡季，室外温度比室内温度低时，反而不利于室内向室外传热，因此出现冷负荷随着外窗传热系数的减小反而增大的情况，但增幅较小[9]，总负荷为减低的趋势。

由图 6（*b*）可以看出，外窗传热系数与总负荷基本成线性关系，而外窗价格非线性增加。外窗传热系数为 2.7W/(m^2·K）时，可采用断桥铝合金 6＋12A＋6 的中空玻璃窗，价格约为 200 元/m^2；外窗传热系数为 2.5W/(m^2·K）时，可采用断桥铝合金 Low-E 6＋12A＋6 的中空玻璃窗，价格约为 280 元/m^2；外窗传热系数为 2.3W/(m^2·K）时，可采用断桥铝合金 Low-E 6＋12Ar＋6 的中空玻璃窗，价格约为 320 元/m^2。通过分析观察，采用传热系数为 2.5W/(m^2·K）的断桥铝合金 Low-E 6＋12A＋6 的中空玻璃窗，既能收到建筑节能效果，又能控制材料的成本。

（2）天窗

本项目的两个中庭上空均采用天窗，与外窗类似，天窗的传热系数对建筑负荷也有较大的影响，因此对天窗的传热系数对负荷的影响进行模拟，如图 7 所示。

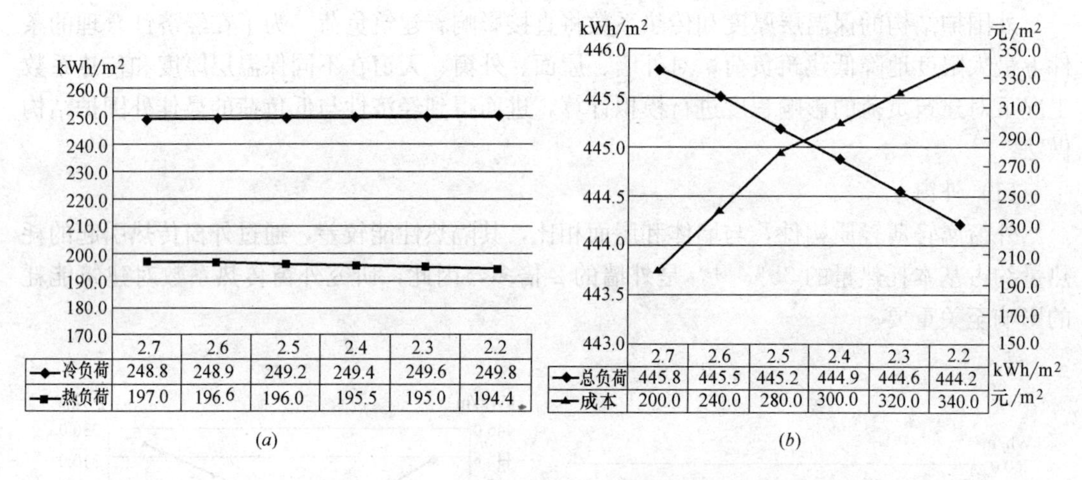

图 7　天窗传热系数与负荷关系图

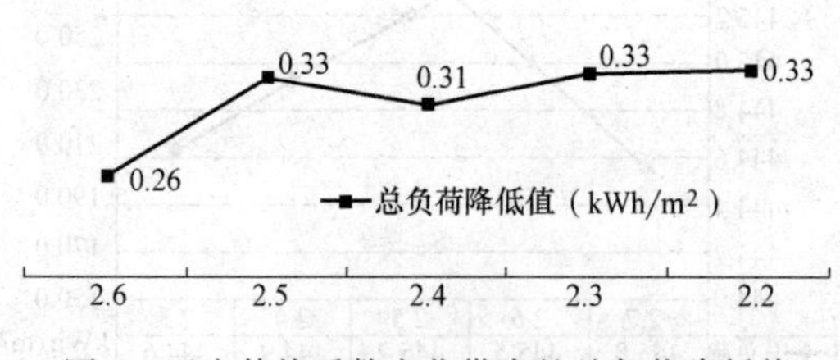

图 8　天窗传热系数变化带来的总负荷降低值

随着天窗传热系数的降低，冷负荷有小幅度增加，热负荷有较大幅度的降低，总负荷逐渐降低（图 7），模拟结果与外窗的相一致。当天窗传热系数从 2.7W/(m^2·K）降至 2.3W/(m^2·K）时，冷负荷有小幅度增加（0.31%），热负荷有较大幅度降低（1.01%）。增减的幅度比外窗小，主要是由于天窗面积占整个外围护结构的比例比外窗小。

随着天窗传热系数的降低，总负荷的降低值有两个峰值，分别为天窗传热系数由 2.6W/(m^2·K）降至 2.5W/(m^2·K）时，和传热系数由 2.4W/(m^2·K）降至 2.3W/(m^2·K）时，总负荷均降低了 0.33kWh/m^2，当传热系数再降低至 2.2W/(m^2·K）时，总负荷没有更大幅度的降低。由此可得，天窗传热系数对负荷的影响有限，当传热系数降低至 2.3W/(m^2·K）时，再降低传热系数，成本上的投入会大幅增加，负荷却降低得较少（图 8）。

考虑到天窗面积较小，为了最大限度地降低建筑负荷，综合考虑，宜采用传热系数为

2.3W/(m²·K）的断桥铝合金 Low-E 6+12Ar+6 的中空玻璃窗。

（3）外墙

初始设计外墙做法为加气混凝土砌块 190mm+岩棉板 40mm，当岩棉板厚度分别为 40、60、80、100、120mm 时，建筑的冷热负荷及总负荷变化如图 9 所示。

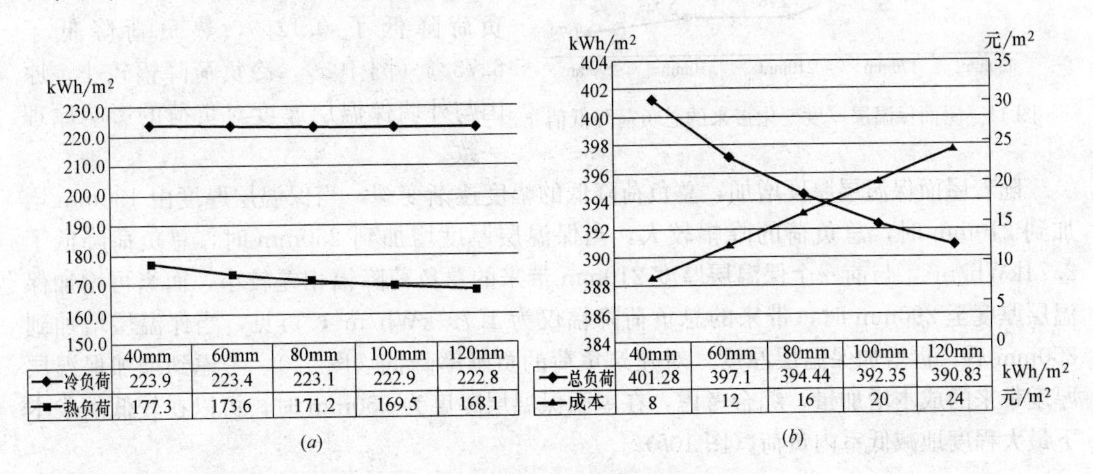

图 9　外墙保温层厚度与负荷关系图

随着外墙保温岩棉板厚度的增加，建筑的冷负荷和热负荷逐渐减低（图 9*a*）。当岩棉板由 40mm 增加至 120mm 时，冷负荷降低了 0.53%，热负荷降低了 5.16%。冷负荷降幅较小，主要是由于夏季夜间室外温度迅速降低，外墙保温作用导致房间积累的热量散失速度变慢，外保温的增强反而有一定的负面作用[10]，使得年累计冷负荷变化幅度较小。而保温层厚度的增加对冬季保温起到积极作用，热负荷的降幅较大，所以总负荷是降低的。随着保温层厚度的增加，总负荷降低的幅度逐渐变缓。另外，保温层厚度增加，带来的成本也几乎呈线性增加趋势。通过分析观察，在外墙保温厚度为 100mm 时，可以达到建筑节能和控制材料成本的目的（图 9*b*）。

（4）屋面

屋面的初始做法为钢筋混凝土 100mm+模塑聚苯板 90mm，当模塑聚苯板厚度分别

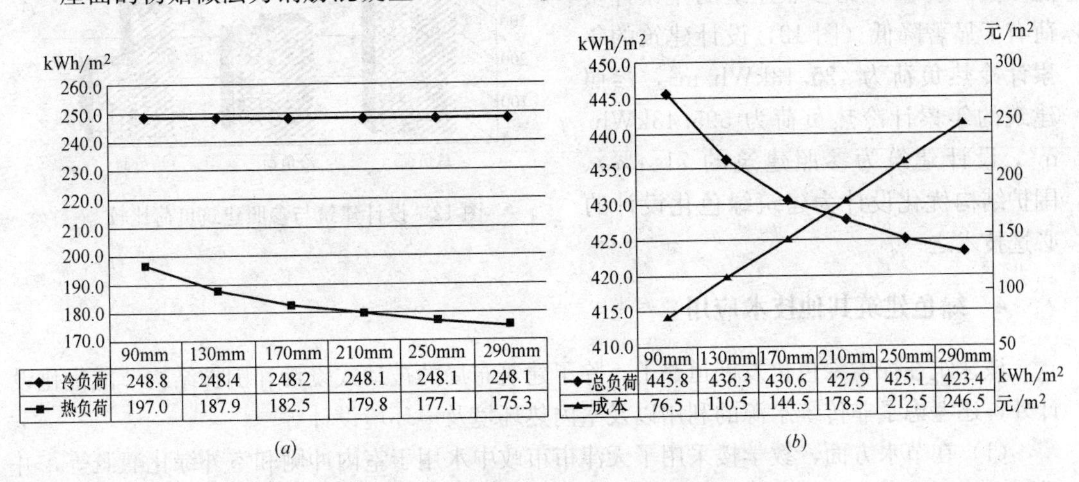

图 10　屋面保温层厚度与负荷关系图

为 90、130、170、210、250、290mm 时，建筑的冷热负荷及总负荷变化如图 10 所示。

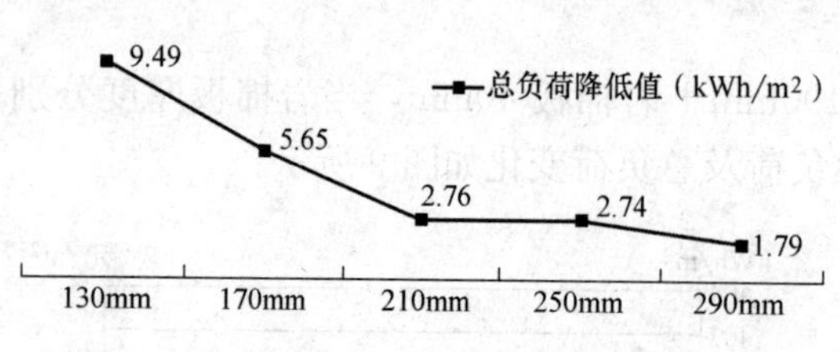

图 11 屋面保温层厚度变化带来的总负荷降低值

随着屋面保温层模塑聚苯板厚度的增加，建筑的冷负荷和热负荷逐渐减低。当保温层由 90mm 增加至 290mm 时，冷负荷降低了 0.12%，热负荷降低了 6.73%（图 10*a*）。冷负荷降幅较小，原因与外墙保温层厚度对负荷的影响原理一致。

随着屋面保温层厚度增加，总负荷降低的幅度逐渐变缓，当保温层厚度由 130mm 增加到 210mm 时，总负荷的降幅较大，当保温层厚度增加到 250mm 时，总负荷降低了 2.74kWh/m^2，与前一个保温层厚度 210mm 带来的总负荷降幅相差较小，而当再增加保温层厚度至 290mm 时，带来的总负荷降幅仅为 1.79 kWh/m^2，可见，当保温层增加到 250mm 后，再增加保温层厚度，对建筑负荷的贡献率降低（图 11）。考虑到增加保温层厚度带来的成本增加量，综合考虑，在屋面保温层厚度为 250mm 时，可以在较低的成本下最大程度地减低室内负荷（图 10*b*）。

围护结构热工参数表（二） **表 2**

部位	做法	传热系数 W/(m^2·K)
屋面	钢筋混凝土 100mm＋模塑聚苯板 250mm	K=0.38
外墙	加气混凝土砌块 190mm＋岩棉板 100m	K=0.56
外窗	断桥铝合金 Low-E 6＋12A＋6A 的中空玻璃	K=2.5
天窗	断桥铝合金 Low-E 6＋12Ar＋6 的中空玻璃	K=2.3

3.3 小结

为了最大限度地降低建筑负荷，通过以上优化模拟，并考虑经济性，确定了在天津气候条件下围护结构的热工性能参数（表 2），比参照建筑的年累计负荷有了显著降低（图 12，设计建筑的年累计冷热负荷为 425.13kWh/m^2，参照建筑的年累计冷热负荷为 595.43kWh/m^2，设计建筑为参照建筑的 71.4%）。围护结构优化设计为建筑绿色化设计的必选技术之一。

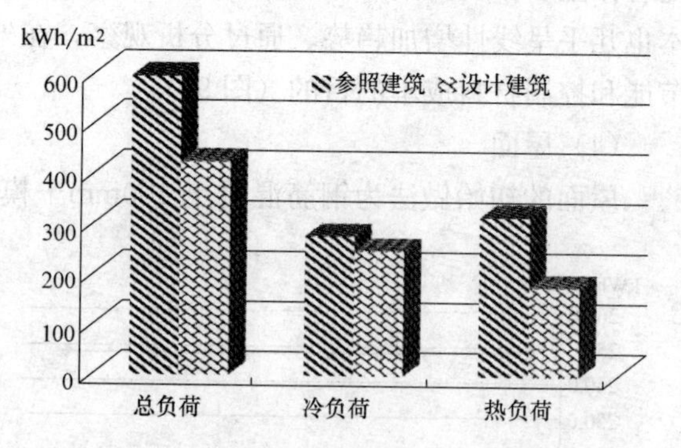

图 12 设计建筑与参照建筑负荷比较

4 绿色建筑其他技术应用

该建筑在探索绿色化发展道路上，除了建筑布局的被动式设计和围护结构节能优化设计外，还考虑了非传统水源的利用以及室内热环境及声环境设计等。

（1）在节水方面，教学楼采用了天津市市政中水用于室内冲厕和室外绿化灌溉等，并采用微喷灌的节水灌溉方式，节源限流上双管齐下，综合降低自来水的用量。

（2）在室内热环境方面，重点考虑夏季中庭的热环境。天窗设置外遮阳可能存在安全性等技术问题，因此项目拟在天窗钢梁下设内遮阳，采用铝方管格栅吊顶形式，降低夏季太阳光入射量；另外，在中庭公共活动空间设置绿化景观，不仅达到美观的效果，而且可有利于改善中庭热湿环境。

（3）室内声环境方面，考虑到中庭学生集中活动时易造成噪声聚积，为了减少聚积噪声对周围教室的影响，中庭范围墙面装饰材料采用吸声系数为0.6的材料。另外，教室采用吸声矿棉板吊顶，楼板采用5mm厚的减振垫层，减少上下层教室间的噪声干扰。

（4）节能设备方面，项目采用了乙二醇热回收新风处理机，热回收率高达65%。并在每个教室设置CO_2监测探头，根据室内CO_2浓度来加大新风量，以保证教室内良好的空气品质，提高师生的教学质量。

（5）教学楼设置了完善的智能监控系统，包括用水用电等能耗监控、智能照明控制系统、通风空调设备控制系统等，保证各项设备节能高效运行。

5 结语

天津大学在北洋园校区建设中为建设绿色大学作出了不懈的努力，积极探索校园绿色化建设发展之路，本文对绿色建筑的关键技术进行了优化设计，总结经验如下：

（1）规划设计中，秉承以自然为本的理念，采用被动技术优先的原则，进行建筑布局优化设计，建筑单体优先采用自然通风、自然采光等被动节能技术。

（2）校园建筑要充分考虑以生为本的设计理念，综合考虑教室的声、光、热环境、空气质量设计，创造舒适、高效、节能的使用空间，满足学生的使用要求。

（3）绿色校园的设计，应摒弃传统绿色建筑设计思路，不应进行简单技术的堆砌，而应在考虑适用性和经济性的前提下，最大化地降低建筑耗能。

天津大学北洋园校区第一教学楼，作为天津市首个三星级绿色大学建筑，采用的一系列成熟的绿色技术，在校园建设中具有一定的示范和推广作用。

An Exploration of Greenization Ways on the NO. 1 Academic Building of Tianjin University's Beiyang Campus

Abstract: As the first three-star green teaching building in Tianjin, the NO. 1 academic building of Tianjin University's new campus has attempted and explored active in energy-saving and green-technology. Optimizing the design of building layout based on the flow nonuniformity coefficients and air exchange frequency. At the same time, optimizing the design of envelope based on year cumulative cooling and heating load and economical efficiency. Finally, some green technologies used in greed campus not mentioned above have been introduced, which has provided reference in campus' construction.

Keywords: Green Architecture; Natural Ventilation; Year Cumulative Cooling and Heating Load; Envelope; Green Technology

参 考 文 献

［1］ 2013年全国教育事业发展统计公报［Z］.

[2] 朱丽娅．建筑中庭设计探讨［J］．科技创新导报，2008（36）：51.

[3] 龚波．教学楼风环境和自然通风教室数据模拟研究［J］．西南交通大学，2005.

[4] 天津市地方标准．天津市绿色建筑评价标准（DB/T 29—204—2010）［S］.

[5] 天津市地方标准．天津市公共建筑节能设计标准．（DB 29—153—2010）［S］.

[6] 夏建光，王正清，孙勤梧．建筑节能的重要意义和实施途径［J］．能耗及环境，2008（19）.

[7] 王乾坤，万畅．公共建筑围护结构对建筑能耗的影响分析［J］．武汉理工大学学报，2011（3）.

[8] 闫成文，姚健，林云．夏热冬冷地区基础住宅围护结构能耗比例研究［J］．建筑技术，2006，37（10）：773-774.

[9] 姚健，闫成文，周燕，叶晶晶．夏热冬暖地区外窗传热系数对建筑能耗的影响［J］．煤气与动力，2008，29（9）：9-11.

[10] 李婷，荆有印，陈拓发．外墙保温对不同地区大型公共建筑冷热负荷的影响分析［J］．建筑节能，2012，4（40）：47-64.

作者：高峰　天津大学建筑学院　副教授

贺芳　中国建筑研究院天津分院　工程师

格栅式太阳能空气集热器集热效率研究

【摘　要】通过将一种建筑物立面上常用的格栅装饰构件改造为太阳能空气集热器，使其成为建筑的附加产能设备。对这种太阳能空气集热器进行了理论分析，并对其集热管间距、有效利用能、热迁移因子、流动因子以及集热效率进行了计算，论证了其可行性，计算得出其集热效率可达56%。该集热器为太阳能空气热利用与建筑一体化设计提供了一条新思路。

【关键词】太阳能空气集热器　热迁移因子　集热效率　一体化设计

引言

目前在建筑的立面中有一种大量应用的格栅装饰构件，这是一种由铝合金作为主要材料，外形类似于百叶的装饰构件。这种构件与玻璃及实体墙面都可以形成较强烈的视觉对比，阴影丰富，能削弱建筑的体积感和视觉压力，因而越来越受到建筑师的青睐。

经过对京津冀地区建筑的调查研究发现，这种格栅式装饰系统在新建建筑中应用比较普遍，尤其是在时代感较强的新建建筑中，适当运用格栅式装饰构件有利于调整立面的比例，体现较强的现代气息。但仅将其作为装饰将会产生资源浪费的问题。根据研究发现，这种格栅系统经过优化可以改造成为一种与建筑一体化程度很高的太阳能集热构件[1]（图1）。但其集热效能及集热管间距等设计要素的确定需要进行理论上的计算，本文针对这些要素进行了较为详细的计算。

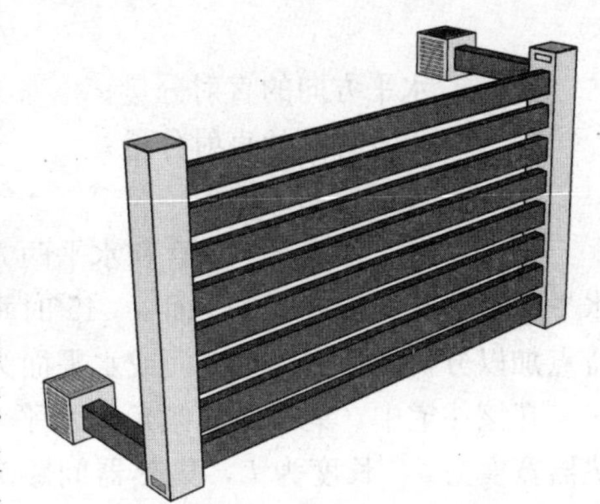

图1　格栅式太阳能空气集热器

1　集热器管间距的确定原则

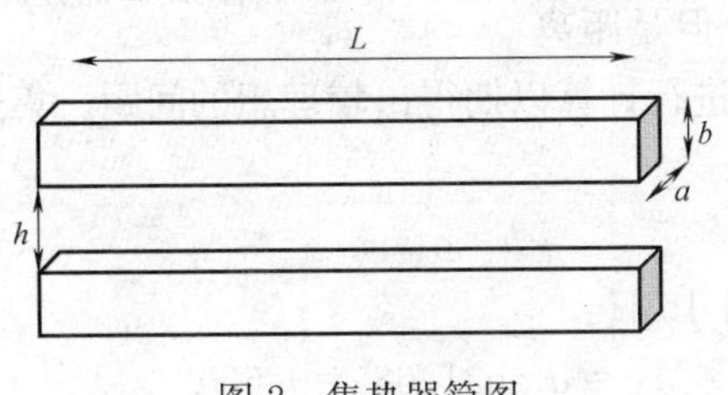

图2　集热器简图

集热器可以简化为图2：集热管长度为 L，截面宽度为 a，高度为 b，集热管管间距离为 h。管间距离的不同会对集热的效能造成影响，间距过大会减少集热量，间距过小集热管之间相互遮挡会影响太阳能的吸收效率，因此需要针对集热管间距进行分析研究。

太阳能集热器所获取的太阳直射辐射能量，主要取决于太阳光与集热面的夹角，太阳光线与集热表面的法线的夹角为 θ，是太阳赤纬角 δ、地理纬度 φ、集热器倾角 β 和方位角 γ，以及太阳时角 ω 的函数。具体公式如下[2]：

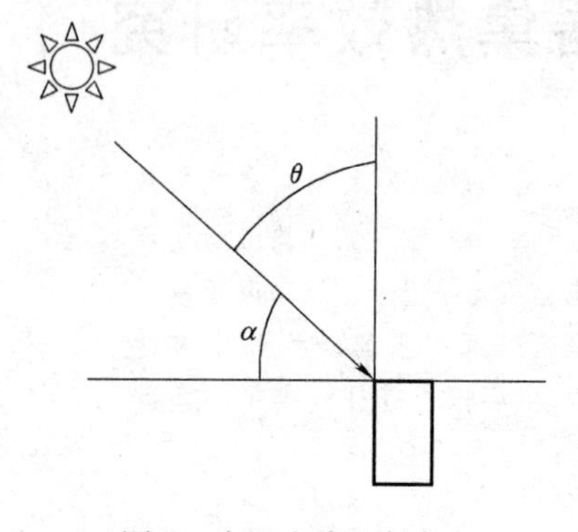

图 3　太阳光线入射角

$$\cos\theta=\sin\delta(\sin\varphi\cos\beta-\cos\varphi\sin\beta\cos\gamma)+\cos\delta\cos\omega(\cos\varphi\cos\beta+\sin\varphi\sin\beta\cos\gamma)+\cos\delta\sin\beta\sin\gamma\sin\omega \tag{1}$$

通常集热器朝向正南方向布置（图 3），其在正南方向方位角 $\gamma=0$，则顶面上的入射角度可以简化为：

$$\cos\theta=\sin\delta\sin\varphi+\cos\delta\cos\omega\cos\varphi=\sin\alpha \tag{2}$$

α——太阳高度角。

若在正午时刻，$\omega=0$，则：

$$\cos\theta=\sin\delta\sin\varphi+\cos\delta\cos\varphi=\sin\alpha \tag{3}$$

$$\cos\theta=\cos(\delta-\varphi)=\sin\alpha \tag{4}$$

由于太阳光线入射到集热器表面后会有两个方向的分量，一个垂直于集热器表面，一个平行于集热器表面，只有垂直于集热器表面的垂直分量会被截取，因此此时入射到集热器水平表面的直射辐射照度值为：

$$G_h=G\cos\alpha \tag{5}$$

而垂直表面的直射辐射照度值为：

$$G_v=G\sin\alpha \tag{6}$$

G_h——水平方向的直射分量；

G_v——垂直方向的直射分量；

G——直射辐照度。

可以看出此种情况下垂直和水平两方向的直射分量都是 α 的三角函数，当 $\alpha>45°$时，水平面上接收的辐射较多，而 $\alpha<45°$时垂直面上直射的分量较多，这就需要根据当地日照特点加以分析，考虑以垂直面或水平面为主要能量接收面。

在该住宅中，集热面的倾角为水平和垂直两个方向，集热器宽度为 a，长度为 L，集热器间距为 h（图 4）。天津采暖期为 11 月 15 日至次年 3 月 15 日，其中包括冬至和大寒日这两个比较重要的节气，在这段时间里正午时分太阳高度角 α 的变化规律是 31.68°～27.38°～30.49°～47.97°，其角度均接近或小于 45°，以冬至日太阳高度角最低，可见采暖期大部分时间考虑以垂直面吸热为主，设计构件时尽量增加垂直面的面积。这要求尽量减少两吸热管之间的距离，但是距离太小会影响美观上的要求，故考虑以几个典型时间进行计算以期得出较理想的间距。集热管间距公式：

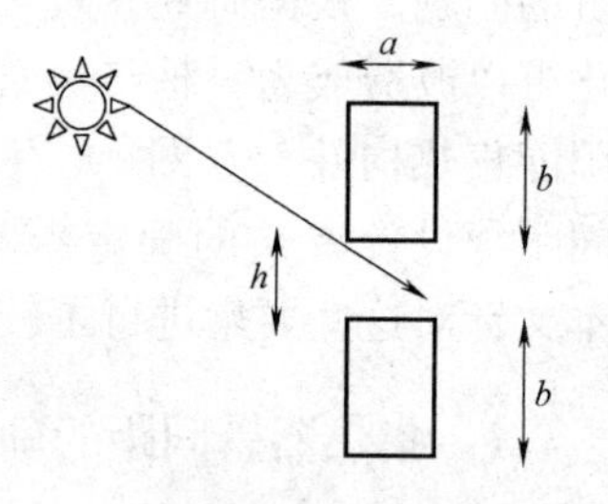

图 4　集热器管间距日照分析

$$h=a\tan\alpha \tag{7}$$

11 月 15 日：

$$h_{33}=a\tan31.68°=0.66a$$

冬至日（12 月 22 日）：

$$h_{27}=a\tan27.38°=0.52a$$

大寒日（1 月 21 日）：

$$h_{30}=a\tan30.49°=0.59a$$

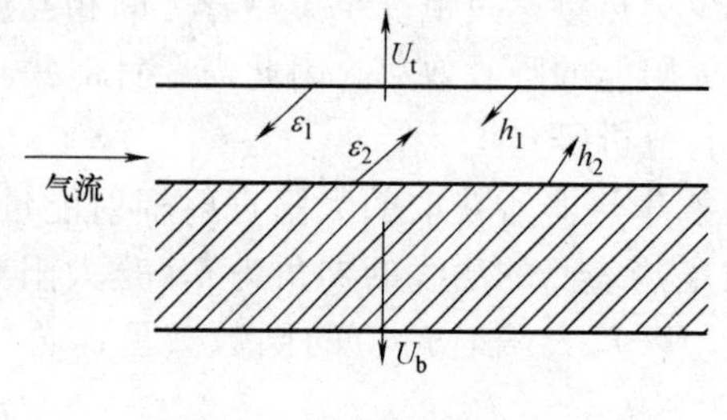

图 5　空气集热器示意图

3 月 15 日：

$$h_{49}=a\tan 47.97°=1.11a$$

故在天津地区两管间间距可以选择在 0.52a 至 1.11a 之间变化，这个比值对于调整整个构件的美学效果也比较有利。

2 集热器有效利用能

集热器的有效利用能是集热器是否能够提供足够能量的一个重要因素，因此需要对其加以计算。为了便于计算，现将集热器紧靠墙面外保温层。从图 5 可以看出，太阳能将集热器面板加热到温度 t_p，板上的能量通过对流和辐射结合的传热（系数 U_t）散失到大气当中，通过传导换热（系数 U_b）流向墙体。此时集热器总热损失系数为[3]：

$$U_L=U_t+U_b \tag{8}$$

U_t是外侧热损失系数，这主要是由对流换热系数 h_w和集热面对天空的辐射换热系数 $h_{r,p-a}$引起的，则集热面对周围环境的换热热阻为[3]：

$$R_1=\frac{1}{h_w+h_{r,p-a}} \tag{9}$$

外侧热损失系数计算公式为[3]：

$$U_t=\frac{1}{R_1}=2.8+3.0v+\frac{\varepsilon_p\sigma(T_p^2+T_s^2)(T_p+T_s)(T_p-T_s)}{T_p-T_a} \tag{10}$$

从上式可以看出 U_t与风速 v、室外温度 T_a、集热器表面温度 T_p、集热器表面发射率 ε_p、天空温度 T_s有关，风速越大热损失系数越大，集热器表面发射率越大热损失系数越大。风速等因素人为不容易控制，但是集热器表面发射率较容易掌握，因此应尽量选用发射率较小的集热表面。

有效利用能量 Q_u是衡量集热器效率的重要指标，Q_u主要是由有效吸收能 S 与总热损失 U_L决定的，其中总热损失及吸热板及环境温度差（T_p-T_a）成正比[3]：

$$Q_u=A_c[S-U_L(T_p-T_a)] \tag{11}$$

A_c——集热器表面积；

S——单位面积上吸收的太阳能。

由于 T_p不易确定，这里需要引入一个集热器效率因子 F'，这样热损失将与流体局部温度 T_f和外界温度 T_a之差成正比[3]：

$$F'=\frac{1}{1+\dfrac{U_L}{h_1+\dfrac{1}{\dfrac{1}{h_2}+\dfrac{1}{h_r}}}} \tag{12}$$

h_1——吸热板对气流的对流换热系数；

h_2——底板对气流的对流换热系数；

h_r——线性辐射换热系数。

利用流体局部平均温度 T_f计算有效利用能的公式为[3]：

$$Q_u=A_cF'[S-U_L(T_f-T_a)] \tag{13}$$

3　集热器热迁移因子和流动因子

集热器效率计算还需引入热迁移因子的概念，这样可根据局部流体温度 T_f 计算有效利用能。而进入集热器的流体温度 $T_{f,i}$ 最容易测定，如果以它为基准，使用起来将会非常方便，热迁移因子[3] F_R 公式如下：

$$F_R=\frac{mC_p}{A_cU_L}\left[\frac{T_{f,0}-T_{f,i}}{S-(T_{f,i}-T_a)}\right] \tag{14}$$

m——质量流率（kg/m）；

C_p——定压比热［J/(kg·K)］；

$T_{f,0}$——出口温度。

F_R 与 F' 的比值 F'' 称为集热器的流动因子[3]：

$$F''=\frac{F_R}{F'}=\frac{mC_p}{A_cU_LF'}\left[1-e^{-(A_cU_LF'/mC_p)}\right] \tag{15}$$

根据以上公式，集热器的热效率、出口温度就可以比较容易地进行计算，下面将利用上述公式针对该住宅窗下墙上的格栅式集热器进行设计计算。

4　集热器设计及效率计算

该住宅的南向起居室的窗宽为1800mm，窗台高为900mm（图6）。集热器竖向集热管采用方铝型材ST0511，截面如图7所示，横向吸热管选用扁铝型材FT0510，集热管间距25mm，采用FT0510的长边作为集热表面。窗下面可以布置12根集热管，集热器有效集热面积为：

$$A_c=12\times b\times L=12\times 50\times 1700=1.02\text{m}^2$$

为了增加集热效果和保持集热面选择吸收涂层的耐久时间，集热表面选用黑镍太阳能选择性吸收涂层，表面吸收系数 α_s 为0.9，发射率为 $\varepsilon=0.06$[4]，集热器内表面采用普通阳极氧化技术发射率 ε_1、ε_2 为0.4[5]。

图6　集热器立面

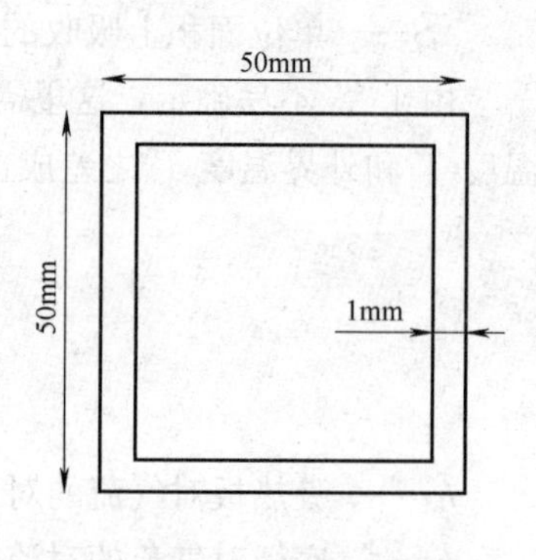

图7　ST0511铝型材截面图

为了便于计算集热器效率，设定风速为1m/s，室外温度为5℃，南向垂直面辐射强度为500W/m²，集热器内侧热损失系数为1W/(m²·℃)，室内温度为20℃，空气流量为

0.01kg/s，空气流动的动力由安装在集热器室内部分的小型风机提供，为了便于计算，需先设定格栅式集热器的集热管内表面温度，将其设定为70℃，由公式（8）可以求出外侧热损失系数：

$$U_t=\frac{1}{R_1}=h_w+h_{r,p-a}$$

$$h_w=2.8+3.0v=5.8\mathrm{W/(m^2 \cdot ℃)}$$

$$h_{r,p-a}=\frac{\varepsilon_p\sigma(T_p^2+T_s^2)(T_p+T_s)(T_p-T_s)}{T_p-T_a}$$

$$=\frac{0.1\times5.67\times10^{-8}\times(343^2+256^2)(343+256)(343-256)}{343-278}=0.53\mathrm{W/(m^2 \cdot ℃)}$$

则外侧热损失系数$U_t=6.33\mathrm{W/(m^2 \cdot ℃)}$，总热损失系数为外侧损失和内侧损失之和$U_L=7.33\mathrm{W/(m^2 \cdot ℃)}$，空气通道平面间的辐射换热系数$h_r$，将平均流体温度当做辐射平均温度看待，这里假定和吸热板的温度相同也等于70℃，这样可以得出：

$$h_r=\frac{\varepsilon_p\sigma(T_p^2+T_s^2)(T_p+T_s)}{\frac{1}{\varepsilon_1}+\frac{1}{\varepsilon_2}-1}=\frac{4\sigma T^3}{\frac{1}{\varepsilon_1}+\frac{1}{\varepsilon_2}-1}=\frac{4\times5.67\times10^{-8}\times343^3}{\frac{1}{0.4}+\frac{1}{0.4}-1}=2.28\mathrm{W/(m^2 \cdot ℃)}$$

计算集热器效率因子：

$$F'=\left[1+\frac{U_L}{h+[(1/h)+(1/h_r)]^{-1}}\right]^{-1}=0.786$$

计算集热器的热迁移因子：

$$F''=\frac{F_R}{F'}=\frac{mC_p}{A_cU_LF'}[1-e^{-(1/6.486)}]=0.927$$

计算集热器的流动因子：

$$F_R=F''F'=0.927\times0.786=0.729$$

有用能增益为：

$$Q_u=A_cF_R[S-U_L(T_{f,i}-T_a)]=1.02\times0.729\times[500-7.33\times(20-5)]=289.89\mathrm{W}$$

集热器效率：

$$\eta=\frac{Q_u}{A_cG_T}=\frac{289.89}{1.02\times500}=0.569$$

流体出口温度：

$$T_O=T_I+\frac{Q_u}{mC_p}=20+\frac{289.893}{0.01\times1009}=48.73℃$$

加热的空气体积：

$$V_t=\frac{mt}{\rho}=\frac{0.01\times3600}{1.024}=35.15\mathrm{m^3}$$

因为此前假设的板温可能与实际情况有差异，必须检查假设的气流和吸热板温是否合理。平均板温由下式可得[3]：

$$T_{p,m}=T_{f,i}+\frac{Q_u/A_c}{F_RU_L}(1-F_R)=45.49℃$$

平均流体温度由下式可得[3]：

$$T_{f,m}=T_{f,i}+\frac{Q_u/A_c}{F_RU_L}(1-F'')=24.18℃$$

由于第一次假设都是70℃，需要用上面计算出的温度进行一次迭代计算，用新的板温45.49℃计算所得$U_t=6.64W/(m^2\cdot℃)$，因而$U_L=7.64W/(m^2\cdot℃)$，气流通道壁间的辐射换热系数$h_r=1.82W/(m^2\cdot℃)$，$h=24.26W/(m^2\cdot℃)$。用这些数据求出的F'、F''和F_R与之前计算没有较大变化，其有用能为285.63W。尽管第一次假定的板温与实际相差了25℃，但是由于对出口温度造成影响的主要因素是太阳辐射量，对整体计算结果不产生影响，所以第二次空气出口温度：

$$T_O=T_I+\frac{Q_u}{mC_p}=20+\frac{303.67}{0.01\times1006}=48.33℃$$

由此可见该集热器在辐射强度为$500W/m^2$的条件下，每小时可为室内提供1.08MJ左右的热能，能为室内加热出48℃的空气35.15m^3，集热器的集热效率为56%。

5 结语

本文根据空气集热器集热效率计算公式对一种建筑一体化格栅式太阳能空气集热器进行了计算，计算出其热迁移因子为0.927，流动因子为0.729，在辐射强度为$500W/m^2$的条件下集热效率为0.569。该集热器能够为建筑在采暖期提供一定的热负荷补充，并为采暖期前后提供部分热负荷，解决室内舒适度问题。而且该集热器作为建筑立面的一部分能够很好地与建筑融合，极大地改善了原有太阳能集热器在建筑中较为突兀的缺陷。

Research of Design Aspect of Solar Air System Integrated into Buildings

Abstract: This paper presents a new method that alters bar grille decorative elements on facades of buildings into air solar collector, calculates its collection efficiency, the effective utilization of energy, heat transfer factor , flow factor and efficiency. It offers a new idea for the design of solar hot air use integrated with buildings.

Keywords: Solar Air Collector; Heat Transfer Factor; The Collection Efficiency; The Integration of designs

参考文献

[1] 赵华，高辉，李纪伟等．建筑一体化管杆格栅式太阳能空气集热系统设计研究［M］//．建筑新技术．北京：中国建筑工业出版社，2010.

[2] 魏生贤，李明，季旭等．太阳能平板集热器纵横比与板间距优化［J］．农业工程学报，2010，26（11）：225-229.

[3] 张鹤飞，俞金娣，赵承龙等．太阳能热利用原理与计算机模拟［M］．第2版．西安：西北工业大学出版社，2012.

[4] 王涛，叶卫平，程旭东等．黑镍太阳能选择性吸收涂层的研制［J］．武汉理工大学学报，2011，33（5）：1-5.

[5] 王慧，王浩伟．新型太阳能彩色选择性吸收涂层的研制［J］．太阳能学报，2006，27（9）：866-869.

作者：李纪伟　天津大学建筑学院　博士研究生
王立雄　天津大学建筑学院　教授

简述光伏建筑方案设计中的几个关键因素*

【摘　要】光伏建筑因其对太阳能的有效利用而发展迅速，文章首先概述了光伏建筑的发展现状；然后从方案设计的角度就设计中的四方面关键要素进行了分析，分别为：光伏建筑类型选择、建筑形体设计、光伏材料选择、能耗估算与组件选型；其次，结合两个设计方案直观地分析了具体设计要素的应用；最后，总结了光伏建筑设计中的难点并指出其在我国的巨大发展潜力。

【关键词】光伏建筑方案设计　建筑形体　光伏材料　能耗估算

1　光伏建筑发展概况

光伏建筑，即：安装光伏发电系统的建筑物（Building Mounted Photovoltaic，简称BMPV）。随着社会对能源与环保问题的关注，清洁、无污染、可持续的太阳能逐渐在城市与建筑中得到了广泛应用，光伏建筑的数量日益增多。

国际上早在1970年代即已开始进行光伏建筑的大规模推广，其中以德国的应用最为深入和广泛。它率先提出“太阳能光伏屋顶计划”，并于2000年颁布了《可再生能源法案》，以立法的形式规定了光伏发电上网电价进行补贴的方式，这一补贴方式目前已经有40多个国家采用。德国因其迅猛的光伏应用发展而被称为“光伏黑洞”，仅2010年一年其光伏安装量为7400MW，占全世界新增总量的45%[1]！日本1990年代中期推出“屋顶计划”，在住宅的顶部大规模加装太阳能光伏发电系统，并随之推出了一系列的新能源利用、光伏发电、技术开发、设备制造的法规政策。美、意、澳、英、法等国也积极地制定扶持光伏建筑发展的政策措施（表1）。

部分国家光伏建筑发展计划和政府资助情况　　表1

国家	推广计划	目标(MW)	年度	政府资助比例
日本	新阳光计划	5000	2010年	33%～50%
德国	10万屋顶计划	300	2005年	38%
意大利	1万屋顶计划	50	2003年	75%～80%
美国	100万屋顶计划	3500	2010年	35%～40%
澳大利亚	1万屋顶计划	20	2004年	50%

资料来源：《太阳能光伏建筑一体化工程设计与案例》。

2　光伏建筑方案设计的要素

光伏建筑在国内尽管已经有众多的示范项目，但是对于广大建筑师来说，毕竟还属于新鲜事物，其设计流程与要点同传统的建筑设计相比有较大不同，下文将尝试从建筑师的角度，按照设计过程的先后顺序，就光伏建筑区别于传统建筑的设计要点逐一介绍。

* 国家自然科学基金青年基金资助项目（批准号51108309）。

2.1 光伏建筑类型的选择

光伏建筑大致可分为三类：其一为分别将独立的建筑与光伏系统相结合的光伏附着式建筑（BAPV）、其二为光伏和建筑一体化集成设计的建筑（BIPV）、其三为将符合建筑构建技术标准的光伏组件作为建筑材料使用的建筑（BUPV）[2]（图 1～图 3）。上述三种光伏建筑类型，其特点及适用范围各有不同，需要根据设计需求、建筑类型、空间环境等因素综合考量，在设计之初就首先选取（表 2）。

光伏建筑的三种类型及其特点 **表 2**

光伏建筑类型	主要适用范围	优点	缺点
光伏附着设计(BAPV)	旧建筑加建；强调光伏发电能力的建筑	发电效率高；对建筑空间和功能的限制小；光伏系统集成难度较小；易维护	与建筑外观不易结合；需独立的光伏系统支撑结构，整体造价较高
光伏和建筑的一体化集成设计(BIPV)	光伏利用示范性新建筑；强调建筑与光伏材料结合的外观效果的建筑	造型新颖美观；建筑整体性较好；光伏材料兼做围护材料，经济性和集成性较好	发电效率不高；建筑空间和功能受到制约；光伏系统设计难度大；维护成本高
光伏组件作为建筑材料(BUPV)	新旧建筑的局部采用或加建；景观建筑或环境设施	设计与建设均较方便；光伏组件成为建筑造型的亮点；维修替换方便	发电量较小且分散；较难进行光伏系统的集成化设计

图 1 BIPV 建筑示例：
幕尼黑宝马世界中心
（资料来源：http://www.pvdatabase.org/showall.php）

图 2 BAPV 建筑示例：
德国某旧教堂改造
（资料来源：《太阳能光伏建筑设计——光伏发电在老建筑、城区与风景区的应用》）

图 3 BUPV 建筑示例：
办公楼中的光伏凉亭
（资料来源：《太阳能光伏建筑设计——光伏发电在老建筑、城区与风景区的应用》）

2.2 建筑形体设计

光伏建筑的设计重点是光伏发电效率，为实现这一目标，建筑形体应能保证建筑物表面接收的太阳辐射量最大化。设计过程中，常用 Ecotect 和 PVsyst[3] 软件作为计算机分析工具，利用软件自带的气象资料库，可对不同设计方案的表面接收太阳辐射量进行比较，综合考虑建筑的功能、造型以及空间的设计，从而优化方案设计。具体的设计因素有以下几点。

2.2.1 平面朝向和倾角

根据太阳光天空散射辐射各向异性的 Hay 模

型[4]，我们可以得到保证最大太阳辐射接收量的各地区最佳朝向和最优倾角，从而获得最大发电量（图 4）。当然，实际设计过程中，囿于建筑功能、造型、空间限制等诸多因素的制约，理想状态下的平面朝向和最优倾角难以实现，这就需要寻找可能条件下方位角及倾角的最优组合（图 5）。两条常用的经验可供建筑师加以参考，其一，经测算，固定倾角条件下调整方位角，高纬度地区的建筑表面太阳辐射量衰减得更快，这就意味着在较高纬度，应尤为注意保证朝向。即使因场地限制不能实现，也应尽量控制方位角偏移在正南向 30°以内。其二，低纬度地区光伏系统的效率明显降低，因此应该慎用光伏建筑。

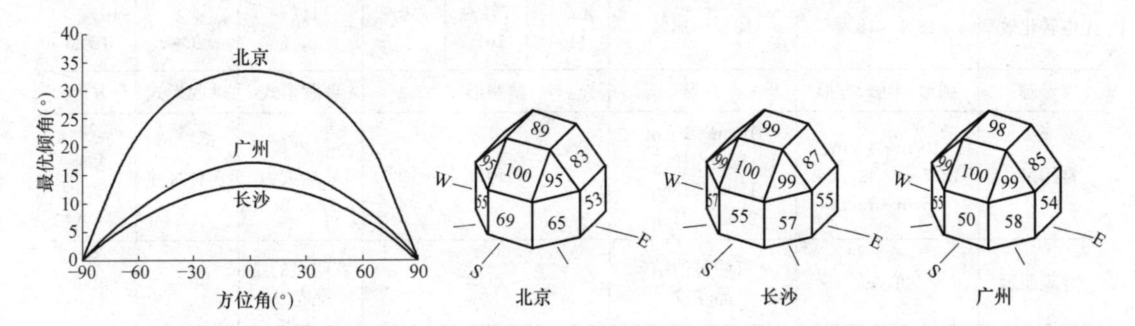

图 4　北京、广州、长沙最优倾角随方位角的变化
（资料来源：《建筑光伏系统太阳辐照量分析》）

图 5　三城市建筑外表面所接收的辐射量变化
（资料来源：《建筑光伏系统太阳辐照量分析》）

2.2.2　群体组合与间距

对于光伏建筑群的布置，应保证其建筑间距满足当地的日照间距要求，使建筑表面能够接收到充足的太阳辐射。同时，也应尽量避免布置光伏组件的部位相互遮挡。常用的工具是采用 Ecotect 软件的“遮挡及日照时间分析”功能，可直观地显示建筑形体之间的遮挡，以此来进行建筑造型的优化与重组（图 6）。

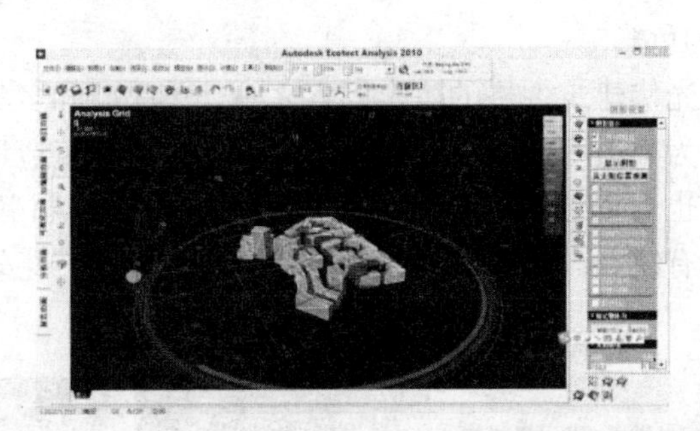

图 6　Ecotect 软件的“遮挡及日照时间分析”界面

2.3　光伏材料的选用

光伏电池板是光伏建筑最鲜明的特征，选取什么种类的光伏电池很大程度上决定了光伏发电效率以及建筑外观效果。

2.3.1　光伏材料的种类

早期的建筑用光伏组件是块状晶体硅光伏电池，分为晶体硅光伏组件与非晶体硅光伏组件两种[5]。它们光电转化率较高，但是价格昂贵，造型受到的约束也较大。近些年出现的薄膜光伏组件，尽管光电转化率较低，但是造价便宜，色彩和造型较灵活，而且对太阳直射辐射敏感度低，在受到日照遮挡的地方仍可有效地发电，因而大有后来居上之势。几类组件性能特点可见表3。

光伏电池组件各项性能一览表　　表3

技术指标	晶体硅电池		硅薄膜电池			化合物电池	其他	
电池名称	单晶硅电池	多晶硅电池	非晶硅薄膜电池	多晶硅薄膜电池	微晶硅薄膜电池	铜铟硒薄膜电池(CIS)	染料敏化太阳能电池	叠层电池
光电转化效率	15%～18%	13%～16%	8%～11%	7%～10%	9%～11%	11%～14%	5%～9%	16%～18%
形态	圆形、半圆、方形	方形	薄膜形式			薄膜形式	薄膜形式	方形
常用尺寸	10cm×10cm 12.5cm×12.5cm 15cm×15cm	10cm×10cm 12.5cm×12.5cm 15cm×15cm 21cm×21cm	多种尺寸			标准模块最大为1.2m×0.6m	多种尺寸	多种尺寸
外观肌理	单一	有明显的结晶花纹	单一			有明显的结晶花纹	单一	单一
颜色	深蓝色、黑色	蓝色、银灰色	红棕色、蓝色、蓝紫色			深灰色、黑色	多种色彩	暗蓝色、黑色
造价	高	较高	较低			较低	较低	较高
光电转化率受温度影响	较大	较大	较小			较小	较小	较小
太阳直射辐射敏感度	高	高	低			低	低	低

2.3.2　光伏材料的色彩

光伏材料的色彩是光伏建筑性格的决定因素之一，单晶硅和多晶硅的色彩为深蓝色或黑色，薄膜电池的色彩为半透明的咖啡色和灰色等，可根据建筑造型需求加以选择。对于更多的建筑色彩要求，也可以通过特殊的生产加工工艺使光伏材料呈现出各种颜色（图7)。当然，这种工艺也有缺点：染色后的光伏材料会降低光电转化效率，同时也因小规模生产而造价较高。

图7　采用印花工艺制造的光伏材料可以很好地与旧建筑协调
（资料来源：《太阳能光伏建筑设计——光伏发电在老建筑、城区与风景区的应用》）

与色彩相关的另一物理特征是光伏材料的反光，曾有德国和荷兰的大面积光伏组件应用，因其表面的反光而造成了光污染。目前，可以通过对晶体硅材料用腐蚀绒面的方法消除反光；也可以制备减反射膜来减弱负面效果。

2.3.3 光伏组件的透光性

透明性是现代建筑的重要设计要素。尽管由于光伏组件本身必须通过截获光线以产生光电效应，无法实现普通玻璃那样的通透效果，但通过专门的设计可以实现一定程度的透光性物理特征。单晶硅和多晶硅材料本身并不透光，可以调整光伏薄片单元在压层玻璃内的摆列形式，而通过间隙获得透光性。根据光伏薄片单元的尺寸、形状和间距的不同，所产生的视觉效果也各具特色，可以根据视觉需求和功能要求而进行专门的优化设计（图8）。而对于那些对光线射入有特殊要求的功能性房间，或者需要建设大面积的玻璃幕墙，薄膜光伏材料因其本身具有一定的透光性而具有先天的优势，可获得类似热反射玻璃的半透明效果（图9）。

图8 光伏电池薄片通过不同排列方式所获得的透光性

（资料来源：http：//www.pvdatabase.org/showall.php）

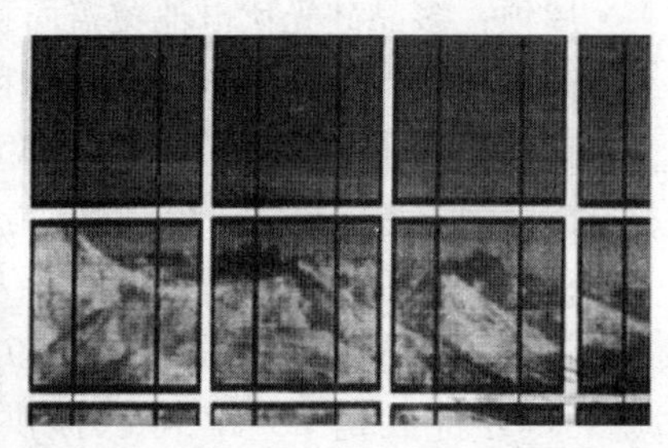

图9 薄膜光伏材料的透明效果

（资料来源：http：//www.solarserver.com/solarmagazin/solar _ heating.html）

2.4 能耗估算与系统组件选型

光伏建筑中，光伏组件与建筑结合成为紧密的整体，方案设计完成后留给电气、暖通、给水排水诸专业的修改空间较少，而设计前期建筑师独立面对系统性设计往往力不从心。因此，应当从设计之初就引入各专业人员协作，对建筑系统的关键功能因素进行先期决策。首先，一项重要的内容是对光伏发电效率与能耗的测算。在设计之初应清楚地知道建筑负载的类型、功率大小、运行时间、运行状况等，对负载电量作出准确的估计。方案比选中，根据光伏组件的选择及排布情况，利用 Ecotect 或 PVsyst 软件计算系统的年发电量，结合建筑电量负载情况作出经济效益分析。这一点对侧重发电量或电气系统一体化的光伏建筑设计尤为重要[6]。其次，光伏发电系统能否稳定可靠地运行，需要一系列组件的支持。方案设计定稿前，需要各专业人员进行系统组件选型，包括：蓄电池、逆变器、控制器、支架设计等，同时还要考虑最大功率跟踪、测量和数据采集设备的设计等，并对上述因素进行综合评估，以助后续施工图设计的顺利展开。

3 光伏建筑设计实例

笔者主持设计并中标的“河北某光伏新能源产业研发中心”，在参与投标的两个方案设计和深化的过程中，采用了多种光伏建筑形式，在此简述其特点，以作为上述设计要点的实证。

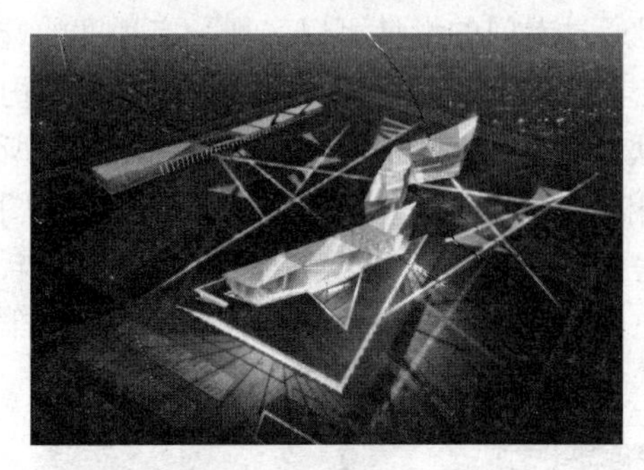

图 10 某光伏新能源研发中心方案一

方案一重点强调建筑的光伏示范意义，在主体建筑中采用了“光伏建筑一体化”（BIPV）的形式，在建筑空间功能和光伏发电效率方面探寻最佳组合。根据不同建筑部位接收太阳日照的特点分别选取不同的光伏组件：可稳定接收直射辐射的建筑屋顶采用发电效率较高的多晶硅光伏电池；日照受到较多遮挡的建筑立面幕墙采用虽然发电效率较低、但对直射辐射敏感度低的铜铟硒薄膜电池（CIS）。景观建筑与设施中，采用将符合建筑构建技术标准的光伏组件作为建筑材料使用（BUPV）的形式，选用小型太阳能路灯、LED 建筑及景观照明等设施，并综合运用屋顶绿化等被动式生态策略（图 10）。

该方案最终的光伏技术应用数据：

• 屋顶：多晶硅光伏电池覆盖面积 12300m^2，年光伏发电量 133 万 kWh。

• 南立面：薄膜光伏电池覆盖面积 8500m^2，年光伏发电量 12 万 kWh。

• 预计建筑年电耗为 594 万 kWh，综合各种被动式生态策略，年电耗可减少为 475 万 kWh。

• 建筑的年光伏发电量可替代 392t 标准煤，可减少 CO_2 排放量 284t，可以提供建筑自身 30%左右的电耗。

图 11 某光伏新能源研发中心方案二

方案二设计重点为光伏发电效能的最大化，为达到这一目标，采用了将独立的建筑与光伏系统相结合的光伏附着设计（BAPV）的建筑形式。用支架将独立的光伏发电系统固定在屋顶上，光伏电池板的朝向和倾角按照计算后的最佳理论值设计，建筑功能和光伏发电互不干扰（图 11）。

该方案最终的光伏技术应用数据：

• 屋顶：多晶硅光伏电池覆盖面积 21000m^2，年光伏发电量 228 万 kWh。

• 预计建筑年电耗为 603 万 kWh，综合各种被动式生态策略，年电耗可减少为 485 万 kWh。

• 建筑的年光伏发电量可替代 588t 标准煤，可减少 CO_2 排放量 426t，可以提供建筑自身 47%左右的电耗。

两方案中多种生态节能技术的运用见表4。

两方案中多种生态节能技术的运用　　表4

	自然采光	自然通风	机械通风	高效采光	屋顶绿化	Low-E玻璃	复合保温玻璃	多晶硅电池	铜铟硒薄膜电池
方案一	●	●	●	●	●	●	○	●	●
方案二	●	●	●	●	●	○	●	●	○

最终，评审组和甲方选取方案一为中标方案。

4　光伏建筑设计的难点与发展潜力

4.1　光伏建筑设计的难点

光伏建筑设计中的难点通常在于建筑师对于光伏技术问题的不了解。首先，在方案设计前期，如何决定光伏建筑的最佳朝向与倾角是非常关键的问题，借助专业的软件能够得到准确的数据，但软件的应用与推广尚需时日。其次，光伏发电系统与建筑的联系非常紧密，结构、防水、保温隔热、电气系统等问题成为一个整体，牵一发动全身，往往超出了建筑师的常规专业范畴。这一方面要求建筑师具备更全面的建筑相关专业知识；另一方面要求在方案设计前期，各专业人员就要介入到设计过程中，各专业的紧密协作成为光伏建筑设计的一个重点。第三，光伏组件的相关知识、专业规范还不完备，对一些专业的光伏问题，很大程度上依靠建筑师自身的摸索，这一方面提高了光伏建筑设计的门槛，另一方面也不可避免地带来了决策失误造成的浪费，希望未来能够出版有针对性的光伏建筑专业指导手册，必将有力地推动光伏建筑的发展。

4.2　我国光伏建筑的发展潜力

我国国土广阔，太阳能资源丰富。绝大多数地区的年平均日辐射量在4kWh/m^2以上，与同纬度的其他国家相比，和美国类似，远胜于太阳能利用大国的欧洲诸国和日本。我国先后出台了《中华人民共和国可再生能源法》、《关于加快推进太阳能光电建筑应用的实施意见》、《金太阳示范工程财政补助资金管理暂行办法》以及《关于完善太阳能光伏发电上网电价政策的通知》等一系列的政策，强有力地推动了光伏建筑的快速发展。而受益于制造业与出口产业的腾飞，2007年我国已经成为世界上最大的太阳能电池生产国，2010年产量更是达到了世界产量的45%[7]。近些年来国外经济疲软，需求不畅，另一方面，国内光伏产品产能过剩，这就为我们通过大力发展光伏建筑深入挖掘内向型经济创造了机会。综上，资源、政策、产品诸方面为我国光伏建筑的发展打下了坚实的基础，在可预见的未来，我国光伏建筑的发展前景广阔。

The Introduction of Several Key Factors in Architecture Design of BMPV

Abstract: Building Mounted Photovoltaic (BMPV) develops rapidly for the effective use of solar energy. Firstly, this paper summarizes the present status of the development of BMPV. Secondly, it analysis four key aspects for the design of BMPV from architect's point of view: how to choose the type of BMPV; how to design the architectural forms of

BMPV; how to choose the photovoltaic materials; how to estimate the energy consumption and choose the type of photovoltaic module. Thirdly, it analysis the using of specific design element combined with two architecture design. At the last, it summarizes the difficulty in the BMPV architectural design and points out the great potential of BMPV in China.

Keywords: Building Mounted Photovoltaic (BMPV); Architectural Design; Architectural Forms; Photovoltaic Materials; Estimate the Energy Consumption

参 考 文 献

[1] 李现辉，郝斌．太阳能光伏建筑一体化工程设计与案例［M］．北京：中国建筑工业出版社，2012.
[2] 张帆．浅议计算机辅助太阳能光伏建筑一体化设计方法［J］．建筑节能，2013，41（9）：38-43.
[3] 邓鑫，黎之奇，梁荣照．建筑光伏系统太阳辐照量分析［J］．中国建筑金属结构，2012（3）：31-36.
[4] 陈兰武．光伏建筑门窗幕墙——现代建筑的夸父逐日［J］．门窗，2010（11）：11-23.
[5] 李明亮，赵祖旺，刘卫明．方案阶段的光伏建筑设计方法探讨［J］．建筑技艺，2013（2）：198-200.
[6] 刘飞．"技"与"艺"的统一［D］．天津：天津大学建筑学院，2011：12.
[7]（德）赫曼斯杜费等著．太阳能光伏建筑设计——光伏发电在老建筑、城区与风景区的应用［M］.，沈辉等译．北京：科学出版社，2013.

作者：侯鑫　天津大学建筑学院　副教授
王绚　天津大学建筑学院　副教授

高校建筑太阳能光伏利用潜力及设计研究
——以天津城建大学新校区学生宿舍为例

【摘　要】 高等院校是能耗大户，近年来在可持续发展理念的指导下，生态型校园建设逐渐成为我国高校建筑发展的新趋势，太阳能作为一种清洁能源越来越受到青睐。本文从高校建筑用能现状及特点入手，探讨太阳能在高校建设中的利用优势和太阳能光伏利用设计方法；以天津城建大学新校区学生宿舍组团为例，利用光伏利用技术进行光伏建筑一体化设计，并计算发电量并对相关经济效益进行分析，提出高校建筑利用太阳能具有可行性和巨大的发展潜力。

【关键词】 高校建筑太阳能　光伏利用　潜力

引言：校园科研、生活能耗巨大，推广光伏建筑一体化技术具有重大意义。光伏建筑一体化发展潜力大、应用范围广、产能品质高，优势明显。本文以天津城建大学新校区学生宿舍组团为例，进行光伏系统设计，并对相关指标进行模拟计算，探索了校园光伏技术的应用优势和潜力。

1　高校用能现状及特点

1.1　我国高校建筑用能现状及特点

20 世纪末以来，我国高校不断扩招，各地出现了高校新校区建设浪潮。有些高校在生态校园建设的大背景下做了大量的尝试和探索，包括：运用绿色建筑技术、推广使用可再生能源等措施。但由于校区规划建设周期短、资金紧张以及绿色校园理念淡薄等原因，新建建筑能耗普遍过高，统计数据显示，目前全国高校能耗占社会总能耗的 10%，高校人均能耗和单位建筑面积能耗高出全国平均水平 2～4 倍之多[1]。高校建筑节能潜力巨大，大力进行可再生能源利用刻不容缓。

高校建筑因功能复杂、学生众多、使用周期长等特点，能源需求量高于住宅和其他公共建筑，尤其在照明、采暖、制冷和通风等方面的常规能源消耗大。作为特殊的公共建筑，高校建筑用能具有以下特点：

（1）建筑类型较多，用能种类及能耗多样化；

（2）有寒假和暑假，能耗有明显的季节特征；

（3）作息时间规律，能耗易统计、方便管理。

1.2　高校太阳能光伏利用现状

我国光伏利用发展较快，预计到 2020 年，全国光伏发电装机容量约 1000GW，相当于 45 个三峡水电站的规模[1]，具有极大的经济效益。近年国家重视对教育建筑的光伏电站的建设与推广工作，2012 年度住建部、财政部实施的“太阳能光电建筑应用示范项目”中，共有 17 个项目来自高校，其中包括沈阳大学 4.8MWp 项目、大连科技学院 3MWp 项目、河南大学 4MWp 项目、河南工业大学 3MWp 项目等，这些项目推动了光伏产业的发展。

国外发达国家太阳能光伏发电项目通常由政府牵头，不断将先进的光伏发电技术应用于新建建筑和既有建筑的节能改造项目中（表 1），这些高校光伏发电项目取得了较好的社会经济效益，推动光伏产业并带动了相关产业的发展。以美国圣地亚哥大学 1.2MWp 项目为例，多晶硅光伏板遍布在圣地亚哥大学校区的各个建筑物屋顶，年发电量约 190 万 kWh，显著降低了校区传统用电量，是目前美国高校内规模最大的屋顶光伏发电项目。

国外高校光伏发电案例 **表 1**

光伏应用学校	美国圣地亚哥大学（2011 节）	亚利桑那大学（2011 年）	科罗拉多州立大学（2011 年）	波茨坦应用技术大学（2012 年）
装机容量	1.2MWp	1.6MWp	5.3MWp	0.8MWp
使用材料设备	多晶硅太阳能电池	Velocity MW Solar System、11 个单轴跟踪器、5808 套 275W 太阳能组件	Wattsun 单轴准系统、Trina Solar 多晶硅太阳能组件	CISCuT 薄膜电池
应用位置	建筑屋顶	占地 14 英亩的太阳能光伏发电站	占地 30 英亩的太阳能光伏发电站	建筑外墙光伏长廊
项目图片				

2 太阳能光伏发电在高校建设中的应用优势

2.1 国家政策支持优势

2009 年，财政部对装机容量不小于 50kWp 的光伏建筑一体化项目的最高补助标准为 20 元/Wp。同年 7 月，财政部、科技部、国家能源局联合下发《关于实施金太阳示范工程的通知》，按照工程总投资的 50%给予补助，大力支持光伏发电技术产业化。2010～2013 年又陆续实施太阳能光伏建筑一体化应用示范项目，效果较好[2]。

政府在政策上的主导作用对推动光伏产业的发展起着决定性作用，光伏建筑一体化的实施更需要国家强有力的政策支持。近年来国家和地方相关政策的逐步出台，光伏示范工程在全国范围内的全面建设，显示光伏建筑一体化强大的生命力和良好的发展潜力。

2.2 校园建设优势

2.2.1 规划优势

在高校新校区实行光伏建筑一体化，可使光伏阵列靠近控制单元与电力负荷，可降低导线电阻引起的电能损耗与初始成本[3]。光伏系统有利于改善电力系统的负荷平衡，降低线路损耗，调峰稳压。

2.2.2 建筑优势

屋面布置优势——高校建筑屋顶大多简洁平整，光照充足，阴影较少，适宜接收阳光照射；光伏组件紧贴屋顶安装，减少风力的不利影响，对屋面有一定的保温隔热作用；屋面光伏系统集中布置能够形成规模，降低系统单价，具有更高的经济效益和系统稳定性。

建筑窗墙比优势——公共建筑窗墙面积比的上限为 0.7，远远高于居住建筑[2]。公共建筑通过外墙损失的能耗远大于居住建筑，高校建筑利用光伏发电系统具有更大的潜力。

2.2.3 结构优势

光伏系统的寿命约为25年，而建筑的使用寿命在50年以上，且《建筑工程抗震设防分类标准》规定，教育建筑抗震设防类别应不小于重点设防类，教育建筑结构的使用年限和承载力都远高于普通建筑，减少了光伏系统的结构安全加固投资，提高了光伏系统的经济性[3]。

2.3 管理优势和人员结构优势

在高校的统一管理下对光伏系统进行整体规划和检修，增加系统使用效率和发电保证率。

与社会其他人群相比，大学生能较快地接受新兴事物，学习能力较强。同时，高校在技术、科研和人才等方面的优势巨大，可通过研究探索节能技术，为生态校园建设作出积极贡献。

2.4 投资成本优势

高校建筑屋面和墙面，是十分重要的空间资源。可进行光伏系统建筑一体化设计，有效利用屋面和墙面，不占用宝贵的土地，降低投资成本。

3 天津城建大学新校区光伏利用设计与潜力分析——以学生宿舍为例

3.1 天津城建大学及新校区学生宿舍用能现状

天津城建大学新校区的扩建工程于2008年竣工，占地面积约68.11万m^2。新校区共有建筑20余栋，建筑类型主要包括教学楼、学生宿舍和食堂等（图1）。城建大学2013年实际用能数据显示，学校各类建筑及设施的常规能耗巨大，形势严峻。

图1 校园总平面图及宿舍楼实景

本文以新校区学生宿舍组团（6栋板式宿舍）为研究模型，通过对宿舍常规用电量调研统计，以满足宿舍实际用电量为设计前提，进行光伏一体化设计并进行发电量计算和经济效益分析。

据调研，学校每年给每间宿舍的配电为240kWh（忽略假期），基本满足学生的用电量需求。6栋宿舍楼的1392间宿舍年耗电量约为334080kWh。

3.2 学生宿舍模型分析

宿舍组团西侧为校外城市道路；东侧为新食堂，建筑高度 18m；南侧为另一宿舍区，建筑高度 19.2m，与本文所研究的宿舍楼间距 31m，满足天津市日照标准；北侧为体育场，周边无其他建筑物遮挡（图 2）。

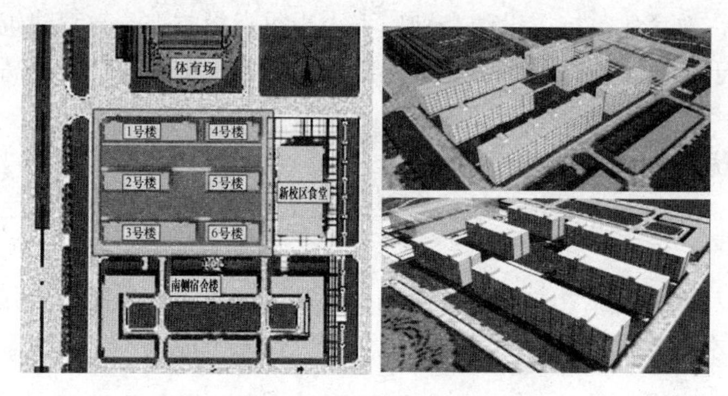

图 2 宿舍楼编号及模型透视图

将 6 栋宿舍楼分别编号，并对其模型信息进行统计。建筑朝向：6 栋宿舍楼均为正南北向；建筑层数：6 栋宿舍楼均为 6 层；建筑间距：6 栋宿舍楼的间距均为 31m，不造成互相遮挡；建筑进深：6 栋宿舍楼的进深均为 18m；建筑长度：1 号、3 号楼为 98m，2 号楼为 70m，4 号、5 号和 6 号楼为 56m。

3.3 建筑光伏一体化设计

6 栋宿舍楼的年耗电量约为 334080kWh。设计方案综合考虑整体设计效果、储能设备安装方式及能量输送等因素，将光伏板布置于屋面和南立面两端，便于集中发电及储能设施的安装和电力集中输送。根据其特点，在屋面和墙面采用不同类型的太阳能电池，依据总用电需求合理配置，使屋顶光伏发电系统和立面光伏发电系统相结合，以满足其自身用电需求。

经过分析、计算、比较，最终确定光伏系统设计方案。设计分析过程和方案设计如下。

3.3.1 光伏板位置的确定

立面：通过表 3 可以看出，6 栋宿舍楼均为正南北方向，建筑高度 $H=19.2$m，宿舍楼间距 $L=31$m，按照天津市日照标准计算，$L>1.61H$，满足日照要求，所有宿舍南立面均不受其他建筑遮挡。且宿舍楼墙面平坦，适宜在南立面布置光伏电池；由于北立面不能收到阳光直射，所以北立面不利于应用光伏电池；相关研究表明，东西立面可接收到的年日照时长约为南立面的 1/2，须通过设计方案综合考虑其发电量、投资总额及资金回收期等因素，确定是否适合布置光伏板。经分析，本项目东西立面不适宜布置光伏板。

屋面：晶硅太阳能电池对光照要求很高，即使少量遮挡对其发电效果都会有很大影响，在设计时综合分析屋面上可能遮挡的因素布置光伏电池。屋面受高出屋面的楼梯间和女儿墙遮挡，在其阴影遮挡范围内不适宜布置太阳能光伏板。

3.3.2 建筑屋面光伏板方位角、倾角和间距的确定

根据天津市太阳辐射情况，正南方向为最佳方位角，6 栋宿舍均为正南北朝向，所以将光伏阵列随建筑走势布置，顺应最佳朝向。

通常把光伏板斜面上能够接收到最大辐射量时的倾角，称为最佳倾角。相关研究表明，天津地区的光伏阵列的最佳倾角为31°[4]，所以将屋顶光伏板的倾角统一设置为31°。

为避免光伏板之间相互遮挡，安装过程中须考虑前后排阵列的间距。设计在18m宽度的屋顶布置5排光伏板，两排组件间留够1.2m检修通道的基础上，将安装间距设计为2m。

3.3.3　光伏电池的选择

通过对尚德公司生产的光伏电池性能参数的分析可知（表2），虽然单晶硅电池原料成本较高，但转化效率最高，技术成熟，综合考虑以上因素，屋顶选用尚德BL-190单晶硅光伏板。

太阳能电池分类汇总表　　**表2**

电池类型	商用转化效率	实验室转化效率	主要原材料	日发电时间(h)	透光度	使用寿命（年）	优点	缺点	行业发展
单晶硅电池	18%～22%	25.0%	高纯硅料、玻璃、资源丰富	8～10	不透明	20～25	效率高，技术成熟	原料成本较高	已商业化量产，我国拥有完善的产业链和国际领先企业
多晶硅电池	16%～18%	20.3%	高纯硅料、玻璃、资源丰富	8～10	不透明	20～25	效率高，技术成熟	原料成本较高	已商业化量产，我国拥有完善的产业链和国际领先企业
薄膜电池	8%～10%	13.0%	硅烷、玻璃，资源丰富	10～13	透明、半透明	20～25	弱光效应好，成本较低	转化率相对较低	逐步商业化量产，国内介入。设备及高纯原料被国外厂商垄断

资料来源：参考文献[1]、[3]。

多晶硅电池转化效率也比较高，技术成熟，且彩色多晶硅电池可美化立面。宿舍层高为3m，窗高为1500mm，窗槛墙高度为1500mm，为使电池高度与窗槛墙高度吻合，选用尺寸为1482mm×992mm×35mm的尚德STP200-18/Ub多晶硅光伏板，立面效果严整美观，韵律感极强。

东西立面与南立面采用同规格的光伏板，光伏板设计高度与南立面协调一致，手法统一。

薄膜电池转化率较低，技术也不如上述两种光伏电池成熟，此方案不考虑薄膜电池。

3.3.4　光伏建筑一体化设计

根据日照模拟软件分析和光伏系统设计，确定宿舍楼屋面光伏板布置方案（图3）：

建筑立面设计中将光伏板与立面层线、窗槛墙上下沿、窗间墙、空调机隔板等立面元素对齐，使立面效果严整，但若将立面上符合要求的部位全部布置光伏电池，则整个建筑立面将会显得拥堵，视觉效果极差；本光伏系统方案设计的原则是满足自身用电量需求，若立面上全部安装光伏板，发电量会大大超出所需用电量，将会增加余电并网设施和储能设施，大大增加工程造价；由于同一朝向立面上的不同部位接收到的太阳辐射量和日照时间相等，考虑到方便施工等因素，设计将光伏电池设置于每栋宿舍楼的南立面两端；每栋宿舍楼下有高约4～5m的小树，但与建筑保持3～4m的间距，由于树木的遮挡会大大降低光伏电池的发电效率，且考虑近地面光伏电池的安全性因素，设计距地面3m高度内不

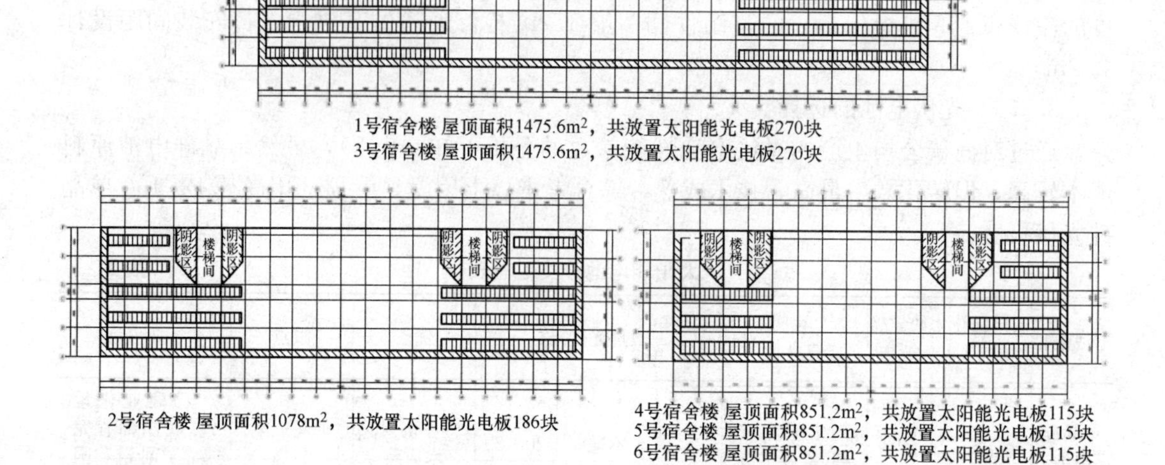

图 3　6 栋宿舍楼屋顶光伏系统设计方案

安装光伏电池，保证人员安全和光伏发电效率最大化（图 4）。

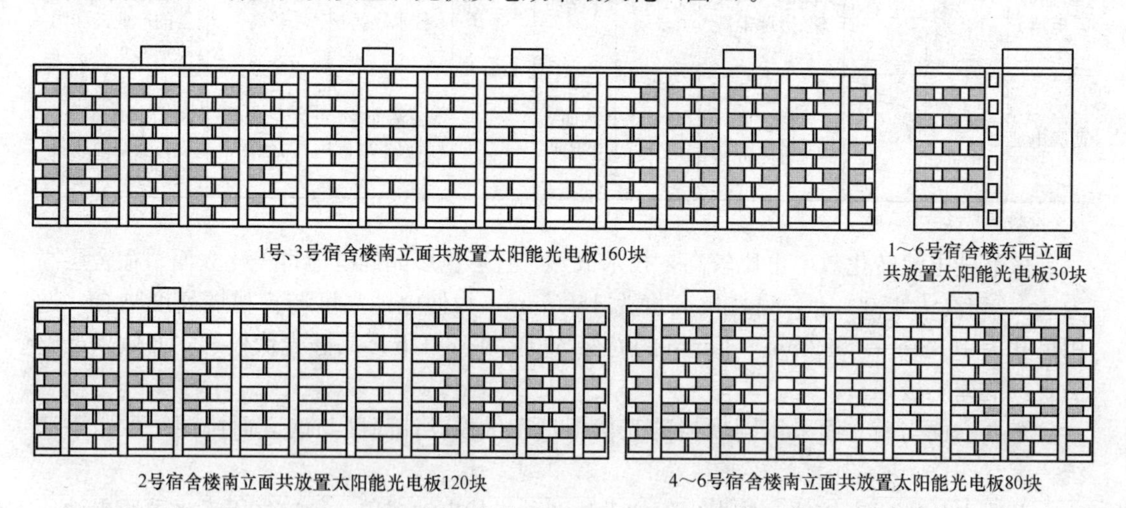

图 4　6 栋宿舍楼南立面、东西立面光伏系统设计方案

3.4　发电量计算和经济分析

3.4.1　发电量计算方法

充分考虑有效的太阳辐照量、各种设备效率、外部环境因素等，提出太阳能光伏发电系统的年发电量：

$$H_y = W\eta_1\eta_2 DT(y)^{[4]}$$

式中 H_y——光伏系统年有效发电量（kWh）；

W——光伏系统装机容量（kW_p）；

η_1——逆变器的直流输入回路效率，一般取 0.85；

η_2——由逆变器到交流放电回路到负载的效率，一般取 0.9；

$DT(y)$——峰值日照时数（h/a），太阳能电池在不同方位角的峰值日照时数 $DT(y)$ 统计见表 3[4]。

太阳能电池板在不同方位角的峰值日照时数 *DT*（*y*）统计（h） **表 3**

方位角	倾角 0°	倾角 30°	倾角 31°	倾角 90°
南立面	1344.3	1486.6	1486.9	1002.8
南偏东 15°	1344.3	1479.2	1479.3	998.9
南偏东 30°	1344.3	1457.4	1457.1	984.6

资料来源：参考文献［4］

3.4.2 屋顶光伏系统年发电量计算

将 6 座宿舍楼的屋顶年发电量分别计算，结果见表 4。

屋顶光伏系统设计方案及发电量计算 **表 4**

序号	光电板型号（无锡尚德）	转换效率（%）	光电板数量（块）	光电板额定功率（kWp）	装机容量（kWp）	输入回路效率 η_1	输出回路效率 η_2	峰值日照时数（h）	发电量（kWh）
1 号楼	BL-190 单晶硅	20	270	0.19	51.3	0.85	0.9	1486.9	58352.6
2 号楼	BL-190 单晶硅	20	186	0.19	35.34	0.85	0.9	1486.9	40198.5
3 号楼	BL-190 单晶硅	20	270	0.19	51.3	0.85	0.9	1486.9	58352.6
4 号楼	BL-190 单晶硅	20	115	0.19	21.85	0.85	0.9	1486.9	24853.9
5 号楼	BL-190 单晶硅	20	115	0.19	21.85	0.85	0.9	1486.9	24853.9
6 号楼	BL-190 单晶硅	20	115	0.19	21.85	0.85	0.9	1486.9	24853.9
总计			1071		203.49				231465.5

3.4.3 南立面和东西立面光伏系统年发电量计算

将 6 座宿舍楼的南立面年发电量分别计算，见表 5。

南立面光伏系统设计方案及发电量计算 **表 5**

楼号	光电板型号（无锡尚德）	转换效率（%）	光电板数量（块）	光电板额定功率（kWp）	装机容量（kWp）	输入回路效率 η_1	输出回路效率 η_1	峰值日照时数（h）	发电量（kWp）
1 号楼	STP200-18/Ub 多晶硅	17	160	0.2	32	0.85	0.9	1002.8	24548.5
2 号楼	STP200-18/Ub 多晶硅	17	160	0.2	24	0.85	0.9	1002.8	18411.4
3 号楼	STP200-18/Ub 多晶硅	17	160	0.2	32	0.85	0.9	1002.8	24548.5
4 号楼	STP200-18/Ub 多晶硅	17	160	0.2	16	0.85	0.9	1002.8	12274.3
5 号楼	STP200-18/Ub 多晶硅	17	160	0.2	16	0.85	0.9	1002.8	12274.3
6 号楼	STP200-18/Ub 多晶硅	17	160	0.2	16	0.85	0.9	1002.8	12274.3
总计			680		136				104331.3

由设计方案估算东西立面年发电量为 27727.3kWh，折合人民币 1.36 万元。按目前光伏系统的市场价格 10.8 元/Wp，东西立面装机容量为 72kWp，总投资为 77.76 万元。按静态投资计算，需要 57 年才能收回成本，而光伏板的寿命只有 25 年，则东西立面不布置光伏电池。

3.4.4 光伏系统年总发电量计算

光伏系统一体化设计方案效果图见图5，设计光伏系统年总发电量为335796.8kWh，可满足建筑自身用电需求。

目前对于建筑利用太阳能的潜力研究，多以建筑屋顶作为研究对象。但通过计算结果可以看出，建筑南立面也具有相当大的光伏潜力。因此，研究建筑立面的光伏潜力对于准确估计建筑整体的太阳能利用潜力具有十分重要的意义。就目前的工艺水平、能源价格而言，推广光伏建筑一体化仍然存在经济方面的阻碍。但是考虑到它所带来的诸多效益以及常规能源所造成的环境污染，光伏发电系统是有巨大应用潜力的[2]。

图5 学生宿舍组团光伏建筑一体化方案效果图

3.4.5 经济效益及成本回收期分析

用发电煤耗法对6栋宿舍楼的发电量进行换算，按照2010年的折算系数1kWh=0.318kg标准煤[2]，6栋宿舍楼节省标煤量见表6。

学生宿舍组团太阳能光伏系统设计方案各项指标 表6

楼号	立面光伏板功率（kWp）	立面光电板数量（块）	屋顶光伏板功率（kWp）	屋顶光电板数量（块）	光电板总数量（块）	总装机容量（kWp）	机资总额（万元）	年发电量（kWh）	年发电量折合人民币（万元）	发电量折合标准煤量（t）
1号楼	0.2	160	0.19	270	430	83.3	90.0	82901.2	41	26.4
2号楼	0.2	120	0.19	186	306	59.3	64.1	58609.9	2.9	186
3号楼	0.2	160	0.19	270	430	83.3	90.0	82901.2	4.1	26.4
4号楼	0.2	80	0.19	115	195	37.9	40.9	37128.2	1.8	11.8
5号楼	0.2	80	0.19	115	195	37.9	40.9	37128.2	1.8	11.8
6号楼	0.2	80	0.19	115	195	37.9	40.9	37128.2	1.8	11.8
总计	0.2	680	0.19	1071	1751	339.5	366.6	335796.8	16.5	106.8

目前，光伏系统的市场价格为10.8元/Wp，本案例系统总装机容量为339.5kWp，总投资为366.6万元。光伏系统年发电量335796.8kWh，折合人民币16.5万元（表6）。如果按静态收益计算，22年即可收回成本。而光伏系统的平均使用寿命是25年，则在其使用寿命内，回收成本之后还可继续创造经济价值[1]。且根据住房和城乡建设部的相关政策，可申请补贴。

4 结语

本文仅以天津城建大学新校区学生宿舍组团为例，进行光伏利用一体化设计，并对相关经济效益进行分析，设计中对电能储存及传输等相关问题未深入探讨。高校建筑太阳能光伏利用能降低高校常规能源能耗，优化能源配置，具有可行性和巨大的发展潜力。高校应积极推广光伏利用项目，为贯彻落实可持续发展战略、减排温室气体、实现节能目标作出贡献。

The Potential of Solar Photovoltaic Using and Design Research in Universities' Constructions—Take Tianjin Chengjian University Students' Dormitory for Example

Abstract: Colleges and universities as large energy consumer groups, recent years under the guidance of the concept of sustainable development, ecological campus construction gradually becomes a new trend of architecture development in colleges and universities, the solar energy as a clean energy is more and more be favorred. This article from the universities' present energy consumption situation and characteristic, discusses the use advantages of solar energy in the construction of universities and solar photovoltaic design method; take Tianjin Chengjian University students' dormitory for example, use photovoltaic technology into photovoltaic building integrated design, calculate the power generation and analyze the relevant economic benefits, and put forward use the solar energy in construction of colleges and universities has the feasibility and huge development potential.

Keywords: Construction of Universities; The Solar Energy; Photovoltaic (pv) Using; Potential

参 考 文 献

[1] 住房和城乡建设部科技发展促进中心．中国建筑节能发展报告——2012年[M]．北京：中国建筑工业出版社，2013

[2] 张豪，高辉，徐凌玉．校园光伏建筑一体化应用潜力的评估方法及验证——以天津大学新校区为例[J]．建筑节能，2014 (5).

[3] 陈琨．高校太阳能光伏屋面电站的设计、安装及并网应用研究[D]．济南：山东建筑大学，2013.

[4] 王晋．光伏建筑一体化在城市住宅中应用潜力的研究[D]．天津：天津大学，2012.

作者： 冯帅旗　天津城建大学建筑学院　硕士研究生
刘　辉　天津城建大学建筑学院　副教授

光伏玻璃应用于办公空间的能耗研究——以天津地区为例

【摘　要】光伏玻璃在通过发电减少消耗常规能源的同时，改变了建筑外围护结构的能量平衡，进而引起建筑冷热负荷的变化。本文选取天津典型高层办公建筑的标准单元作为分析对象，通过软件 EnergyPlus 模拟分析光伏玻璃应用于办公空间，光伏玻璃电池覆盖面积比从10%增加到80%时，对照明、采暖制冷能耗和建筑总能耗的影响。并确定不同朝向基于照明能耗、采暖空调能耗、发电量和总能耗的理想光伏电池覆盖面积比，及计算采用最佳的光伏电池覆盖面积比与最不利的光伏电池覆盖面积比对应建筑总能耗的节能量。

【关键词】光伏玻璃　最佳电池覆盖面积比　能耗

0　引言

随着国家不断加大对光伏产业的投入和支持，国内的光伏建筑一体化行业进入了发展的黄金时期，光伏建筑一体化技术在一些现代建筑立面上得到广泛应用[1]。应用光伏玻璃对建筑能耗的影响主要有两个方面：一方面是光伏玻璃为建筑提供如电能、热能等各种能量，因此导致了建筑能耗构成方式的变化，通常是减少了常规能源的使用；另一方面是光伏玻璃与建筑的结合通常是以与窗或幕墙的集成来体现，所以会改变建筑外围护结构的能量平衡，进而引起建筑冷热负荷的变化，最终影响建筑的能耗水平[2]。

在本研究中，将光伏玻璃应用于天津地区的高层办公空间，通过计算机模拟光伏玻璃的能耗情况，得出光伏玻璃在天津地区不同朝向办公空间应用时的最佳电池覆盖面积比。

1　光伏玻璃在建筑立面的应用现状

光伏玻璃，从广义上讲是指应用于建筑的双玻夹层 BIPV（即光伏建筑一体化）组件和薄膜电池组件，也可以叫做太阳能光伏玻璃，因为它们同时也是建筑上的安全玻璃构件。

典型的 BIPV 光伏玻璃分为以下三类：夹层玻璃光伏组件，中空玻璃光伏组件和薄膜太阳能电池。光伏玻璃可以被用在窗体系统或玻璃幕墙中，如图 1 所示，通过调整太阳能电池间的间距来控制建筑的透光率和遮阳效果，只需要替换传统玻璃即可，可以有效减少安装费用。

2　光伏玻璃的光热特性参数

本研究选用的光伏玻璃为单晶硅中空光伏玻璃，单晶硅量产平均转换效率为 19%，如图 2 所示。根据《建筑采光设计标准》（GB/T 50033—2013）中规定的建筑用玻璃的参数选择，光伏玻璃前片玻璃的透光率为 91%，背板玻璃为 89%，前片玻璃和背板玻璃的

图 1 光伏玻璃在幕墙、天窗与侧窗中的应用实例

厚度均为 6mm，中间有 12mm 的空气间层，总厚度为 24mm。将前片玻璃、背板玻璃的透光率、厚度参数导入软件 Optics6.0 和 Window7.2，计算得出晶硅中空光伏玻璃的光热特性参数，见表 1。

光伏玻璃样本光热特性参数 表 1

U	遮阳系数(SC)	太阳得热系数(SHGC)	可见光透过率(Tvis)
2.695	0.912	0.794	0.820

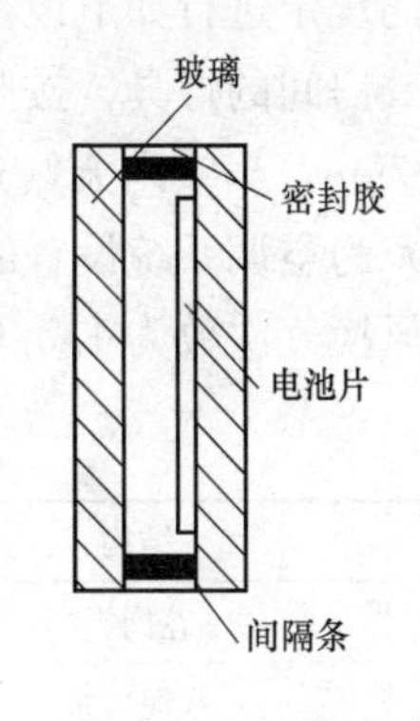

图 2 中空玻璃光伏组件
[资料来源：光伏建筑一体化(BIPV)及光伏玻璃组件介绍]

3 办公空间模型建立及边界条件设定

本文选取 Sketch Up 软件建立办公建筑模型，选取典型高层办公建筑中的一个标准单元（长×宽×高：5m×4.2m×3.6m）作为分析对象，据此建立了一个 5m×4.2m×3.6m（长×宽×高）的计算模型，只有一面外墙，其他各面为内墙，顶棚、地面为隔离楼板层。对于窗墙比的选择，依据《公共建筑节能设计标准》的要求被限定为 0.2～0.7，在寒冷地区，这个值不允许超过 0.7，在本研究中选择上限 0.7。该模型可作为一独立房间，也可看做开敞大空间中的一个标准单元，见图 3。在空调系统运行时间内，认为该房间和相邻房间的室内温度是

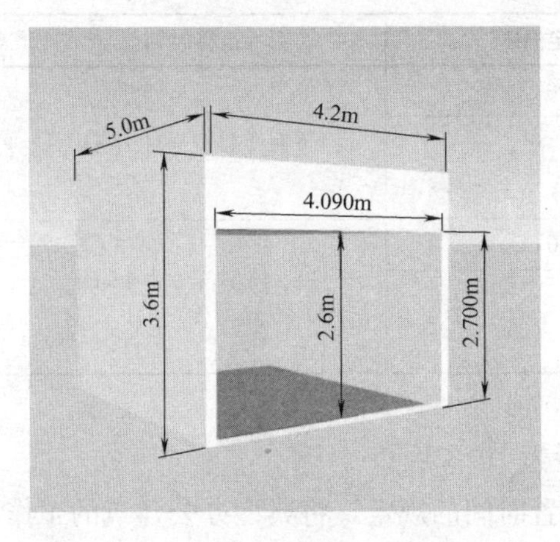

图 3 办公室模型尺寸示意图

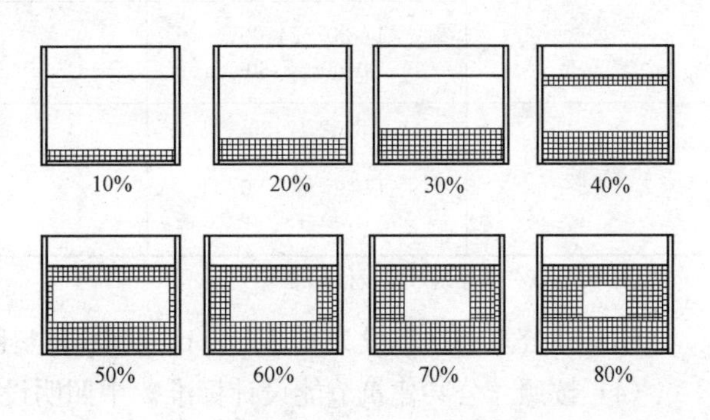

图 4 光伏电池覆盖面积比 10%～80%布置方式示意图

一致的，该办公室处于标准层，不考虑楼层之间的传热。

光伏电池覆盖面积比以10%为间隔，从10%逐渐增大到80%，选择10%作为变化幅度，是考虑到这个值能够看到不同光伏电池覆盖比率带来的不同影响，且在作参数化模拟分析时这个值便于操作。电池片布置方式见图4。

在EnergyPlus内部建立建筑系统，包括建筑结构、照明系统、采暖空调系统及控制系统，对外围护结构的热工性能、照明、设备及人员工作时间等进行设置。围护结构体系如外墙、地板和屋面等参数设置见表2，另外，因为光伏玻璃本身就具有一定的遮阳功能，因此窗口区域设置了单层窗，没有设置遮阳设备。其他参数均按照《公共建筑节能设计标准》（GB 50189—2005）和《民用建筑供暖通风与空气调节设计规范》（GB 50736—2012）的规定进行如下设定：

（1）房间的灯具，按照照明功率密度10W/m^{2}进行设置。天然光控制传感器两个，高度为0.75m，当室内天然光照度低于450lx时，天然光照明控制自动启动人工照明。

（2）为空调系统设置的每日的采暖空调负荷见表3，*COP*设为4.5，通风系统设置为保证通风换气次数为1.5/h。

围护结构体系参数设置 **表2**

名称	结构	厚度(mm)	密度(kg/m^2)	导热系数(W/m·k)
花岗岩	花岗石	20	2800	2.91
	水泥砂浆	20	1800	0.93
	聚苯乙烯保温板	50	30	0.042
	钢筋混凝土	200	2500	1.74
内墙	钢筋混凝土	200	2500	1.74
楼板	水泥砂浆	20	1800	0.93
	钢筋混凝土	200	2500	1.74
	聚苯乙烯保温板	25	30	0.042
	水泥砂浆	25	1800	0.93

空调系统时间表设置 **表3**

	运行时段	设定温度	运行时期
供冷	8:30—17:30	26℃	6月1日至9月15日
	17:30—24:00; 0:00—8:30	40℃	
采暖	8:30-17:30	20℃	1月15日至3月15日; 11月15日至12月31日
	17:30—24:00; 0:00—8:30	5℃	

资料来源：《公共建筑节能设计标准》。

（3）办公室利用率设为0.25人/m^2，设备电耗为10.8W/m^2。

（4）按照《公共建筑节能设计标准》中照明设置时间的规定，将典型办公建筑的工作时间设置为9：00—17：00，节假日安排取软件内部默认值。

4 光伏玻璃能耗模拟分析

EnergyPlus 导入天津地区的标准气象年数据文件（＊.epw），计算不同的光伏电池覆盖面积比时的建筑总能耗、照明能耗、发电量和采暖制冷能耗。在本研究中，将建筑总能耗定义为“建筑总能耗＝照明能耗＋采暖制冷能耗－发电量”，分析当光伏玻璃的电池覆盖面积比以 10％的变化幅度从 10％增加到 80％的情况下，应用于建筑不同朝向时能耗的变化情况。

本文选取南向模拟结果进行详细分析，研究光伏玻璃的电池覆盖面积比从 10％增加到 80％的情况下，建筑总能耗、照明能耗和采暖制冷能耗的变化情况。

4.1 南向光伏玻璃电池覆盖面积比对照明能耗的影响

本文研究的办公空间设定人工照明系统采用连续调光控制模式，设置两个感光探测点，将桌面高度（0.75m）作为室内照度水平的计算高度。根据建筑天然采光设计标准中的规定，办公室的照度标准为 450lx。当天然光水平照度低于 450lx 时，在模拟时 EnergyPlus 软件将启动人工照明以保证室内要求的照度水平。

图 5 表明了南向不同光伏电池覆盖面积比对应的单位面积照明能耗与光伏电池覆盖面积比成正比关系，最大值出现在光伏电池覆盖面积比为 80％时，全年单位面积照明能耗 4.20 kWh/m^2，最小值出现在光伏电池覆盖面积比为 10％时，全年单位面积照明能耗为 1.5kWh/m^2。

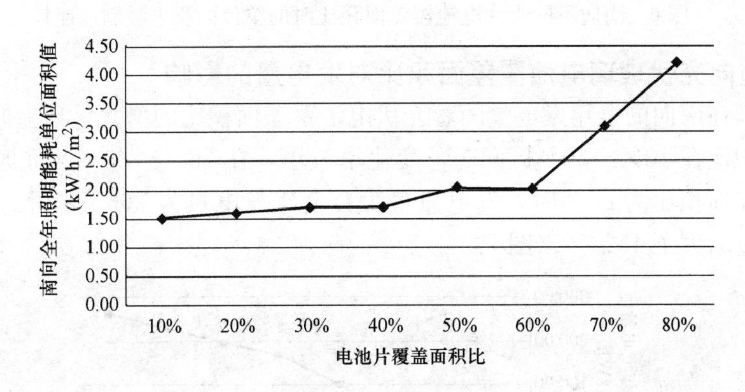

图 5 南向不同光伏电池覆盖面积比时对应的单位面积照明能耗

可以看出，在南向增加光伏电池覆盖面积比会在一定程度上减弱进入建筑内的可见光，随着光伏电池覆盖面积比的增大，照明能耗随之增大。在 10％～60％区间，照明能耗变化幅度很小，在 60％～80％区间，变化幅度较大。结合光伏玻璃的经济性可知，从考虑照明能耗的角度，60％的电池覆盖面积比是较好的选择。

4.2 南向光伏玻璃电池覆盖面积比对采暖制冷能耗的影响

办公建筑的主要使用时间是在白天，不同光伏电池覆盖面积比的光伏玻璃将改变进入室内的太阳辐射量，因此会对采暖空调负荷带来很大的影响。增大光伏电池覆盖面积比会减小进入室内的太阳辐射量，从而降低夏季的制冷能耗，但同时也会使冬季的采暖能耗增大。

图 6 表明随着光伏电池覆盖面积比的增大，采暖能耗逐渐增大，制冷能耗逐渐降低，

采暖制冷总能耗整体变化幅度很小。采暖制冷总能耗最高值出现在电池覆盖面积比为10％时，全年单位面积采暖制冷能耗为183.9kWh/m²。最低值出现在30％～80％区间，全年单位面积采暖制冷能耗为179.5kWh/m²，相比最高点的单位面积采暖制冷能耗降低了2.4％。综合以上数据，光伏电池覆盖面积比率30％～80％时，全年采暖制冷的节能性能最好。

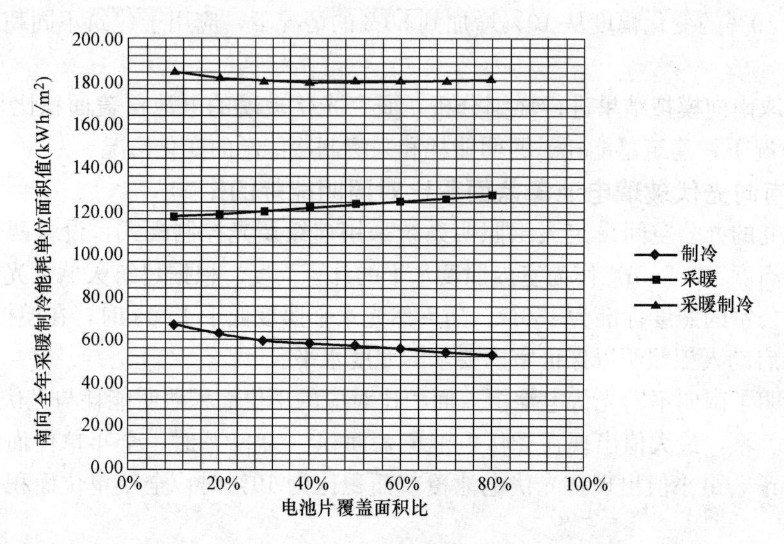

图6　南向不同光伏电池覆盖面积比时的单位面积采暖制冷能耗

4.3　南向光伏玻璃电池覆盖面积比对发电量的影响

光伏玻璃在南向的全年发电量随着光伏电池覆盖面积比的增大呈现上升的趋势，光伏电池覆盖面积比在10％～30％区间时，变化率较小，在30％～80％区间时，发电量迅速增大。在覆盖面积比为80％时，发电量最大，全年发电量为266.7kWh，相比面积比为10％，发电量增大了1820％（图7）。

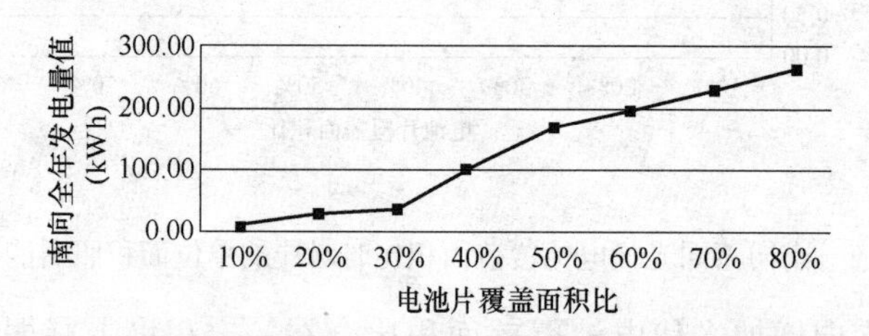

图7　南向不同光伏电池覆盖面积比时的全年发电量

4.4　南向光伏玻璃电池覆盖面积比对建筑总能耗的影响

通过前面的分析，在中国天津地区的气候条件下，光伏玻璃应用于南向办公建筑，增大光伏电池覆盖面积比，照明能耗增加，采暖制冷能耗变化不大，发电量增大。

由图8看到，南向建筑总能耗随着光伏电池覆盖面积比的增大而降低，光伏电池覆盖面积比在10％～60％区间，建筑总能耗变化率较大，在60％～80％区间，变化趋于平缓。光伏电池覆盖面积比为10％时建筑总能耗最高，60％～80％区间时最低，能耗相比最高点时降低7.0％。基于建筑节能的角度考虑，南向理想的光伏电池覆盖面积比区间为60％～80％。

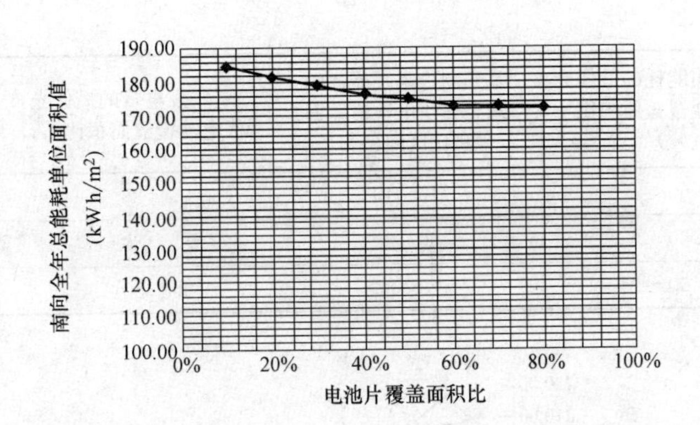

图 8　南向不同光伏电池覆盖面积比对应的单位面积建筑总能耗

4.5　其他朝向光伏玻璃对建筑能耗的影响分析

参考对南向能耗计算数据的分析方法，综合图 9～图 11，分别得到东向、东南向、西南向、西向的能耗模拟分析结果（表 4）。

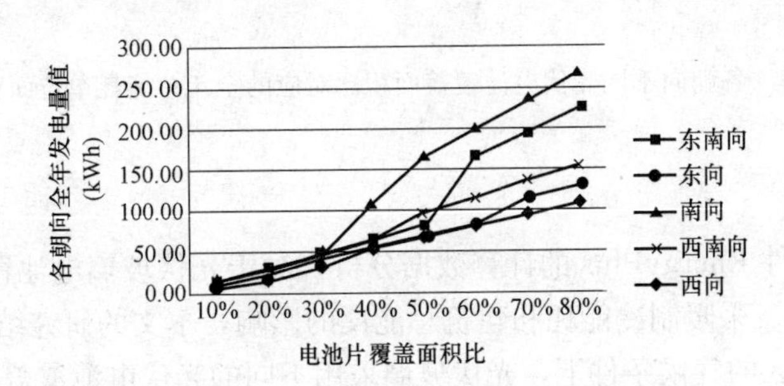

图 9　各朝向不同光伏电池覆盖面积比对应的全年发电量值

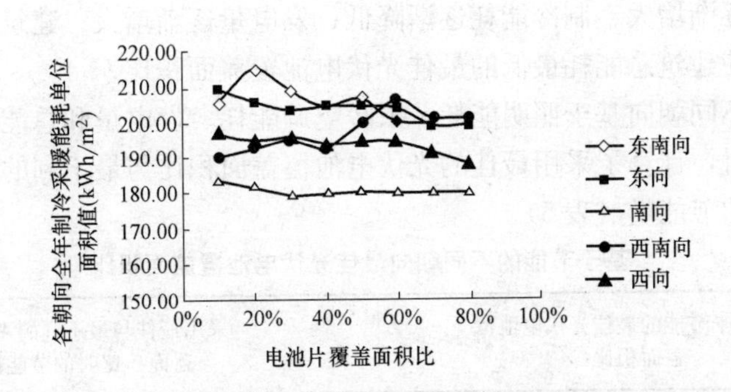

图 10　各朝向不同光伏电池覆盖面积比对应的全年制冷采暖能耗单位面积值

各朝向基于能耗分析的光伏电池覆盖面积比　　表 4

朝向	基于照明能耗的最佳光伏电池覆盖面积比（%）	基于制冷采暖能耗的理想光伏电池覆盖面积比区间（%）	基于发电量的最佳光伏电池覆盖面积比（%）	基于总能耗的理想光伏电池覆盖面积比区间（%）
南	60	30～80	80	60～80
东南	60	60～80	80	60～80

续表

朝向	基于照明能耗的最佳光伏电池覆盖面积比（%）	基于制冷采暖能耗的理想光伏电池覆盖面积比区间（%）	基于发电量的最佳光伏电池覆盖面积比（%）	基于总能耗的理想光伏电池覆盖面积比区间（%）
西南	60	10～40	80	10、40
东	60	60～80	80	70
西	60	60～80	80	80

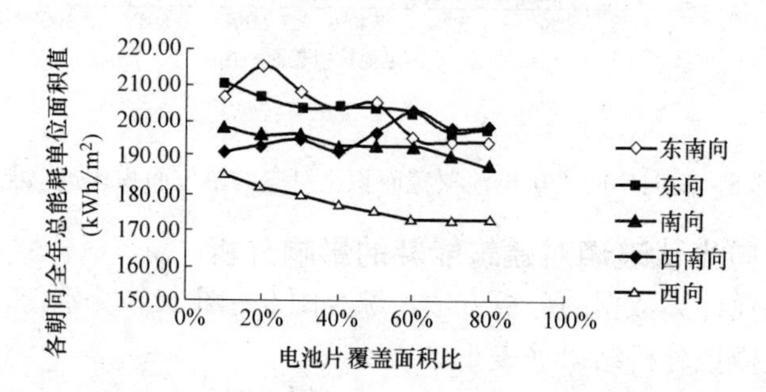

图 11　各朝向不同光伏电池覆盖面积比对应的全年总能耗单位面积值

5　结论

通过以上对软件 EnergyPlus 的计算数据分析，对于光伏玻璃电池覆盖面积比从 10%增加到 80%时照明、采暖制冷能耗和建筑总能耗的影响，本文的研究结论如下：

（1）在天津地区的气候条件下，光伏玻璃采用不同的光伏电池覆盖面积比时，全年的照明能耗、采暖空调能耗、发电量会随之改变。增大光伏电池覆盖面积比，照明能耗逐渐增大；采暖能耗逐渐增大、制冷能耗逐渐降低；发电量逐渐增大；建筑总能耗的变化幅度不大，但也存在使建筑总能耗最低的最佳光伏电池覆盖面积比。

（2）确定了不同朝向基于照明能耗、采暖空调能耗、发电量和总能耗的理想光伏电池覆盖面积比。同时，计算了采用最佳的光伏电池覆盖面积比与最不利的光伏电池覆盖面积比时建筑总能耗的节能量（表 5）。

基于节能的不同朝向最佳光伏电池覆盖面积比　　**表 5**

朝向	基于节能的最佳光伏电池覆盖面积比（%）	采用最佳与最不利的光伏电池覆盖面积比时的节能量（%）
南	60～80	7.0
东南	60～80	10.0
西南	10、40	5.6
东	70	6.3
西	80	5.0

（3）建筑朝向会影响最佳的光伏电池覆盖面积比，光伏电池比率对建筑总能耗的影响程度因朝向而不同，其中，对东南向的影响最为明显，在东南向采用最佳的光伏电池覆盖

面积比与最不利时相比，节省的建筑能耗为10.0%，各个朝向平均可以节省6.8%。

总之，基于对建筑总能耗、照明能耗、制冷采暖能耗以及全年发电量的能耗计算分析，证明光伏玻璃应用于天津地区的高层办公空间，具有很高的可实施性以及节能潜力。

Research on the Energy Consumption Using Photovoltaic Glass in Office Space— ACase Study in Tianjin

Abstract: By reducing the consumption of conventional energy from electricity generation, the energy balance of the building envelope structure was changed, thereby the heating and cooling loads. In this paper, unit of typical high-rise office building in Tianjin was selected the standard as the object of study. The impact of lighting, heating and refrigeration energy consumption and building total energy consumption was analyzed using software Energy Plus when photovoltaic glass cell coverage area ratio from 10% increase to 80% were used in the office building, and the optimum photovoltaic cell coverage area ratio was found in different direction corresponding to the minimum energy consumption, and the total energy consumption of building energy saving was calculated the optimum PV cell coverage area ratio and the most unfavorable photovoltaic cell coverage area.

Keywords: Photovoltaic Glass; Optimal Battery Coverage Area Ratio; Energy Consumption

参 考 文 献

[1] 李现辉，郝斌. 太阳能光伏建筑一体化工程设计与案例［M］. 北京：中国建筑工业出版社，2012.

[2] Wong P. W., Shimoda Y., et al. Semi-transparent PV: Thermal Performance, Power Generation, Daylight Modeling and Energy Saving Potential in a Residential Application［J］. Renewable Energy, 2008, 33 (5): 1024-1036.

作者：李 卓 天津大学建筑学院 博士研究生

王立雄 天津大学建筑学院 教授

“零能耗”建筑太阳能系统一体化设计应用——以天津大学建筑技术应用实验室重建为例

【摘　要】“零能耗”太阳房Sunflower参加了在西班牙马德里举办的“太阳能十项全能”竞赛后运回国内，作为天津大学建筑技术应用实验室进行重建。基于天津市的气候、基地条件和采用的新技术、新设备，对Sunflower的太阳能系统进行重新设计。设计中，体现了太阳能系统与建筑一体化的思想，并利用Designbuilder、PVsyst等计算机模拟软件进行用电平衡，经计算得出太阳能集热器面积，通过数据分析，该太阳能系统设计能够实现“零能耗”。

【关键词】零能耗　太阳能系统　建筑一体化　用电平衡　集热面积

1　概述

环境恶化，能源危机，让人们不得不寻求对可再生能源的利用。于是零能耗应运而生，所谓零能耗建筑是指在满足被动式房屋标准的前提下，其余的能源需求完全由可再生能源供给[1]。太阳能、地热能无污染、分布广泛，且取之不尽、用之不竭，是可靠的可再生能源，太阳能光伏和光热系统在建筑中的应用研究较早且已经比较成熟，因此以太阳能、地热能成为零能耗建筑的首选能源。在零能耗建筑中应用除了要考虑能源系统设计的合理性，还要考虑与建筑的一体化设计，体现建筑的艺术性，更要考虑能耗的平衡性以及提高能源利用率的问题。

“建筑能耗全部由太阳提供”，是由美国能源部举办的“太阳能十项全能竞赛”，组委会要求每所参赛大学设计并建造一栋建筑投影面积不超过74m² 的房屋，并实现能源的自给自足。Sunflower代表中国天津大学参加了2010年在西班牙马德里举办的这一赛事，Sunflower是一座具有中国传统文化特色的建筑，并与太阳能技术完美结合，让西方更好地了解了中国建筑文化以及自然生态观，同时作为我国“零能耗建筑”的先锋代表，让国人更好地了解了国际建筑科学技术的前沿，探索了零能耗建筑在我国发展的道路，为我国可持续建筑开辟了新的天地。在Sunflower圆满完成比赛任务后，按照预定计划，运回国内，在天津大学校园内作为建筑技术应用实验室重新组装建设，Sunflower的主要建筑技术参数见表1。

Sunflower主要建筑技术参数　　表1

名　　称	概　　况	名　　称	概　　况
地点	天津	纬度	39.1°
建筑总高	4.702m	结构形式	木梁柱SIP结构保温板 独立混凝土基础
有效高度	3.3m	外围护结构	210～165mm厚SIP板
体形系数	0.76	门窗	木框玻璃门
空调使用面积	61.7	建筑面积	74m²

对比在马德里时的 Sunflower，其最主要的变化是，地热能被应用到 Sunflower 的能源体系中，地源热泵空调系统相对空气源空调系统效率高，可有效节约用电量，可进一步提高零能耗建筑的适应性。再加上新的气候条件和基地周围的影响因素，需要对太阳能系统作进一步优化设计。

2 Sunflower 被动技术及太阳能系统与建筑一体化设计

2.1 超级保温围护结构及被动技术

零能耗建筑需做到“开源与节流并举”[2]，因此，零能耗建筑也必须是节能建筑。Sunflower 非常注重围护结构的保温和被动技术的应用。首先，Sunflower 采用紧凑的矩形布置方式，有效地降低建筑的体形系数，采用超级保温体系（表 2），设计上尽量避免热桥的产生，建筑缝隙采用长寿命胶带粘贴密封，减少冷风渗透。建筑平面为矩形，东西向展开，争取在冬季尽可能多地获取太阳辐射，减少夏季东西晒的不良影响，便于组织高效的室内通风。另外，中庭的引入极大地改善了室内的光环境和热环境。活动遮阳技术在满足采光的同时可有效减少夏季内部得热，降低空调负荷。

Sunflower 主要围护结构及参数 表 2

名　称	构　造　做　法	传热系数 K[W/(m²·K)]
外墙	(1)16mm 厚日吉华外装饰板，导热系数 0.21； (2)210mm 厚 SIP 板，导热系数 0.039； (3)6mm 石膏板	0.167
外窗	5mm+v+5mm(Low−E)+9Ar+5mm 双层窗墙玻璃	1.2
大门	木框玻璃门	1.8
屋顶	(1)4mm 厚防水层； (2)210mm 厚 SIP 板，导热系数 0.039； (3)6mm 厚石膏板，导热系数 0.33	0.179
地面	(1)SIP 板板状保温，导热系数 0.039； (2)地面热辐射保温层结构层，厚 6mm； (3)厚复合木地板，导热系数 0.15	周边地面：0.127 非周边地面：0.127

为了更好地说明 Sunflower 的节能效果，笔者对采用三种不同围护结构的 Sunflower 作了热负荷模拟，三种围护结构分别为 Sunflower 当前采用的围护结构，天津当地 1980～1981 年住宅建筑通用设计采用的围护结构，2013 年实行节能 75%后天津当地居住建筑采用的围护结构。所用能耗模拟软件为 DesignBuilder。围护结构的具体传热系数见表 3。冬季室内采暖温度为 18℃，夏季室内温度设置为 26℃。

表 3 中列举了 Sunflower 采用不同围护结构情况时的建筑热负荷，可以看出，性能良好的围护结构令 Sunflower 的能耗显著降低，与采用传统建筑围护结构相比 Sunflower 被动节能 76.6%，这样可以显著降低主动技术的投入，体现了被动设计为主、被动技术为辅的设计思想。

各时期建筑围护结构传热系数指标及热负荷　　表 3

部　位	天津地区普通建筑[3]	天津地区 75%节能建筑	Sunflower
墙体平均传热系数(W/m^2·℃)	2.0	0.35	0.167
屋面平均传热系数(W/m^2·℃)	1.5	0.20	0.179
窗平均传热系数(W/m^2·℃)	6.4	1.5	1.2
门平均传热系数(W/m^2·℃)	2.8	1.5	1.5
全年建筑冷热负荷(kWh)	8563.73	3911.30	2003.25
被动节能率(%)	—	54.33	76.60

注：天津地区 75%节能建筑围护结构传热系数来源于《天津市居住建筑节能设计标准》(DB 29-1—2013)。

2.2　太阳能系统与建筑一体化设计

Sunflower 的光伏板被安装在建筑的屋顶、女儿墙和南部栏杆上。虽然是重建，但并不是原样复制，针对天津市与马德里不同的气候条件，需要作出相应的调整。对比天津市和马德里的气候条件，相同建筑在天津其冷热负荷都会增大，太阳辐射强度反而较弱。为了提高太阳能的利用率，屋面部分将日照条件好的坡屋顶上集热器的位置全部安装光伏板，平屋顶部分也以放置光伏板为主，将少量的太阳能集热器布置在平屋顶靠近天窗的部分，女儿墙顶部的光伏板不变；考虑到基地东西两侧有建筑和树木遮挡，将原来布置在墙面上的光伏板安装在南侧栏杆上（图 1、图 2）。这样布置以后，太阳能系统仍然能很好地与建筑相结合，对建筑的外轮廓没有任何不良的影响，深颜色的光伏板与建筑坡屋面非常协调，在晴天时天窗附近的太阳能真空管集热器所投下的光影，丰富了建筑的内环境。至

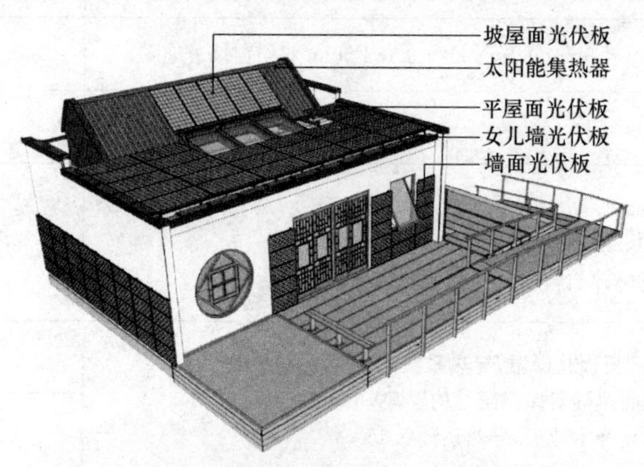

图 1　Sunflower 太阳能系统调整前的安装位置

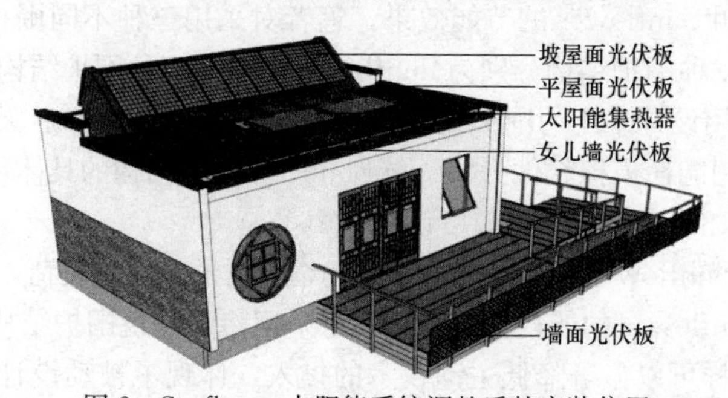

图 2　Sunflower 太阳能系统调整后的安装位置

于调整后光伏板和集热器的效能是否能满足需求，笔者运用DesignBuilder和PVsyst进行了模拟计算。

2.3 小结

根据“被动技术优先、主动技术为辅”的原则，“零能耗建筑”首先应该是节能建筑，Sunflower凭借自身的超级保温体系和适宜性被动技术，成为了一栋高效节能建筑。与此同时，太阳能系统与建筑一体化设计让Sunflower成为技术和艺术完美结合的建筑作品。

3 建筑用电量平衡

3.1 能耗计算

计算安装光伏板的面积，需要对建筑全年的耗电量有一个相对准确的了解，然后根据耗电量和所选择的光伏板的特性和安装位置来验证安装光伏板的发电量是否能够满足建筑需要，这是建筑能否实现零能耗的关键步骤。

3.1.1 基本设备耗电量

在天津地区，制冷和采暖、照明、家电设备及生活热水是建筑的主要能耗，重建后建筑技术应用实验室采用太阳能—地源热泵联合运行系统，与传统空调相比，该系统能率高，可以在满足建筑舒适度的前提下大量节约能源。生活热水热源来自屋顶太阳能集热器收集的太阳能量，集热器的安装面积是按满足建筑热水100%保证率来设计的，大多数时候太阳能热水是用不完的，剩余的热量还可以作为空调系统的热源。表4中列举了Sunflower主要的用电设备及其运行时间。

Sunflower主要设备功率统计　　表4

设备			功率(W)	运行时间(h/d)	消耗功率(kWh/d)	运行时段
照明设备	1		231	软件设定	软件模拟	1～12月
空调新风系统	2	热泵机组KWW-012CRGLT	2300(制冷)/2800(制热)	软件设定	软件模拟	1、2、3、6、7、8、11、12月
	3	Wilo循环水泵，型号：PH-254EHX3	330	软件设定	软件模拟	1、2、3、6、7、8、11、12月
	4	Wilo循环水泵，型号：MHI403-1×2	780	软件设定	软件模拟	1、2、3、6、7、8、11、12月
	5	风机盘管×2	100×2	软件设定	软件模拟	1、2、3、6、7、8、11、12月
	6	新风换气机	72	软件设定	软件模拟	1、2、3、6、7、8、11、12月
太阳能光热系统	7	循环水泵	100	12	1.2	1～12月
	8	温控阀门	9	12	0.108	1～12月

续表

设备				功率(W)	运行时间(h/d)	消耗功率(kWh/d)	运行时段
家电	9	洗衣机	洗衣机	200	0.5	0.7125	1～12月
	10		脱水	450	0.25		
	11		烘干机	1000	0.5		
	12	洗碗机		1750	0.8	1.4	1～12月
	13	32″电视		55	6	0.33	1～12月
	14	个人电脑	笔记本	40	6	0.45	1～12月
	15		17″显示器	35			1～12月
	16	烤箱		2750	0.33	0.92	1～12月
	17	浴室风扇		12	2	0.272	1～12月
	18	冰箱		130	24	0.76	1～12月
自控系统	19			120	24	2.88	1～12月
光伏发电系统显示屏	20			100	12	1.2	1～12月

3.1.2　边界条件的设定

按照《民用建筑采暖通风与空气调节设计规范》（GB 50736—2012）中对民用建筑室内房间舒适度范围及室外计算温度的要求，其中主要使用房间采用舒适度Ⅰ级指标，辅助房间采用舒适度Ⅱ级指标。在功能上为了保证 Sunflower 内部空间具有很强的灵活性，内部多为可动隔断，整个内部空间实际上是一个整体，因此，均按舒适度Ⅰ级考虑，由此得到，采暖期内部设计温度为22℃，制冷期内部设计温度为24℃；根据《天津市居住建筑节能设计标准》（DB 29-1—2013）新风换气次数设为0.5次/h；热泵机组采用 SiUKONDA 柜式—水涡旋水源热泵机组，型号为 KWW-012CRGLT，制冷能效比为5.09，制热能效比为4.36。基于“舒适与健康”角度，采暖季节的起止时段为1月1日至4月6日和10月29日至12月31日，总共采暖天数为160天；制冷季节的起止时段为6月18日至8月22日，总天数为66天；其他时间段为自然通风[4]。通过模拟计算，建筑的逐月及全年用电量见表5。

Sunflower 逐月及全年耗电量　　**表5**

月份	1月	2月	3月	4月	5月	6月
用电量(kWh)	1084.988	981.71	1019.228	472.865	377.5175	492.725
月份	7月	8月	9月	10月	11月	12月
用电量(kWh)	696.5275	606.1275	362.855	425.5975	947.415	1035.448
全年用电量(kWh)	8503.03					

3.2　光伏发电系统设计及发电量模拟计算

3.2.1　太阳能并网发电系统运行模式

太阳能并网光伏发电系统由光伏系统、蓄电池储能系统、逆变器及控制系统组成。太阳能并网发电系统有以下四种运行模式[5]：

（1）光伏系统发电量大于用电负荷，蓄电池充满或者接近充满时，系统将富余电力输送上网。

（2）光伏系统发电量大于用电负荷，蓄电池电量不足，光伏系统对蓄电池进行充电，并避免电网对蓄电池充电。

（3）光伏系统发电量小于系统负荷，蓄电池电量充足，则由蓄电池供电，且避免外网供电。

（4）光伏系统发电量小于用电负荷，电池容量低于一定的标准，为了避免蓄电池因过度放电造成损害，由电网直接供电，并避免电网对蓄电池充电。

该运行模式在原则上尽可能多地利用太阳能，少用来自电网的电能，并将多余的电能输送到电网。

3.2.2　发电量计算

Sunflower 可以安装光伏板的位置主要有平屋面、坡屋面、女儿墙、东南西立面墙体，以及南部和东部的栏杆。如前所述，考虑到基地的具体情况，东西面有建筑和树木，会造成比较严重的遮挡，故将原来安装在墙面上的光伏板安装到南栏杆上。各部位均采用 Suntech 生产的光伏板，具体参数见表 6。

笔者利用 PV_{syst} 5.11 对调整后的光伏板的发电量进行了模拟，由于软件中不包含天津地区的气象数据，笔者将“中国建筑热环境分析专用气象数据集”中有关天津的气象数据输入到软件中，计算其逐月及全年发电量，由表 7 可知 Sunflower 全年的发电量为 8559.819kWh。

光伏板参数　　**表 6**

位　置	型　号	最大额定功率	数　量	倾角(正南朝向)
坡屋面	Pluto 195-Ade	195Wp	9	36°
平屋面	Pluto 200-Ade	200Wp	21	3°
女儿墙	STP030B-6	30Wp	24	0°
南部栏杆	STP037D-18	37Wp	28	90°

全年发电量模拟　　**表 7**

月　份	发电量模拟(kWh)				
	坡屋面	平屋面	女儿墙	南部栏杆	总计
1	144.81	227.64	40.52	50.246	463.216
2	162.63	287.07	51.96	64.8536	566.5136
3	212.76	439.11	81.24	100.9064	834.0164
4	217.26	500.43	93.68	115.7212	927.0912
5	223.92	575.4	108.96	133.644	1041.924
6	180.99	492.24	93.68	114.2708	881.1808
7	170.64	448.14	85.08	103.9108	807.7708
8	172.17	423.78	79.92	97.384	773.254
9	195.66	414.33	76.84	94.0688	780.8988
10	172.62	330.54	60.6	74.7992	638.5592
11	117.72	198.87	35.76	43.8228	396.1728
12	146.97	216.93	38.08	47.2416	449.2216
全年	2118.15	4554.48	846.32	1040.869	8559.819

3.3 小结

分析以上计算结果，建筑的年发电量为 8559.819kWh，略大于建筑全年运行所需电量 8503.03kWh，总体上可以实现“零能耗”。对比逐月耗电量和逐月发电量（图 3），3～10 月间，发电量远大于用电量，而其余月份则正好相反，这是由于天津地区在冬季采暖所需能耗较大，此时的太阳辐射照度最低，光伏系统发电量也最少，通过并网可以解决这一矛盾，在电力富余的季节向电网输送电力，在电力不足的季节利用电网电力，从而起到电力平衡的作用，让建筑实现“零能耗”的目标。

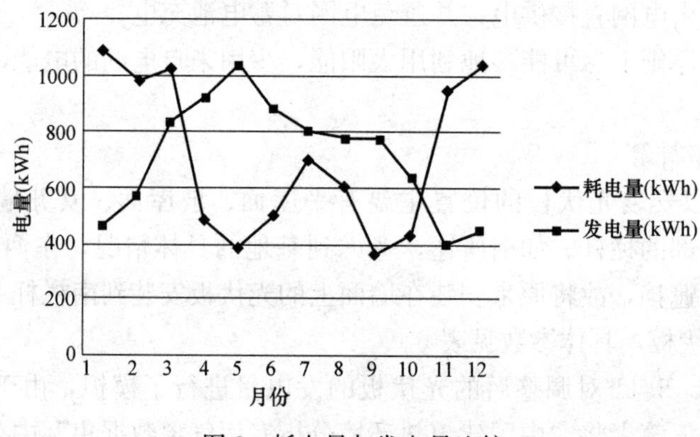

图 3 耗电量与发电量比较

4 太阳能集热器安装

4.1 集热器安装角度

平板集热器和真空管集热器的安装角度和太阳辐射有密切关系，《民用建筑太阳能热水系统应用技术规范》（GB 50364—2005）中建议：“集热器安装倾角应与当地纬度一致；如系统侧重在夏季使用，其倾角宜为当地纬度减 10°；如系统侧重在冬季使用，其倾角宜为当地纬度加 10°”。Sunflower 的屋顶光伏板的安装倾角为 3°，为了屋顶设计的整体性和施工的便利性，太阳能集热器真空管阵列的安装倾角也需要为 3°，系统采用的 Seido2 型真空光集热器，内部的翅片角度可以根据实际需要进行调节，始终处于最佳的集热倾角，因此，这样安装并不会影响单个真空管的集热效率。在计算时，将集热器阵列视为一个整体，只要预留足够的屋面空间，减少真空管之间的遮挡就可以了。

4.2 集热器面积计算

Sunflower 采用由北京市太阳能研究所研制的 Seido2 型真空光集热器，其主要性能参数见表 8，热媒为储热油，需要其产生 60℃的热水，储水箱放置在屋顶设备间内，可实现 24h 供应热水。

Seido2 型真空管主要性能参数 **表 8**

尺寸($L\times W\times H$)(mm)	传热介质	最大运行压力	真空管集热温度(1000W/m²)
2160×1919×151	储热油	6bar	276℃
表面镀层	吸收率	发射率	集热效率
氮化铝	＞0.92	＜0.08	0.789

直接系统的集热面积A_C可按式（1）计算：

$$A_C=\frac{Q_w C_w(t_{end}-t_i)f}{J_t \eta_{cd}(1-\eta_L)} \tag{1}$$

式中 A_C——直接系统集热器总面积（m^2）；

Q_w——日均用水量（kg）；

C_w——水的定压比热容［kJ/(kg·℃)］；

t_{end}——贮水箱内水的设计温度（℃）；

t_i——水的初始温度（℃）；

J_t——当地集热器采光面上的年平均日太阳辐照量（kJ/m^2）；

f——太阳能保证率（%）；

η_{cd}——集热器年平均集热效率（%）；

η_L——贮水箱和管路的热损失（%）。

日均用水量Q_w按《建筑给排水设计规范》（GB 50015—2003）（2009 修订版）表 5.1.1-1 中的规定取值，每人 60L/d，两个人即为 120L/d，贮水箱内水的设计温度t_{end}为 60℃；水的初始温度t_i为 10℃；天津市水平面上的年均太阳辐射J_t为 5152.363MJ/m^2[6]；Sunflower 的热水系统为全年使用，通常太阳能保证率f取 50%～70%[7]，这里取 100%；集热器的年平均集热效率η_{cd}为 40%；贮水箱和管路热损失η_L为 0.2。计算得到所需要的集热器面积为 3.5m^2。Sunflower 采用的是间接系统比直接系统的集热器运行温度稍高，集热器效率略降低，可按式（2）进行估算[6]，得到需要的安装面积为 3.57m^2，实际安装面积为 3.6m^2。

$$A_{IN}=(1.01\sim1.03)A_C \tag{2}$$

式中 A_{IN}——间接系统集热器总面积（m^2）；

A_C——直接系统集热器总面积（m^2）。

4.3 小结

太阳能集热器面积计算时，其保证率取值为 100%，如果仅提供生活热水肯定会造成浪费。太阳能耦合地源热泵系统能有效利用集热器剩余的热量，一方面作为热源供空调系统使用，另一方面可以用来平衡地温，提高热泵持续运行的能力。由此看来，多系统集成可以更合理地利用可再生能源，提高能源利用效率。

5 总结

由 Sunflower 的重建可以看出，气候和场地条件对"零能耗"建筑会造成很大影响，同样一栋建筑在马德里和天津实现"零能耗"的做法是不尽相同的。同时，"零能耗"建筑设计需要强大的技术支持，仅凭建筑师的经验和感觉的传统设计方法很难设计出"零能耗"建筑，利用计算机模拟软件对建筑的耗能以及产能情况进行模拟计算是科学而快捷的手段，可以为设计者提供可靠的数据支持，从而少走弯路，提高设计效率，减少人力物力的浪费。本文主要从太阳能系统与建筑一体化设计和用电平衡的角度对 Sunflower 的光热和光电系统的设计过程进行了阐述，为高效利用太阳能，实现"零能耗"建筑提供参考。作为天津大学建筑技术应用实验室，Sunflower 还将通过不断的运行和监测，取得更多的实验数据，以验证设计的合理性和可再生能源技术的经济性、可靠性，为"零能耗"建筑的普及应用进行研究和探索。

Design and Application of Solar System in Zero-Energy Building

Abstract: Sunflower, the zero-energy solar building, was shipped back to China after participating The Solar Decathlon. It was reconstructed as the laboratory for the application of building technology. The solar system of Sunflower was redesigned according to the climate of Tianjin, base conditions, new technology and new equipment. The integration of solar energy and building was given an expression in the program and Designbuilder and PVsyst were used to balance the electricity, at the same time, the area of solar collector was calculated. Through data analysis, the design of solar system can realize "zero-energy".

Keywords: Zero-Energy; Solar System; Integration of Solar Energy and Building; The Balance of Electricity; Area of Solar Collector

参 考 文 献

[1] Torcellini P., Pless S., Deru M. Zero Energy Buildings: A Critical Look at the Definition, ACEEE Summer Study Pacific Grove [M]. California: NREL, 2006.

[2] 刘辉，高辉. 绿色建筑设计的科学方法 [J]. 建筑新技术 6，2012：300-308.

[3] 杨向群. 零能耗太阳能住宅原型设计与技术策略研究 [D]. 天津：天津大学博士论文，2012.

[4] 房涛. 天津地区零能耗住宅设计研究 [D]. 天津：天津大学博士论文，2012.

[5] 王成山，杨占刚，武震. 一个实际小型光伏微网系统的设计与实现 [J]. 电力自动化设备，2011，31 (6)：6-10.

[6] 住房和城乡建设部工程质量安全监管司，中国建筑标准设计研究院. 全国民用建筑工程设计技术措施给水排水 [M]. 北京：中国计划出版社，2009.

[7] 刘建华，刘小芳，李旭东等. 天津市太阳能热水系统设计中保证率取值的分析 [J]. 中国给水排水，2013，(6)：33-38.

作者：丁　磊　天津大学建筑学院　博士研究生

王立雄　天津大学建筑学院　教授

聚光太阳能技术建筑集成设计与应用*

【摘　要】建筑表皮是分隔室内外空间的界面，控制着室内声、光、热环境和通风，在建筑形象、能耗中扮演着关键角色。太阳能资源丰富易得，聚光是新型高效的太阳能利用形式，将聚光技术集成应用到建筑表皮构件中，会带来艺术表现、结构形式和能量特性的改变。本文主要探讨聚光技术与建筑集成涉及的模块设计与应用形式，从而做出符合可持续设计思想、具有产能功能并且动态可控的生态建筑表皮。

【关键词】建筑表皮　聚光模块　集成应用

1 引言

据统计，目前建筑能耗已占社会总能耗的30%左右，在当前社会能源与环境的双重压力下，如何实现建筑节能已成为一个热点议题。要真正实现建筑节能不仅要“节流”，更需要“开源”。太阳能作为可再生清洁能源，方便易得，在建筑中的利用形式多样，合理设计太阳能在建筑中的利用方式，可以在很大程度上减少传统能源的消耗，降低与城市和建筑有关的碳排放，从而构建深度有机的人居环境。

建筑表皮是分隔室内外空间的界面，控制着室内声、光、热环境和通风。目前，建筑外表皮的形式多样，但就发展趋势来说，主要呈现出以下特点：

（1）新型材料的使用使得构造形式更加多样，由单层表皮向双层甚至多层发展，结构系统更加独立；

（2）由静态被动式的表皮向着根据环境变化积极调节的动态表皮发展；

（3）能够为建筑提供能源。

随着新技术的应用，室内环境对机械设备的依赖程度也在不断加强，虽然设备可以营造室内的舒适度环境，但是随之而来的是建筑能耗的大幅度攀升，而且仅依赖设备所提供的室内环境是否有利于人体舒适健康[1]也成为一个正在研究的问题。毫无疑问，解决室内光热环境、舒适度等问题，一个重要的突破点就在于进行合理的建筑外表皮设计[1,2]。

2　聚光太阳能技术

2.1　聚光太阳能概念

聚光技术是一种新的太阳能利用形式。聚光光伏（Concentrator Photovoltaics，CPV）就是利用透射或反射式的光学元件将太阳光汇聚在面积很小的太阳能电池上，这样可以通过提高聚光比来减少焦斑处的电池面积，从而可以利用廉价的光学透镜或反射镜来代替昂贵的太阳能电池。聚光比越大，焦斑处的能量密度也越大，相应地焦斑处聚光电池的光电转化效率也会相应提高。

2.2　聚光系统的分类

聚光器种类繁多，可以根据光学原理、聚光形式以及聚光比等方式进行分类。

*　基金项目：国家自然科学基金面上项目（51478297）高等学校学科创新引智计划（项目编号B13011）。

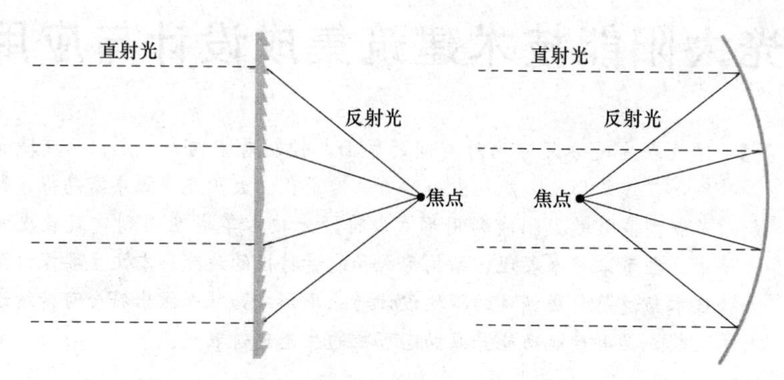

图1　透射式（菲涅尔）聚光与反射式聚光示意图

聚光器按照光学原理可以分为透射式聚光器和反射式聚光器（图1）。透射式聚光也称折射式聚光，主要包括普通聚光透镜和菲涅尔透镜两种。菲涅尔透镜与普通透镜相比，有质量轻、结构紧凑、透过率高、成本低等特点。反射聚光器包括抛物槽聚光器、抛物碟聚光器、平板聚光器、复合抛物面聚光器等。

聚光器按照汇聚光线的不同形式可以分为点聚焦聚光器和线性聚焦聚光器。点聚焦聚光器也叫轴向聚光器，这种聚光形式主要有菲涅尔点式聚光器和抛物碟聚光器等。线性聚焦是指汇聚光线为一条线，聚光器包括线性菲涅尔透射聚光器、线性菲涅尔反射聚光器、抛物槽聚光器等。

点聚焦一般属于高倍聚光，因此需要双轴跟踪。线性反射式聚光器只需一维跟踪。在用于建筑集成时，需要根据实际需要合理选择聚光类型、聚光比，做成适合建筑集成的模块，并且要考虑与建筑集成时的结点构造问题、模块之间的联动方式跟踪控制方式。

2.3　聚光与建筑集成的优势

聚光光伏系统主要由聚光器、太阳能聚光电池、散热装置、跟踪系统以及支撑结构组成。将聚光技术与建筑进行集成，从建筑美学、能源利用效率和建筑内部空间物理环境三个方面来说，都具有显著优势：

（1）聚光器有多种形式，这使得聚光技术与建筑的集成具有多种形式，可以根据不同的需求及设计理念，选择不同的聚光器单元以及阵列形式，会形成不同的建筑外观；

（2）透射式聚光器仅汇聚利用易产生眩光的直射阳光，使得建筑室内可获得大量的漫射光，可保证聚光系统与建筑集成之后有室内自然采光；

（3）跟踪控制系统的引入，为建筑提供了动态的景观形象，同时为室内也提供了动态的光环境，为优秀的建筑设计提供了基础；

（4）聚光系统的电或电热联产，可综合高效地为建筑提供能源；

（5）聚光技术与建筑集成应用时不占用额外的室外场地与室内使用空间，同时一体化集成的聚光系统可通过采用某些建筑构造作为建筑的构件，既节约了支撑结构的成本，同时聚光光伏系统与建筑形成相互保护。

3　聚光技术建筑集成设计

目前，聚光技术已经逐渐成熟，聚光太阳能光电光热已经在工程项目中得到应用。聚光技术与建筑的集成应用上尚处于示范阶段，还没有得到广泛应用，究其原因，首先与传统能源相比，聚光光伏系统本身的成本偏高，另外一个主要的原因就是聚光技术与建筑集成没有找到一个合理的方式。

3.1 反射式聚光建筑集成设计

反射聚光形式的聚光器为不透明构件，可以集成在建筑的墙体、屋顶等不透明部位中，或者作为遮阳构件与建筑集成。线性菲涅尔反射式聚光与建筑集成，如图 2 所示。将反射板用作百叶板式的水平遮阳构件与建筑集成应用。将反射板水平布置在遮阳所需的位置，在反射光线设计的焦斑位置上放置接收器。活动遮阳板本身配有单轴跟踪控制装置，可以保证在一天内任何时候都能起到良好的遮阳效果。由于反射板之间留有缝隙，不会过多地阻挡墙壁外侧上下之间的空气流通[3]。

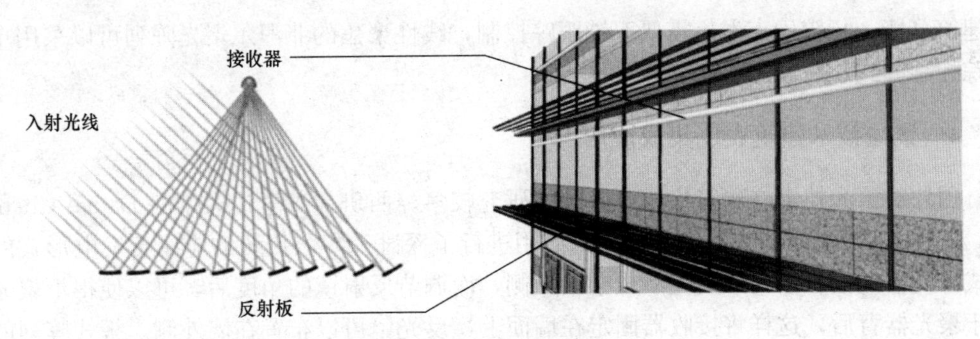

图 2 反射式聚光与建筑集成

3.2 透射式聚光建筑集成设计

透射式聚光只对直射光线有汇聚作用，漫射光可以通过透射进入室内，因而可用于建筑幕墙、窗户、采光屋顶等透明部位。透射式聚光器有很多形式，典型的聚光形式就是应用菲涅尔透镜来汇聚阳光。菲涅尔透镜的聚光形式可以分为点聚焦（图 3）与线聚焦（图 4）。在考虑跟踪控制时，一般来说点聚焦聚光形式要双轴跟踪，而线聚焦聚光形式可以使用单轴跟踪。

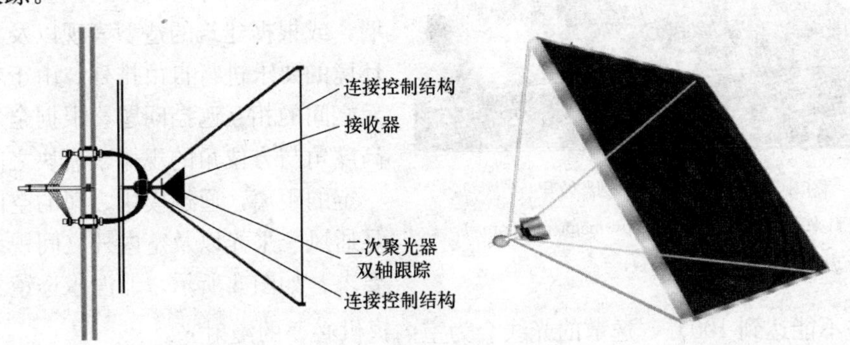

图 3 透射式点聚焦单元剖面与单元模型

聚光器的尺寸可以根据要求定制，因此聚光模块单元的尺寸也是自由的，因此可以做成尺度合适的构件来与建筑集成。透射式点聚焦聚光器通过支撑结构与背后的聚光电池等形成一个构件单元。为提高聚光效率，同时也避免在电池背后散逸出聚光光线，一般在聚光电池之前还需设置二次反光镜来辅助聚光。线聚焦菲涅尔透镜的焦斑为一条线，聚光器可以做成长条形，聚光单元可以做成动态的建筑遮阳构件。或者做成具有遮阳功能的动态

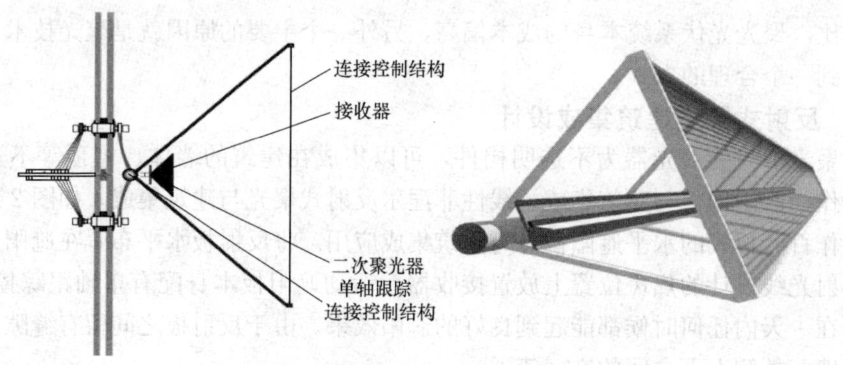

图 4　透射式线聚焦单元剖面与单元模型

的建筑幕墙。相较于点聚焦需要双轴跟踪控制，线性聚焦的菲涅尔聚光阵列可以采用单轴跟踪控制方式，联动方式更加简单易行。

4　聚光技术建筑表皮集成应用

国外对聚光技术在建筑集成中应用的研究较多。西班牙莱里达大学的 Danial Chemisana 对反射式的聚光器在建筑集成中的应用进行了探讨[4~6]。传统的应用于发电形式的反射式聚光器的接收器与入射光线位于同一侧，而调节反射镜的角度后，可以使得汇聚光线位于聚光器背后，这样将接收器固定在墙面上，反光镜可以布置在墙外侧。板式阵列的反射镜可以作为建筑外部的活动百叶构成整片幕墙，也可以局部布置，做成在建筑外墙外部可以上下通风的水平遮阳板。笔者认为将反射镜片更加小型化之后可以与外窗集成，实现集采光、通风与遮阳一体化、并且可以产能的新型节能外窗。

图 5　透射式点聚光幕墙效果图

（资料来源：http：//www. pv-magazine. com/）

透射式聚光单元模块在与建筑表皮集成时，更具有应用前景。排列聚光器单元时，单元可以阵列式排列形成聚光光伏幕墙，或根据建筑的造型表现以及室内光热环境的要求进行自由排列。由于考虑到单元之间的相互遮挡问题，根据全年的太阳高度角与方位角的规律，模块之间会留有一定的距离，通过模块之间的空间可以满足通风、采光以及室内外之间视线交流的要求。如图 5 所示，菲涅尔透镜本身的聚光效率并不能达到 100％，逸散的光线会为室内提供必要的漫射光。

反射式与透射式聚光形式与建筑集成都需要跟踪控制，需要聚光单元始终朝着太阳的位置，形成动态的建筑景观。由于单元模块按照一定的规律排列，为了能更好地与建筑集成，并发挥出聚光技术本身的效率优势，最好的方式就是能够在建筑设计阶段就将模块单元作为建筑的组成构件考虑进去。参数化设计方法可以实现聚光模块的阵列设计与整体调整，可以通过建筑光热与能耗模拟软件，对聚光单元的阵列方式进行优化，从而帮助设计人员在设计阶段更加合理地应用聚光技术，创造出符合建筑审美要求的建筑外观，使技术真正地融入到建筑中去。

目前，聚光光伏系统大规模应用主要在户外发电。相比于在空旷场地所应用的大型聚光光伏系统，在考虑与建筑结合时要使聚光模块小型化。做成与建筑尺度要求相符的小型化构件以后，才能更好地作为围护结构单元集成到建筑上。目前，应用于示范项目的主要为透射式点聚焦形式的聚光单元（图 6），聚光单元模块做成透明的金字塔形，阵列聚光单元来集成建筑幕墙。

由于聚光器要保证光线的透射率，因此拥有通透的现代感外观。在白天随着太阳的位置变化而不断转动，从而形成动态的建筑表皮。当直射光与集成表皮的夹角较小时，整个表皮就像打开百叶窗，可以满足室内外的视线交流（图 7）。中午时整个表皮将被相对地"封闭"起来，以阻挡强光射入室内，有效地避免了室内因太阳辐射而得到大量的热而使室内温度升高，降低夏季建筑对空调制冷的能耗。由于单元之间的间隙以及通过菲涅尔透镜的漫射光可以进入室内，为建筑内部提供了必要的自然采光。

图 6　聚光模块在建筑幕墙上集成

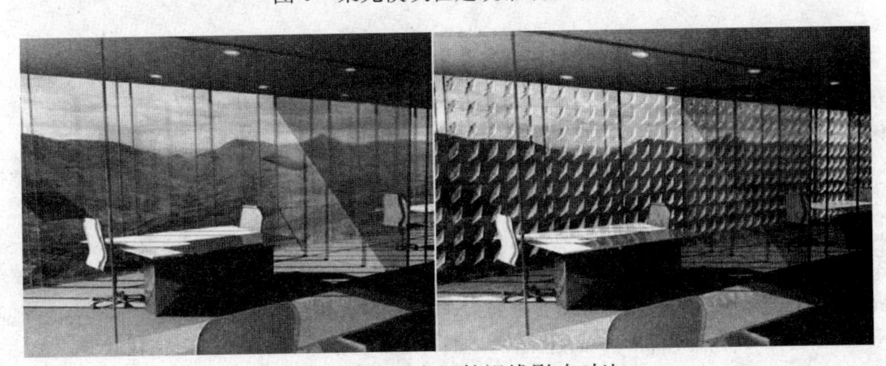

图 7　安装聚光组件视线影响对比

（资料来源：网络）

光线汇聚在聚光单元后在电池部位会产生高温热量，高温高热不仅对室内的物理环境以及安全性产生影响，还会影响聚光电池的发电效率。通过设置集成散热片来帮助通道内的热量散失，以提高太阳能电池效率，并将热量收集为建筑所用。

系统在工作时需要非常精确地将太阳光线聚焦在微小的电池上，因此室外环境所带来的小的误差变化可能会导致聚光系统的巨大的性能损失。如果将聚光单元放置在幕墙外侧，暴露于自然环境中的时候必须考虑更多因素的影响。在实际建筑集成时，可以将聚光系统放置在两片玻璃之间，聚光系统被封闭在玻璃夹层内部，这样聚光单元相对于室内外来说都是封闭的，系统具有更高的稳定性和可靠性。

5 总结

目前，聚光技术建筑集成的方式以“附加”方式为主，研究的重点也在聚光器本身的设计优化和提高能源利用效率方面，对于集成过程中涉及的美学问题、室内外光学环境和舒适的热物理环境营造方面尚无太多研究[7]。目前，已经实现聚光光伏建筑一体化的实例也不是很多，总体来说还处于尝试阶段。而在今后的研究中，应当更加注重如何将聚光技术引入并融入建筑设计，使聚光系统成为建筑结构的有机组成，在为建筑高效地提供能源的同时，营造舒适的光热物理环境。

Design and Application of Concentrating Solar Technology Integrated with Building

Abstract: As the interface between indoor and outdoor space, building skin plays a key role in building appearance and energy consumption plays which control the sound, light, thermal environment and ventilation. Solar energy is abundant and easily obtained. Concentrating solar technology is the advanced efficient solar energy utilization approaches. The aesthetic appearance, structure and energy production characteristics of building skin will be changed if the concentrating solar technology is integrated. This article explores concentrating module design and application forms suitable for building integrated, providing ecological and dynamic building skin with Sustainable design and capacity of energy generation.

Keywords: Building Skin; Concentrator Module; Integrated Application

参考文献

[1] 李钢，李保峰，龚斌．建筑表皮的生态意义［J］．新建筑，2008（2）：14-19.

[2] 高辉，郭娟利，王杰汇．光伏建筑表皮的美学表达与技术创新［J］．建筑新技术，2012（6）：82-89.

[3] 季杰，罗成龙，孙炜等．一种新型的与建筑一体化太阳能双效集热器系统的实验研究［J］．太阳能学报，2011，32（2）：149-153.

[4] Daniel Chemisana. Building Integrated Concentration Photovoltaics: A Review [J]. Renewable and Sustainable Energy Review, 2011 (15): 603-611.

[5] Karim Menoufi, Daniel Chemisana, Joan I. Rosell. Life Cycle Assessment of a Building Integrated Concentrated Photovoltaic Scheme [J]. Applied Energy, 2013 (111): 505-514.

[6] Baig Hasan, Sellami Nazmi, Chemisana Daniel, Rosell Joan, Mallick Tapas K. Building Integration Solutions for CPV [J]. Solar Energy, 2014: 525-540.

[7] 尹宝泉，王一平，朱丽等．聚光光伏电热联用系统在建筑中的应用现状及展望［J］．太阳能学报，2012（增刊）：77-85.

作者：邵泽彪　天津大学建筑学院　博士研究生
朱　丽　天津大学建筑学院　教授

太阳能技术在办公建筑中的应用分析
——以加拿大白石城操作控制楼为例

【摘　要】太阳能技术是一种应用非常广泛且性能良好的节能技术，在办公建筑中有非常好的应用、发展前景，但是现阶段我国建筑低能耗节能技术不够成熟，太阳能建筑设备局限性较大，太阳能技术在办公建筑中的应用依然任重道远。本文结合太阳能技术应用原理和主要应用形式，以加拿大白石城操作控制楼为例，对该办公建筑中的太阳能技术应用进行分析和阐述，总结了适合办公建筑应用的太阳能技术，以供今后建筑设计参考。

【关键词】办公建筑　太阳能技术　加拿大白石城操作控制楼

1　引言

随着传统能源不断消耗减少以及环境污染不断加重，绿色低能耗建筑的研究发展在世界范围内已经形成一股热潮。低能耗办公建筑是低能耗建筑中一个十分重要的组成部分，但是我国各类办公建筑高能耗的问题日益突出，因此推广低能耗办公建筑理念，加强低能耗办公建筑实践已成为当务之急。国外办公建筑凭借其技术优势发展早于我国，低能耗办公建筑更是遥遥领先，我们必须探索出一条适合我国国情的低能耗办公建筑之路。

可再生能源种类多样，其中太阳能是最重要的基本能源，生物质能、太阳能、潮汐能、风能等都来自太阳能。广泛实践证明在设计中应用可再生能源可以帮助实现低能耗建筑，因此探讨太阳能技术在办公建筑设计中的应用是推进低能耗办公建筑的重要途径。

2　太阳能建筑技术

太阳能技术与建筑结合能有效地减少建筑能耗。广义看来，太阳能的应用主要有两种方式：一是通过转换装置把太阳辐射转换成热能，属于太阳能热利用技术；二是通过转换装置把太阳辐射转换成电能，属于太阳能光电技术[1]。常见的太阳能建筑应用技术还可以进一步具体分为光能利用、热能利用、电能利用。光能利用主要是指在建筑采光方面的应用，目前主要有三种技术方式：光导管技术、阳光反射板、凸透镜＋光纤激光系统。热能利用的形式较多，办公建筑中可用的有屋顶一体化太阳能集热器、外墙一体化太阳能集热器、建筑遮阳、太阳墙技术等。电能利用主要是指太阳能光伏发电技术，在办公建筑上应用这种形式可以使其外观更具魅力[2]。

在太阳能建筑设计中，要综合考虑场地规划、建筑单体设计、技术措施应用以及围护结构选取等多方面要素。在与办公建筑整合设计中的关键是以适宜性为原则，在建筑设计之初就做好统筹规划，将太阳能设计系统与建筑的围护结构体系等进行有机结合[3]，最终使太阳能技术更有效地参与到建筑使用过程中。

3　办公建筑中太阳能技术的利用

本文将以加拿大白石城操作控制楼为例介绍分析国外低能耗小型办公建筑中太阳能技

术的利用方式，进一步探讨低能耗办公建筑这一发展趋势在我国的设计应用策略，为今后太阳能建筑技术乃至其他建筑技术在办公建筑中的设计、发展方向提供一定的参考与借鉴。

3.1 加拿大白石城操作控制楼简介

白石城操作控制楼（The Operational Building in The City of White Rock）是一栋小型市政办公楼（图1、图2），坐落于加拿大不列颠哥伦比亚省白石城，当地属于海洋性气候，年辐射量约1281kWh/m²，年平均气温约10.5℃，年平均风速约3.3m/s。该建筑占地9597m²，建筑面积约608m²，原址是一所废弃卫生处理厂，新建筑用埋在地下的原有的罐壁板作为地基。建筑分为两个独立的部分：北端是一个两层的建筑，南端是一个一层的建筑。北楼内包含各个部门，多是临时性使用的，如工作人员的设备场地、更衣室、急救室、会议室和餐厅；南楼内则为主要使用功能区——办公室。

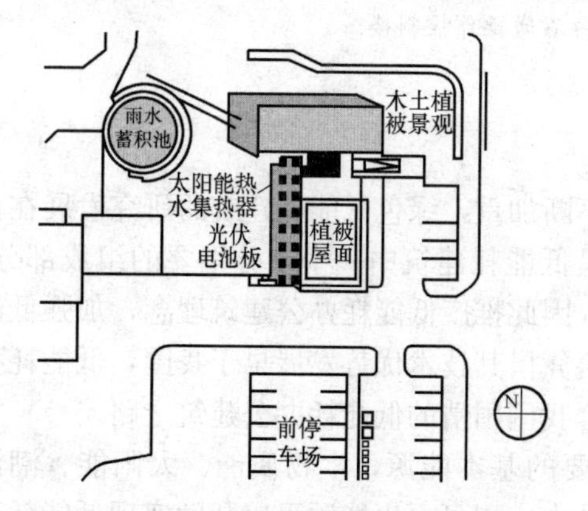

图1 白石城操作控制楼总平面图
（资料来源：《太阳能建筑经典设计图册》）

图2 白石城操作控制楼透视图
（资料来源：《太阳能建筑经典设计图册》）

3.2 白石城操作控制楼利用技术

3.2.1 被动式策略

首先，根据不同功能要求进行建筑设计。主要的办公功能需要充分的采光，布置在南向，北向布置使用率较低的其他功能区域。南楼设计成南北轴向较东西轴向长的形式，这种设计能减少对北楼采光的遮挡。其次，根据区域每日和常年的太阳轨迹，在建筑外形的设计中采取相应的设计策略如控制玻璃的数量和位置、采用遮阳措施等。建筑北向的窗墙比控制在5%，南向的窗墙比则达到50%，东面窗户通过屋顶悬挑遮阳和室外的落叶乔木遮阳，南窗主要采用水平遮阳，西面采用遮阳格栅遮阳。南向窗户的外遮阳设计非常特别，建筑遮阳板布置在窗户中间而不是窗户上方。

为了验证这一特殊的遮阳设计效果，针对遮阳板的不同位置，借助EnergyPlus软件建立模型并进行模拟。首先建立了遮阳板通常的设计应用模型（图3）以及遮阳板布置在窗户中央的设计模型（图4），然后运行计算得出遮阳板位置变化对建筑能耗等的影响。模拟结果显示：在常规位置即窗户上方时的建筑制冷能耗为21786kWh，经过优化设置后的制冷能耗约为18015.49kWh，但是采暖能耗却增加了55223kWh。分析认为，在办公建筑中设置外遮阳时建议设计为可活动的形式，夏季时遮阳板放置在窗户中央，在冬季时则可以将遮阳板上升至窗户上方以节约取暖能耗。而且在夏季时悬挑的屋顶楼板就具有一定的遮阳作用，在中间部位设计遮阳板时，二者结合能够最大范围地遮阳（图 5）。

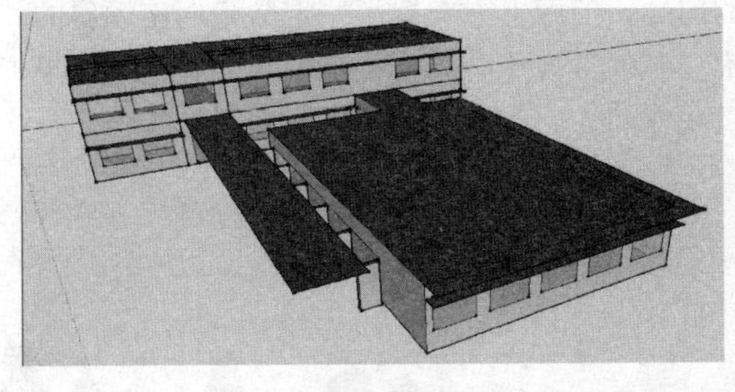

图 3　遮阳板在窗户上方

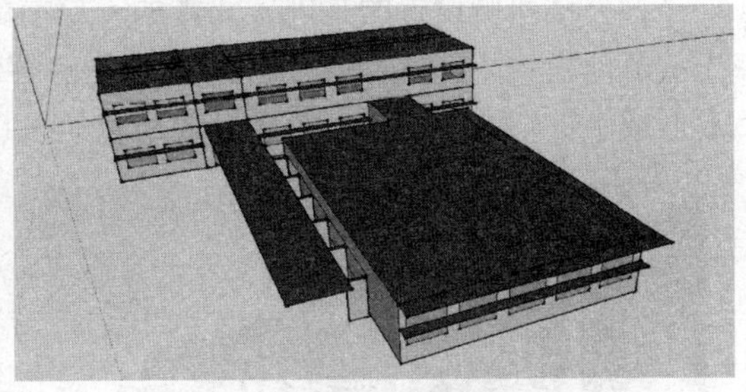

图 4　遮阳板在窗户中央

该办公楼通过对两个主要体量的屋顶的设计来改善自然通风。北楼设计成双层屋顶，夏季中间的空气层流动时带走室内热量，冬季关闭通风间层时能够达到保温的效果。南楼屋顶采用屋顶绿化来降低夏季屋顶吸收的太阳辐射量，有效为办公室室内降温。两栋楼之间的连接部分在夏季完全开敞（图 6），实现附近南北楼室内的通风换气。冬季适当关闭连接部分，提高整体的气密性并减少了散热面积，增强建筑冬季的保温效果。

3.2.2　光能利用

北楼南墙上窗间墙外表面采用折状的板，这些板作为反光搁板可以把太阳光反射到南楼北墙上，并通过窗户进入室内，产生一种柔和、间接的光，从而减少了人工照明的需求（图 7）。此外，室内设置传感器监测进入室内的日光量，控制无人区域的用电能耗。

图 5　遮阳板设计
（资料来源：《太阳能建筑经典设计图册》）

图 6　南北两楼连接处图
（资料来源：《太阳能建筑经典设计图册》）

图 7　北楼南墙反射板
（资料来源：《太阳能建筑经典设计图册》）

3.2.3　光热利用

为了满足建筑用热水，北楼的二层窗前设置了一系列垂直真空管集热器（图 8），同时南部办公楼西侧窗户外也布置了一些水平真空管集热器。这些管状集热器的排布方式不仅可以在兼具建筑美学效果的同时起到遮阳的效果，而且可以利用太阳能光热作用生成热水提供生活用热水和采暖期的低温地板辐射热水。这些太阳能集热器是建筑物热量获取的主要来源，但是由于太阳光线的不均匀性，建筑同时还备有高效锅炉作为建筑物热量获取的辅助来源。

3.2.4　光电利用

办公楼西侧设置的是进入北楼的入口前的门廊，门廊上方布置了一定数量向南倾斜的光伏电池板（图9），完全工作时预计能够替代5%的常规能源。光伏板的布置在建筑效果上形成了一定的韵律感，帮助形成了建筑入口灰空间。

图8　北楼真空集热管
（资料来源：《太阳能建筑经典设计图册》

图9　光伏板设置
（资料来源：《太阳能建筑经典设计图册》）

3.2.5　其他技术

基地西北方设计了雨水蓄积池，北楼屋顶的雨水管连接至此，周边地面也设计了一定的坡度收集地表径流水并将雨水汇至雨水蓄积池。暴雨过后雨水储存在雨水蓄积池中，建筑中采用热能交换器能够从这部分雨水中回收热能提供建筑用。

此外，建筑还通过两种途径确保建筑物能源供应的可靠性和安全性。首先，建筑采用了低技术策略减少电网覆盖不到区域对常规能源的依赖。其次，建筑采用避难建筑标准，可通过现场应急发电为建筑提供电力，确保其成为一个能够独立运作的机构[4]。

4　结语

白石城操作控制楼采用了许多太阳能建筑技术策略，这些策略各有优势且能构成有机整体。通过这一优秀实例，可以看出在办公建筑中能够根据太阳高度角的季节性变化来改变外遮阳设施的位置，这种可变性设计能够有效降低夏季制冷能耗及冬季取暖能耗。此外，太阳能真空集热管有条件直接作为外遮阳设施并直接为建筑提供热水。可见太阳能技术可以创造性地应用于办公建筑中并达到良好的使用效果，在今后的办公建筑设计中太阳能技术与建筑设计能够获得良好的平衡关系。

Application of Solar Energy Technology in Office Building

—Taking the Operational Building in the City of White Rock in Canada as an Example

Abstract: Solar energy technology is one of the most widely used and energy-saving technologies. It has good developing prospect in the office building. But energy conservation technologies in architecture are still fresh in our country. The use of solar-evolving equipment in architecture is limited and has a long way to go. The essay combines solar energy technology use theory and form in the example-the operational building in the City of White Rock in Canada, analyzing the use of solar energy technologies in this office building. In the end, it list the appropriate solar energy technologies in the office building to supply some reference for later design.

Keywords: Office Building; Solar Energy Technology; the Operational Building in The City of White Rock in Canada

参 考 文 献

[1] 薛一冰，何文晶，王崇杰等编著. 可再生能源建筑应用技术 [M]. 中国建筑工业出版社，2012：29.
[2] 黄献明，黄俊鹏，李涛主编. 太阳能建筑经典设计图册 [M]. 中国建筑工业出版社，2013：6-13.
[3] 张希舜主编. 太阳能与建筑一体化工程施工技术 [M]. 中国建筑工业出版社，2013：26-34.
[4] 黄献明，黄俊鹏，李涛主编. 太阳能建筑经典设计图册 [M]. 中国建筑工业出版社，2013：35-37.

作者：王冰华 天津大学建筑学院 硕士研究生
郭娟利 天津大学建筑学院 讲师

光伏集成建筑中光伏材料的艺术表现力*

【摘　要】以光伏材料的物理、技术特性为基础，针对光伏集成建筑（BIPV），尝试从建筑学角度考察材料的视觉属性和空间特征，进而分析其在建筑中所呈现的艺术表现力，关注其色彩、肌理、形态等方面的建筑美学特质，并在此基础上挖掘其表达内涵，以期对该领域的研究起到一定的拓展深化作用。

【关键词】光伏集成建筑　光伏材料　艺术表现力

伴随当今建筑设计领域对于生态节能技术的日益关注，光伏材料作为一种极具潜力的高效复合型生态材料，愈来愈被广泛应用于各类建筑节能设计中。在追求技术角度的进步与实效的同时，光伏材料也因其自身所具有的种种美学特征，而成为建筑表皮的艺术构成元素参与着建筑形态的塑造，呈现出独具特色的建筑表现力。

1　光伏材料与光伏集成建筑（BIPV）

本文所指的光伏材料是各种不同形状、不同尺寸和不同肌理的光伏电池板的总称。构成光伏材料的物质单元是太阳能光伏电池薄片，它的组成材料包括：产生光伏效应的半导体材料、薄膜用衬底材料、减反射膜材料、电极与导线材料、组件封装材料等[1]。光伏建筑应用光伏材料，以光伏电池板为媒介，将太阳能直接转化为电能，再通过逆变器供给建筑自身所用或者输送到当地的电力系统中。光伏电池板通常以各种阵列形式与建筑物相结合，其中，光伏材料在发电的同时也作为建筑外围护结构组成部分的建筑形式被称为“光伏集成建筑（BIPV）”。相较于光伏阵列与建筑主体分离、只负责发电功能的传统形式，BIPV的光伏材料作为建筑建构的直接材料，其应用直接关系到建筑的艺术形式及其空间塑造[2]。

2　BIPV中光伏材料色彩构图表现

色彩作为材料最基本的视觉要素往往给人以强烈的印象，材料的色彩对塑造建筑形象起着关键作用。光伏电池的色彩表现包括两类：其一为构成材料自身所带有的色彩属性；其二为经过加工处理过的颜色。通常光伏电池片自身的颜色以蓝、灰、黑为主，深色的外观是为了增加材料表面对太阳能辐射的吸收量，以获得最大的光电转化率。但伴随着现代加工工艺的发展，通过表面抗反射涂层或者改变光伏电池基板衬底的颜色，能够得到绿、红、橙、黄、紫等多种颜色的光伏材料，尽管颜色变化的同时会带来一定程度上转化效率的降低，但色彩的丰富，

图1　材料经过涂加抗反射图层而呈现的色彩属性
（资料来源：http：//www. schott. com/）

* 基金项目：国家自然科学基金资助（项目批准号51108309）。

大大提高了其在建筑设计应用中的美学表现力[3]（图1）。而另一种简单有效地获得丰富色彩的途径是改变边框的颜色，其优势在于不会由于色彩的变化而牺牲光电转化效率。在BIPV中，把握光伏材料的色彩特征，灵活运用各种色彩构图方式，能够得到丰富多样的建筑外观效果。

2.1 点式色彩构图

由面积较小的区别于背景色彩的点形成的构图。在BIPV的光伏材料应用中，点式的色彩构图通常对应着交通空间、共享空间等建筑内部功能空间，阳光透过彩色的点状材料在室内形成斑驳光影，整个空间气氛也随之活跃。西班牙的Schott Iberica公司项目，在其楼梯间外部的墙体上采用了27块透明的彩色薄膜光伏电池板，间隔分布的红色、绿色、黄色、紫色的光伏玻璃在外立面上形成了跳跃式的构图，充满了变化感（图2）。

图2　西班牙 Schott Iberica公司楼梯间
（资料来源：http：//www.us. schott. com/）

2.2 线式色彩构图

以条纹状色彩排布的构图方式常常呈现出明显的节奏感和方向性。光伏材料的线式色彩构图通常应用于建筑的阳台板，与玻璃窗的透明材质配合形成横向的直线排列，或者是在窗间墙部位连续使用同类型光伏材料形成横向或竖向的直线构图，抑或用光伏材料包裹整个立面，进行各种色彩的线式组合。如德国Donaueschingen某俱乐部，立面便采用了蓝色的光伏材料与灰色百叶相隔排列的竖向线条构图方式（图3）。

2.3 面式色彩构图

由大面积色块作为建筑表皮的构成元素，是光伏材料常用的色彩表现手法。在设计中，常采用明框或隐框进行单元划分，从而将单一色彩的材料加以分隔，增强材料界面的层次性。例如日本的BANDAI Hobby Center，立面设计有大面积黑色的多晶硅电池板，弧形而光滑的黑色光伏材料与白色的边框形成强烈的色彩对比，塑造了鲜明的建筑形象（图4）。

图3　德国Donaueschingen某俱乐部外观
（资料来源：www. baunetzwissen. de/）

图4　日本BANDAI Hobby Center外观
（来源：http：//www. pvdatabase. org/）

3 BIPV中光伏材料肌理质感表现

光伏材料的肌理质感表现主要分为两个层次：其一为光伏材料本身由于生产工艺的不同所具有的肌理形式，如单晶硅材料无明显花纹、多晶硅材料有清晰的结晶花纹、薄膜材

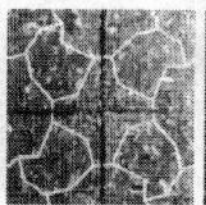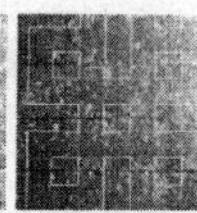

图5　光伏电池表面设计接触线产生的肌理效果示例
（资料来源：The German Energy Society. Planning & Installing Photovoltaic Systems [M]. London：Sterling VA，2006）

料通过加工镀膜的花纹实现各种条状、点状、网状的肌理等；现代加工技术能够通过特殊的工艺创作出多种不同的图案肌理，如澳大利亚大学的原子研究所通过在光伏电池的表面上设计接触线而产生了丰富的表面肌理效果[3]（图5）。其二为光伏电池在封装组合为电池板时，单元大小形状、排列的疏密、边框的形式等都影响着建筑表皮的肌理形态。光伏电池根据其制作工艺的不同，可以生产出不同的标准形状，如：单晶硅多呈现方形、圆角方形或者八边形等，多晶硅电池多呈矩形，薄膜光伏电池则多是柔性卷材形式。也可以依据客户的需求定制出其他各种特殊形状的太阳能电池，如三角形、带状、半圆形、梯形、弧形等。伴随光伏技术的快速发展，出现了更多形状各异的光伏电池，如日本产业技术综合研究所等研制出花朵和叶子形状的彩色光伏材料、美国桑迪亚国家实验室（Sandia National Laboratories）发明了雪花形状的新型光伏电池。不同形状的光伏电池单元，经过具体的排布设计，将形成形态各异的可直接应用于建筑中的光伏材料。

同时，光伏材料与其他建筑材料，如金属、木材、砖石、玻璃等相组合，通过不同材料肌理与质感的对比，也能营造丰富的表现效果。例如，德国宝马世界（BMW Welt）的光伏屋顶，3660块太阳能板被整合到不锈钢金属覆层中，金属覆层与光伏材料的结合，其精致质感的网格肌理所营造的虚实、明暗的对比，体现了现代技术与艺术融合（图6）；BMVBS主办的巡回展览示范亭，木材主要作为边框使用，内部规则排布光伏材料，光伏材料与木材的结合体现了脆冷与柔和的质感协调（图7）。

图6　宝马世界光伏屋顶
（资料来源：http：//www. pvdatabase. org/）

图7　BMVBS巡回展览示范亭
（资料来源：http：//www. nachhaltigesbauen. de/）

4　BIPV中光伏材料形态构成表现

形态构成是建筑设计的关键环节，建筑师利用各种基本构成元素，进行排列、整合以及变异等设计处理，以求获得丰富多样的造型。光伏集成建筑概念产生发展至今，光伏材料已被广泛应用于建筑的不同部位，主要有：光伏屋顶、光伏中庭、光伏立面、光伏构件（遮阳系统、雨篷等）等。依据光伏材料所塑造的界面的方向性可将其划分为三种类型：水平界面、垂直界面以及自由界面。其中，水平界面是指与光伏材料应用于建筑水平向度空间，包括光伏屋顶（平屋顶、坡屋顶）、光伏天窗以及雨篷；垂直界面是指与光伏材料应用于建筑垂直向度界面，主要为建筑立面，以及依附于立面的遮阳系统；自由界面则是指建筑的水平和垂直界面没有明显的材料、方向上的区分，给人一种浑然一体的感受。

4.1 水平向度界面形态构成

水平界面是建筑中接收太阳能辐射量最大、最直接的部位，尤其是屋顶部分，通常建筑的屋顶平坦而面积充足，非常利于光伏材料的安装和使用。光伏材料运用不同的布局构成方式，能够得到效果各异的水平界面。其中，整体连续式布局是将整个水平界面完全覆盖，充分利用水平空间来进行光伏发电，多应用于规则的、不具有采光需求的雨篷、屋顶等，根据所选择的光伏材料肌理、单块材料的尺寸、材料间的交接处理、材料的铺装方向等的不同，会产生丰富的连续界面效果，如日本 Kyusyu 国家博物馆，光伏材料完全覆盖了整个建筑波浪形的屋顶，构成连续而富有起伏感的第五立面形象（图 8）。另一种为局部图形式的布局，是在水平界面中某些部位布置光伏材料，往往采用对称或格构的韵律排布，常应用于有采光要求的屋顶和中庭，如 2010 年上海世博会主题馆屋顶采用格网构图形式模仿上海里弄“老虎窗”，蓝色的多晶硅光伏材料以菱形平面相间隔布置，熨贴于肌理（图 9）。此外，还有一种将光伏材料应用于建筑水平界面四周边缘位置的形式，通常兼具遮阳和雨篷的作用，光伏材料围合的边缘与水平界面的其他部分形成宽窄、粗细的对比，从而丰富水平界面的空间变化，如美国加利福尼亚科学院水平屋顶四周边缘采用薄膜光伏材料等宽布置，与规整的方形建筑体量相呼应，亦增加了视觉层次感（图 10）。

图 8　日本 Kyusyu 国家博物馆光伏屋顶
（资料来源：http：//www.pvdatabase.org/）

图 9　上海世博会主题馆屋顶
（资料来源：http：//www.expo2010.cn/）

图 10　美国加利福尼亚科学院

4.2 垂直向度界面形态构成

相对于建筑的水平界面而言，垂直界面对太阳能辐射量的利用率较低，因此，为提高光电转化率，光伏材料大多数选择布置在东、南、西向，并常设一定的角度倾斜。光伏材料应用于各垂直界面，其构成方式的不同，亦可产生不同的艺术效果。其一，光伏构件或同一形象单元在垂直界面上连续地、有规律地反复出现，产生具有秩序感、韵律感的界面肌理效果（图 3、图 7）。其二，在光伏建筑的垂直界面上加强二维或三维交错的网状线性框架体系，强调界面的分隔（图 11）。其三，利用折叠的手法，使光伏构件与建筑主体垂直界面形成一定的角度和距离，这多见于光伏遮阳系统和双层建筑表皮（图 12）。此外，伴随当今层出不穷的新式构形手段发展，由光伏材料塑造的建筑垂直界面也尝试向不规则的自由状态发展，呈现出颇具个性的建筑表情（图 13）。

图 11 SDED Office Building 格网式光伏立面
（资料来源：http：//www.pvdatabase.org/）

图 12 法国 CTS Strasbourg 光伏遮阳立面
（资料来源：http：//www.pvdatabase.org/）

图 13 墨西哥层叠式摩天楼
（资料来源：http：//www.chinagb.net/）

图 14 新奥尔良生态居留地“诺亚”效果图
（资料来源：http：//discovery.163.com/）

4.3 其他自由形态界面构成

随着现代建筑的不断发展，建筑造型呈现多元化的倾向，逐渐打破了传统的建筑空间的界定，屋顶、立面等界面要素的界线逐渐模糊化、自由化，失去了明显的区分。同时，许多建筑师们也开始追求更加丰富、异化的造型形式。BIPV 的光伏材料在此种界面布局中多采用整体覆盖式，通过不同的材料选择和特殊的构造处理，可以满足各种奇特的造型需求。如 Kevin Schopfer 设计的新奥尔良生态居留地，是一个大型的城市生态建筑，建筑呈有机的单纯体态，整个外表皮由光伏材料覆盖，完全没有水平或者垂直界面的概念（图 14）。

5 BIPV 中光伏材料的内涵表达

5.1 光伏材料表达真实性

材料的真实性是指材料通过合理的建构方式真实地展现自身属性及其清晰的构造逻辑。塑造空间的同时，透过材料自身的种种视觉因素表达，也因此丰富、完善了建筑从整体到局部的审美价值，其构造过程与美学意义的实现过程是逻辑统一的[4]。BIPV 中光伏材料的应用亦是如此，一方面，光伏材料在使用中无须隐藏其固有的肌理、色泽，而是直接突显它本身具有的属性特征，人们可以观察到每一片光伏材料的真实形象，近距离观察甚至可以看到电池薄片之间的连接线路，体现其形态的真实美感。另一方面，光伏材料与结构构件相结合展示出一种技术和力的美学效果，真实地反映其构造和结构的逻辑性。

5.2 光伏材料呈现媒介化

建筑作为表现媒介的类型之一，其所承载的表现力受到众多建筑师以及传播学者的关注。光伏材料因其独特的性能属性和视觉特征而常以文化媒介的姿态呈现于建筑表皮中。其一，光伏材料的应用，使建筑凸显出与众不同的外观特征以及前卫的生态理念；其二，光伏材料自身的太阳能发电的特性使其能够适用于流动性、暂时性的文化展览空间，为之提供一部分电力需求，从而减少对场地的依赖。上海世博会中许多场馆都选择了光伏材料表皮，德国馆的多晶硅异形立面、日本馆的光伏薄膜表皮、中国主题馆的光伏屋顶等，极简的体量与独特的建筑材料的结合引人注目。又如，北京辉煌静雅大酒店的集成光伏发电系统所塑造的彩色LED媒体墙，建筑立面上的光伏材料也是艺术作品的构成要素，成为数字化传播形式的物质化载体（图15）。

图15 北京辉煌静雅大酒店媒体墙
（资料来源：http：//solar.ofweek.com/）

5.3 光伏材料凸显未来感

光伏材料的视觉要素表现所带来的知性体验，以及无污染的光电转化性能所呈现的科学性，恰好体现了当代建筑复杂性的趋势，它将科技与美学融合在建筑的表皮和形态中，通过塑造有机形体来呈现对未来城市和建筑的探索和憧憬。因此，光伏材料的应用领域由建筑单体类型逐渐拓展到城市范畴，出现了以光伏材料为整体外围覆盖材料的生态城、垂直村、生态栖息地等概念性建筑综合体。尽管这一类型的建筑设计实施上尚存在一定的困难，但透过这些设计理念，依然能够反映出光伏材料作为生态复合型材料的不可替代性，以及其表现内涵与未来系统发展的紧密联系。

6 结语

建筑的发展历史与材料技术的进步息息相关，任何一种新材料和技术的出现，必然会带动新的建筑形式、构造形式的产生，为设计者提供了更为广阔的创作空间。正如所有的科技革新一样，光伏技术的发展为建筑实践提供了崭新的设计方法和建筑审美的角度，建筑师不仅需要关注光伏部件在建筑表皮上的技术效能，同时也要挖掘其在建筑美学上丰富的表现力，探寻光伏材料“技术”与“艺术”两个层面的契合之道，并更好地实现材料内涵表达与建筑整体理念的协调统一。

The Artistic Expression of Photovoltaic Materials in BIPV

Abstract: Based on the physical and technicalproperties, the paper tries to study on the artistic expressions of photovoltaic materials in BIPV from the perspective of architecture, through the analysis of their visual and spatial features. Especially, it pays attention to the aesthetic characteristics of color, texture, morphology, etc., and then, it seeks the connotation of the artistic expression.

Keywords: Building Integrated Photovoltaic (BIPV); Photovoltaic Materials; Artistic Expression

参 考 文 献

[1] 成志秀，王晓丽．太阳能光伏电池综述［J］．信息记录材料，2007，8（2）：41-47.

[2] 张或，李小燕，杨磊．光伏建筑一体化的形式及应用［J］．建筑与文化，2009（11）：102-103.

[3] The German Energy Society. Planning & Installing Photovoltaic Systems［M］. London：Sterling VA，2006：23-52.

[4] 王纬伟．建筑材料的视觉传达研究［D］．成都：西南交通大学，2000：10.

作者：王绚　天津大学建筑学院　副教授

刘飞　中国建筑设计院有限公司 BIM 设计研究中心　助理建筑师

光电幕墙的技术发展与创新*

【摘　要】 光伏电池和幕墙技术的蓬勃发展，为光电幕墙的广泛应用提供了更为广阔的发展空间和更为有效的技术支持。本文详细阐述了光电幕墙的技术发展现状和光电幕墙各项先进的技术性能参数及创新技术，对新型的光电幕墙进行了分析与研究，旨在为光电幕墙在国内的发展与应用提供有价值的参考。

【关键词】 光电幕墙　光伏电池　技术创新

1　引言

近些年能源危机和全球变暖引起了各界关注，光伏建筑一体化作为太阳能在建筑中应用的最有效方式之一成为研究的热点。光伏构件与建筑材料的融合代替了传统的立面材料，构成了一种新的建筑表皮形式[1]。光伏电池和幕墙技术的蓬勃发展，为光电幕墙的应用提供了更多的可能性和巨大潜力。技术发展愈加成熟的透光型光伏玻璃广泛应用于具有采光要求的外窗、幕墙、屋顶及玻璃廊道等部位（图 1），不仅承担了围护结构的功能性作用，营造出了生动变化的光影效果[2]，同时形成新型能量表皮系统[3]，减少了温室气体的释放。而且，设计师可根据不同的建筑立面效果对光伏组件的构造、材料、色彩肌理、尺寸、透光率等[4]进行定制（图 2）。

图 1　Iturralde 酒店光伏幕墙
（资料来源：http：//www. onyxsolar. com）

图 2　西班牙基因与肿瘤研究中心采用定制光伏幕墙
（资料来源：http：//www. onyxsolar. com）

2　光电幕墙技术发展现状

2.1　幕墙太阳能电池种类

光电幕墙可用的太阳能电池种类很多，但现较常用的主要分为两类，一类是硅基太阳能电池，主要包括单晶硅、多晶硅和非晶硅电池。另一类是非硅基太阳能电池，包括硫化镉、碲化镉、铜铟硒电池等。还有多种新型光伏电池正在研究中，例如纳米晶太阳能电池，随着其研究的深入和技术的发展，不久将会在光电幕墙中使用。

* 基金项目：国家自然科学基金面上项目（51478297）高等学校学科创新引智计划（项目编号 B13011）。

2.2 光电幕墙组件结构

常用的光伏幕墙组件为夹层玻璃光伏组件和中空玻璃光伏组件。夹层玻璃光伏构件是在两层钢化玻璃中间夹置太阳能电池板，电池片之间由导线串联或者并联，形成复合结构。光伏电池可为单晶硅、多晶硅或非晶硅，中间胶片为乙烯-醋酸乙烯共聚物（EVA）或者聚乙烯醇缩丁醛树脂（PVB）。中空玻璃光伏组件是由两组或者两片玻璃组合而成，两组玻璃间保持一定距离形成干燥空气间层。该构造有两种基本形式。一种是由夹层玻璃光伏构件和夹层玻璃组成。另一种是将光伏电池片放置在中空玻璃组件的空腔内。不论是哪种形式，电池片之间都是由导线串联或并联汇集引线端然后通过间隔条和密封胶引出。

图3 通风冷却式光电双层幕墙出风示意图
（资料：《建筑幕墙设计与施工》）

2.3 光电幕墙组件通风降温方式

光电幕墙的通风降温主要是通过各种原理对双层幕墙间的空气间层进行降温，主要包括三种方式。通风冷却式是夏天通过控制进出风口的百叶，利用通道内的烟囱效应产生的压力差使空气内的空气快速流动，带走光伏组件发电产生的热量。冬天通过加热空气来加热建筑（图3）。外层开放式光伏幕墙的光伏组件间空隙不打胶，通过空气的流通来降低电池片的温度，从而提高组件的发电效率。内层的铝板幕墙起到保温隔热的作用。通水冷却式是在光伏电池组件背面铺设流道，冬季在产电的同时向室内供暖。玻璃幕墙自外向内由夹层玻璃光伏组件、可开合的空气层和一层玻璃构成[5]。

3 光电幕墙发展新技术

3.1 组件视觉效果及性能参数的改进

3.1.1 组件视觉效果

光伏幕墙作为建筑表皮的一部分应在方案设计阶段就纳入建筑设计构思[6]，它不是建筑与设备简单的组合，应根据光伏组件的色彩、肌理、构造等特点，将其作为建筑的有机组成部分进行设计，力求与建筑风格相统一[7]。蓝色的晶体硅电池可用腐蚀绒面的办法将其表面变成黑色，非晶硅太阳能电池的本色类似茶色玻璃，含CIS的薄膜太阳能电池呈黑色，碲化镉电池有绿色光泽。

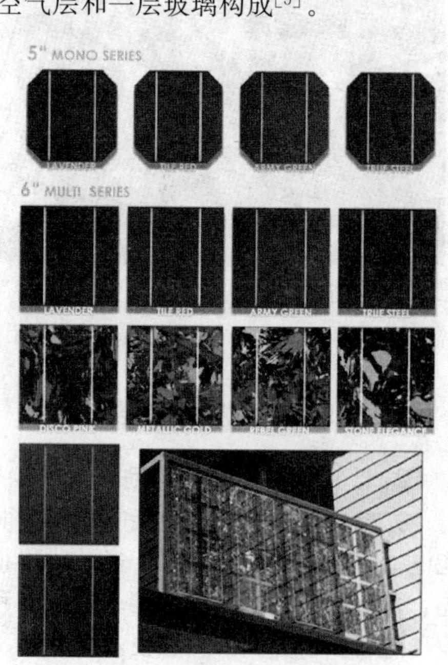

图4 彩色光伏电池
（资料来源：http：//www.lofsolar.com/）

乐福太阳能集团研发出了世界上第一批高效能彩色太阳能电池，通过运用专利纳米技术，电池转换效率达15%以上，较同类产品高出30%，并通过了德国太阳能研究院的认证。电池色彩包括薰衣草色、砖红色、军绿色等多种颜色（图4）。

透光型染料敏化太阳能电池近年来也得到了很大的发展。2014年4月投入使用的瑞士洛桑联邦理工大学瑞士科技会展中心的西立面就采用了不同色彩的透光型染料敏化太阳能电池（图5），立面共使用1400个光伏组件，每个组件尺寸为35cm×50cm。

图5　彩色透光型染料敏化太阳能电池
（资料来源：http：//www.robaid.com/）

为了与建筑更好地融合，立面呈现更多样化的表面肌理，同时防止眩光的形成，组件表面玻璃可作喷砂处理。试验证实喷砂可作为制造玻璃表面亚光效果的合理工序，同时可制作所有规则和不规则的表面图案（图6），浅灰色的喷砂面能够与立面效果更加和谐。试验测得，在压花玻璃碲化镉薄膜组件上设置金字塔形表面结构，深绿色的组件表面被折射光强化，呈现出明亮的绿色，阴影区域随入射光角度变化而变化[8]（图7）。

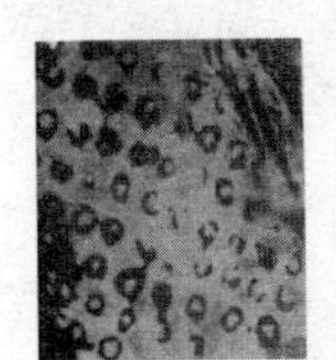

图6　玻璃面PVACCEPT组件的表面肌理
（资料来源：《太阳能光伏建筑设计》）

图7　玻璃面结构的PVACCEPT测试组件
（资料来源：《太阳能光伏建筑设计》）

3.1.2　电池效率及厚度

光伏电池的种类在很大程度上决定了光电幕墙的经济和能源特性。各种电池的实验室转化效率近年来均有较大提升。目前，单晶硅和多晶硅的实验室效率已经提高到25.6%和20.4%。染料敏化太阳能电池的实验室稳定效率相较于碲化镉（CdTe）薄膜电池19.6%和铜铟镓硒（CIGS）薄膜电池20.5%的转化率略低，仅达到11.9%。有机薄膜电池的转化率已被刷新至10.7%[9]。晶体硅太阳能电池片的厚度从1970年代的450～500μm降至目前的100～150μm，降低了70%以上。电池厚度的降低在很大程度上节约了原材料的使用。由于电池转化率的提高，及原材料使用量的降低，使得光伏发电的成本大幅度地下降。欧洲光伏产业协会预计，薄膜电池的发电成本理论极限在0.3美元/kWh。

3.1.3　围护结构性能参数

光电幕墙作为建筑的围护结构应满足围护材料的保温、隔热、透光率等功能要求。在光电幕墙出现的初期，不少人曾质疑其围护性能指标。现随着技术工艺的改进，各项指标均能达到建筑围护材料性能的要求（表1）。

光伏组件的透光性能常通过三方面实现：一是使用透光型光伏玻璃，非晶硅太阳能电池可实现与茶色玻璃一样的透光效果，投影自然柔和。二是制备透光的光伏电池。可以通过激光蒸发部分表面，划痕或铣削对电池进行机械改造或在太阳能电池上打上许多细小小孔，以改变表面的肌理[10]。三是通过调整电池片之间的间距来调整构件的透光量。晶硅电池本身是不透光的，有透光要求的时候可以将电池片用双层玻璃进行封装，当有光线射入的时候，构件会根据电池片的布置呈现不同的光影效果（图8）。

普通玻璃与光伏玻璃对比　　表 1

	可见光透射率(%)	紫外线透射率(%)	热透过系数	传热系数 W/(m²·K)	遮阳系数	400～500mm 波长光透过率(%)	500～600mm 波长光透过率(%)	600～700mm 波长光透过率(%)	700～800mm 波长光透过率(%)
单层玻璃(非光伏)	90	64	0.87	5.3	1.00	—	—	—	—
夹层玻璃(非光伏)	85	10	0.81	5.1	0.93	—	—	—	—
保利太阳能光伏玻璃 PS-C-901	23	<1	0.44	4.8	0.51	<5	15	30	45
双层玻璃光伏单元	20	0	0.42	1.2	0.50	<5	10	30	45

资料来源：http：//www. polysolar. co. uk。

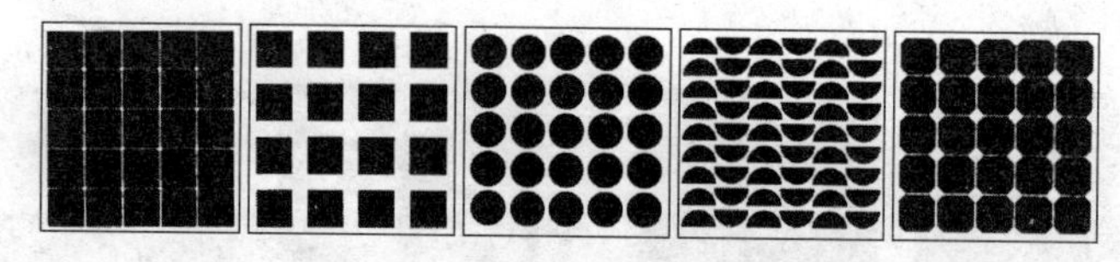

图 8　晶硅电池片的不同排列组合
（资料来源：《太阳能光伏建筑设计》）

剑桥未来商业中心于 2013 年年末成立，目的在于为社会及环境企业发展提供支持。由于其特殊的职权范围，该项目自身也在追求很高的环境目标评定等级。保利集团为了强调建筑性能的高要求和作为建筑独特的标志，光伏幕墙被设计安装在建筑的正立面（图 9）。系统功率为 4.6kWp。安装于楼梯间幕墙的琥珀色薄膜电池双层光伏玻璃的 U 值为 1.2 W/(m^2·K)，G 值为 0.42，是同类产品中最先在英国使用的。保利的创始人解释，该光伏幕墙的安装费用仅略高于传统的玻璃幕墙（图 10）。项目按照 BREEAM 评定为优异。

图 9　未来商业中心效果图
（资料来源：http：//futurebusinesscentre. co. uk/）

图 10　薄膜电池双层光伏幕墙
（资料来源：http：//futurebusinesscentre. co. uk/）

3.2　光伏百叶幕墙

光伏百叶幕墙是将光伏电池经切割加工后按固定间距倾斜安装于两层玻璃之间，形成的空气隔离层能够增大玻璃构件的热阻，起到保温隔热的作用。前片玻璃为超白玻璃，超白玻璃内片为阳光控制镀膜玻璃。后片玻璃为热反射镀膜玻璃。玻璃间层的光伏百叶不仅将太阳能转化为电能，还为室内遮挡了过多的阳光和热量，改善室内光热环境，降低能耗，同时阻止了镀膜玻璃阳光反射形成的“光污染”（图 11）。光伏百叶的形式、电池种类、百叶间距及倾斜角度等直接影响光伏构件的应用效果，应根据建筑特点、项目要求、区域气候条件等进行选择设计（图 12）。不同设计参数将直接影响电量输出、室内光热环境及建筑能耗。

长沙中建大厦的光伏百叶幕墙的性能尤为突出（图 13）。项目光伏百叶的倾角考虑到理论最佳倾角，叶片相互遮挡以及电流差值等因素设计为 45°，太阳能电池片间距为 20mm，遮阳系数达到 35%以上。对比于普通玻璃幕墙 $K=4.0\mathrm{W/(m^2 \cdot K)}$ 的传热系数，光伏幕墙的传热系数降低为 $K=1.5\mathrm{W/(m^2 \cdot K)}$，降低了 60%以上[11]。

图 11　光伏百叶幕墙
（资料来源：《太阳能光伏建筑一体化工程设计与案例》）

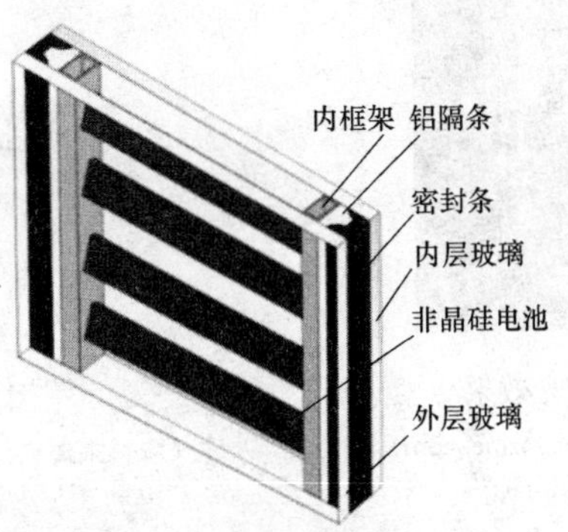

图 12　光伏百叶幕墙细剖构造
（资料来源：《太阳能光伏建筑一体化工程设计与案例》）

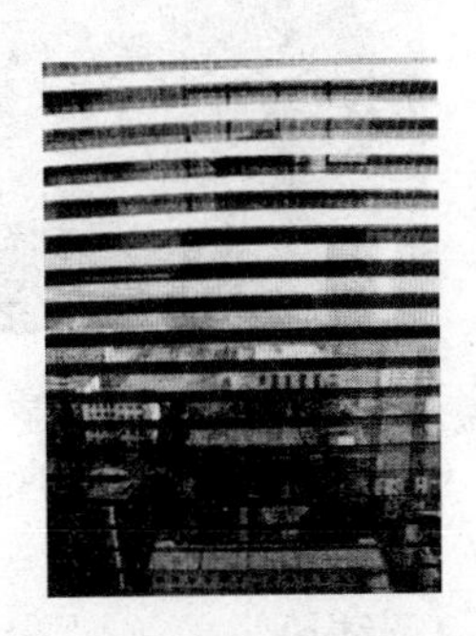

图 13　光伏百叶幕墙对视线的遮挡
（资料来源：《太阳能光伏建筑一体化工程设计与案例》）

3.3　光电幕墙 LED 一体化

光电幕墙 LED 一体化是将 LED 彩色动态照明系统、LED 彩色显示系统与光电幕墙有机地结合起来，达到建筑夜视美化的目的。将光伏电池和 LED 半导体的透明基板放置在幕墙边框内构成模块化光电单元。白天光伏电池将太阳能转化为电能并储存起来，以供 LED 灯夜间工作。该结合方案的优势是光伏产生的电能与 LED 都是直流电且电压低，不需要直流电和交流电之间的转换就可相互匹配。可通过电脑对 LED 灯的图像进行控制，增强建筑夜间的艺术效果（图 14）。

图 14　光伏 LED 幕墙夜间效果
（资料来源：http：//ww. bipvcn. org/）

3.4　聚光光伏表皮

聚光光伏（CPV）表皮是目前光伏幕墙研究的最前沿技术之一，能够提供电能及热水，帮助室内采暖制冷，同时不影响室内采光（图 15）。系统是由多排透光的金字塔状聚光器按照蜂窝模式配置的，并通过金属丝对其进行上下移动及内外翻转的控制，以便对太阳光进行追踪（图 16）。每个聚光器均采用菲涅耳透镜，可将光强增大近 500 倍，然后将其集中在邮票大小的由高效率砷化镓组成的太阳能电池上。电池的实验室效率与产品应用效率已分别达到 38.2%和 30%。系统可置于两层玻璃之间，散热器位于光伏电池背面。光伏电池的性能随着温度的升高而降低，高达 500 倍的聚光会使系统温度很高，同时冷却系统可以获取更多的余热用于热水及供暖系统。

图 15　聚光光伏表皮遮光效果
（资料来源：http：//www.pv-magazine.com）

图 16　聚光光伏表皮
（资料来源：http：//www.pv-magazine.com）

4　结语

光电幕墙的发展和创新主要取决于两方面。一方面是幕墙材料即光伏玻璃与光伏电池的技术创新，材料的发展不仅为幕墙的视觉效果提供了有力的保障，还涉及建筑的经济环境效益；另一方面是光电幕墙自身构造与形式的创新，这能对其作为建筑表皮的各项性能指标进行优化改进。光电幕墙的迅速发展，使更多的设计师对其产生了兴趣并开始乐于在建筑中应用。

光电幕墙的整体设计需要考虑三个因素。第一，光伏电池的技术性能参数，它在光电幕墙的能源及环境效益构成中占了很大的比重。第二，光电幕墙组件的视觉美学效果，它在很大程度上保证了光伏组件在建筑上应用的可能性与概率。第三，光电幕墙作为围护结构的热力学及光学特性，包括传热系数、透光率等指标。这三方面的因素息息相关。光电幕墙作为建筑表皮系统，光热性能的改变会对建筑视觉美学效果产生影响，而视觉美学效果的改变直接影响到光电幕墙的整体能量、能源回收期等指标。三者在设计中应进行权衡考量。

Technology Development and Innovation of Photovoltaic Curtain Wall

Abstract: With the vigorous development of photovoltaic cells and curtain wall technology, photovoltaic curtain wall was provided a broader space for development and more efficient technical support. This paper discusses the current technological development, advanced technical performance parameters and technical innovation of photovoltaic curtain wall in details. Analysis and research on new type model of photovoltaic curtain wall. The purpose of the paper aims to providing a valuable reference to the development and application of domestic photovoltaic curtain wall.

Keywords：Photovoltaic Curtain Wall；Photovoltaic Cell；Technical Innovation

参 考 文 献

［1］ 田迪．从上海世博建筑看当代建筑表皮的发展趋势［J］．工业建筑，2010（11）：141-144.

［2］ 李明亮，王崇杰．光伏组件作为建筑表皮时的美学语言［J］．新建筑，2013（4）：41-45.

［3］ 贾森·奥利弗·福伦，沈晓飞，王笑石．环境参数化气候协同与适应性建筑界面原型设计［J］．时代建筑，2015（2）：42-47.

［4］ 刘辉，高辉．技术创新视角下光伏建筑表皮设计研究——以太阳能十项全能竞赛作品为例［J］．装饰，2012（9）：102-103.

［5］ 黄忆，黄圻，刘忠伟．建筑幕墙设计与施工［M］．北京：化学工业出版社，2011.

［6］ 郭娟利，高辉，王杰汇等．光伏建筑表皮一体化设计解析——以 SDE2010 参赛作品为例［J］．新建筑，2012（4）：89-92.

［7］ 高辉，郭娟丽，王杰汇．光伏建筑表皮的美学表达与技术创新［J］．建筑新技术，2012（6）：82-90.

［8］ （德）Ingrid Hermannsdorfer，Christine Rub 著．太阳能光伏建筑设计［M］．沈辉，褚玉芳，王丹萍，张原译．北京：科学出版社，2013.

［9］ Martin A. Green，Keith Emery，Yoshihiro Hishikawa，Wilhelm Warta，Ewan D. Dunlop. Solar Cell Efficiency Tables（version 44）［J］．Progress in Photovoltalcs，2014（22）：701-710.

［10］ 邢同和，申浩．建筑表皮的肌理化建构［J］．新建筑，2010（6）：021.

［11］ 李现辉，郝斌．太阳能光伏建筑一体化工程设计与案例［M］．北京：中国建筑工业出版社，2012.

作者：霍玉佼　天津大学建筑学院　博士研究生

朱　丽　天津大学建筑学院　教授

太阳能集热器辅助使用空气源热泵生活热水系统设计与能耗分析

【摘　要】 空气源热泵是一种利用可再生能源的高效节能技术。通过工程实例，详细介绍了太阳能集热器辅助使用空气源热泵热水系统的设计、运行情况，记录了空气源热泵的运行能耗情况，分析了耗电量大的原因，并提出了改进措施。

【关键词】 太阳能集热器　空气源热泵　能耗

生活热水功能已经逐渐成为我国居住建筑中的必备功能，高校宿舍多使用集中生活热水系统供应热水。在集中生活热水供应系统中，采用的供热热源主要有燃油锅炉、燃气锅炉、电锅炉、太阳能和热泵等。太阳能作为清洁能源，利用太阳能集热器加热热水，节能环保，技术比较成熟，目前运用较为广泛。但由于受昼夜变化和季节影响，太阳辐射具有间歇性和不稳定性，在没有太阳辐射时，需要配置高效率、自动化、绿色环保的辅助热源来解决全天候供热水的问题。热泵技术利用少量高品位的电能作为驱动能源，从低温热源高效吸取低品位热能，并将其传输给高温热源，是一种高效节能装置[1]。本文以北京某高校新建学生宿舍采用的空气源热泵辅助太阳能热水系统为例，从技术经济方面作详细的分析。

1　生活热水系统设计

1.1　工程概况

该项目位于北京市昌平区，五层建筑，使用功能为短期培训学生宿舍。共有宿舍120间，每间宿舍入住2人，共240人，每人每天使用生活热水按60L计取，每天最大用水量为14.4t。北京位于北纬39°48′，东经116°28′，为北温带半湿润大陆性季风气候，夏季高温多雨，冬季寒冷干燥，春、秋短促，最冷月平均气温为－4.6℃。根据国家建筑标准设计图集《太阳能集中热水系统选用与安装》(06SS128)[2]中《主要城市各月设计用气象参数》，北京年平均气温为11.5℃，全年日照时数为2755.5h，全年辐照为6281.99MJ/m^2，年日均辐照量为17.21MJ/m^2。

1.2　集热方案选择

集中集热的太阳能热水系统可以提高屋顶空间的利用率，并且可以平衡末端用户需求。北京地区位于全国太阳能分区的二类地区，太阳资源较丰富。而且屋面有较大场地铺设太阳能集热器，因此选择以太阳能热水器为主要方式制取热水。

空气源热泵遵循能量梯级利用原则，消耗一定的电能，从环境空气中吸热制取热水，能效比一般在3.0以上，即空气能热泵热水器的压缩机每耗1kWh电，可产生电加热3kWh电产生的热水[3]。相对于电热水器、燃气热水器而言，空气源热泵热水器是一种节能、环保、安全的生活热水制取设备，具有如下特点：①能耗少。年运行能耗仅为电热水器的1/4～1/3，节能效果明显。②热泵热水器安装方便，无燃料的燃烧过程和废弃物排放，不污染环境，安全环保。③在阴雨天或冬季均能全天候供应热水。但空气源热泵随着环境温度降低，制热效率降低，供热量减小，当环境温度很低时需要利用电加热器补热。因此，将太阳能和热泵两者结合起来，扬长补短，优势互补，既能达到节能减排，又能保证全年全日连续供热。本工程选择太阳能集中集热系统，利用空气源热泵进行辅助加热，即在平时晴天利用太阳能制取生活热水，在阴雨天或夜间太阳能集热器无法运行时，通过空气源热泵加热，使水温达到设计温度，满足热水使用的舒适度。

1.3　太阳能集热系统

该生活热水系统主要包括太阳能热水系统、空气源热泵生活热水系统及辅助能源系统。按照日均 10t 的热水使用需求，设计太阳能集热面积 $144m^2$。太阳能集热器安装在学生宿舍楼屋面，设计两组空气源热泵机组，每组制热量为 80kW，夏季运行一组，冬季温度较低时运行两组。采用电加热器功率为 9kW。设计热水供水温度 50℃，冷水基础温度 10℃。选择热管式真空管集热器作为集热元件。系统运行方式如下：系统自动运行，当供热水箱中的温度不足时，系统自动启动热泵，给介质升温，当温度达到设定值时启动循环水泵，介质通过储热水箱内的换热盘管循环加热水。为了解决极端低温情况下的热泵效率降低及防冻问题，采用电加热作为备用辅助能源。系统运行方式如图 1 所示。

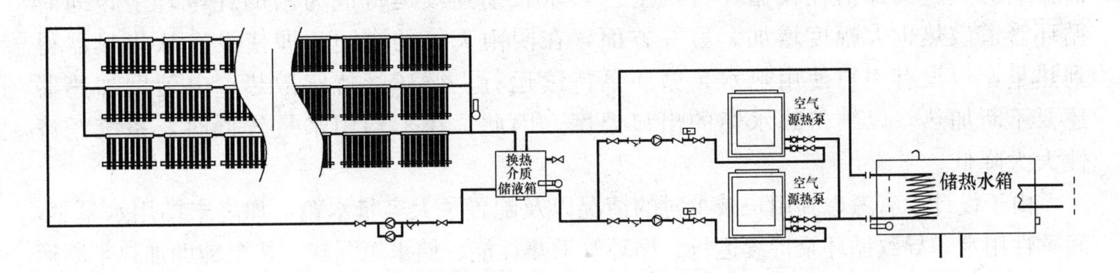

图 1　太阳能集热器辅助空气源热泵生活热水系统

（资料来源：根据系统安装厂家数据绘制）

2　系统运行能耗分析

系统同时安装了实时数据监测系统，记录集热器的实时温度、水箱温度、供回水温度和累计用水量及用电量，笔者在 2014 年 9 月对该系统的热水用量及耗电量数据进行了记录。

2.1　运行能耗分析

根据集热器实时数据监测，集热器温度 51.5℃，水箱温度 48.6℃，回水温度 36.6℃，供水温度 16.2℃，生活热水系统安装一个月总用水量 30.7t，总用电量 3270.6kWh。

数据表明，系统运行良好，供回水温度能够达到设计要求，但 9 月份一个月共消耗热水量 30.7t，耗电量 3270.6kWh，集热器的面积是按照日均用水量 10t 计算确定的，一个月总设计用水量为 3000t，系统配置 15t 水箱，因此热水使用量远远没有达到设计标准。这是由于在设计初始太阳能集热器和水箱的配置按照最大人数设计，但是该宿舍楼的使用功能是培训性质，主要用于 3～5 个月的短期培训班学生居住。在数据记录期间，当没有培训任务时，房间无人居住或者居住人数较少，因此热水使用量较少。太阳能集热器制取热水运行是零成本的，选用的空气源热泵根据厂家的数据显示 *COP* 为 4，但加热 30.7t 水却消耗了 3270.6kWh 的电能。说明此系统运行效率低，能耗大。

2.2 问题的原因及改进措施

北京地区全年日照时数以春季最多，月日照在 230～290h；夏季正当雨季，日照时数减少，月日照在 230h 左右；秋季月日照 230～245h。根据中国气象辐射资料年册[4]，北京 9 月平均辐射量为 446.66MJ/m^2。热泵热水器的实际运行能耗与环境温度（一般为室外温度）密切相关，当制取同温、等量的热水时，环境温度越低，其能耗越大。

该宿舍楼采用了集中式热水系统，可以有效利用屋顶空间、平衡末端用户需求，并使所有的太阳能热量都得到有效利用。但为了保证热水的品质以及用水的及时性，系统必须循环管网热水并随时为低温热水补热，系统能耗一部分用于加热产热水，一部分用于热水的输配，导致管网损失巨大，这一特性决定了集中式系统的输配效率低下。输配效率指末端有效用热量与热源提供总热量的比值，也称有效热利用率。输配效率主要受末端用热强度、输配管网规模影响，即末端用热量越小，管网热损失越大，则输配效率越低。[5]

在末端用户热水用量较小时，循环水泵持续运行，辅助加热器断续工作，而加热器得到的热量又都消耗在循环管网上。热水长期连续运行成为新的耗电环节，同时循环管道散热也大幅度增加。另一方面，在阴雨天气的夜间，即使没有从集热器得到热量，也没有用户使用热水，循环泵持续运行、循环管持续散热、电辅助加热器还要不断加热，以维持热水箱的出口温度。因此，在末端用水量较低时，系统经济性大大降低。

由于设计没有考虑到用户减少时的情况以及配置了大容量水箱，加之末端用水量少，间歇性用水，导致循环泵持续运行、循环管散热耗能、储水箱漏热、热泵辅助加热不断运行，是该系统耗能、高成本的主要原因。

有两种改进方式可以提高系统的效率，减少能耗。一是鼓励用户培养节约热水的习惯。在蓄热水箱出口处安装温度传感器，同时把温度信号传送到各户显示，用户可随时了解太阳能系统水温状况。鼓励用户观察太阳能系统的水温，在温度够高时洗澡。二是根据不同情况，随时调整空气源热泵的开闭运行。根据培训楼人员变化的规律，在热水使用人数较少时，使用方式合理的开关辅助加热器，不使用热水的期间关闭空气源热泵，从而减少储水箱漏热造成的损失。

3 结语

集中式太阳能热水系统可以提高屋顶利用率，在北京地区使用能够达到良好的效果，辅助供热方式与空气源热泵结合，可取长补短，保证全年全天候供热，节能环保。但在系统末端用户用水量少时，系统为了维持出水口温度对于循环散热、储水箱漏热等情况下进行持续加热而导致的空气源热泵使用增加，造成新的能耗环节，耗电量很大。安装温度传感器能够使用户随时了解太阳能系统水温，在温度较高时使用能够有效减少能源的浪费。同时，根据末端用水量情况，合理控制辅助加热器的开闭运行，在不使用热水期间关闭辅助加热器，能够有效节约能源。

Solar Collectors Auxiliary Use Air Source Heat Pump Domestic Hot Water System Design and Analysis of Energy Consumption

Abstract: Air source heat pump hot water unit is a kind of renewable energy of high efficiency and energy saving technology. Through engineering examples, the paper introduces the solar collectors auxiliary use air source heat pump hot water system design, operation, and recorded the running energy consumption of air source heat pump, analyzed the reasons of the power consumption, and improvement measures are put forward.

Keywords: Solar Collector; Air Source Heat Pump; Energy Consumption

参 考 文 献

[1] 徐国英，张小松. 太阳能空气复合热源热泵热水器的性能模拟与分析 [J]. 太阳能学报，2006 (11): 1148-1154.

[2] 中国建筑标准设计研究院. 太阳能集中热水系统选用与安装 (06SS128) [M]. 北京：中国计划出版社，2006.

[3] 翁东风，何洲汀. 太阳能-空气源热泵热水系统在办公建筑中的应用 [J]. 后勤工程学院学报，2011，27 (1).

[4] 王颖. 中国气象辐射资料年册 [M]. 北京：国家气象中心，2001.

[5] 清华大学建筑节能研究中心. 中国建筑节能年度发展研究报告 [M]. 北京：中国建筑工业出版社，2013.

作者：孟　光　天津大学建筑学院　博士研究生
武警警种学院　讲师
冯　柯　天津大学建筑学院　博士研究生
燕山大学　讲师

基于可持续改造技术的零能耗太阳能建筑探析

【摘　要】该文以建筑零能耗可持续改造技术为研究对象展开论述，以2013年国际太阳能十项全能竞赛的卧龙岗大学参赛建筑为例，通过对其设计和建造过程的剖析，对其建造目的和设计理念、环保特性、选材、景观与水处理、室内设计等方面进行论述，阐明了将可持续性理念贯穿于零能耗建筑设计及建造过程是更为科学的方法，也是真正做到节能减排及经济性最佳的零能耗建筑设计理念。

【关键词】可持续性　零能耗建筑　太阳能　节能改造

0　引言

零能耗建筑（ZEB）目前在国内外开始悄然兴起，也成为将来建筑发展的一个趋势，它通过以能量供耗匹配为主要研究对象，着重放到如何提高能效的利用方面，它可根据不同边界条件来确定能量运行情况，但一般仅考虑节能系统如何满足能量平衡的边界条件是不够的。零能耗建筑建造的经济性问题决定其在目前是较为昂贵的，为此还需对可持续性加以探讨，这样会使其更完善。将既有建筑进行可持续改造转换成零能耗建筑，不仅达到减少投资的目的，而且比新建项目的 CO_2 排放量也大大减少，真正做到节能减排、节省投资的可持续建筑。[1~9]

1　可持续性改造理念

可持续性是指一种可以长久维持的过程或状态。[10]建筑的可持续性改造是将资源有效地利用改造以及空间环境改造相融合的方式，它强调高效、低耗能、高舒适度、低污染、低运行费用、高附加值等特性。目前，可持续性改造有两个目标：一是创造一种健康舒适、与自然和谐共处的生活和工作环境，一是保护环境和节约资源。对于将这两个目标整体考虑尚处于探索阶段。

建筑可持续性改造有两种情况：一种可持续性改造是为了更好地利用原有建筑，可持续性改造的价值基础主要是使用价值和历史文化价值。另一种为可持续性改造中的“可持续性”概念，主要包括舒适、环保和节约资源三层意思，这种情况也是该文探讨的重点。[11]

基于零能耗技术的可持续改造不仅具有上述特点，此外还需进行新能源（太阳能、地热能、风能）技术优化耦合利用及能效平衡控制、环保措施等技术处理。它是比一般节能改造更高层次和更全面的处理方式，也是未来发展的趋势。其与一般节能改造的区别，具体情况如表1所示。

零能耗可持续改造技术与一般节能改造对比　　表1

评判项目	一般节能改造技术	零能耗可持续改造技术
节能改造	外围护局部或整体改造达到现行规范节能率的标准为宜	保持原来风貌，进行被动技术优化对原建筑进行必要的调整，经核算后进行围护结构保温隔热处理，增设必要的零能耗能源系统空间

续表

评判项目	一般节能改造技术	零能耗可持续改造技术
新能源利用	一般不考虑	注重太阳能、风能、地热能系统的选择和多能源互补，以达到能量供给满足能量消耗为目的
环保材料	采用通用的保温隔热材料，对于环保问题依赖于市场的导向	注重材料的环保效果，选取可回收材料、升级利用材料及低含能、低挥发性、零害气体排放、经环保认证材料的综合效果最佳的环保材料
环境景观生态性	一般不考虑	注重景观处理对于建筑节能的影响，将外环境因素考虑进去，注重雨水回收及生活用水的二次利用，实施养耕共生、自然补偿、废物循环利用技术等处理方式
舒适性	受场外供能系统影响较大	由于有场内供能系统，受外界因素影响很小，舒适度得到充分保障
能效平衡	一般只考虑围护结构保温隔热效果	充分考虑能效平衡问题
节能效果	以围护结构保温隔热效果为主来决定	除围护结构部分外，还有新能源的利用产生的节能量，为此节能量根据不同边界条件可达到100%
节排效果	仅由改造后一次能源的节约量来控制，相对短期内有优势	综合考虑寿命周期节排量，长期综合效益显著
经济性	只考虑投入产出经济性有优势，对其综合效果经济性有待考量	由于经过经济性优化分析，故从综合经济效益方面具有显著优势
社会性	短期社会效益较好，长期有待完善和有待实践的考证	社会效益潜力巨大，长远上会受到广泛认可

2 案例分析

2.1 建造目的与设计理念

2013年中国国际太阳能十项全能竞赛中，卧龙岗大学队作品的设计建造理念就是以可持续性为理念来建造一个可持续的零能耗建筑，改造一个“fibro”房（现存的1950～1960年代期间的典型澳大利亚住宅），把它改造成21世纪一个可持续的零能耗建筑。其目的是鼓舞和教育社会各行业，让他们了解可持续改造技术的全部潜力。建筑展示出了让一个既有老房子恢复活力的技术性能和建筑之美，并帮助消除技术、资金和社会障碍，实现可持续改造。改造前后对比如图1所示，改造设计模式如图2所示。

图1 改造前后对比

（资料来源：http：//cn. sdchina. org/tuandui. aspx？ id=23）

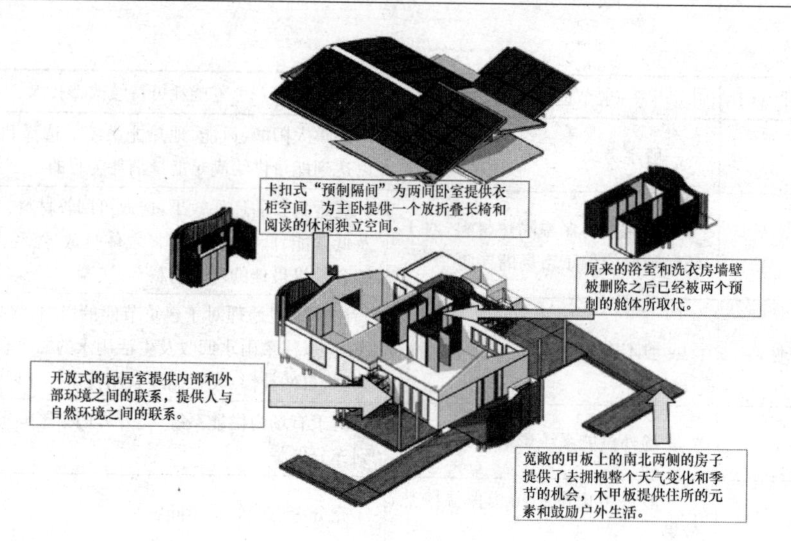

图 2　改造设计示意图

2.2　可持续技术措施

（1）建筑改造采用的综合环保技术包括：太阳能利用、自然通风及高性能保温隔热材料、能耗及空调系统监测控制系统、灰水处理技术（将生活用水中污染较轻的水经过可再次利用技术处理）、缓砂过滤和雨水获取系统，确保水源受到保护并再利用。建筑的景观处理为人们提供了堆肥设施、种植床及能够生产食物的垂直绿化墙。建筑还运用了其他创新技术，如光伏艺术、光电-热太阳能系统。

（2）围护结构方面：通过将原建筑围护结构的热阻提高到 R5.0 及增加建筑的气密性，从而提高建筑的能源效率。窗户已经升级改造成高效的双层玻璃结合 ACCOYA（固雅木）木玻璃框，并且重新设计了窗框尺度，目的是达到最佳自然采光、自然通风、减少能源消耗的要求。固雅木材料不仅具有极低的导热系数，而且具有很好的耐旧性及热带硬木中最好的不宜变形特性。它可以不用涂料地保持自然原貌使用，也可以结合不透明涂层或半透明的涂层使用。固雅木的低维护特点，提高了其投资效益和环保效益。

（3）空调系统方面：空调系统是一个独特的结合光伏热（PVT）空气系统加上相变材料（PCM）热存储（相变储热），它提供了加热和冷却的双重功效，满足日夜平衡之间的热负荷，确保在不允许有效的自然通风的条件下保持高标准的室内空气质量。

（4）光伏系统方面：该建筑拥有 9.4kW 的光伏（PV）系统，安装两种类型的光伏电池。在屋顶的南北坡安装一组铜铟镓硒（CIGS）薄膜电池，在低漫射光照射下也能很好地工作，另一组多晶硅安置在屋顶突出部位，能够高效发电。CIGS 是太阳能薄膜电池 $CuIn_xG_{a(1-x)}Se_2$ 的简写，其具有稳定性好、抗辐照性能好、成本低、效率高等优点。小样品铜铟镓硒薄膜太阳能电池的最高转化效率 2010 年 8 月刷新为 20.3%，由德国太阳能和氢能研究机构 ZSW 采用共蒸镀法制备。[12]

PVT 系统将热空气从下面的铜铟镓硒太阳能电池板排除，从而增加了光伏板的电效率，也起到了冬天制热和夏天夜间辐射冷却的作用。

（5）建筑材料与构造体系方面：集热墙体是由 90%回收循环再利用材料制成，其中含有从“原始”的房子回收的屋顶上的瓦片、玻璃与低碳水泥混合物，这些都有助于室内温度的调节。

两个独立隔间是在工厂设计、预制成型，其目的是为达到零能耗状况所提供的技术设备所需求的空间（ZEB技术空间）。

原始木墙框架材料已被用在新建的甲板结构中，原屋顶碎瓦片，被重新用在景观和集热墙体上，建筑内部集成了“up-cycle”性质的家具和回收材料。Up-cycle（即“升级改造”）是一种用创新的方式将废弃材料改造以让其发挥新功效的改造方法。可持续性观念经常采用循环加工利用（recycling 或 downcycle），通常是将一样事物的全部材料完全拆解，然后将其制作成其他材料，但这种技术在转换过程中会由此消耗更多能源和排放大量的二氧化碳。Up-cycle（即“升级利用”）技术与其不同（图 3），升级利用模式不会对原材料进行任何再处理，而是换个方式利用它们。除了节能以外，升级利用的另一个优点就是能够让那些传统循环方式无法回收处理的物品再次被利用。废弃物在被升级利用的过程中，很少或几乎没有材料会被废弃，每个部件都有它潜在的用途。

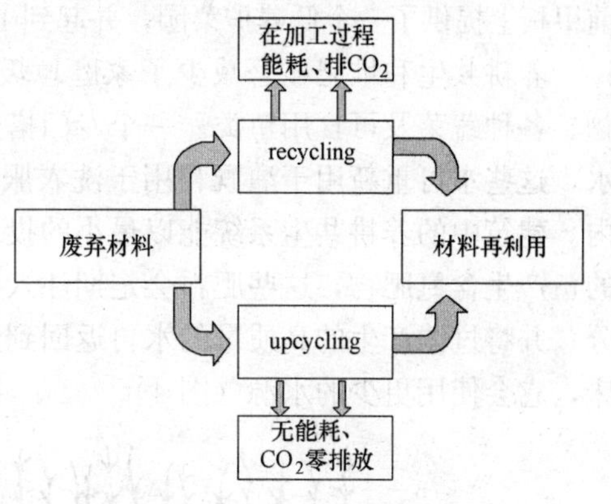

图 3　“upcycle”与“recycling”对比

（6）智能控制方面：建筑管理系统（BMS）整合了 PVT、PCM 和气象模块，集成有智能功能的空调系统。系统还监控能源生产和消费，并包含建筑物控制反馈显示，其目的是为住户提供实时反馈模式，可以任意修改它们的运行方式和节约能源模式。为了减少建筑电力需求，采用了高效的 LED 灯。在建筑能源控制系统中增设了可重新连接的非优先性模式，当主人不在家的时候，或者当不需运行时，在此期间可关闭所有备用项目。

2.3　环保材料

建筑保温及室内装饰材料选用可回收利用、零甲醛排放、低含能及低挥发性的环保材料，具体如表 2 所示。

节能环保材料表　　表 2

材　料	部　位	环保节能措施
岩棉卷粘产品 Earthwool	墙体、屋面保温	可循环利用率 80%
澳大利亚硬木	主体结构、闸板	拆除房屋回收(升级利用)
E-Zero 板细木工板	地板	E-Zero——零甲醛排放
钢衬	钢构件	低自含能
FSC Certified Timber	家具	FSC 认证的木材
Low Voc 涂料	装饰涂料	低挥发性
HDPE 管	管道	HDPE 管代替 PVC

2.4　景观与水处理

根据四种基本自然元素阳光、水、风和大地在庭院景观设计中创造了户外“空间”，每个主题关注不同的用途和目的。“阳光空间”可设置座位，使人们享受南向的阳光。“水空间”设置雨水收集系统，它提供了一种美学和实用的展示及节水用途。“风空间”采用种植根据风的流动情况设计景观。“大地空间”通过拢成的土堆和大块石，环绕在建筑周围，展现了坚实、稳定和形式的美感。

景观中的材料采用了可再生或循环利用模式，其包括硬木和碎陶瓦片，它们都来自于原来“Fibro”的房子。植物种类的选定为当地植物，以此加强当地生境，而且可以有极低的水需求和维护要求。巧妙的种植设计为建筑提供了被动式遮阳，同时提高了空气质量，增加了私密性。被动遮阳系统固定在西窗口使其在夏天最小化辐射得热，同时允许在冬季太阳辐射进入，而且还种植了喜阴植物，从而减少了家庭能源消耗和改善了空气质量。垂直花园的前甲板上提供了一个低养护菜园，并起到了改善环境空气质量和美学作用。

养耕共生和堆肥显著减少了家庭垃圾，以最小的输入或维护方式提供肥料给景观植物、各种蔬菜及可食用鱼类。一个专门搭建的芦苇种植池及缓砂过滤器用以处理屋内的灰水，这些水可重新用于灌溉和用于洗衣服。雨水从屋顶收集并直接流入 2.4m^3 的雨水桶内。建筑中的养耕共生系统能以最小的投入来种植各种蔬菜和喂养一些食用鱼类。水箱中的鱼产生含氮肥物，这些肥料会定期注入碎陶土的花床内，在种植床里的植物吸收这些养分，并将过滤产生的高质量的水再返回到鱼缸。这会产生大量的食物供给，相比传统的花床，它会使用更少的水源（图 4）。

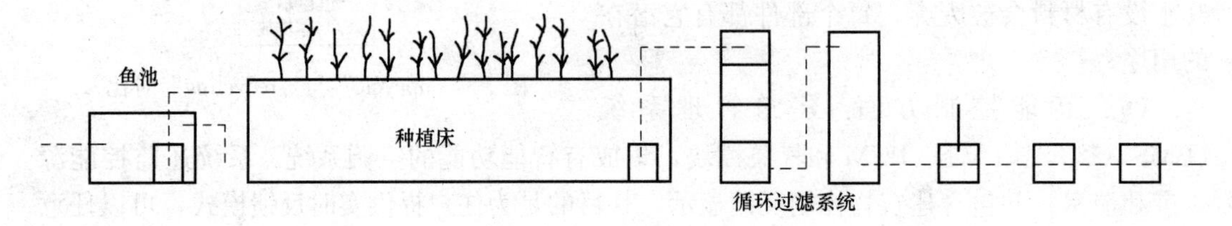

图 4 养生共生系统

2.5 室内装饰设计

在选择室内物品时，采用当地设计师及制造商产品，并以使用天然材料为主。采用了几个流行的本土特色设计师的绿色产品，包括朱莉·帕特森的布织物（印刷麻纺织品），NSTYLE 的纺织品（全生物纺织品、EthEco 羊毛产品），特伦特·詹森（回收标志凳子）和罗斯的 Gardam（FSC 木材）。生活空间内的家具大多是升级改造循环利用材料，将用过的材料磨砂，然后刷油，再重新组合安装，使其焕然一新。

最终，卧龙岗大学队参赛的建筑 Illawarra Flame（伊拉瓦拉火焰）在 2013 年的中国国际太阳能十项全能竞赛中获得第一名。该建筑很好地实现了“低技术”结合升级改造技术、太阳能节能系统、自然补偿技术的可持续性零能耗太阳能建筑。评委专家打分评审成绩如表 3 所示。

综合性能评价表 **表 3**

项目	建筑设计	市场推广	工程技术	宣传展示	太阳能应用	舒适度	热水	家用电器	家庭娱乐	能效平衡	十项总成绩
成绩	96	97	95	94	86	97.9	100	99.6	94	100	959.5

3 结论

建筑节能的实践证明，仅考虑单一节能模式及缺少可持续性策略的改造方式，是不能满足其作为空间、环境和人相互密切联系的综合体系的更有效的运行的，所以需要对可持续性及能效平衡等因素进行综合考虑和研究，并加以实施，方可满足节能环保和舒适度等多方面的要求。可持续零能耗建筑理念是一个对此问题的很好解答，值得去深入研究。未来建设的重点会在对既有建筑的改造上面，为此将其利用到既有建筑的节能改造，产生的效果会更显著，更能实现节能减排及绿色建筑的目标，其技术的应用将会是一个更大的进步，而且值得未来零能耗建筑在我国的推广实施和发展过程中去提倡和实践。

Zero Solar Building Energy Consumption Study Based on the Technology of Sustainable Renovation

Abstract: Aimed at the zero energy consumption of the sustainable building technology as the research object, and the university of Wollongong building in international solar decathlon competition in 2013. As an example, through the analysis of its design and construction process, and discussing it's construction purpose and design concept, environmental characteristics, material selection, landscape and water treatment, interior design, and so on. It illustrates the concept of sustainability through the zero energy building design and construction process is a scientific method, and the best zero energy building design concept to really getting energy conservation and emissions reduction and economy.

Keywords: Sustainability; Zero Energy Building; Solar Energy; Energy-Saving Reform

参 考 文 献

[1] Torcellini P. A, Crawley D. B. Understanding Zero-Energy Buildings [J]. ASHRAE Journal, 2006, 48 (9): 62-69.

[2] Musall E., Weiss T., Lenoir A., et al. Net Zero Energy Solar Buildings: An Overview and Analysis on Worldwide Building Projects [C]. EuroSun Conference, 2010.

[3] Reijenga T. H., Architecten B. Energy Efficient and Zero-Energy Building in the Netherlands [C]. Beijing: International Workshop on Energy Efficiency in Buildings in China for the 21st Century, CBEEA, 2000.

[4] Marszal A. J., Heiselberg P. Zero Energy Building (ZEB) Definitions－A Iiterature Review [J]. DoC Engineering, 2009.

[5] Dall O. G., Bruni E., Sarto L. An Italian Pilot Project for Zero Energy Buildings: Towards a Quality-driven approach [J]. Renewable Energy, 2013 (50): 840-846.

[6] Mertz G. A., Raffio G. S., Kissock K. Cost Optimization of Net-Zero Energy House [C]. ASME 2007 Energy Sustainability Conference, 2007: 477-487.

[7] Marsh G. Zero Energy Buildings: Key Role for RE at UK Housing Development [J]. Refocus, 2002, 3 (3): 58-61.

[8] Mlecnik E., Attia S. G. M., Van Loon S. Net Zero Energy Building: A review of Current Definitions and Definitiondevelopment in Belgium [C]. Passive House Symposium, 2011.

[9] Kapsalaki M., Leal V. Recent Progress on Net Zero Energy Buildings [J]. Advances in Building Energy Research, 2011, 5 (1): 129-162.

[10] 郝晓辉. 中国可持续发展指标体系探讨 [J]. 科技导报，1998，16 (9811)：42-46.

[11] 刘少瑜，杨峰. 旧建筑适应性改造的两种策略：建筑功能更新与能耗技术创新 [J]. 建筑学报，2007 (6)：60-65.

[12] 曹江. 从投资可行性角度看 CIGS (铜铟镓硒) 薄膜太阳能电池市场状况走势 [J]. 商场现代化，2010 (17)：92-93.

作者：吴伟东　天津大学建筑学院　博士研究生

王立雄　天津大学建筑学院　教授

地热能在建筑中的合理应用

【摘　要】地热能作为绿色能源中的重要一员，在建筑中的合理利用具有重要意义。分析认清其特点和潜力，解决其存在的问题，建筑师树立正确的应用理念，并将地热能科学合理地进行利用，使地热能利用建立良性循环并为建筑节能真正发挥价值。

【关键词】地热能　浅层地热能　建筑　利用

1　概述

环境的恶化，能源的消耗，新技术、新材料的不断出现，使得新能源的开发和利用已经成为当前重要的研究方向。我国建筑能耗约占全国总能耗的30%，而在建筑能耗中约有一半用于空调制冷与采暖。由此可见，要想节能，就要降低建筑能耗，而要降低建筑能耗，就要借助新能源。建筑界对于太阳能、风能的关注较多，而对于地热能这种新型能源在建筑上的有效应用，尚不深入和广泛，建筑师对此关注也多不够。

我国地热能蕴藏量巨大，它来自于地球内部巨大的热量，可以说是可再生的重要新能源。其总量占到全球的7.9%，分为高温地热能和中低温地热能。高温地热能（热储温度不小于150℃）主要分布在西藏、云南、四川等地，中低温地热资源几乎遍布全国各省、市、自治区。[1]现在所利用的地热资源，只是在当前技术经济开发可行的深度范围内，为地球表面所贮存的一小部分地热能。我国地热开发始于1970年代，主要应用领域有地热发电、地热水饮用、地热水医疗、地热养殖种植、地热供暖等。[2]从以上可看出，地热能具有巨大的发展潜力。而另一方面，地热能从严格意义上来说，并不是可再生能源。因此，如何经济合理地开发利用，树立正确的应用理念，对于这一宝贵能源的良性循环使用和建筑节能乃至环境保护都至关重要。

2　地热能的利用现状

2.1　地热能应用类型和特点

地热能按储存形式、开发利用深度、温度等可有各种不同分类，这里主要就开发利用深度进行分类，并认识其特点。

按地热能开发利用的深度可以分为深层地热能和浅层地热能。深层地热能，因温度较高也被称为高温地热，特指深度大于800m、温度高于80℃的地热带。此种地热能具有以下特点：主要分布在地壳板块结合部，分布受地域限制；较大的埋深使得其对开发技术尤其是高新技术的要求较高，也使前期投入比重较大。高温地热能因其自身的特点和分布的地域性目前主要用于发电，如西藏羊八井地热田，这种地热受地域限制无法推广，也因技术、经济等因素制约不适合于居住建筑中。

浅层地热能，因温度较低也被称为低温地热，是指地表以下一定深度范围内，指深度200m以上恒温带、温度低于25℃的地热储备能源。此种地热能具有以下特点：分布广泛，热能储存量大，基本不受地域和气候变化的影响，温度相对恒定；开发深度不大，开发利用技术也比较成熟；经济性好，前期投入比重小，运行费用较低，便于推广；是低品位能源，较适合居住建筑；清洁环保，低温地热能一般可直接利用，如地热采暖、温室、旅游和疗养等方面。[3]目前在我国华北地区利用广泛。低温地热能是地热能利用的主要方式，是目前建筑中利用地热资源的主要方式。我国主要通过水源热泵和地源热泵技术采集浅层低温地热能。[4]地源热泵技术具有的优势和其技术水平的提高，都使得浅层地热能可以更好地开发利用。随着我国能源结构政策的调整和地源热泵技术水平的逐步提高，建筑物供暖或制冷中，浅层地热能所占的比重也将越来越高。[5]

2.2 地热能利用中存在的问题

就以上分析可以得出，深层地热能主要用于发电，限于技术、经济、分布等问题，目前还不适宜应用于一般建筑中，但也有建筑探索利用深浅结合的方式开发地热能，具有较好的经济性和明显的节能减排效果，这需要综合考虑建筑规模、水文地质条件、经济性等。而浅层地热能作为一种清洁的可再生新能源，将其直接用于建筑中的供热采暖、供应热水和制冷等是一种经济方便且极具发展潜力的地热利用方式。这种利用方式目前备受各国重视，如在北欧国家的利用已较为成熟和普遍。我国探索和开发地热能都获得了一定发展，但仍然存在部分问题：[6]

（1）地热资源开发利用水平和利用率低，利用方式单一，未能充分利用地热资源。

（2）对地热资源的利用未建立良好的监管机制和制度法规不健全。

（3）重开发轻保护，管理和保护不善，导致环境污染等问题。地热水的成分较复杂，对水质情况的监测监管不够而导致有害成分的排放污染水资源或大气环境；另外，地热开发可能带来的环境噪声问题，只管开采不管回灌和保护导致的地面下沉等问题。

（4）存在不合理的开发利用现象。地热资源的再生需要一定过程，开发过程中出现的提取速度大于补给速度，未能对地热水进行及时回灌，造成地热超采现象和利用方式的不科学，是潜在的隐患。这点要和监管结合，应对地热资源勘测和规划并建立数据库，放到地热资源所在地的整体规划中去考虑。

（5）建筑师对地热能的认识和关注不够，在建筑中未能充分合理地进行地热能的开发利用设计。

（6）使地热能更好地和建筑结合以及在市场推广的配套的市场体制和相关政策等方面有待加强。

3 采取措施、因地制宜地在建筑中合理利用

任地热能存在于地下而不加以利用，是一种浪费。但缺少合理规划而任意胡乱开采，也会造成资源的一种浪费，进而对原有的平衡状态造成破坏，导致环境污染等一系列问题。因此，秉着对自己和后代负责任的态度，适应时代发展变化、因时因地地合理利用地热能，是每一位国人应做的。对于地热能的合理利用需要从政府到科研机构、企业、设计者、应用者等的共同努力和提高来推进。

针对前文提到的地热能开发中存在的问题并扩展到管理、制度层面，作为设计师、建筑师应主要从以下方面关注和努力：

（1）充分并合理地利用地热水，做到一水多用以及梯级综合利用。

目前我国地热资源的开发尚以一次性利用为主，通过一水多用将提高地热资源的利用效率。如温泉，除用于沐浴保健、休闲娱乐、温泉种植养殖外，还可以用温泉余热为建筑供暖；一般地热水应考虑不仅用于供暖，还可用于生活用热水；发挥水源热泵系统和地源热泵系统各自的特点，最大限度地发挥节能效果。近二三十年来，我国地热发电的发展停滞不前，这与我国巨大的地热资源条件和新能源利用形势不相符。在城市规划和建筑行业中应多加关注地热资源的利用方式，将规划、建筑等设计与地热资源的利用结合起来，使得地热资源利用有的放矢，从而相互促进。

（2）重开发也重保护，避免对环境造成污染。

对于地热资源开发利用应编制合理的开发利用规划，科学合理地利用地热能，同时对地下温度场进行长期监测；避免过度开采造成地质结构的破坏，提倡地热水回灌，梯级利用；通过监管体系对地热能进行保护。在地热资源利用过程中对地层水源进行勘测、评价和选择，同时应对水质进行监测，避免水质对环境造成污染，防止水质对设备产生腐蚀作用；在地热资源利用技术方面，结合最新技术并向国外先进技术学习，提高开发利用效率并降低噪声污染；此外，应对开采的地热进行及时合理的回灌，做到利用平衡，避免地下水污染。

（3）加强监管机制，制定制度法规。

统筹规划当地社会经济与资源和环境的协调发展，应制定地域性和全国性的地热开发规划。通过地热能勘察评价，建立全国范围内的地热能数据库，通过合理布局、多级利用实现总量平衡，同时在采矿许可、编制规划、开发审查等环节建立严格的监管制度。[7]全国大部分地区尚未开展地热资源勘察评价，影响了地热产业的发展。[8]监督和管理部门应当建立系统的监管体系，对地热能进行保护，对地热资源开发利用量进行全面评价，就地区地热资源状况进行汇总并发布于相关行业，引起行业关注，促进地热能利用和发展。

此外，国家可以通过出台相应的政策对于地热能的开发利用予以鼓励，如在建筑设计中地热能的设计利用进行鼓励和奖励。

（4）建筑师要有意识地应用新能源产品，建立有效的激励机制。

目前，建筑师对新能源的利用多集中于太阳能、风能等，对地热能的知识和意识应加强。我国于2006年和2007年分别公布实施了《可再生能源法》和《可再生能源中长期发展规划》，一定程度上推进了地热能的开发利用。但其中对于地热能利用的一些具体规定和要求等缺乏，致使推进力度不够。而作为设计一线的建筑师对此的关注更是不足，处于政府、研究机构和企业以及设计这一流线的末端，对于研发成果的掌握和应用明显不足和滞后，造成了地热资源利用率不高。地热资源的利用需要专业技术人才，包括政府、研究机构、企业、设计师等一体化的共同努力。

（5）为使地热能在建筑领域得到广泛应用，地热利用相关配套产品须结合建筑需求。

在这方面，例如地热相关配套产品符合建筑模数要求，为其大规模应用于建筑提供产业支撑。此外，相关的设计、安装、施工与验收标准与之相配套，通过技术手段的提高使得新能源在建筑中的应用更加合理可行。同时，政策上的鼓励可以促进地热能的利用和发展，比如小区合理使用了地热能，应当给予一定的奖励或鼓励等。

4 结语

既要充分利用地热源，又要会用，做到有节制、科学合理。地热能作为清洁、无污染及经济效益好的绿色能源，在国外众多国家获得了普遍应用。作为建筑师，在环境不断恶化的今天，如何利用好新能源问题已是迫在眉睫，首先应树立正确的理念，通过自觉的学习不断提高和加强对地热资源科学合理的利用，从而使地热资源的利用建立良性循环并为建筑节能真正发挥价值。

Reasonable Application of Geothermal Energy in Buildings

Abstract: Geothermal energy is an important member of green energy. Its rational utilization has great significance in buildings. Analyzing and identifying its characteristics and potential, solving the problems and establishing a correct concept of application for architects, utilizing geothermal energy scientifically and reasonably, establishing a virtuous cycle for the geothermal energy utilization and playing a real value for building energy saving.

Keywords: Geothermal Energy; Shallow Geothermal Energy; Buildings; Utilization

参 考 文 献

[1] 孔令珍. 中国地热能发展趋势 [J]. 煤炭技术，2006 (7)：107-108.

[2] 王宏伟，李亚峰等. 地热能在我国的应用 [J]. 可再生能源，2002 (5)：32-34.

[3] 孙志高. 地热能的合理利用 [J]. 可再生能源，2003 (3)：50-51.

[4] 浅层地热能引领节能新潮流 [J]. 中国建设信息供热制冷，2010 (2)：50-51.

[5] 冯其予. 我国浅层地热能开发利用仍处于初级阶段 [J]. 中国建设信息供热制冷，2007 (3)：6.

[6] 张慧. 浅议地热能的综合开发利用 [J]. 经济研究参考，2013 (35)：99-104.

[7] 吴新雄. 科学、清洁、高效、可持续地开发利用地热能 [J]. 中国经贸导刊，2014 (4)：7-9.

[8] 张金华，魏伟，杜东等. 地热资源的开发利用及可持续发展 [J]. 中外能源，2013，18：30-35.

作者： 王晓静　天津大学建筑学院　博士研究生
青岛农业大学建筑工程学院　副教授

表皮化的遮阳构件发展综述
——现代建筑遮阳形式的演变*

【摘　要】在建筑高度节能的今天，现代建筑遮阳设计已经发生根本性的转变。本文从以棚架为代表的传统式遮阳、高技术的玻璃自遮阳和可产能的光伏技术遮阳三个递进式演变阶段为切入点，研究了现代建筑遮阳的新形式、新材料以及相关的能源特性，提出了未来的建筑遮阳形式，必然是在建筑与遮阳一体化的基础上，节能与产能并举，向着高技术的方向，为低能耗或者零能耗建筑提供基本的能源保障。

【关键词】建筑表皮一体化　自遮阳　美学　产能

引言

当今我国每年都有大量的新建工程，仅玻璃幕墙的建筑项目就达 3000 万 m^2。在社会建筑节能三步 65%甚至 75%的今天，夏季直射的太阳光，已经成为这些建筑开源节流的最大障碍。而作为改善建筑周围微气候环境的最直接手段——建筑遮阳，近年来，构件造型、材料形式和能源特性都发生了很大的变化，本文就以棚架为代表的传统式遮阳、高技术的玻璃自遮阳和可产能的光伏技术遮阳三个递进式的演变发展，作一下分析研究。

1　传统式遮阳设计阶段

遮阳，顾名思义就是利用不透明的物体遮挡阳光，获得荫凉。建筑的传统遮阳多是不透明的棚架式遮阳。例如，在我国古建筑的“反宇向阳”就是在本地域气候下，利用大屋顶、深挑檐的特点，为建筑室内提供的一个有效的微气候缓冲空间，减弱室外热环境对建筑室内的影响；而在古希腊神庙，也设置柱廊以遮挡角度较高的夏季阳光而又使角度较低的冬季阳光射入室内，这些属于早期直接、感性的遮阳形式。

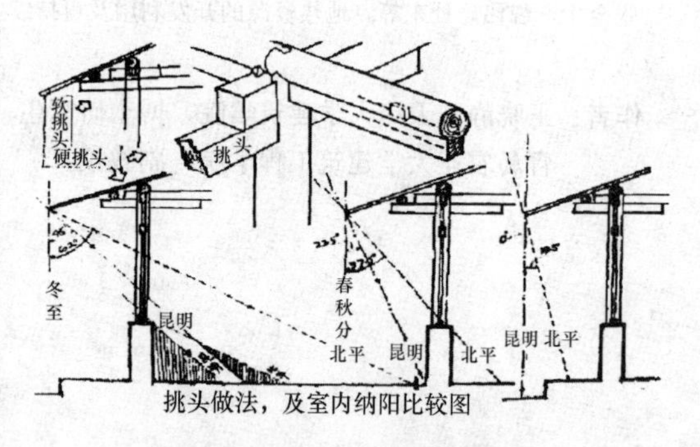

图 1　刘致平先生的手绘图
（资料来源：网络）

1.1　现代建筑遮阳设计的初步发展

从 20 世纪初，美国建筑师赖特开始引入几何学的概念，计算四季中太阳高度角的反复变化，进行科学化遮阳；在国内建筑界，刘致平先生[1]分析了古建筑的大屋顶出挑尺度，作为最早研究遮阳的文献，绘有建筑挑檐和遮阳的关系（图 1）。随着新型建材和结

* 课题基金：国家自然科学基金外国青年学者研究基金项目（2010B2-0015）；天津大学自主创新基金（2010XG-0015）；河北省教育厅指令项目（SQ133017）。

构的不断发展，现代建筑的高度不断地增加，借助大屋顶实现对整个建筑的遮阳设计已经成为历史，而各种“半遮半透”的格架形式，逐渐开始成为建筑遮阳发展的主流。华南理工大学的夏昌世教授就岭南地区利用屋顶架空通风和窗口百叶遮阳问题，在大量工程实践的基础上提出亚热带气候的“夏氏遮阳”，属于较早的研究。马来西亚杨经文的生物气候学属于成熟的遮阳设计理论，把生物遮阳技术成功地运用到了建筑设计中来。

1.2 现代建筑表皮与遮阳的一体化设计

随着1960、1970年代“艺术+技术”理性设计的延续，现代建筑艺术化的遮阳形式一度盛行，成为了时下流行的建筑表皮设计手法，向着多元化的建筑与遮阳一体化发展。例如，石家庄万象天成的金属表皮，利用不断反转的造型，自然过渡而又极具张力，实现了建筑表皮与建筑遮阳的隐形化处理；在法国国家图书馆的立面上，多米尼克·佩罗采用了木材遮阳，使得冰冷的大尺度建筑表皮，添加了人性化的色彩和质感；天津大学的1895建筑创意大厦用预制的模数化陶制百叶，作为遮阳的新型建筑表皮，建筑文脉中体现时代创新；广州图书馆新馆表面则使用干挂不规则的条形石材作为一种建筑表皮，在营造沉重历史感的视觉冲击的同时，也实现了遮阳和审美艺术的一体化处理；上海世博会法国馆的垂直种植遮阳，采用绿色植物立体遮阳，可以吸收60%～80%的光能和90%的辐射能，在建筑遮阳和建筑表皮的问题上，迈出了大胆的一步（图2）。

总之，在这个阶段，建筑遮阳开始了科学计算和艺术装饰，注重地域文脉和气候因素，在设计手法和材料上均向着艺术化、轻盈化的形式发展，尝试着从理性和艺术的角度研究建筑的遮阳问题，并逐步实现了与建筑一体化的技术发展。但是实际的节能效果却一直不佳。

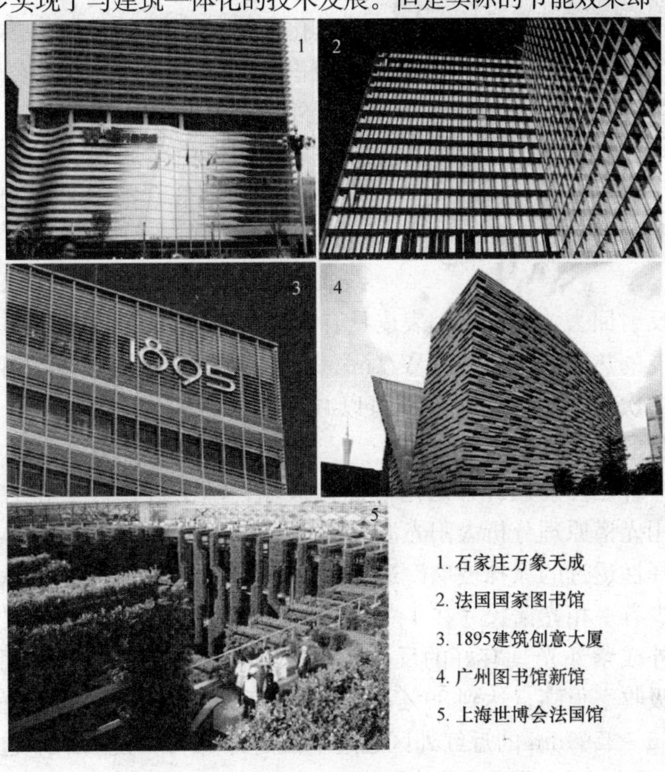

图2 多元化的遮阳与建筑一体化处理

（资料来源：网络）

2 高技术的玻璃自遮阳阶段

1980、1990年代现代建筑进入“后现代+简约现代”时期，建筑窗户的“大玻璃、广视角”依然深受广大使用者的钟爱，但其带来的高能耗问题一直困扰着建筑师。玻璃自遮阳，作为“看不见”的遮阳产品，满足了采光性能和遮阳隔热的双重标准，属于高技术的建筑遮阳技术。这种玻璃自遮阳技术通过调整玻璃原料或者镀膜、涂膜等技术来选择透光种类，筛选透光波段，最终达成可以隐形化的遮阳构件，而阻断了部分阳光进入室内，这对于缓解能源危机和建筑遮阳来说，是一个“质”的飞跃。

2.1 调整原料实现自遮阳

吸热玻璃，是调整普通钠钙硅酸盐玻璃的原料，加入有吸热性能的着色剂，使得玻璃本身具有一定的遮阳效果，能够吸收大量红外线辐射能和一定的紫外线，减弱太阳光的强度。吸热玻璃中的金属离子成分和浓度变化，可以改变玻璃的可见光透射比、玻璃的颜色。也可以结合吸热玻璃和百叶形成玻璃自遮阳（图3），在遮阳的同时产生通风的效果。这属于早期的玻璃自遮阳的一种形式。我国研发的吸热玻璃性能，可见光透过率一般为30%～50%，太阳光直接透过率可达60%～70%[2]，但是遮蔽系数相对是比较低的。

图3 吸热玻璃百叶自遮阳

（资料来源：网络）

2.2 利用镀膜实现自遮阳

在玻璃上镀膜，以满足采光和遮阳效果，这对于新建和改建建筑来说提供了很大的便利。一种是镀一层或多层由铬、钛或不锈钢等金属或其化合物组成的薄膜形成热反射玻璃，用于大面积的玻璃幕墙表皮，起到透射可见光、吸收紫外线、反射红外线的作用；另一种是在中空玻璃表面镀由多层银、铜或锡等金属或其化合物组成的薄膜，形成低辐射玻璃（Low-E）。低辐射玻璃可以很好地透射可见光，反射红外线，其表面辐射率都在0.15以下，可以将80%以上的远红外线反射回去，使得玻璃表皮具有良好的阻隔热辐射透过的作用。例如普通单银低辐射中空玻璃的热阻K值为1.8W/(m^2·℃)。低辐射玻璃在夏季可以遮挡物体受太阳照射后发出的二次辐射热，而在冬季可以减少室内的热量向外流失，从而达到隔热保温、节能降耗的目的[3]。

另外，还有一种是光谱选择性透过的涂抹玻璃：基于材料科学和纳米技术的快速发展，人类开始利用光谱原理分析太阳光波长和热工的关系，研究以低成本的透明隔热纳米技术，制造有选择性透过的涂抹玻璃。透明隔热纳米涂料，是指一种对太阳光具有良好的光谱选择性且至少有一相光谱尺寸在1～100nm之间的涂料（即该涂料对可见光具有好的通透性，对近红外或紫外光具有好的反射、阻隔或吸收作用）。涂抹在小于400mm的紫外光区，涂膜的吸收率很高，达到89%；在400～760nm的可见光区域通过率很高，最高达到81%；在760～2500nm的近红外区透过率最高为18%；说明纳米透明隔热涂料对太阳光遮阳具有选择性、可吸收紫外光、透过可见光、阻隔红外光的优异性能。涂膜的隔热性能测试显示，涂了纳米透明隔热涂料的玻璃，在碘钨灯下照射30min，两侧的温度可达到相差18℃，远高于未涂抹的玻璃两侧的温度差（专利：CN 103073965A）。

例如华南理工大学针对亚热带气候，提出并建立了一种遮阳光谱选择性透过的涂抹控制方法，如图4所示，掺CC（氧化镱）成分的透明涂料可使得玻璃的太阳辐射透射光谱在1000nm附近形成“塌陷区”，从而使窗玻璃的遮阳能力提高20%以上。实现了室内采光的均匀性、私密性。该成果已经申请专利并进入了生产阶段。

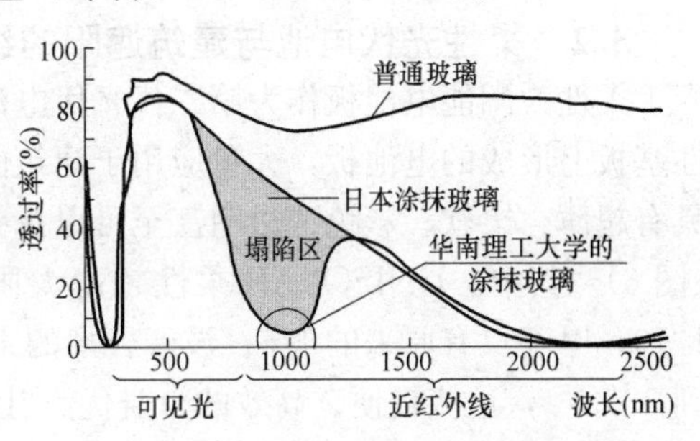

图4　华南理工大学研制的涂膜玻璃

（资料来源：孟庆林教授讲座）

可见，通过改变玻璃的材料、增加镀膜或涂抹等现代高技术的手段，使玻璃自身在透光的基础上具有了隔热的功能，克服了玻璃材料自身的高能耗问题，不再完全受窗墙比的约束。玻璃自遮阳技术发展虽然不到十年，却深受大众喜爱，但从本质上说，一直还是拒绝阳光于建筑之外。

3　可产能的光伏技术遮阳阶段

高强度直射的太阳光，是建筑表皮最需要遮阳的时段，同时也是阳光中的光粒子最活跃的时候，所以利用光伏电池PV作为遮阳材料，可以达到节能、产能双重功效。这样一来，就可以以建筑表皮的遮阳构件或者建筑表皮本身，作为光伏产品的依托界面，收纳和利用直射的太阳光能源，转化为新的电能输入室内，这样一来不仅减少太阳对室内环境的负影响，还可以提高室内环境的舒适度，成了最佳的建筑遮阳方案。

3.1　光伏电池在建筑遮阳上的应用

光伏与建筑一体化技术（BIPV）是由两片钢化玻璃与太阳能光伏电池片的夹层组成复合层，电池片间由导线串、并联而成。BIPV组件是在建筑表皮造型的基础上，预制为模块化组件；或者结合建筑立面的光伏幕墙，形成可调节的光伏百叶组件，根据阳光直射角度调整最佳方向，有效地遮挡直射阳光，获得最大发电量；也可作为建筑屋顶的遮阳构件，通过调整光伏电池片的疏密排布或采用穿孔硅电池片来达到特定的透光率，达到产能和遮阳的最佳效果。

图5　高雄龙腾体育场的光伏玻璃遮阳

（资料来源：网络）

2009年伊东丰雄设计的高雄龙腾体育场，是全世界第一座完全由太阳能供电的运动场馆。体育场看台罩篷的8844套“鳞片”状的光伏玻璃组件，以BIPV方式成组安装在弧线编织的结构构架上，以优美的动势形成独特的设计造型（图5）。这些光伏组件可达到70%的遮光效果，同时座台空间的自然通风可以降低光伏电池的表面温度，有效提高发电效率。体育场每年发电110万kWh，可供比赛期间3300盏场馆灯光和两座巨型屏幕照明、空调等使用，非赛事期间还可以并网以减少运营成本。2022年卡塔尔也承诺建设太阳能与遮篷一体化的绿色世界杯体育场[4]。

3.2 柔性光伏电池与建筑遮阳的结合

柔性太阳能电池板作为第二代光伏电池，是将一种特殊的半导体涂层涂敷在成卷的柔性基板上形成的电池板，大量应用于建筑的屋顶、墙面、幕墙等部位。柔性太阳能电池板具有超薄、柔软、彩色、透明甚至可以折叠的特点，是未来的太阳能电池的主流发展方向(图 6)。其中，UNISOLAR 柔性超薄太阳能电池板的尺寸、重量只有传统太阳能板的1/10，厚度只有原来的 1/5；波音公司的柔性电池 tandem-two-junction 最高发电效率已达到 33%[5]，这些轻便、高效的自身优点让太阳能光伏电池做成任意形状和附着在任何造型的建筑表皮上成为可能，使得光伏电池可以和建筑遮阳设计完美结合，大大推动了光伏电池技术与建筑一体化的发展。

3.3 聚光光伏在建筑遮阳上的应用

太阳能聚光光伏技术（CPV）是一种新型的低成本高效太阳能利用技术，有艺术、高效的遮阳效果。聚光光伏系统是借助经济廉价的光学聚焦器，高效凝聚直射的太阳光束于一点，利用少量昂贵的光伏电池，如果通过动态跟踪技术，光电转换效率可达 40%左右，已经远远优于普通平板光伏的发电效率；其次，由于光学聚焦器的聚光作用，其背后没有太阳光直射的光影出现，自然达到遮阳的效果；再者，通过排列和组合不同样式的光学聚焦器，采用菲涅尔透镜或者反射式材料，都可以为建筑立面增加意想不到的艺术效果[6]。可见，聚光光伏技术和建筑遮阳构件的一体化结合，对于建筑表皮的节能、产能都可以达到前所未有的效果（图 7)。但这种技术只有在阳光直射时，才会真正地发挥作用。

图 6 柔性光伏电池板

（资料来源：网络）

图 7 聚光光伏在幕墙上的应用

（资料来源：网络）

其实，这个阶段的研究深度已经从建筑遮阳、艺术造型发展到了产能的层次，遮阳部位也从窗洞口扩展到了整个建筑的表皮，使得现代建筑的遮阳问题、美学问题、能源问题逐步走向相互渗透，难以单独论述和研究。

4 结论与发展

物尽其用，对于具有巨大能量的太阳光来说，建筑遮阳不仅是要“遮”，还要“用”。尤其在资源紧缺的今天，现代建筑急需解决自身的产能与节能问题，为建筑本体的低能耗甚至零能耗化，提供基本的能源保障[7]。可见，现代建筑未来的遮阳形式，对于现代建筑的可持续发展具有重要意义，未来必然会成为又一个新型的研究课题。

Sunshade Component: Invisible in the Building Skins

—The Evolution of the Modern Architectural Shading Form

Abstract: Today, the building shading with rapid change. Based on the traditional shading pattern glass shading mode, high technology and production capacity of photovoltaic technology shading model, The evolution process of the three progressive type as the breakthrough point, to study the modern architectural shading form of new energy, new materials and related features, puts forward the modern architectural shading form in the future. In architecture and shading integration, on the basis of energy saving and capacity study together and buildings to provide energy security for the future.

Keywords: The Integration of Building Skin; Self Shading; Aesthetic; Generate Energy

参考文献

[1] 刘致平著. 中国居住建筑简史——城市、住宅、园林 [M]. 第二版. 北京：中国建筑工业出版社，2000.

[2] 施冬梅，游毓聪，鲁彦玲，杜仕国. 低发射率红外隐身涂料的研究 [J]. 军械工程学院学报，2008 (6).

[3] 邵景楚，鞠淑丽，慈红英. 新型节能镀膜玻璃 [J]. 新型建筑材料，2011 (8).

[4] 刘洋. 光伏系统在体育场设计中的应用 [J]. 建筑节能，2011 (10).

[5] 邢晓春，郁漫天，沈小钧译. 尖端可持续性——低能耗建筑的新兴技术 [M]. 第二版. 北京：中国建筑工业出版社 2010：78.

[6] Li Zhu, Yiping Wang, Xinyue Han, Zhongqiang Yuan. Realistic Economical Analysis on a New Linear CPV/Thermal System [J]. Proceedings of the 25th EU PVSEC / WCPEC-5, 2010 (9).

[7] 朱丽，王一平. 聚光太阳能电池及系统原理与应用 [M]. 天津：天津大学出版社，2011.

作者： 高力强　天津大学建筑学院　博士研究生
石家庄铁道大学　副教授
朱　丽　天津大学建筑学院　教授

住宅外窗设计样式对室内自然通风影响的数值模拟研究——以京津地区高层住宅为例

【摘　要】本文调研了京津地区36栋高层住宅主要功能空间的外窗设计样式，总结出住宅外窗的14种典型设计样式，并模拟这14种典型设计样式下的室内风场，研究了外窗设计样式与室内自然通风的关系。最后，综合数值模拟结果与其他设计要素，针对性地提出了一些高层住宅外窗优化设计建议。

【关键词】窗　高层住宅　自然通风　数值模拟 CFD

0　序言

窗不但是住宅立面造型的重要组成要素，也是住宅通风、采光的重要媒介，是居住建筑进行节能减排设计的重要部位之一。目前，在进行的高层住宅窗设计中，由于缺乏精细化的设计指导，常会存在不节能、不健康的设计手法。本研究希望通过实态调研和数值模拟分析，了解京津地区高层住宅窗设有哪些典型设计样式，及这些外窗样式对室内自然通风的影响，进而提出一些利于高层住宅室内自然通风的优化设计建议。

1　研究策略

本研究采用实态调研与数值模拟分析相结合的方法。

外窗设计样式包含开启扇类型、材料、开启方式、窗台高度等多个变量，不可能全部涵盖。因此，本研究首先通过对京津地区典型高层住宅的调研，提炼出几种典型的外窗设计样式（这些典型样式包含窗台高度、开启扇位置、开启方式等变量组合，是进行数值模拟的基础），然后在数值模拟阶段，利用CFD软件Fluent对这些典型外窗设计样式进行数值模拟研究，分析不同外窗设计样式对室内自然通风的影响。

2　实态调研

通过对京津地区36栋典型高层住宅的走访调研，笔者总结出京津地区高层住宅外窗的14种典型设计样式（表1、表2）。其中，起居室外窗主要分墙面窗和阳台窗两大类。主卧室外窗主要分墙面窗、凸窗和转角凸窗三大类。需要说明的是，住宅外窗开启扇位置多样，为了便于分析，本文定义一个开启扇为1，固定窗扇为n，以比例形式说明开启扇的相对位置。例如，图1中的外窗开启扇位置均属于1∶n∶1类型。

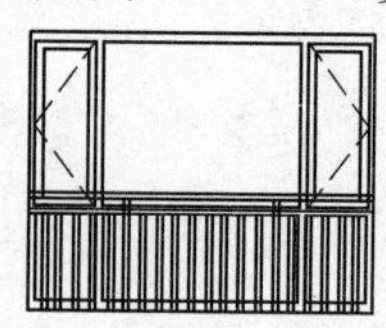

图1　开启扇位置类型：1∶n∶1

京津地区高层住宅起居室外窗典型设计样式 **表1**

外窗典型设计样式			相关参数			
类型	编号	图示	窗台高度（mm）	开启方式	开启扇宽度（mm）	开启扇位置类型
墙面窗	Qjs-1		600	内平开	750	1∶n
	Qjs-2		600	内平开	600	1∶n∶1
阳台窗	Qjs-3		100	内平开	750	1∶n
	Qjs-4		100	内平开	600	1∶n∶1
	Qjs-5		100	内平开	600	1∶n∶1
	Qjs-6		100	内平开	600	1∶n∶1∶n∶1
	Qjs-7		100	内平开	600	n∶1∶1∶n
	Qjs-8		100	内平开	600	1∶n∶1∶n

京津地区高层住宅主卧室外窗典型设计样式 **表2**

典型设计样式			相关参数			
类型	编号	图示	窗台高度（mm）	开启方式	开启扇宽度（mm）	开启扇位置类型
墙面窗	Ws-1		600	内平开	600	1∶n
	Ws-2		600	内平开	600	1∶n∶1
凸窗	Ws-3		600	内平开	600	1∶n
	Ws-4		600	内平开	600	1∶n∶1
转角凸窗	Ws-5		600	内平开	600	1∶n
	Ws-6		600	内平开	600	1∶n∶1

3 数值模拟

基于 CFD（Computational Fluid Dynamies）的数值模拟是风环境研究的重要方法，其研究的准确性经过实测和风洞试验的验证①。Fluent、Airpak、Phoenics 在国内使用范围广、用户多，各有其优点，本文选择使用 Fluent 软件进行模拟。

3.1 模拟对象

本文以天津中新生态城中的一栋 18 层高层住宅为模拟对象（图 2、图 3），选取标准层中的南北通透户型，分别模拟其在不同典型外窗设计样式下的室内自然通风情况。

图 2 万通新新家园住宅区

（资料来源：http：//xinxinjiayuanwtstc. soufun. com/）

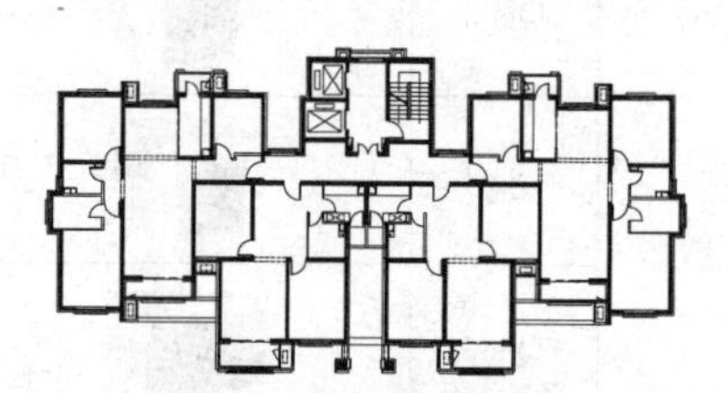

图 3 万通住宅标准层平面

3.2 相关参数

本次模拟采用“两步法”，第一步主要对该区域的主要居住建筑及建筑周边的小区进行模拟分析，得出分析区域建筑表面风压值。第二步基于第一步模拟得出的建筑两侧压差，进行户型层面上的室内风环境模拟。

由天津过渡季风玫瑰图可知，天津地区过渡季主导风向为西南风（SW）（图 4、图 5），平均风速约为 2.01～2.2m/s，模拟中取值 2.1m/s。对高层住宅来说，风速随着建筑高度的增加呈梯度增加，为了确保数据的准确性，需要引入梯度风进行计算，平均风速沿高度变化的规律通过指数函数计算得出②。入口边界条件采用压力入（pressure-inlet）；

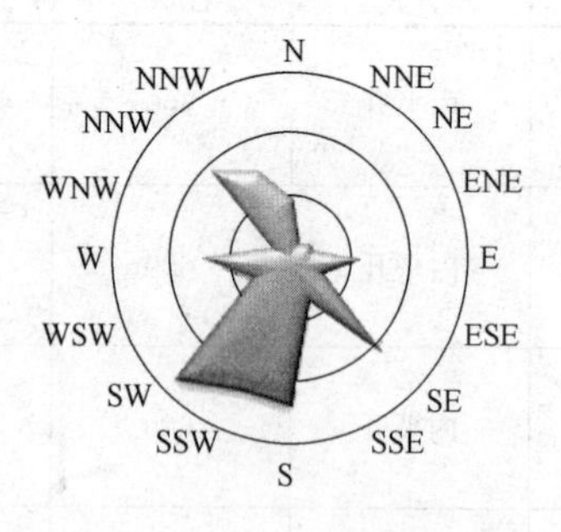

图 4 天津过渡季风玫瑰图

（资料来源：芦岩等. 绿色建筑室外风环境模拟中主导风向与风速确定［J］. 建设科技，2013（9）：59-61）

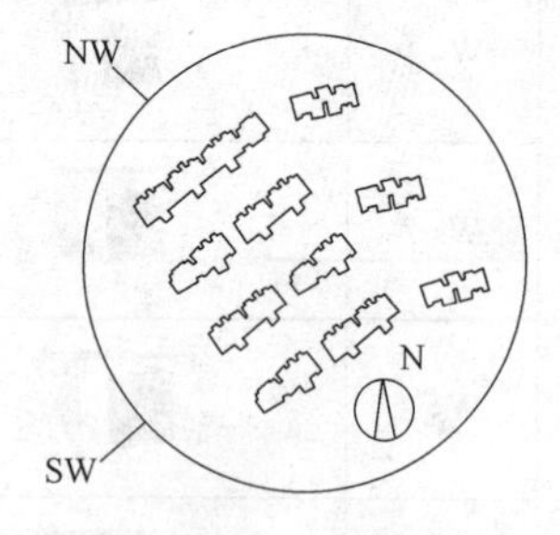

图 5 分析风向示意图

① 刘辉志，姜瑜君，梁彬等. 高大建筑群周围风环境研究［J］. 中国科学，2005，35（增刊 I）：84-96.

② 张相庭. 结构风压和风振动计算［M］. 上海：同济大学出版社，1985.

出口边界条件采用压力出（pressure-outlet）；墙体、地面和顶棚均定义为无滑移的壁面条件（wall）。迭代采用 SIMPLEC 算法，迭代的次数为 300 次。

4 数值模拟结果及分析

1.1m 是人体坐卧时的一般高度，本次数值模拟取室内 1.1m 高度处的平面截面上的风速和风场分布作为重点研究对象。有研究表明，当室内风速为微风（风速介于 0.4～1m/s 之间）时，人体感觉较为舒适，因此风速值的区间最大值取值为 1m/s，最小值取值为 0.4m/s，以反映室内风速位于舒适区间的范围和分布规律。

4.1 外窗样式对室内最大风速的影响

（1）起居室外窗样式为 Qjs-1、Qjs-3、Qjs-7 时，室内风速较大（图 6）。这三种样式均可以视作是单一进风口，Qjs-3 的开启扇宽度为 750mm，较开启两扇的宽度宽一些，因而进风口面积加大，从而使室内风速加大。同理，Qjs-7 由于两扇开启扇相邻，可以认为是一扇宽度为 1500mm 的进风口，进风口面积加大，室内风速从而加大。

（2）起居室外窗样式为 Qjs-2、Qjs-5 时，室内风速较小（图 6）。这两种样式均是两个进风口，开启扇位置类型是 1∶n∶1 型，单扇开启扇宽度为 600mm。推测由于单个进风口面积减小，室内风速随之降低。

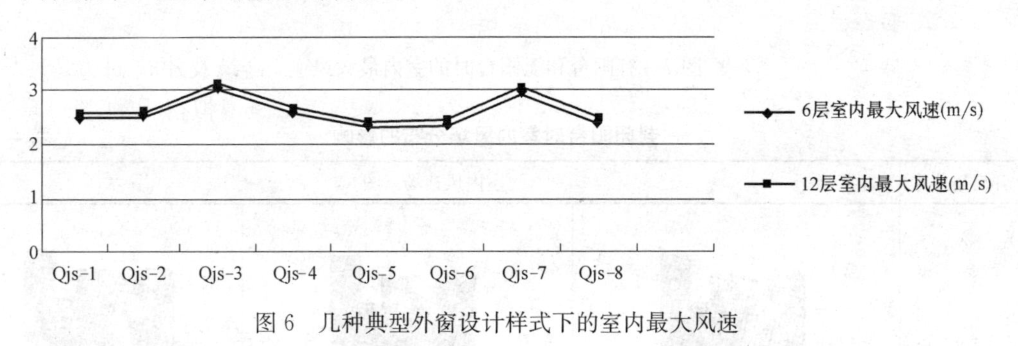

图 6 几种典型外窗设计样式下的室内最大风速

4.2 外窗样式对室内风场分布的影响

对比典型外窗设计样式下的室内风场分布云图（表 3），可以发现：

外窗样式对室内风场分布的影响 **表 3**

开启扇位置	室内风速场云图			
1∶n∶1	Qjs-2	Qjs-4	Qjs-5	Qjs-6
1∶n	Qjs-1	Qjs-3	Qjs-7	Qjs-8

（1）外窗样式对室内风场分布的影响较大。

（2）开启扇为 1∶n∶1 类型时室内空气流动的范围较大（Qjs-2、Qjs-4、Qjs-5、Qjs-6），开启扇为 1∶n 类型或集中设置时，室内进深深处可以获得较大的风速（Qjs-1、Qjs-3、Qjs-7、Qjs-8）。

4.3 封闭阳台对室内风场分布的影响

对比 6 层处有阳台和墙面直接开窗的数值模拟结果，可以发现：

（1）与墙面直接开窗相比，设置阳台后室内最大风速和室内平均风速略减小（图 7）。部分原因在于设置阳台后，通风路径变长，风能损耗导致流经室内的气流速度降低。

（2）阳台开启扇位置的设置，对室内自然通风有较大的影响（表 4）。当开启扇为 1：n：1 类型时（Qjs-4），室内空气流动较为充分。但是当开启扇位于侧边缘时（Qjs-5、Qjs-8），气流会被阳台与起居室间的墙面遮挡；当开启扇为 1∶n 类型时（Qjs-3、Qjs-7），室内进深较深处可以达到较大的风速。

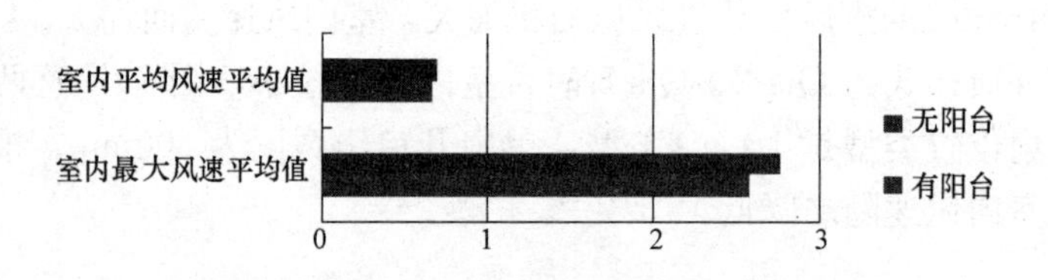

图 7　有阳台和无阳台时的室内最大风速

封闭阳台对室内风场分布的影响　　**表 4**

开启扇位置	室内风速场云图		
1∶n∶1	 Qjs-4	 Qjs-5	 Qjs-8
1∶n	 Qjs-3	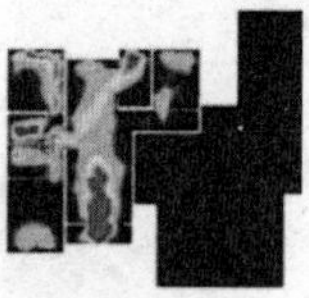 Qjs-7	

4.4 卧室凸窗对室内风场分布的影响

对比 6 层处卧室设置凸窗和在墙面直接开窗的数值模拟结果（表 5），可以发现：

（1）设置凸窗后，室内最大风速和室内平均风速变化不大（图 8）。

（2）凸窗开启扇设置的位置对室内风速影响较大。设置转角凸窗时（Ws-5），室内最大风速流速较大（图 8）。

卧室凸窗对室内风场分布的影响 **表 5** 

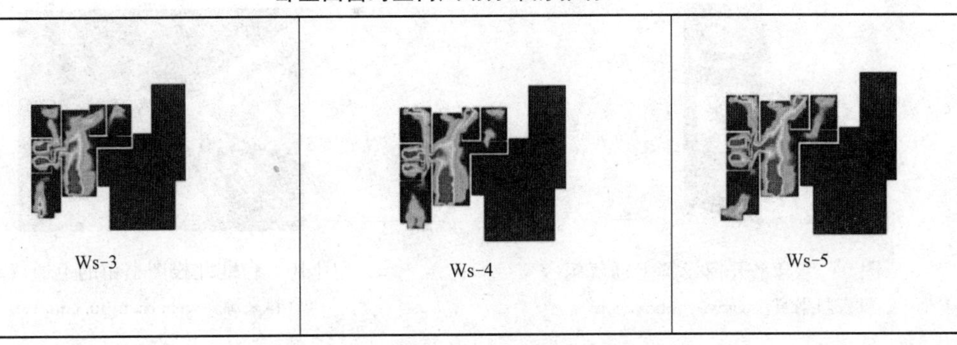

Ws-3	Ws-4	Ws-5

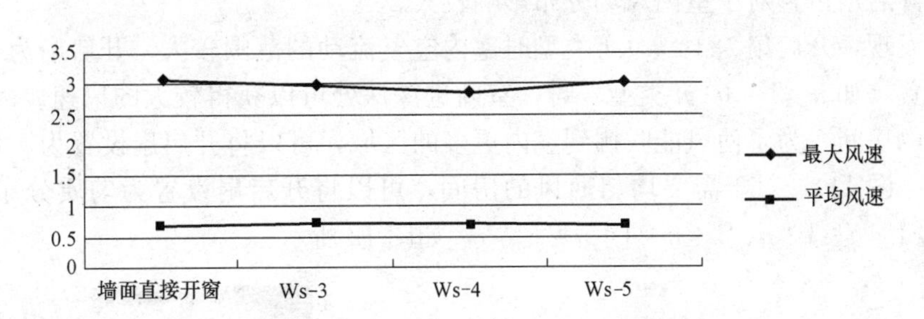

图 8 设置凸窗前后的室内风速对比

5 结论

通过实态调研与数值模拟分析，本文得出以下四点结论：

（1）高层住宅外窗分格数及开启扇大小对室内风速及风场分布影响较大。

对于高层住宅来说，由于风速的梯度增大，相同外窗样式时，高楼层住户的室内风速往往比低楼层住户的大。当开启扇设计得过宽时，高楼层住户开启外窗后可能会出现室内风速过大的问题，因此，设计时宜根据通风需求合理配置外窗分格尺寸。例如，在控制成本的情况下，合理增加窗扇分格数和开启扇数量，以便于住户灵活控制通风量（表 6）。

此外，也可以在平开窗上风设置上通气扇，以利于根据室外风速和室内通风需求来灵活控制通风量（图 9、图 10）。

新建高层住宅宜合理增加窗扇分格数和开启，以便于控制通风量 **表 6**

开启扇过宽	开启扇宽度适宜，便于控制通风量

图 9　结合平开窗设置上通气扇

（资料来源：www. youboy. com）

图 10　台北北投图书馆的上通气扇

（资料来源：web. cc. ntnu. edu. tw）

（2）开启扇位置对于室内风场分布影响较大。

模拟发现，开启扇为 1∶n∶1 类型时室内空气流动的范围较大，开启扇为 1∶n 类型或集中设置（如 n∶1∶1∶n 类型）时，室内进深深处可以获得较大的风速。因此，对于进深较大的房间，为了使风能吹拂到室内更多的区域，可以将开启扇设置为 1∶n 类型或集中设置（图 11）。对于需要均匀通风的房间，可以将开启扇设置为匀质分布类型（如 1∶n∶1、1∶n∶1∶n、1∶n∶1∶n∶1 等），如图 12 所示。

图 11　集中设置的开启扇可以使室内进深深处获得较大的风速

图 12　1∶n∶1 类型的开启扇可以使室内风场较为均匀

（3）阳台外窗开启扇位置设计不应对气流造成阻挡。

高层住宅阳台的开启扇设置应注意与阳台墙体的关系，避免墙体对气流产生阻挡。通过模拟分析，发现一些高层住宅的开启扇设置在边角处时，从开启扇流入的气流会被阳台与起居室间的墙体阻挡，造成风能损耗，从而影响室内自然通风（表 7）。

阳台外窗开启扇应避免设计在边角处，否则会对气流造成阻挡　　表 7

<table>
<tr><td>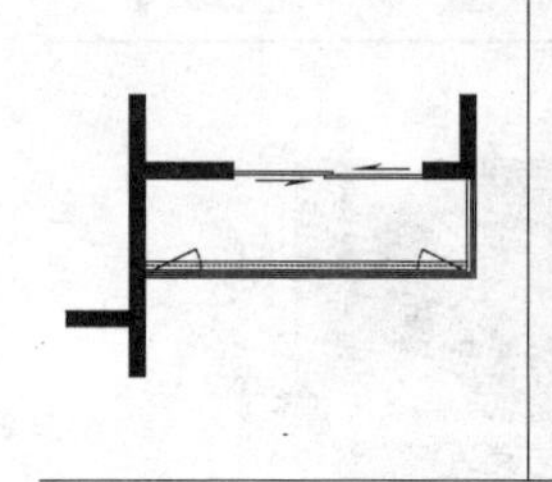</td><td></td><td>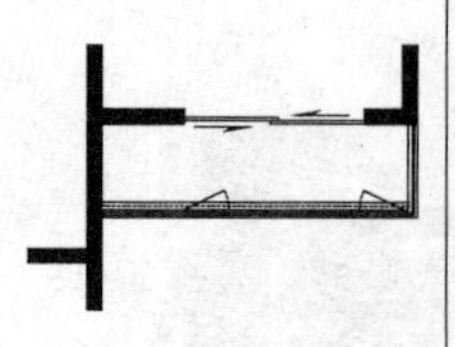</td><td></td></tr>
<tr><td colspan="2">从开启扇流入的气流会被起居室与阳台间的墙体阻挡</td><td colspan="2">将开启扇向中间移动，使之与墙体错位布置，避免了对气流的阻挡</td></tr>
</table>

（4）外窗开启扇位于靠近主导风向的一侧时更加有利于室内自然通风。

从数值模拟结果中可以看出，开启扇位于主导风向一侧时，室内风速较大，通风情况较佳。京津地区过渡季主导风向为西南向，因此对于南向房间外窗，宜在西南角设置开启扇（表8）。

开启扇宜靠近主导风向一侧　　表8

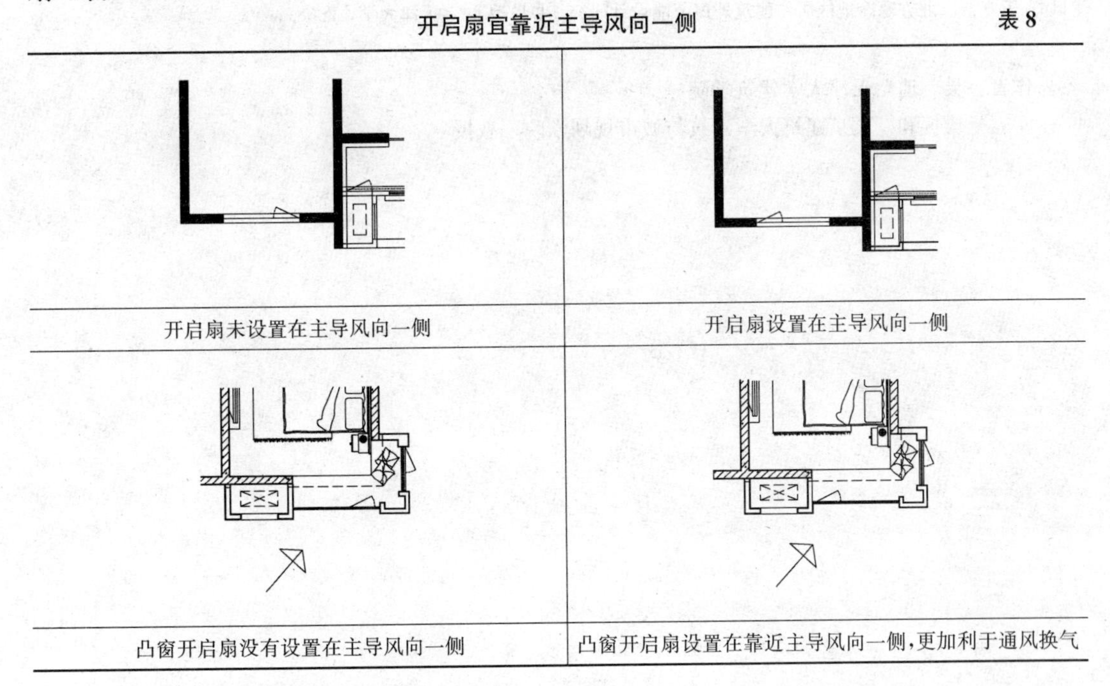

Numerical Simulation Research on the Relationship between Window and Interior Ventilation of High-Rise Residential Building in Beijing and Tianjin

Abstract: This paper contains a field research of 36 selected high-rise residential buildings in Beijing and Tianjin. Then summarizes 14 kinds of typical design style of high-rise residential buildings. Based on the research above, using FLUENT to simulate the indoor ventilation field of the 14 window design style and study the relationship between window design styles and indoor natural ventilation. Finally, based on the results of numerical simulation and combined with other design factors, put forward some advices for the optimization design of high-rise residential building .

Keywords: Window; High-Rise Residential Building; Natural Ventilation; Numerical Simulation; CFD

参 考 文 献

[1] 吕书强. 窗户位置和尺寸对住宅室内自然通风的影响及效果评价 [D]. 天津：天津大学，2010.
[2] 魏景姝. 双向通风窗的性能研究与优化 [D]. 哈尔滨：哈尔滨工业大学，2011.
[3] 王新华. 住宅自然通风的数值模拟及气候效应研究 [D]. 天津：天津大学，2008.
[4] 张相庭. 结构风压和风振动计算 [M]. 上海：同济大学出版社，1985.
[5] 焦杨辉. 夏热冬冷地区住宅窗户节能技术研究 [D]. 长沙：湖南大学，2008.
[6] 唐毅. 住宅自然通风与窗户的关系 [D]. 广州：华南理工大学，2003.
[7] 芦岩等. 绿色建筑室外风环境模拟中主导风向与风速确定 [J]. 建设科技，2013 (9)：59-61.
[8] 吴有聪. 住宅建筑室内自然通风的数值模拟与实验研究 [D]. 天津：天津大学，2009.

[9] 周议辉．住宅建筑利用自平衡风口自然通风数值模拟研究［D］．成都：西南交通大学，2012.
[10] 彭玉丹．室内空气环境甲醛污染的数值模拟和风险评价［D］．天津：天津大学，2010.
[11] 王立群．北方寒冷地区居住建筑外窗节能设计研究［D］．天津：天津大学，2008.

作者：吴　迪　天津大学建筑学院
樊振和　北京建筑大学建筑与城市规划学院　教授

图书馆中庭天窗设计策略研究
——以河北联合大学新校区图书馆设计为例

【摘 要】 该文通过研究和分析河北联合大学新校区图书馆的地域气候特点，以中庭天窗设计为重点研究对象，利用 VELUX 采光软件与 Ecotect 软件进行计算机仿真模拟，对天窗形式进行优化设计，并最终实现既美观又节能的图书馆中庭天窗设计方案，探索一种关于图书馆中庭天窗的绿色设计方法及流程。

【关键词】 图书馆 天窗 节能设计

1 引言

建筑是人类文明与发展进程的产物，与人类的活动息息相关。近年来，建筑能源消耗问题以及建筑内的舒适度问题越来越受到社会各界的重视。在我国，建筑用能已超过总消费能耗的 1/4 以上，随着人们生活水平的进一步增加，根据统计预测，建筑能耗将进一步增加到 1/3 甚至更高。对于绿色建筑的发展越来越受到重视的现今，绿色建筑的设计以及建设已经普遍为广大建筑设计师以及相关部门所重视。如何做到新建建筑既满足绿色建筑要求的同时又符合新建建筑对于美学的需求，通过设计手段，充分利用建筑自身的被动式节能技术，这一点已经越来越受到建筑设计师们的关注。

2 研究背景介绍

2.1 项目背景

河北联合大学新校区位于唐山曹妃甸区—唐山湾生态城，是对外展示和交流的窗口，要体现生态城试验区形象。按生态和节能减排的要求，建设成国内领先，技术含量高，有示范性和推广价值的现代绿色生态校园。对于区域内的每栋建筑都有绿色建筑的要求，这也为本研究的开展起到了一定的促进作用。因此，在河北联合大学新校区图书馆的设计过

图 1 河北联合大学新校区内的图书馆设计最终的效果图

程中，设计团队在充分考虑建筑实用性的同时，进行了图书馆中庭天窗被动设计节能设计的探索。图 1 所示为河北联合大学新校区内的图书馆设计最终的效果图。

2.2 建筑所处区位气候

项目所处地点为河北省唐山市，属于暖温带半湿润季风气候。按照中国建筑热环境气候分区，唐山市属于寒冷地区，需注重考虑冬季保温。依据清华大学统计的气象数据，使用 Weather Tool 软件对全年气象数据进行分析（图 2），可以得到唐山市年平均气温为 12.5℃，极端气温最高为 32.9℃，最低为－14.8℃。全年冬季温度较低，绿色代表当月平均人体舒适温度，可以看出，夏季温度较高，6 月中下旬会出现一些高温天气，人体会觉得不是十分的舒适；冬季整体温度偏低，需要注重冬季保温的设置。所以，总体而言，从舒适度的角度，需要注重考虑冬季的保温，同时兼顾夏季降温的要求。

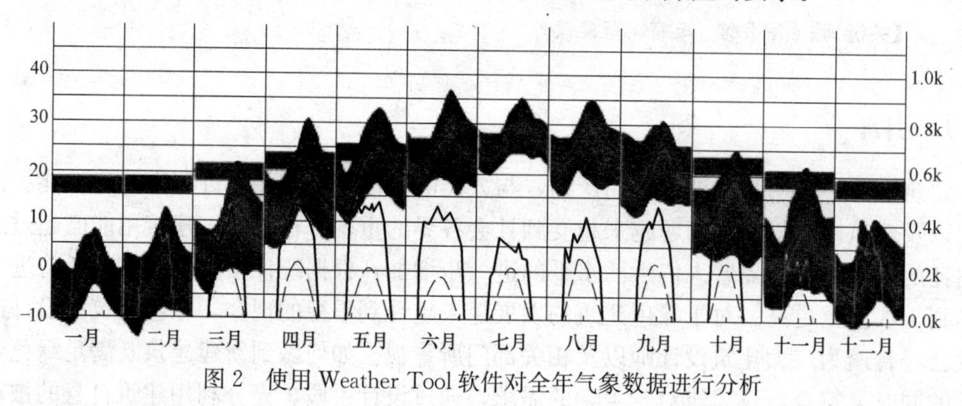

图 2 使用 Weather Tool 软件对全年气象数据进行分析

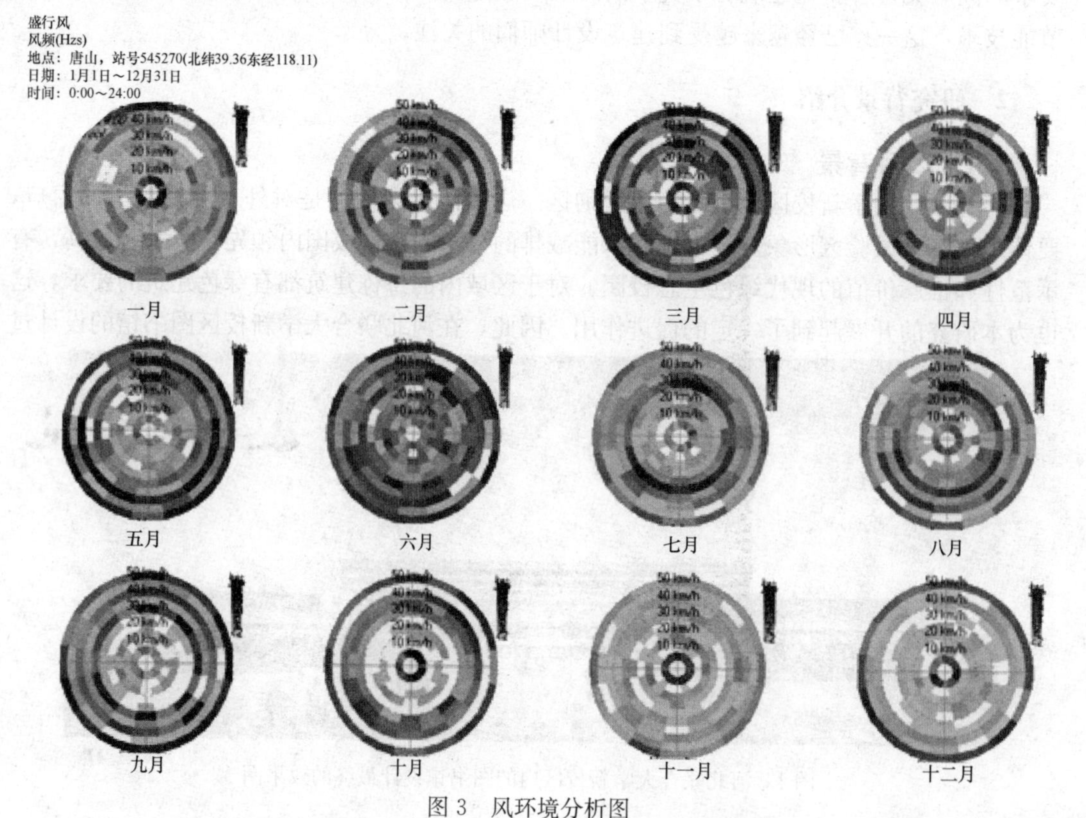

图 3 风环境分析图

从风环境的角度考虑，如图 3 所示，为唐山地区 12 个月的风速风向频率图，观察风向频率，可以看出唐山地区夏季主导风向为东南风，尤其是 5 月和 6 月，东南向风频较高。在其余月份主要风向基本属于西北风。将全年 12 个月份的平均温度图进行比对分析可以看出，夏季的室外气候温度较高，而风向为东南风，在对风进行组织设计时，应充分考虑风向与温度的关系，防止夏季高温空气流入室内；同时，还应充分考虑冬季冷空气的渗透，保证冬季室内建筑采暖能耗损失较少，达到节能的目标。

通过分析唐山地区全年太阳能直射辐射量，如图 4 所示，可以得出，唐山市全年太阳能辐射量较为充足，尤其是 6 月初，辐射量较为丰富，又处在夏季，在考虑自然采光的同时应考虑夏季遮阳的设置。

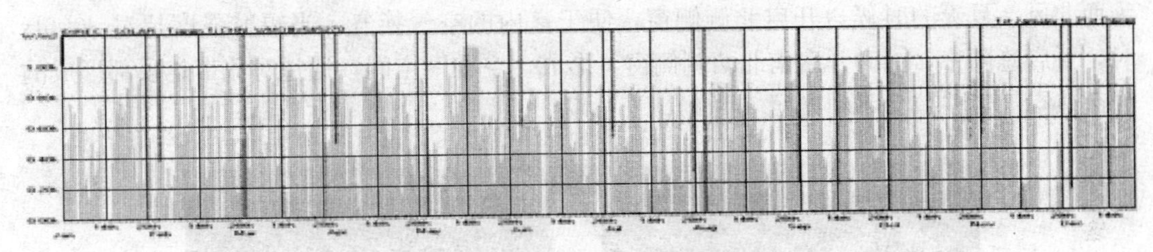

图 4　唐山地区全年太阳能直射辐射量

综上所述，在进行建筑天窗设计的过程中，应充分考虑解决以下几个问题：

（1）天窗形式设计与选型：通过选择合理的天窗朝向、倾角且兼顾建筑美学的，为冬季争取更多的太阳能辐射，降低采暖能耗。

（2）能耗模拟：对设计方案确定的形式进行模拟，确定天窗的合理朝向和倾斜角度。

（3）自然采光：通过运用三边围合的中庭并合理设计中庭边界，争取尽量多的舒适的自然采光。

（4）遮阳设计：通过合理选择和遮阳设计，降低夏季直射阳光进入室内从而降低冷负荷，提高太阳辐射利用效益高的时间段进入室内的直射阳光，从而降低热负荷。

（5）自然通风：根据气候分析的结果，应该重点考虑 5、6、7、9、10 月等过渡季节的几个月对自然通风的利用，同时考虑对 3、4、5 月和 9、10、11 月几个月的太阳辐射利用。

3　图书馆天窗设计策略

在设计策略的选择方面，考虑到需要科学地对图书馆中庭区域进行设计，在设计过程中，不仅需要进行简单的图形化设计，还需对设计结果进行环境模拟，以确定其在满足美学需求的同时，还可以满足节能的相关要求。

3.1　图书馆天窗的概念与形式

该项目图书馆天窗位于整个建筑的中部，尺寸为长 39.7m，宽 15.4m，五层通高 24m。整个中庭空间作为图书馆室内的一个公共交流空间，需要满足舒适的室内物理环境。在整个中庭的设计过程中，除了充分满足美学的需求外，还需要充分考虑建筑的自然采光需求以及自然通风环境的要求。在图书馆的整个天窗设计过程当中，充分实现被动式设计，同时赋予个性化的建筑空间形式，最终成就一个舒适、美观的图书馆中庭环境。

（1）双层中空天窗

考虑到建筑所处地区为唐山，属于中国气候分区当中的寒冷地区。按照相关规范，属于二A类地区，应满足建筑物冬季保温、防寒、防冻要求，夏季部分地区应兼顾防热的基本要求，在天窗的设计过程中，使用双层中空天窗保证建筑室内的保温要求，保证冬季中庭的使用舒适度，减少冬季的采暖能耗，防止能源损失。同时，结合结构形式上的考虑，做成X形钢架进行支撑，满足支撑需要的同时，也可以作为遮阳卷帘的设置位置，为夏季起到遮阳的作用的同时，形成一个“空气腔”，防止室外热气流的流入（图5）。

（2）双向锯齿天窗

采用双向锯齿的天窗形式，在侧向使用向上翻转的侧窗，便于建筑中庭自然通风。

依据唐山地区全年风向风速频率图，可以得出夏季主导风向为东南风，冬季主导风向为西北风。夏天的时候，开启北侧侧窗，便于室内的空气换气。当辐射强度超过3000lx时，开启遮阳帘，同时开启南北两侧侧窗，形成“空腔”空间，通过对流带走顶部形成的局部热空气，并减少不利光照（图6）。

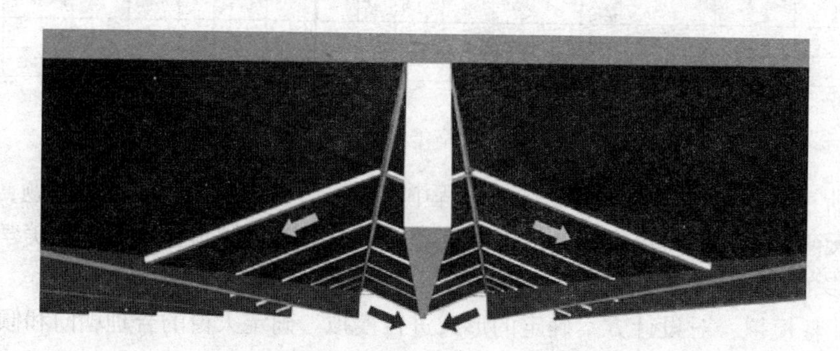

图5 框架上设遮阳卷帘效果及开启方式

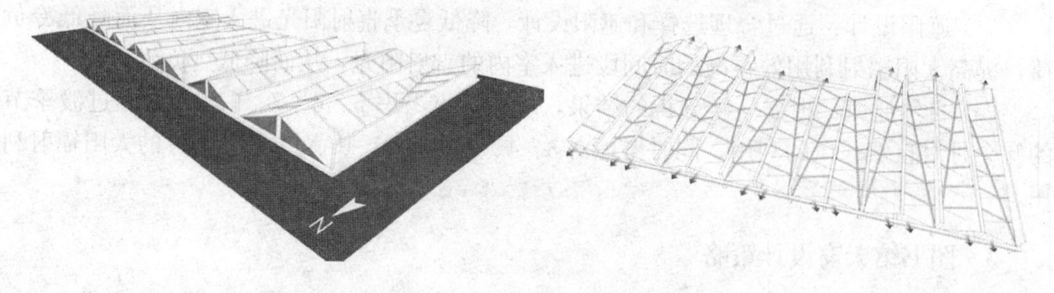

1. 蓝色区域为上翻转侧窗；2. 遮阳卷帘与天窗玻璃形成空腔，侧窗开启，顶部热空气被带走

图6 双向锯齿天窗

3.2 天窗采光的计算机模拟分析

通过初步的设计手段以及概念分析，对于建筑中庭天窗的设计有了初步的设计方案。但通过设计手段进行的设计是否绿色，则仍需要利用模拟进行鉴定。本采光部分分析选用的是VELUX采光软件（图7、图8）。

通过图7、图8的模拟结果可以看出：图书馆内部大部分区域照度都在500lx以上，还有一部分处于200lx和250lx之间，主要的使用空间满足采光要求，局部较低的地方按功能需要可以加辅助光源（表1）。但未防止顶层局部区域照度过高的问题，因此考虑使用垂直遮阳。对比夏季和冬季，冬季的室内局部地区采光较差，建议结合导光板进行合理

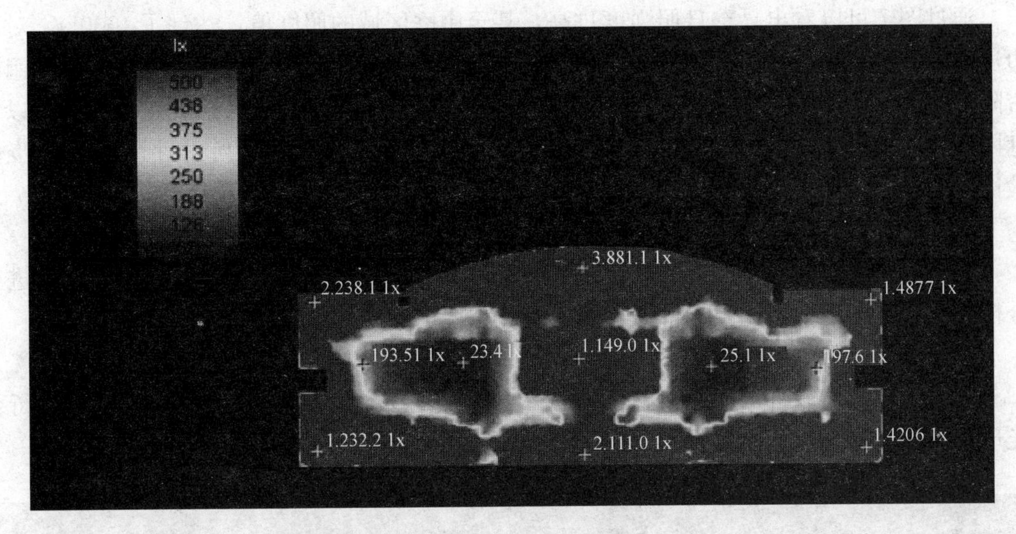

图 7　夏至日首层平面采光情况（12：00）

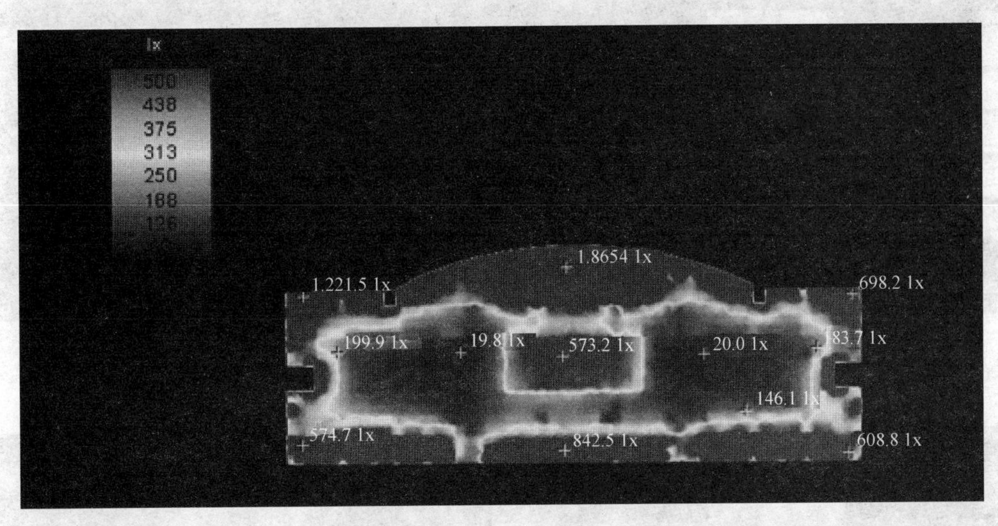

图 8　冬至日首层平面采光情况（12：00）

设置，满足光照均衡需求。

图书馆建筑照明的照度值标准　　**表 1**

类　别	参考平面及其高度	照度标准值(lx)		
		低	中	高
一般阅览室、少年儿童阅览室、研究室、装裱修整间、美工室	0.75m 水平面	150	200	300
老年读者阅览室、善本书和舆图阅览室	0.75m 水平面	200	300	500
陈列室、目录厅(室)、出纳厅(室)、视听室、缩微阅览室	0.75m 水平面	75	100	150
读者休息室	0.75m 水平面	30	50	75
书库	0.25m 垂直面	20	30	50
开敞式运输传送设备	0.75m 水平面	50	75	100

通过图 7 可以看出夏季日照强度过高，甚至中庭区域的照度值，达到了 1000lx，对周边房间，尤其是顶层局部房间的光照影响较为强烈，需要使用垂直遮阳，并同时结合遮阳帘降低一部分入射辐射量，防止室内过热。在设计过程中，也确实考虑到了垂直遮阳以及遮阳卷帘的设置需要，进而对方案中的遮阳卷帘以及垂直遮阳的科学性进行进一步的验证。

3.3 天窗遮阳计算机模拟及效果分析

对于图书馆中庭天窗的遮阳分析，综合选用 Ecotect 软件以及 VELUX 采光软件进行分析模拟，以确定采用遮阳构件后，对于采光情况的影响情况。

(1) 垂直遮阳效果分析

利用 VELUX 软件对于垂直遮阳导光板的夏季以及冬季的中庭光环境的影响进行了光现实模拟，如图 9、图 10 所示。

图 9　夏季中庭日照模拟

图 10　冬季中庭日照模拟

从图中可以看出，对于冬季的中庭采光而言，中庭光照的深度以及均匀度得到了一定程度的提高，而夏季的中庭采光情况则还存在一定的问题，也就是光照强度依旧相对较强，因此，在夏季，就建议选用遮阳卷帘进行遮阳，以保证夏季中庭区域的光照强度不至于过强，减少建筑中庭降温所需要的制冷能耗，这与最初的设计概念也是相符的，通过计算机模拟验证了最初的设计概念的可行性。

（2）垂直遮阳结合遮阳卷帘效果分析

对于采用垂直遮阳的效果有了初步的了解，进而对综合选用垂直遮阳以及遮阳卷帘进行更为详细的模拟，包括对于遮阳材料的选择等数据也进行相应的模拟，最终确定科学的设计施工方案选择。本部分所选用的模拟软件为 Ecotect 软件。

首先是在没有采用遮阳的情况下，利用 Ecotect 对于中庭空间的采光情况进行分析，分析的时间选为夏至日。由图 11 可以看出整体区域采光照度较高，但对于天窗周边房间的采光影响较大，从上面的 VELUX 的断面采光分析也可以看出这一点，这样的采光条件容易引起眩光等视觉不利情况。

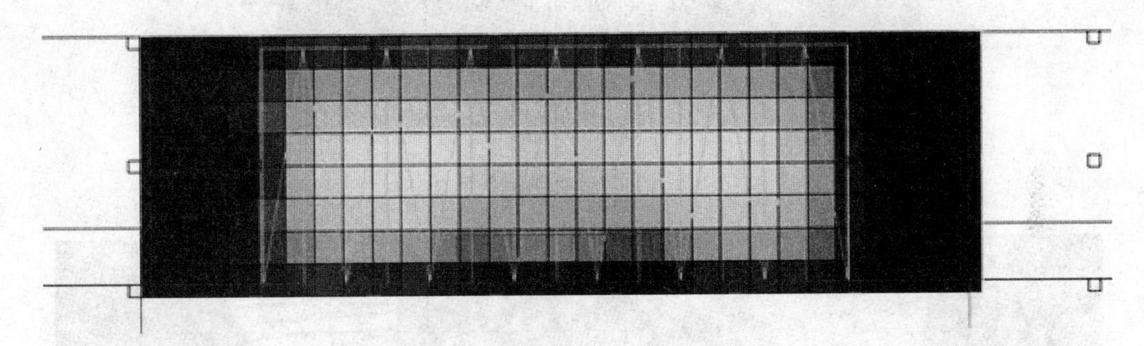

图 11　无遮阳情况下的光照情况（ECO）

进一步使用 Ecotect 软件在与之前模拟相同工况的条件下，设置遮阳帘等遮阳设施。模型建立设计构造上，在双层天窗的下层设计成活动遮阳卷帘，模拟过程中，主要是通过调整天窗下面一层的遮阳材料及其遮阳系数（SD，Shading Coefficient）、光透射比（The light transmittance）、光反射比等，以达到模拟活动遮阳卷帘的效果（图 12～图 14）。将遮阳卷帘的遮阳系数设置为 0.6；光透射比设置为 0.15；光反射比（墙陶瓷板或釉板等）设置为 0.75。

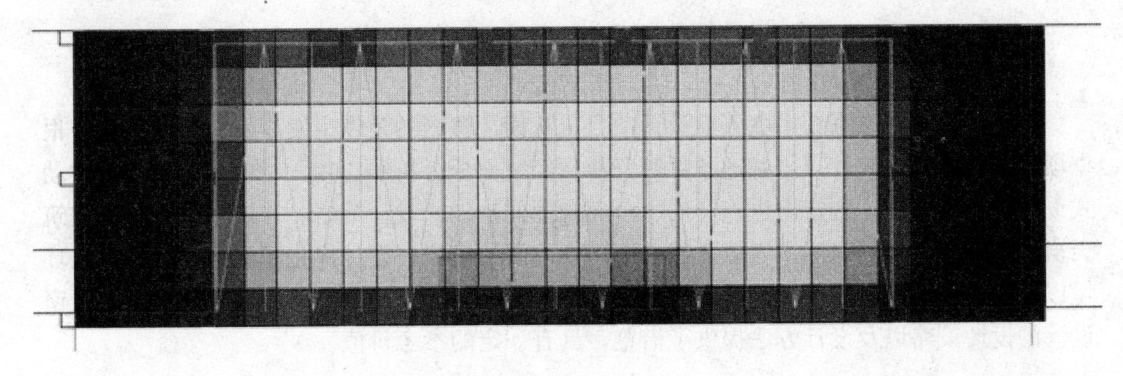

图 12　有遮阳情况下的光照情况（ECO）

综上所述，整体中庭在夏季通过采用遮阳系统，可以很好地达到采光需求，并且大大减少不利光的影响，进而达到节能的目标。也就是从模拟进一步验证了整个方案概念的可行性与准确性，进而确保了其实际情况下对室内环境的影响是有利的。

Daylight Analysis
Daylighting Levels
Value Range: 0 - 5600 lux

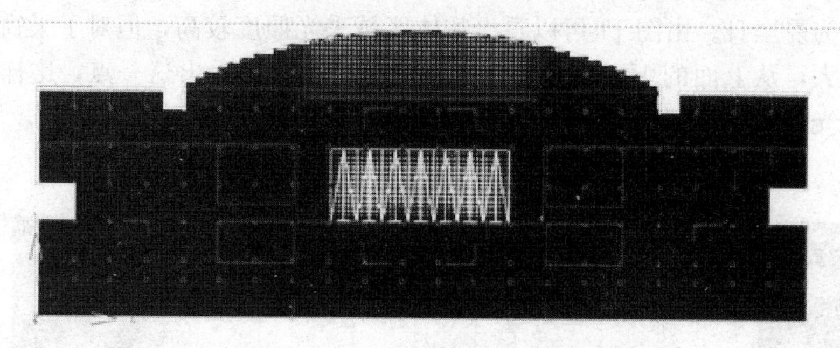

图 13　顶层空间处采光情况模拟（ECO）

图 14　夏季以及冬季工况下使用遮阳后室内采光效果

4　结语

河北联合大学图书馆中庭天窗设计项目，从设计概念的角度出发，发掘项目特色，根据项目所在地域气候特点、基地条件等资料，经过充分分析和比较，对项目所在地域被动式设计措施的分析，制定出重点突出、全面合理的被动式设计策略，并最终通过对于建筑天窗的不同工况下的自然采光以及综合遮阳等方面的模拟，设计优化建筑中庭空间的光环境以及舒适度，达到了建筑整体舒适、美观、节能的目标。为以后的新建筑中庭空间天窗设计的设计策略以及设计方法提供了借鉴，具有一定的参考价值。

Research on the Design Strategy of Atrium Skylight in the Library

—A Study on the Design of the New Campus Library in Hebei United University

Abstract: In this paper, through the research and analysis of regional climate characteristics of the new campus library in Hebei United University, the research focus on the design of the atrium skylight, it use the VELUX daylight software and Ecotect software for computer simulation, and optimize the skylight design, ultimately, achieve both beautiful and energy-efficient library atrium skylight design, and explore a library atrium skylight on the green design method and process.

Keywords: Library; Skylight; Energy Saving Design

参 考 文 献

[1] 李建超，张海燕．建筑设计中的自然光运用策略研究［J］．建筑节能，2012（11）．

[2] 宋涛，刘培志，李玉婷，李斌．建筑玻璃采光顶的分类及结构形式设计［J］．门窗，2012（4）．

[3] 王文波．建筑屋顶的解读——从形态到功能［D］．天津：天津大学，2011．

[4] 刘巧筠．界面一体化的建筑造型——一种建筑造型设计的方法探讨［D］．南京：东南大学，2003．

[5] 丁山．现代中庭空间的艺术形态研究［J］．南京艺术学院学报，2006（10）．

[6] 杨舢，董春方．校园建筑形态的逻辑生成［J］．新建筑，2002（8）．

作者：吕大力　天津大学建筑设计规划研究总院　高级工程师

张　文　天津大学建筑学院　博士研究生

地域性被动式绿色技术设计在乡村住宅原型研究中的应用——以福建南安生态农业园区住宅原型设计为例*

【摘　要】本文以福建南安生态农业园区住宅原型设计为例，以前人做过的相关技术研究为参考，从福建传统民居“手巾寮”中提取适应当地气候的被动式绿色“智慧”，将其转化并融入到当代住宅原型设计中，选取适宜原型建造的地域材质，探索具有地域性的被动式绿色技术在乡村住宅原型设计中的应用，旨在为夏热冬暖地区的乡村住宅设计提供新的思路和方法，使其更加科学、理性。

【关键词】地域性　被动　技术　住宅　设计

1　对地域性被动式绿色技术设计的思考

在我国，各个地方都存在着当地的传统民居，民居能够长期存在于特定的地域，必然有其适应当地气候环境的地域性被动式绿色“智慧”所在，这些“智慧”是先人们在与大自然的博弈中世世代代积累下来的，他们把最简便易行的适应当地生存的方法运用到民居的营建中。然而，如今的民居在很多方面已经不再能够满足现代人的生活要求，一味摒弃它们而完全依赖现代技术营建住宅，不仅会导致这些“智慧”逐渐在人们的生活中消失，而且不利于实现住宅的被动式低能耗。

因此，本文将民居中蕴涵的地域性被动式绿色“智慧”进行提炼，以前人做过的相关技术研究作为参考，将这些“智慧”转化并融入到当代乡村住宅原型设计中，同时，选取适宜于原型建造的地域材料，探讨福建南安生态农业园区住宅原型设计研究中地域性被动式绿色技术的应用。

2　被动式绿色技术设计应用的基础——福建南安地域气候特征

南安县位于福建南部晋江中游，属亚热带海洋性季风气候，西北有山脉阻挡寒风，东南有海风调节。当地四季分明，年平均气温 20.9℃，1 月份平均气温 12.1℃，7 月份平均气温 28.9℃；无霜期 349 天；雨量充沛，年降雨量 1650mm，多集中在春、夏。综上所述，温暖湿润是当地最为显著的气候特征。因此，在进行住宅原型的被动式绿色设计时，应优先考虑其是否有助于促进住宅的被动式通风。

3　天井的“散布”与室内外空气的被动式交换

当地最为典型的民居形式为“手巾寮”和“官式大厝”。“手巾寮”功能灵活，是适应当地街市空间的一种民居（图 1）。同时，“手巾寮”形体小巧舒适，相比于“官式大厝”，

* 课题基金：“十二五”国家科技计划课题（2013BAL01B00）；住房和城乡建设部科学技术项目计划（2012-K1-3）。

它的格局更加简洁、开放、紧凑，空间也更灵活多变，具备作为住宅原型的基本特质，因此，我们将“手巾寮”作为地域性被动式绿色“智慧”提炼的主要来源。

“手巾寮”纵向的发展递进模式有助于住宅的空气流通，既是对当地炎热气候的适应，也更适合南方土地的使用。因此，我们将其提取并作为住宅原型方案的基本空间模式。

当地气候炎热，“手巾寮”作为当地典型的地域民居，适应炎热气候的另一主要做法就是在纵向发展模式的基础上融入“天井”（图 2）。

图 1 “手巾寮”沿街立面

（资料来源：“漳州‘竹竿厝’民居空间设计初探”）

图 2 “手巾寮”的天井

（资料来源：“泉州蔡氏古民居为保护利用古厝提供新思路”）

天井有助于房屋烟囱效应的形成，以大地作为自然冷源的天井底部长期处于温度较低的状态，天井顶口由于接收太阳辐射，温度较高，这样，天井就具备了“拔风”的条件，带动室内外空气进行被动式交换。

在住宅原型设计方案中，我们把“天井”作为一种地域性被动式绿色技术策略，将其“散布”在中部祖堂的两侧（图 3、图 4）。

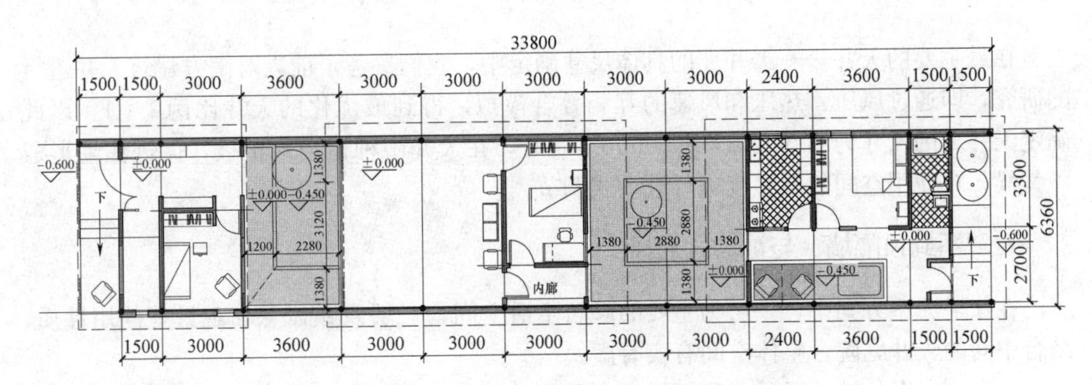

图 3 首层平面图：绿色部分为“散布”的天井

根据不同使用空间对天井需求程度和需求角度的差异，对天井空间进行了有区别的设计：入口空间较封闭，我们希望天井能够作为一个开敞的“点”，产生空间体验中先抑后扬的效果，同时成为接近入口的公共空间与以祖堂为开端的家庭起居空间之间的“微过渡”，因此，此处的天井 1 并不需要太大的面积，考虑到使用需要，将其设定为

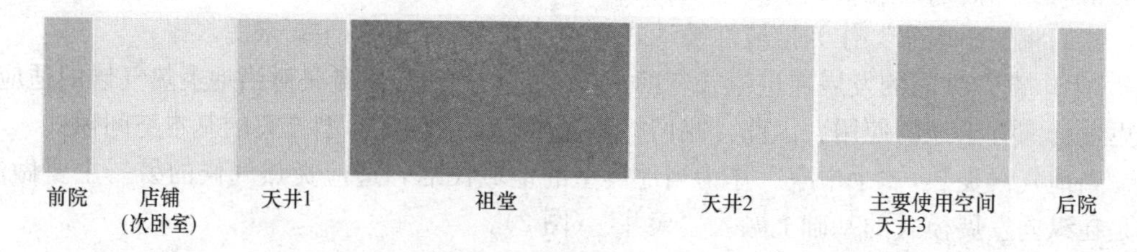

图4　首层平面图对应的功能分区

3600mm×6000mm的矩形（图5）；位于厅堂后部的天井2，是家庭生活中最主要的室外活动空间，因此，赋予其较大的尺寸，并赋予其连接一层主体与局部二层空间的交通功能（图6）；天井3是连通天井2与主要使用空间的狭长“小天井”，作为全室外的天井2与全室内的主要使用空间之间的进一步过渡，提供半室外休憩场所，我们将其设计为通高的两层，上部有屋顶覆盖（即非普遍意义上的“天井”）。我们希望通过这种方式，将地域性被动式绿色策略“设计”到方案中，而不是强加进方案中。

图5　靠近入口空间的天井1

图6　天井2与天井3

在最主要的天井——天井2的具体尺寸确定中，我们参考了前人对南方建筑天井进行的研究，即通过风压、热压和风速的互相叠合模拟，得到最优化的天井比例1∶1，以此确定天井2的尺寸为6000mm×6000mm。同时，在天井中种植当地植被，促进住宅形成微气候，对使用空间的温湿度进行被动式调节。

4　“不到顶隔墙”与被动式通风

在住宅原型方案中，一层为主要的起居生活空间，二层兼顾休息和观景等使用性质，结合中间的天井庭院，整体空间有实有虚。

考虑到方案的被动通风，我们将室内隔墙设计为与屋顶不接触的“不到顶隔墙”，墙的顶部至屋盖处留有通风散气用的“梳窗子”，屋盖和墙体这两个实体经由竹篾窗这一虚体来联系，这种虚实相间的过渡，使方案中的小单体呈“介”字形，屋盖与墙身脱离，两个实体不是生硬的碰撞而是形成了特有的虚接关系。作为适应气候的建筑语言，这样做既保证了空间分隔的相对独立性，同时也有助于住宅内部空间的流通，同时配合天井进一步促进住宅被动通风技术的实现（图7）。

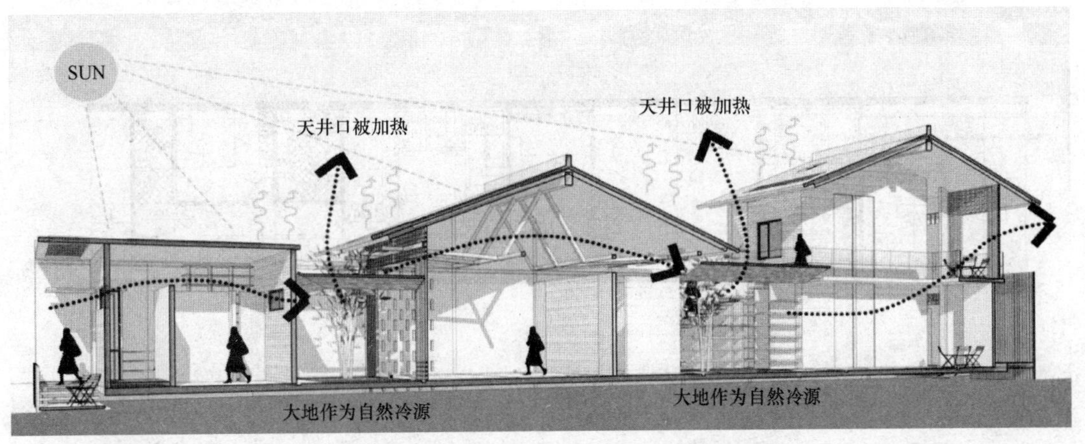

图 7 “不到顶隔墙”配合天井的被动通风技术设计

5 空气滞留时间与冷巷的“直曲”设计

空气在房间内滞留的时间（也叫“空气龄”），反映了室内空气的新鲜程度，可以用它来综合衡量房间的通风换气效果。在“手巾寮”中，冷巷是组织自然通风的关键，在前人对“手巾寮”的研究中，有一项非常重要的研究就是关于冷巷的直曲对“手巾寮”内部空间里空气滞留时间的影响。

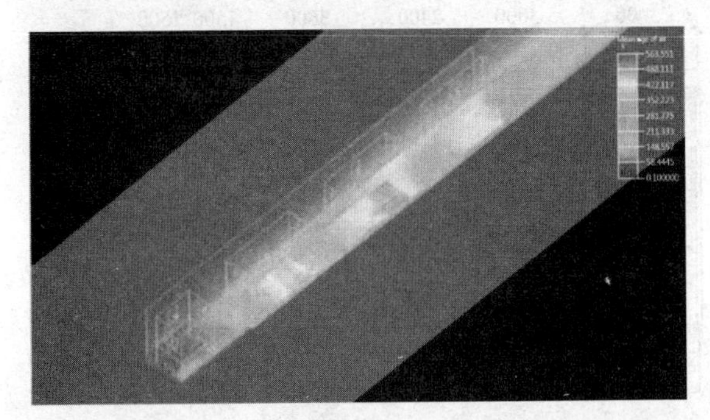

图 8 直向形冷巷的空气滞留时间模拟
（资料来源：“泉州手巾寮自然通风技术初探”）

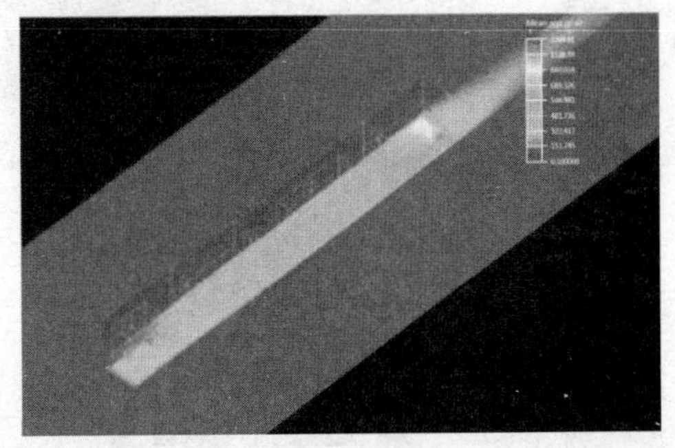

图 9 S形冷巷的空气滞留时间模拟
（资料来源：“泉州手巾寮自然通风技术初探”）

可以看出，在外部风速为 2.0m/s 的条件下，当冷巷为直向时，建筑中空气滞留时间最高达到 563s，最低在 280s 左右，只有小部分区域空气龄大于 400s；当冷巷为 S 形时，建筑中空气滞留时间最高达到 1209s，最低在 300s 左右，大部分区域的空气滞留时间都在 400s 以上（图 8、图 9）。比较两种冷巷形式可以得出，笔直形态的冷巷比 S 形的更有利于住宅的通风。然而，从空间使用角度，当冷巷为直向形时，住宅中主要起居空间的私密性又难以保证。

在对二者的综合考虑下，我们将冷巷设计为：入口处冷巷为短直向冷巷，后部主要使用空间的冷巷为长直向冷巷，两条冷巷通过与其垂直的冷巷进行一次弯折（图 10）。这样一来，配合天井的设计，既保证了住宅的自然通风，又在一定程度上保护了主要使用空间的视觉私密性，即在大门口或者刚进入的人不会对住宅内“一目了然”。

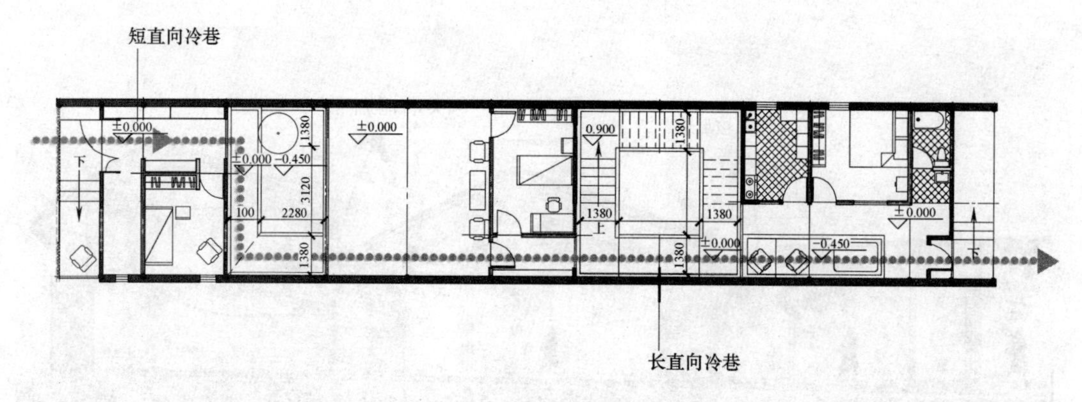

图10 冷巷的设计

在另一项对空气滞留时间的研究中，前人将同样条件下一层和二层的空气滞留时间进行了测算和对比，结果显示，二层空气滞留时间明显小于一层，即相同条件下二层的被动通风状况较一层更佳。

因此，在方案中，我们将部分使用空间布置在更具被动通风优势的二层（图11、图12），这样，在提高方案整体被动通风效果的同时，也形成了屋顶的高低错落和空间的起伏变化。

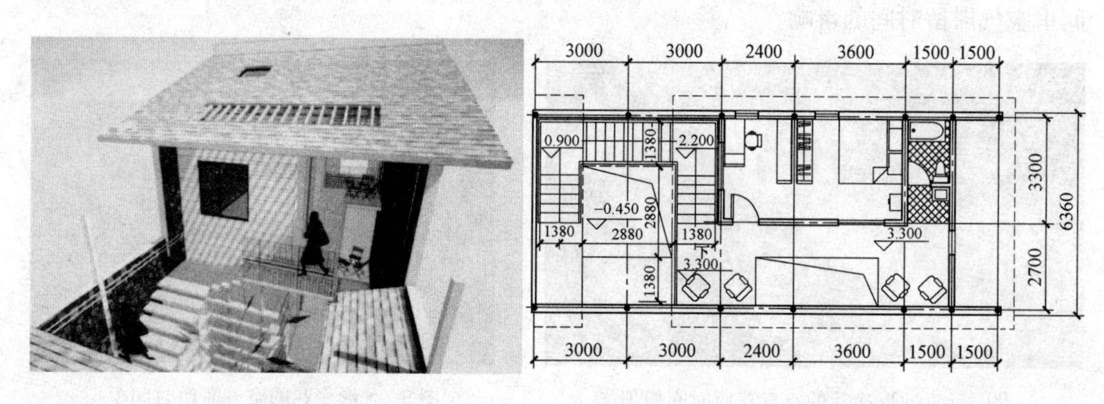

图11 二层空间透视图　　图12 二层平面图

6 地域材质及做法的融入——“出砖入石”

方案融入了当地典型的地域做法——“出砖入石”，即由红砖和石材混合构建立面，所成墙面石块稍凹，砖片稍凸（图13）。“出砖入石”本质上是填充墙与抗剪墙的结合，通常厚度在50cm左右，用残砖碎石丁顺砌成，内部以灰土充实，具有一定的抗震能力。在建筑材料局限的古代，这类墙体的出现，是就地取材的当地人在地域材料组合上别具一格的创造。

方案中，“出砖入石”的“砖”采用闽南地区盛产的红砖，红砖规格最小的只有5cm，大的可以达到20cm，考虑到地域材质的运用和住宅建造的可实施性，我们以不规整的石块和红砖片混砌墙体，同时点缀青石构件（图14），通过对出砖入石手法进行简化和分解，最终形成了以胭脂红为主色的红白相间立面。

图 13　当地“出砖入石”的做法

图 14 “出砖入石”在方案中的应用

7　小结

方案从福建传统民居“手巾寮”入手，提取其与地域环境相契合的长条状形体作为住宅原型的基本形体，通过设计“散布”的天井促进空气的室内外被动式交换，同时针对不同的需求对天井进行有差别的设计，旨在将被动节能技术“设计”到方案中；通过“不到顶的隔墙”配合天井进一步促进被动通风技术的实现；通过冷巷的直曲设计，缩短空气滞留时间的同时保证住宅基本的私密性；通过设置空气滞留时间较短的局部二层，提高方案整体被动通风效果的同时，形成屋顶的高低错落和空间的起伏变化。我们希望将这些地域性被动式绿色技术与方案的设计相结合，使住宅能够在最大程度上依靠本身实现被动式通风，而不是完全依赖于机械。在材料的使用上，挖掘地域材质，选取当地盛产的红砖和青石，采用“出砖入石”的传统叠砌手法，旨在使住宅原型更具地域生态性。

地域性被动式绿色技术设计研究是一项宏大的研究专题，本文的研究基于前人大量的研究成果，本着“苔花如米小，也学牡丹开”的精神，希望本文的研究能为地域性被动式绿色技术设计在乡村住宅中的应用作出绵薄贡献。

The Application of the Design of Regional Passive Green Technology in the Research on Rural Residential Prototype—A Case Study on the Design of Residential Prototype in Ecological Agriculture Park in Nanan, Fujian Province

Abstract: This paper takes the design of residential prototype in Ecological Agriculture Park in Nanan, Fujian Province as an example, and makes the related research on technology in the past as a reference. It extracts passive green “wisdom” which adapts to the local climate from traditional dwellings—“Towel Liao” and transforms it into contemporary residential prototype design. Then it selects regional material which is suitable for the construction of the prototype. This paper aims to explore the application of regional passive green technology in the design of rural residential prototype and provide new ideas and methods for the rural residential design in the zone where the summer is hot and the winter is warm to make it more scientific and rational.

Keywords: Regional; Passive; Technology; Residential; Design

参 考 文 献

[1] 曾志辉，陆琦. 广州竹筒屋室内通风实测研究 [J]. 建筑学报，2010 (S1): 88-91.
[2] 邱光荣，胡英. 泉州手巾寮传统民居的生态理念与现代传承 [J]. 华中建筑，2010 (6): 58-61.
[3] 戴薇薇，陈晓扬. 泉州手巾寮自然通风技术初探 [J]. 华中建筑，2011 (3): 28-32.
[4] 李建斌. 传统民居生态经验及应用研究 [D]. 天津：天津大学，2008.
[5] 凌世德，林恬韵，田亮. 漳州"竹竿厝"民居空间设计初探 [J]. 中外建筑，2013 (8): 75-77.
[6] 泉州蔡氏古民居为保护利用古厝提供新思路 [N/OL]. 泉州网，2012-3.
[7] Sitan Zhu School of Urban Design, Wuhan University, Wu Han, China School of Urban Construction, Yangtze University, Jing Zhou, China. Sustainable Building Design Based on BIM [A]. 武汉大学，美国 James Madison 大学，美国科研出版社.
[8] Proceedings of International Conference on Engineering and Business Management (EBM2010) [M]. 武汉大学，美国 James Madison 大学，美国科研出版社，2010.

作者: 汪丽君　天津大学建筑学院　教授
孙旭阳　天津大学建筑学院　博士研究生

基于 Designbuilder 算法下的办公建筑固定遮阳类型分析*

【摘　要】 利用能耗模拟软件 Designbuilder 对天津市办公建筑模型不同朝向、不同固定遮阳形式进行能耗模拟，梳理建筑不同朝向适宜和不适宜采用的固定遮阳形式，为寒冷地区绿色办公建筑构思阶段降低能耗的被动式设计提供理论支持。

【关键词】 遮阳　模拟　能耗　办公建筑

1　办公建筑的遮阳重要性

随着城市化水平的提高，作为增强城市功能的公共建筑逐渐增多，但其能耗高、效率低、浪费大的问题也成为城市可持续建设的瓶颈。据统计公共建筑类型中的大型公建虽占我国城镇面积的4%，但能耗占城镇建筑能耗的22%，单位建筑面积能耗为居住建筑的5～10倍，单位耗电量为居住建筑的10～20倍。公共建筑常以幕墙作为建筑立面处理手法，其中门窗的能耗损失为相同面积围护结构的四倍，合理的遮阳措施是建筑降低冷负荷、减少建筑夏季得热的有效方法。经测试表明，有遮阳构件的房间进入的太阳辐射与未遮阳房间进入的太阳辐射量的平均比值为0.18∶1，白天自然通风条件下遮阳房间与未遮阳房间室内空气温度相比，平均降低2.2℃，最高降低4℃。

遮阳设施在建筑隔热方面产生有利的作用，但窗口设置遮阳构件会遮挡直射光线，造成室内照度下降，同时还会阻碍自然风的方向，影响室内的通风效果。数据表明，设置遮阳板后，一般室内照度约降低53%～73%，室内风速约降低22%～47%，对防热有一定的负面影响。因此，对办公建筑遮阳形式的分析具有重要的现实意义。

2　软件模拟与建筑模型选取

建筑因其建造时间长、建设费用高、使用者个体差异性较大等自身具有的特殊性，无法通过测试仪器对实物体形系数与能耗之间的规律进行实测，因此采用基于国际通用能耗模拟软件 EnergyPlus 的图形化软件 Designbuilder 对建筑模形体形系数与能耗之间的变化关系进行模拟。

本文采用单层建筑面积1200m^2、层高3.6m、高度24m的长方形办公建筑为基础模型，窗台高度0.9m，窗高1.8m，窗宽1.8m，温度设定制冷26℃、供暖18℃。利用天津地区气象资料对建筑模型采用水平遮阳、垂直遮阳、综合遮阳、百叶遮阳依次进行模拟分析。为减少计算差异，水平、垂直、综合遮阳形式所有挑出均为0.8m，长度与窗同长，距离与窗洞口齐平。百叶式挑出0.2m，共四条遮阳板，总面积与水平式相同（图1）。模型设定参数为外围护结构的热工性能参数设定的外墙 $K=0.45W/(m^2 \cdot K)$、外窗 $K=$

* 河北省建设科技计划项目：居住生态城的绿建评价体系和评价方法研究（项目编号：1300000008224）。

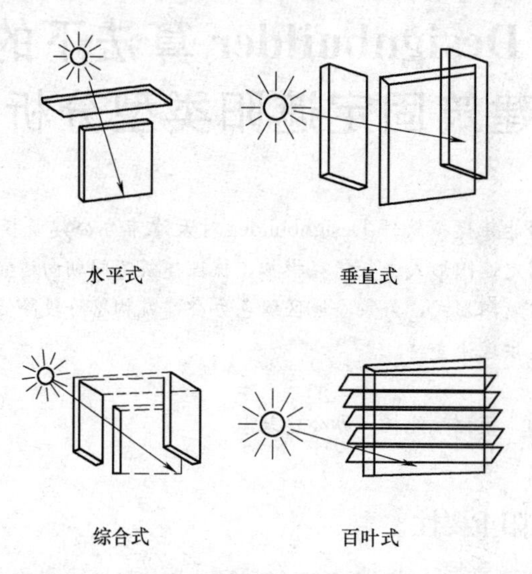

图 1 遮阳形式示意图

1.8W/(m² · K)、屋面 K=0.35W/(m² · K)，模拟的时间段为全天候状态下遮阳类型对建筑能耗的影响。

3 构件与能耗分析

模拟采用建筑一侧长边使用遮阳设施，其他侧无遮阳手段，建筑所有参数均一致，由此得到的模拟数据为不同遮阳形式造成的能耗差异。为了便于统计与说明，以建筑遮阳一侧为北向作为基点（0°）开始模拟，每顺时针旋转 15°定位进行一次能耗，共计 24 个朝向，得出四种遮阳形式制冷、供暖及其总能耗共计 288 组模拟数据进行绘图分析，依次进行比较（图 2）。

因固定遮阳对建筑的影响是全天候的，所以本文只对比不同朝向四者间的全年总能耗，从图 3、图 4 中可以明确看出建筑朝向变化时，不同遮阳形式对建筑采暖、制冷能耗影响的差异性较大。

3.1 正北至正东区间建筑能耗

四种遮阳类型均呈现二次曲线变化趋势，由北侧开始能耗逐渐降低，当建筑朝向北偏东 30°时，采用水平和百叶遮阳时能耗差异性不大。但是垂直遮阳的变化幅度最大，朝向东侧时，垂直遮阳能耗比其他遮阳构件能耗增加 5%。由于办公建筑内部办公设备与人员较多，制冷能耗占据主导地位，东侧日照时间较长，热量由于垂直遮阳构件造型不易迅速散发造成建筑能耗增高。在此区间遮阳形式宜采用水平遮阳与综合遮阳构件。

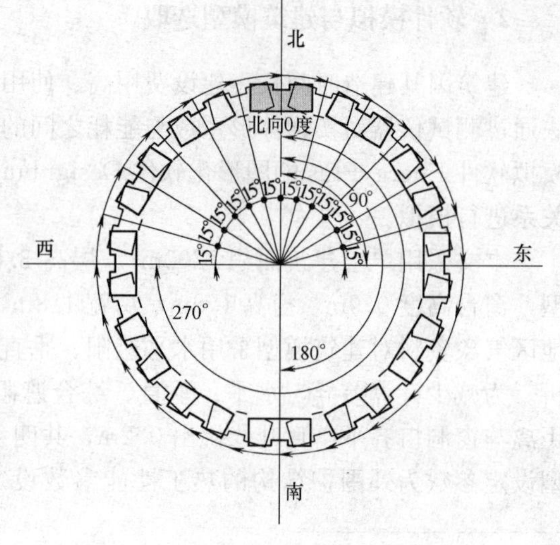

图 2 不同朝向示意图

3.2 正东至正南区间建筑能耗

此区间不同遮阳构件中引起的建筑能耗呈下降趋势，南偏东 30°出现垂直遮阳最低值，主要由于垂直挡板遮住西侧太阳辐射热，使得建筑内部温度保持在低值。百叶遮阳造成的建筑能耗波动不大，主要原因为百叶对太阳辐射遮挡较为明显，使得不同朝向能耗无法通过太阳辐射能的强弱体现出来。此区间适宜的建筑遮阳构件为垂直遮阳、水平遮阳和综合遮阳。

3.3 正南至正西区间建筑能耗

建筑能耗呈现二次曲线形式，综合遮阳在南偏西 30°建筑能耗出现最低值，其水平与垂直挡板在夏季遮住西向和南向辐射热，降低建筑空调制冷能耗，从而全年能耗低于其他三种遮阳形式最低值。百叶遮阳由于叶面狭小，无法挡住夏季辐射热，造成室内温度升高，增加制冷能耗，致使全年能耗增加。此区间最佳遮阳形式为综合遮阳，其次为水平遮阳与垂直遮阳。当建筑正西向时，百叶遮阳与综合遮阳的水平遮挡叶片可以遮挡西侧太阳辐射热，避免室内温度过高。而水平遮阳的水平挡板宽度较小，无法遮挡西向太阳直射光与辐射热。垂直遮阳的垂直挡板对西向太阳辐射热无法起到遮挡作用，因此西向如只采用这两种遮阳构件，制冷能耗会大幅度提高，总能耗也达到全年的最高值。如果加大水平挡板的宽度，可以起到降低建筑能耗的作用。

3.4 正西至正北区间建筑能耗

四种遮阳措施的能耗随着朝向的逐渐向北转动，能耗呈下降趋势。除百叶遮阳对于采光有一定的影响，造成用电能耗增加，使得建筑整体能耗下降幅度不大外，其余三种遮阳措施由于遮阳板可以通过反光对室内进行光线补充，使得建筑能耗下降较为迅速。在此区间可以选择的遮阳形式为水平遮阳、综合遮阳和垂直遮阳，其中同一朝向时综合遮阳能耗最低。

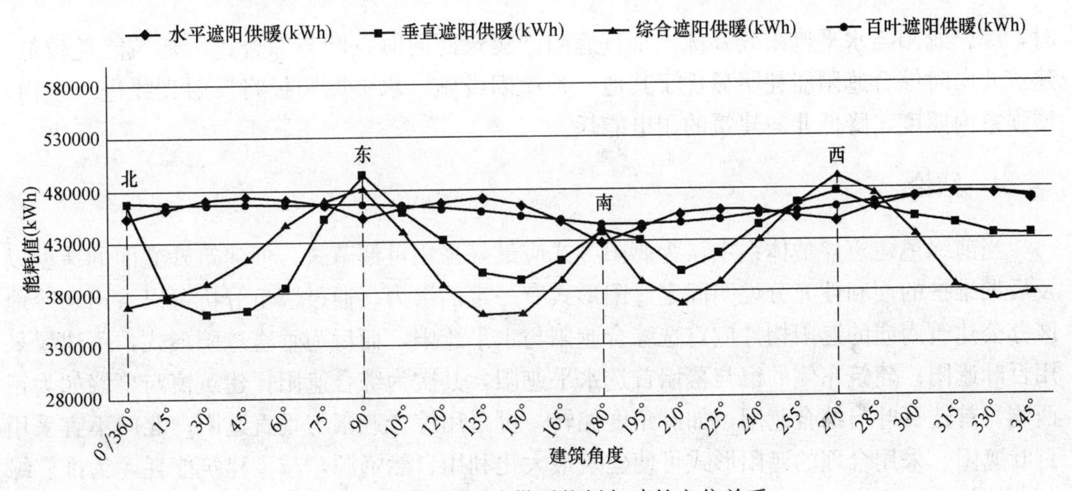

图 3　不同遮阳形式供暖能耗与建筑方位关系

3.5 遮阳方式与朝向关系

通过以上分析可以看出建筑方位处于南偏东 30°、南偏西 30°区间，以及东偏北 30°、东偏北 75°以及西偏北 35°采暖能耗均处于低值，百叶遮阳依然处于平滑的曲线状态。供暖与制冷总能耗最低点出现在南偏西 15°，接近天津最佳朝向。从总能耗变化可以看出（图 5），建筑东向时，水平遮阳形式能耗最低，其次为百叶与综合遮阳。建筑方位正南

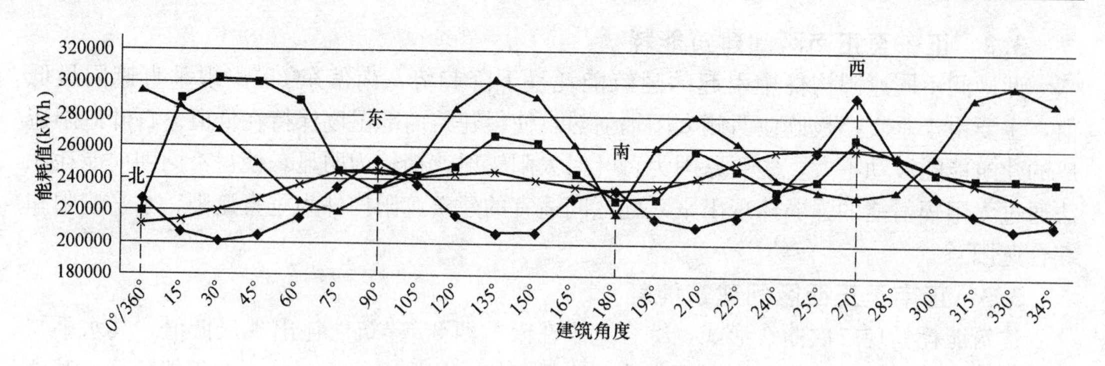

图 4　不同遮阳形式制冷能耗与建筑方位关系

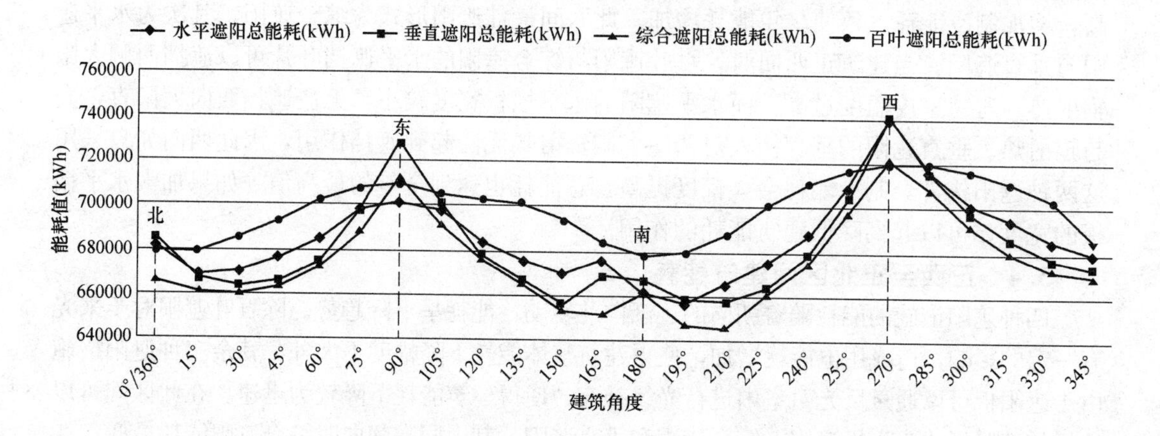

图 5　不同遮阳形式能耗与建筑角度关系

时，综合遮阳与水平遮阳效果优于垂直遮阳。建筑西向时百叶与综合遮阳建筑能耗较低。建筑北向时综合遮阳能耗明显优于其他三种遮阳设施，水平遮阳板将反射光线进入室内，增强室内照度，降低北向建筑的用电能耗。

4　结论

当前绿色建筑评估体系中认为遮阳方式应最好采用可调节式，但建筑外立面的造型以及后期维护的便利性充分说明固定遮阳形式有一定的潜力。通过以上分析可以看出寒冷地区办公建筑南向的遮阳构件应首选综合遮阳与水平遮阳，而后为垂直遮阳形式，不建议采用百叶遮阳；建筑东侧的窗与幕墙首选水平遮阳，其次为综合遮阳；建筑窗与幕墙如为正西侧，首选百叶与综合遮阳，如有角度偏转，可采用综合遮阳与垂直遮阳；北向不宜采用百叶遮阳。采用合理的遮阳形式可使建筑最大化利用自然资源，减少建筑能耗，为推广绿色建筑的良性发展起到推动作用。

The Analysis of the Fixed Shading Form Orientation of Office Building Based on Designbuilder Algorithm

Abstract: Based on energy consumption simulation software designbuilder office building in tianjin model towards different forms of fixed shading simulation of energy consumption, it is concluded that building orientation is appropriate and inappropriate forms of shading. The conclusion reduces energy consumption of office building for cold area and provides theoretical support for plan period design of the green building.

Keywords: Shading; Simulation; Energy Consumption; Office Buildings

参 考 文 献

[1] 清华大学建筑节能研究中心著. 中国建筑节能年度发展研究报告 [M]. 北京：中国建筑工业出版社，2014.

[2] 许锦峰，黄欣鹏，吴志敏. 被动式节能建筑围护结构的技术特征 [J]. 南京工业大学学报（自然科学版），2011.

[3] 大型公共建筑外窗节能改造技术探讨 [EB/OL]. 绿色建筑与节能技术网.

[4] 李忠伟. 寒冷地区办公建筑“自然化技术”的设计对策研究 [D]. 哈尔滨：哈尔滨工业大学，2007：62.

[5] 周辉宇，李杨德，赖道新. 谈建筑遮阳和建筑的一体化设计研究 [J]. 山西建筑，2014 (7)：20-25.

[6] 任彬彬，王一平，李建华. 绿色建筑设计模型能耗影响因素分析 [J]. 建筑与文化，2015 (3)：18-20.

[7] 房涛. 天津地区零能耗住宅设计研究 [D]. 天津：天津大学，2012.

[8] 倪韬. 浅谈节能技术对节能建筑形态的影响 [D]. 武汉：武汉大学城市设计学院，2011.

[9] 张海滨. 寒冷地区居住建筑体形设计参数与建筑节能的定量关系研究 [D]. 天津：天津大学，2012.

作者：任彬彬　河北工业大学建筑与艺术设计学院　副教授

王一平　天津大学建筑学院　教授

基于节能策略的越南地区建筑空间气候适宜性研究

【摘　要】文章在前期研究确立的13项被动式设计策略的基础上，重点对越南全境不同气候类型区的三个典型代表城市的6栋传统民居进行了生态设计策略调研与数据统计，依据统计结果尝试提出适合于越南气候特征与社会环境的住宅建筑低能耗设计策略，该策略能够为越南地区居住建筑节能与发展提供有效参照，以此解决越南建筑发展与能源、生态、环境之间的突出矛盾。

【关键词】乡土建筑　传统民居　气候设计策略　生态建筑　节能

1　引言

近年来，由于全球气候变暖和化石燃料的枯竭，许多国家都面临着能源过度消耗及可持续发展的极大挑战。一般认为，建筑行业的能耗约占全球能源消费总量的三分之一，这一数字可能因地区和建筑类型的不同而有所波动。2010年，越南建筑能耗占全国总能耗的20%～24%[1]，并且预期其比重仍会持续增长，因此减少能源的使用特别是建筑物的能源消耗是一个重要课题；而减少建筑领域能源消耗，必须以不影响人体舒适度为前提。通过对气候条件及应对策略的研究，乡土建筑被广泛认为是一种实用、有效的解决方案。

乡土建筑，是指利用当地现有资源解决当地需求的建造方法，一般采用当地建筑语言以适合社会的自然条件和特定的地理位置，乡土建筑的持续发展也是传统建筑文化的一部分。以往的研究表明，越南的乡土建筑具有多种形式和极大的价值。然而，由于早年的战争、国家政策和自然灾害等影响，很多越南的乡土建筑已被破坏或已完全消失。政策影响例如1953～1956年的土地改革。现存最古老的建筑（阮忒家族的财产），保守估计大概建于1734年[2]。如今，那些保存下来的乡土建筑都具有适中的规模和形式，可以对建筑和环境问题提供有益的经验和借鉴。

本文试图搜集并研究乡土建筑应对气候的各种基本设计策略；对这些策略进行适当的转换、改进，为当前的建筑设计和施工提供更理想的解决方案，实现可持续发展：进而，评估剩余越南古民居的重要性及保存价值。

2　研究方法综述

为了系统和全面地考察越南的乡土建筑策略，必须以尊重当地的自然和社会环境为前提。已有许多研究者的方法可供借鉴。

Dili在印度Kelara，使用长期原位测量方法来评价传统建筑的热环境[3]。Canas和Martin采用统计的方法来收集有关西班牙乡土建筑的数据，并根据建筑的地理位置对不同气候策略进行分类[4]。在Vssilia所做的一个希腊可持续乡土建筑的评价研究中，主要采取了建筑环境演变研究（类型学分析、规划、建设材料和技术）和各种被动式设计原则，其研究结果展示了乡土建筑如何节约使用当地建筑资源、适应气候条件，而无须使用太多的能量，同时还能满足人体舒适度[5]。Manioglu 和 Yilmaz 则通过现场测量方法，以及对 100 个建筑所作的调查问卷，研究土耳其 Mardin 的古代房屋采用的节能设计策略，发现传统民居在提供人体舒适度和节能方面的表现比当代建筑更好[6]。日本的 Hiroshi 在四个类似的传统农舍进行电脑模拟和实际测量，显示传统建筑的冷却技术如茅草屋顶、泥土地面、自然通风和遮阳等，可以有效地达到建筑内部的冷却效果[7]。

3　越南乡土建筑气候适宜性策略研究

3.1　调研地理区位选择

本研究中使用的所有气候数据来自 2014 年的越南建筑规范，该数据是基于越南气象总部的各个气象站多年来的气象和水文监测数据[8]。首先选取三个典型地点河内（北纬 21°）、岘港（北纬 16°）和胡志明市（北纬 11°），分别代表越南北部、中部和南部的三个气候区（图 1），可以覆盖越南的所有气候类型。每个区域选取两栋老建筑，分别代表市区与农村地区来进行研究。时间选择 12 月和 6 月，分别代表冬季和夏季进行分析和比较。通过调查，了解这些建筑采用的气候设计对策及其对保持人体舒适和健康发挥的作用。

图 1　选取对象的区位分布

表 1 显示出了三个选定地点的所有气象数据。很显然，三个地点均具有很强的太阳辐射，较高的相对湿度，年平均降水量也很高。

三个选定地点的气候数据　　**表 1**

	最低气温（℃）	最高气温（℃）	月平均气温		太阳辐射量		平均年降雨量(mm)	寒冷风	暴雨
			最低月平均气温(℃)	最高月平均气温(℃)	最低太阳辐射量[W/(m²·天)]	最高太阳辐射量[W/(m²·天)]			
河内市	~5	~40	~17	~29	~2600	~6400	~1611	√	×
岘港市	10~15	>41	~22	~30	~3600	~7000	2151	×	√
胡志明市	~15	>40	~26	~30	~5200	~6600	~1926	×	×

同时，每个站点还各自具有以下气候特征：

（1）河内市的冬天短暂、寒冷，但最低温度极少低于 5℃；夏季最高温度可达 40℃；一般具有较为适宜的温度和湿度；降雨量及降雨强度较大；在冬季需要防护寒风。一般情况下，河内不会受热带风暴的影响。

（2）岘港市的气候属于热带季风带。冬天温暖，最低气温往往远高于 10℃；夏季最高温度会超过 40℃；受海洋的影响，日温差和年温差均较小；不需要防寒。沿海部分受强热带风暴的直接影响，通常降雨量 10 月份达到高峰，所以适当的屋顶加固防护必不可少。

（3）胡志明市属于炎热、潮湿的气候，全年刮风。一年内只有干季和湿季两个季节；

降雨量很高；由于全年都具有相当高的空气温度和很强的太阳辐射，因此需要采取室内空气冷却措施。全年风能丰富，可以针对炎热的天气，将其用于被动散热的策略。

3.2 参照建筑选型

如上所述，本研究选取的六个案例分别代表市区和农村地区的典型住宅：这两种风格的建筑之间存在许多显著差异：城市案例通常是大型、多功能以及受外国建筑风格影响的建筑，而农村案例则是小型、纯粹的乡土风格和仅用于生活目的的建筑。所有六栋建筑保存完好及面积适宜并得到良好的维护。所有选定建筑的细节和具体数据参见图 2 和表 2。这些乡土建筑大多利用当地的材料建造，这样能减少能量消耗和对环境的影响并形成独特的地方特色。同时，这些材料具有不同的优势和特性，因此在使用中需加以选择（表 3）。

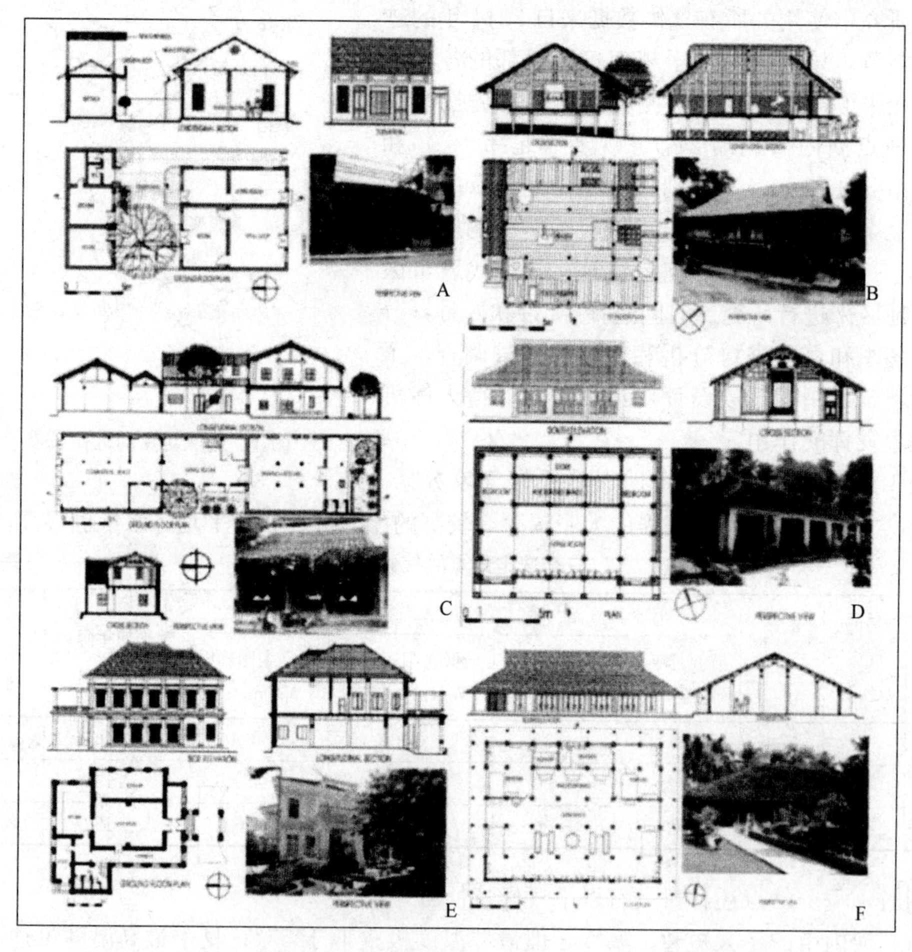

图 2　选取对象建筑的平面、立面、剖面和透视图

调查建筑的基本信息及使用材料调查表　　表 2

类型	建造地点	季候地区	修建的年份	建筑风格	功能	建造方法	基础	墙	结构	屋顶	地板	门窗，开口
住宅 A	102 Bui Thi Xuan st，河内	北部	1920 年	传统的城市风格	商业和生活空间	采用河内相邻的村庄工人的传统方法	普通烧制实心黏土砖	实心砖墙，两侧抹灰	承重墙和木材	陶土瓦木材框架	花砖地板	木材和玻璃

续表

类型	建造地点	季候地区	修建的年份	建筑风格	功能	建造方法	基础	墙	结构	屋顶	地板	门窗，开口
住宅B	和平省	北部	—	乡土风格	生活空间	主要是从他们的祖先那儿继承的不成文的经验	没有基础	格子竹或木制面板	竹、木框架	茅草（稻草、茅草、棕榈叶）	Broken-neonouzeaua	竹格
住宅C	75 Tran Phud st 会安	中部	1860年	传统日本风格的影响	商业和生活空间	传统木匠队伍，如本地技术工人队Kimbong或Vanha施作	石头或烧制黏土砖	陶土砖，两侧灰泥	硬质木材	陶土瓦木材框架	陶土砖、木地板	木制面板
住宅D	Tien Canh，Tienphuoc区，Quangnam省	中部	1890年	乡土风格	生活空间	传统的方法，由传统木匠队伍的本地技术工人施作	红土石头	黏土和稻草对竹格混合	硬质木材	两层：茅草屋顶（上）和倾斜土（下）	倾斜土	木制面板
住宅E	32 Tran Quoc Thao st，胡志明市	南部	1920年	殖民地风格	生活空间	由法国设计和地方建设者建造	石头	陶土砖，两侧灰泥	承重墙	陶土瓦木材框架	钢筋混凝土和花砖	木制面板
住宅F	Tan Ly Tay，Chauthanh区，Tiangiang省	南部	1901年	传统风格	生活空间	越南中部传统木匠队伍的本地技术工人施作	没有基础	木制面板，竖线	硬质木材	陶土瓦木材框架	烧制黏土砖	木制面板

最常用的材料及其属性 **表3**

材料名称	优　势	注意事项
竹	高耐久性，当地的可用性，容易制造，多用途使用，高抗张强度（高达200MPa），抗压强度高达70MPa，轻量材料（约630kg/m³）	防火
红土石材	极高的耐用性，当地可用性，高吸湿性，适合墙壁（抗压强度20～30MPa）	只在某些地区可用
倾斜土	可用在大多数地区，多用途使用，容易制造，低抗压强度（0.84～0.92MPa）	湿度控制
泥草混合	可用在大多数地区，易加工，导热系数低[0.18W/(m·K)]	低压强度度（<0.4MPa），侵蚀雨
苫	极低的热导率[0.07W/(m·K)]，本地可用性，轻量材料（240kg/m³），容易制造	防昆虫和防火[约180J/(kg·K)]，耐久性低

3.3 建筑气候适宜性技术策略分析

笔者将炎热潮湿环境中建筑普遍使用的气候策略，分成被动式隔热和被动式降温两种，具体包括：建筑形状和朝向，建筑遮阳隔热，建筑外围护结构隔热，自然通风降温，植物降温，浅色降温，轻量材料，蒸发冷却，天然采光技术，防风暴，防洪水，防潮湿，雨水排出等13种设计策略。

在这些选择的建筑案例中，分别对以下这13策略进行了定性调查，并使用“说明和图像”的方法进行评估。该方法中，具有全部适应措施就是完全适应。相反，如果没有找到适应措施，对象建筑被视为完全不适应。在实践中，大部分的对象建筑都没有达到完全适应或完全不适应的极端，而是处于部分适应的范围内。随后，对当地气候特点的优、劣势进行鉴定评估；从建筑物的图纸和照片分析气候响应的解决方案及其有效性：根据相应标准和分析然后进行质量评估。

使用的所有策略分类及其用法参见表4～表6。

如表4～表6中各种策略的采用频率显示，在所有地区自然通风都是最常用的策略，而受复杂的技术要求等因素影响，地面冷却和被动式太阳能并没有被采用。其他调查结果显示，在越南季候条件下，采用自然通风、调整建筑朝向、建筑的形状和遮阳策略是合适的而有效的。而越南中部由于受到频繁的热带风暴影响，其案例中还存在应对热带风暴的预防措施。

越南北部-传统建筑中使用的生态气候设计及构造做法 **表4**

气候特征	在河内市中心的传统建筑(案例A)	山上小族群的传统吊脚楼(案例B)
	采用策略说明	采用策略说明
高太阳的辐射(特别是在西边)	双层门窗,外层为木制百叶窗,里层为玻璃窗	厚茅草屋顶(约200mm)可提供理想的保温(U值0.25～0.35W/m^2·K)。茅草屋吸收水分而通过蒸发冷却作用降低室内温度
	大屋顶,通风良好的阁楼形成一个良好的隔热屋顶	深屋檐遮阳和短墙,保护所有的墙面和开口免受太阳直射
	深屋檐(0.9m)为墙壁提供遮阳。庭院中的树木提供更多的阴影和遮阳	通过良好的阁楼,山墙有漏斗形通风孔
	白色或浅色外墙减少立面的热吸收	—
平均温度高和湿度高	室内高度3.9～4.2m,并没有许多大的开口改善通气	干阑式建筑利于通过。2m高位置的风速是1m高位置的两倍;近地面的空气则往往处于停滞状态
	又大又长的庭院有助于提高自然通风和减少湿度。侧走廊引新风进院	建筑首层地坪抬高1.6m,以防止地面潮气进入
大雨	坡屋顶(25°)和深屋檐(0.9m)利于排雨水	坡屋顶(32°)和深檐(1m)加强雨水排出
	高墙座有利于地面防潮	—
太阳方位角	由于建筑位于城市中心位置,还没有完全解决问题的策略	由建筑的四周深屋檐解决,所以影响不大
两种不同的季节(热和相当冷)	两层窗(落地窗),开口控制可调节,炎热和寒冷季节均可以灵活控制	建筑中央设置火盆,以保持冬天的室内温暖
		在山墙开口
		增强烟囱效应和排烟
北方寒冷的风,东南凉爽的风	由于其位于市中心,对于盛行风建筑朝向策略不可用	南向形窗;通过门、窗并在山墙开口通风。没有风的时候,烟囱效应会增强气流以利于通风
温度季节变化小和湿度变化范围小	轻量构造(薄承重墙厚度220mm)	轻量构件:茅草屋顶,竹格围墙具有高多孔性,竹地板和木柱子
	不使用隔热	
其他	由于没有许多大的开口和来自庭院的自然光照,室内采光相当不错	吊脚楼能很好地适应来自高山的洪水,防止蛇、蜈蚣、昆虫等野生动物进入

越南中部-传统建筑中使用的生态气候设计及构造做法　　表 5

气候特征	在 Hoian 的传统城市建筑(案例 C)	在 Quangnam 省的传统的建筑(案例 D)
	采用策略说明	采用策略说明
高太阳辐射(特别是在西边)	屋顶采用较厚的多孔材料,在夜间吸收水分而在白天蒸发冷却	厚茅草屋顶(约 200mm)可提供理想的保温[U 值 0.25～0.35W(m^2·K)],同时吸收水分而通过蒸发冷却作用降低室内温度
	房前种植攀缘植物,庭院和后院的树木也增加阴影	挑出的屋顶前廊避免室内空间受太阳辐射和大雨的影响
		建筑西边种植各种树木(如菠萝蜜、梅花等)
		浅色立面以减少热吸收(参见图 2)
平均温度高、湿度高	外墙面共有 17 个窗口(19.7m^2)、8 个门(23.42m^2)。所以 SF=(19.7+23.42)/293.92=14.7%,可有效地增强气流	南面有大开口,包括:2 个窗口(1m×1.2m),3 个大门(1.9m×1.9m),加强自然通风
大雨	坡屋顶(25°),采用特殊的屋顶瓦,屋顶的末端出深檐,帮助排雨水	坡屋顶(26°),但没有深檐(为了防止暴雨强风的破坏)
太阳方位角	由于建筑位于城市中心位置,还没有完全解决问题的策略	主要在建筑南侧进行遮阳,而东、西、北三面的遮阳板都很短以避免强风破坏
炎热和温和的季节,没有冬季	易于通风的百叶窗和"上格子,下面板"的门口	易于通风的百叶窗和"上格子、下面板"的门门
凉爽的东和东南风	由于其位于市中心,建筑朝向策略不可用	建筑朝南,易于接收盛行风
	前面临街,大庭院和后院加强前后通风	建筑体块按使用功能需求进行划分
	庭院改善照明条件	后院种植香蕉树阻挡寒风。前院提高自然通风
温度季节变化小和湿度变化范围小	轻量的多孔木制隔板允许自然风经过	轻量构件(薄承重墙,厚 220mm)
	承重墙(220mm 和 330mm)只在两侧山墙使用	—
	不适用隔热技术	不适用隔热技术
强热带风暴,风速高(达 220km/h)	低、厚而沉稳的屋顶(高度 3.15m)	低、厚而沉稳的屋顶(高度 3.15m),屋檐短
		来自东边的强风只能影响侧边山墙
洪水,高达 2.5m(1966 年)	建筑位置非常接近河口、海边,为减少洪水的危害建筑为两层,二层的水平高度高于洪水最高高度	建筑位于高原地区,没有洪水
其他	建筑前部面对街道,为商业空间,而居住空间往后半部分,中间有大庭院分离二者	除了前院,建筑周围种植各种树木,提供有效的遮阳和凉爽的空气

越南南部-传统建筑中使用的生态气候设计及构造做法　　表 6

气候特征	在胡志明市老城区的建筑(案例 E)	在胡志明市老城区的建筑(案例 F)
	采用策略说明	采用策略说明
高太阳辐射(特别是在西边)	为了防止高太阳辐射在房子西部和南部设置宽外廊。房间布置:在西部布置楼梯、厕所和贮藏室,主要房间避免直接的太阳照射。房子朝南,主要是避免东西向的太阳辐射	建筑周围设外走廊和深屋檐
		房子正立面朝南
	外墙被粉刷成白色或浅色以减少立面热吸收	屋顶高度被降低,形成一个有效的遮阳解决方案
	大屋顶、通风良好的阁楼作为一个良好的隔热屋顶	—

续表

气候特征	在胡志明市老城区的建筑(案例E)	在胡志明市老城区的建筑(案例F)
	采用策略说明	采用策略说明
全年平均温度高、湿度高	各方向设置许多大开口,包括窗口(1.34m×2.10m)和大门(1.85m×3.40m),增强自然通风	整体外墙有12个大开口,有效的自然通风
	建筑净高:一层4.8m,二层4m。一层平面升高0.75m以防止湿气(图2的剖面图)	顶棚最高点5.7m
大雨	坡屋顶(34°)和深屋檐(1.1m)以及大排水沟	建筑周围设外走廊和深屋檐,以防止大雨。坡屋顶(24°)和大排水沟
没有寒冷季节,只有旱季和雨季	所有百叶门窗形成一个有效的"开放"架构,让室内和室外环境更好地连接	垂直木条代替墙体木板,使自然风更多地进入室内
东南和西南的凉爽风	南面窗口被定位于进风口,而厨房和卫生间的窗门被定位于出风口	建筑朝南,易于接收盛行风。南立面设有9个大窗口
温度季节变化小,温度变化范围小	400mm厚承重墙,再加上许多大开口和过渡空间(走廊),可以灵活地控制室内环境	轻量构件(木制墙壁和隔板),在夜间能迅速排除热量
其他	许多大窗口,提供足够的自然光	建筑南立面有多个大窗口,取得更多的自然光

图3显示了这六个建筑的不同设计策略的使用频率。该图显示,在所有地域自然通风是最常用的设计策略,而建筑的朝向、建筑的形状和遮阳策略也是非常有效的。

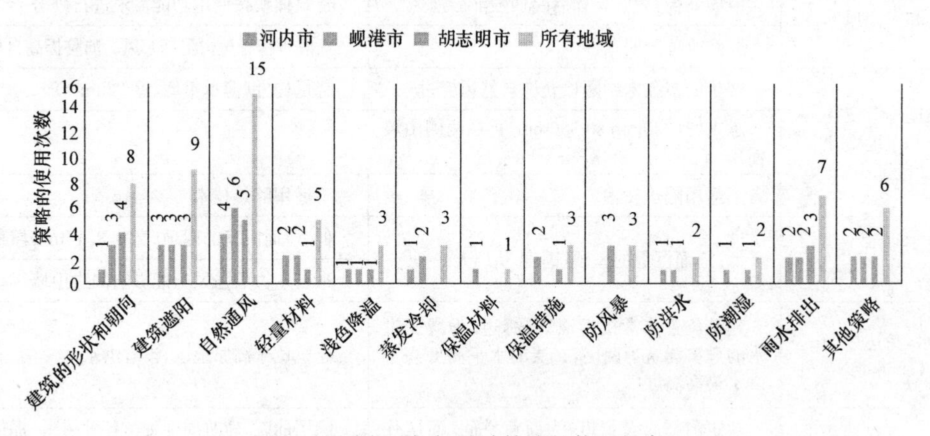

图3 不同应对气候设计策略的使用频率

4 结论

总的来说,越南的乡土民居可以在不同地区的气候条件下,使用传统的设计策略来基本保证人体的舒适和健康。其中,自然通风、建筑朝向、建筑的形状和遮阳策略是最常用的设计策略,而地面冷却和高热质量的策略似乎并不适合。在城市地区的建筑调查显示,遮阳设备的使用效果良好,但应当调整开口的分布和配置,以提高自然采光和通风。在面向庭院的房间通风流量起到了显著的作用。然而,在越南比较严峻的环境条件下,完全依赖于传统的设计策略维持热舒适性是不可能的。因此,在极端条件下的建筑物将需使用机械系统,如机械辅助通气、蒸发冷却,或控制墙面开口面积并使用风扇辅助通风。

另外,并非所有的乡土建筑物都拥有完善的建筑物理环境。通过对这些建筑的优、缺点进行深入调查，可以有效地利用它们的积极属性，来提高其建筑物理环境的舒适度。

由于时间和资源的限制，本次初步调查只包括此六栋建筑。本研究还有许多有待完善之处，如未对相关建筑进行测试、模拟和定量评估等。因此，在进一步的研究中，笔者会进一步扩大调查范围，并且对现代建筑与乡土建筑进行更多的比较评估，以更好地评价相关设计策略的表现，以此为越南可持续住宅设计提供切实可行的建议。

本研究强调环境的重要性，在不过度使用自然资源的前提下，通过建筑设计创造适宜的生活环境。越南传统民居的实例表明，人类生活与自然可以和谐相处，保护传统建筑是一项必要而有意义的工作。

在考虑气候差异和地理特征的前提下，将这些设计策略进行适当的调整后，可以应用在其他相同气候地区的建筑设计策略中。

Research on the Climate Adaptabilty of Vernacular Architecture in Vietnam Based on Energy-Saving Strategies

Abstract: On the basis of passive design approaches of 13 established studies, the paper adopts ecological design strategy research, data collection and analysis and literature review to study six types of traditional houses in three typical climatic zones of Vietnam and proposes energy-saving design approaches adapted to Vietnamese climates and social environment. Such approaches could serve as the reference for the energy savings and development of residential building desigl in Vietnam, which solves the obvious contradiction between architectural development and energy consumption, ecology and environment.

Keywords: Vernacular Architecture; Traditional Houses; Climate Design Stategies; Ecological Building; Energy Efficiency

参 考 文 献

[1] 越南建设部. 进行研究会："能源和资源在建筑领域有效和经济的使用" [Z]. 河内，2010.

[2] TranTQH. 对越南传统民居的历史研究 [D]. 东京都立大学博士论文. 2005.

[3] Dili A. S., Naseer Ma, Varghese T. Z. Passive Control Methods of Kerala Traditional Architecture for a Comfortable Indoor Environment Comparative Investigation during Variotis Periods of Rainy Season [J]. Building and Environment, 2010.

[4] Canas I., Martin S. Recovery of Spanish Vemacular Construction as a Model of Biodimatic Archnectute [J]. Building and Environment, 2004.

[5] Vissilia A. M. Evaluation of a Sustainable Greek Vernacular Set Lement and Its Landscape: Architectural Typo1ogy and Building Physics [J]. Building and Environment, 2009.

[6] Manioglu G., Yilmaz Z. Energye Efficient Design Strategies in the Hot Dry Area of Turkey [J]. Building and Environment, 2008.

[7] Yoshino H., Hasegawa K., Matsumoto S. Passive Cooling Efiect of Traditional Japanese Building's Reamres [J]. International Journal of Mabagement of Environmental Quality, 2007.

[8] 越南建设部. 2014 年越南建筑规范-QCVN02：2014/BXD-自然物理和气候数据进行施工 [S]. 河内，2014.

作者：黄明道　天津大学建筑学院　硕士研究生

·建筑物理环境

声学扩散体综述*

【摘　要】本文通过回顾声扩散体方面的研究历程，系统介绍了声扩散体研究内容的变迁和研究方法改进的历程，以及研究设计的最新进展和发展趋势，希望能够对声扩散体的研究提供借鉴和参考。

【关键词】声学　扩散体　综述

1　研究内容与背景

在建筑声学领域，反射、扩散、吸声都影响着音质效果，音质设计要综合考虑其相互作用，其中，吸声、反射体取得了长足进展，相对而言，扩散体的研究成果不多。

几个世纪来，表面扩散元素只是偶然用于厅堂设计中，国外传统剧院当中也有扩散的体量和构件，但仅仅是依靠经验做法。

通常研究者仅把目光局限在混响时间上，1962年，白瑞纳克（Beranek）对音质评价进行研究，提出五个独立的主观参量：响度、混响感、亲切感、温暖感、环绕感和相应的客观量[1]，其中许多项都与空间声场扩散程度有密切关系，这充分说明了解决声场的均匀扩散问题也是决定音质效果的重要因素。

与此同时，大约1960～1970年代，一些国际著名的声学家开始逐渐认识到侧向反射声对音乐厅音质的重要性，于是从不同角度对侧向反射声对音质的影响进行了相关分析、探讨，认为低声能损耗且强扩散反射的界面对音乐厅的音质是有好处的，其中以Schroeder[2]、West[3]、Marshall[4]、Keet[5]、Barron[6]和Kuhl[7]几位声学研究者为代表。

随着厅堂建筑的不断发展，人们逐渐发现，要创造合适的音质，关键是要获得良好的扩散声场，这样的声场具有两大基本特征：均匀性和各向同性[8]。有三种方法可以实现：

（1）观众厅选用不规则体形；

（2）不规则地配置吸声材料（或结构）；

（3）将内表面处理成不规则形状或者设扩散体[9～11]。

通过体形设计可以使围护结构与扩散结构一体化，但是应用有一定的局限性，尤其在

*　国家自然科学基金面上项目（项目编号：51178300）。

需要同时满足视听要求的歌剧院观众厅中；不规则地配置吸声材料（或结构）在对称的观众厅内不可取，而单纯用吸声来处理回声只会消除声能，不利于保证较长的混响时间，是没有意义的，所以设置扩散体成为行之有效的途径[9~11]。

从此，人们开始着重于扩散体的设计和研发，越来越认识到扩散体的作用——它不仅能有效提供侧向反射声，使房间内的声能均匀，而且能够除去有害的强镜面反射，起到防止回声、啸叫、声染色、声聚焦以及驻波的作用，同时还可以改善声音的明亮度[12]。

随着时间的推移，人们对扩散体的研究获得了不少定性认识，随后各种方法被引入扩散体的设计，也使得扩散体的种类不断丰富。近几年，扩散体在形式、材料以及新的计算方法、测量手段和预测方法上都有长足进展，极大地促进了扩散体的科学设计，并在不同的领域得以应用和演变，在实践中提供了更好的音质效果。

2 声扩散体研究的趋势

国外最早的传统剧院大多为巴洛克等较为繁复的装饰风格，比如巴黎歌剧院，其中巴洛克式的内装修和陈设——壁柱、雕饰、包厢、藻井，乃至吊灯等，都担当了扩散体的角色，使得内表面不规则，从而保证了良好的音质[9,13,14]。

19 世纪末，随着现代主义的流行，建筑的风格趋于简洁，相应地，传统室内装饰的不规则形体则由几何形扩散体所替代，并在剧院观众厅中得以应用。其代表特征为纯粹的线条，平整的表面，简洁的几何结构。常见的几何形扩散体通常有圆柱、球切面、三角锥、三角柱、矩形柱等形式[15]。扩散体的位置可以设置在侧墙，也可以挂在空中[10]。扩散体也可以结合室内艺术处理选择各种形式，比如日本东京文化会馆，利用不平行的墙面、下垂的吊顶、凸出的护栏起到良好的扩散作用，仅在大厅前侧墙设置了扩散体[10]。一般来说，为了使扩散体对低频声有较好的扩散性能，需要扩散结构的尺寸与声波波长相当，材料也尽量使用重且刚度大的材料，常见的如钢筋混凝土、砖砌体抹灰、石材等，这样来避免材料本身对低频声的吸收，尽管这在改善房间声学特性方面非常有效，但由于其体量较大，从而会占用较大的空间[9]。

1970 年代，德国声学家 Schroeder 教授结合运用数学上的数论原理和声学理论提出了一类新的扩散体——伪随机序列扩散体（也被称为“数论扩散体”，即 Schroeder 扩散体)[16]，可分为：最大长度序列（Maximum Length Sequences，简称 MLS)，原根序列(Primitive-Root Diffuser，简称 PRD)，以及后期广泛引用的二次剩余序列（Quadratic-Residue Diffuser，简称 QRD)[8,17]。它们皆符合 Schroeder 教授曾经定义过的“最优扩散体”[17]。Schroeder 扩散体的优点是：可设计、扩散效果好、装饰性强[8]。目前在音乐厅、录音室、广播室、住宅等场所得到广泛应用[8]。

其中，1975 年 Schroeder 教授在波动理论的基础上设计的 MLS 扩散体[18]，表面有按最大长度序列分布的沟槽，深度为入射波长的四分之一[20]。北京国家大剧院就使用了 MLS 扩散体，用来消除平行墙的颤动回声和增加早期侧向反射声。MLS 扩散体的不足之处是对频率有很强的选择作用，即只对设计频率（沟槽深度 4 倍波长的频率附近）有明显的作用，对其他频率则接近镜面反射，因此使用受到很大的限制[20]。

针对此局限性，Schroeder 教授在 1977 年将 MLS 扩散体改进为 QRD 扩散体，这种扩散体的槽深度不同，比 MLS 的更窄，起作用的频带较宽，并且对任意方向入射的声波都具有均匀的扩散效果[20]。新西兰惠灵顿市政厅的音乐厅[20]和广州白天鹅音响公司的录音室[21]也都有所应用。然而，QRD 的不足之处是在低频有很强的声吸收[20]。

扩散体从 MLS 发展到 QRD，拥有更宽的设计频率，扩散也更加均匀，可是仍然不是很理想，之后的研究工作基本是在其基础上不断进行改进。所开发的扩散体仍是由一系列深浅不一的凹槽组成，常被称为反射相栅[22]。依据这种理论，为了继续拓展扩散体有效频带的宽度，就需要将扩散体的槽设计得更深、更窄，这样加工难度加大，造价昂贵，与此同时其吸声能力反而逐渐增强，为解决此问题，D' Antonio 和 Konnert 将分形几何理论引入扩散体设计[24]，在低频扩散体的阱中安装中高频扩散体，形成“扩散体中的扩散体”[16]。

为了不产生特定的指向，根据现代通信理论，Angus 提出拓展频谱扩散体[23]。此外，为进一步改善扩散体的扩散反射频率响应，Angus 又提出正交序列调制扩散体[25]。

一般来说是将多个 Schroeder 扩散体周期性地相互连接布置，这样使得反射声能在空间分布不均匀，降低了扩散体的散射效果。为解决该问题，Angus 根据现代通信理论对扩散体进行重新排布[25～28]。调制后的扩散体被称为调制相位反射格栅（MPEG' s）[16]。

Cox 对 Schroeder 扩散体的轮廓进行优化，得到阶梯状扩散体，该扩散体与 Schroeder 扩散体的最大区别是没有翼板，更容易满足建筑师的美学要求[29]。

其实，目前的扩散技术通常只考虑到中高频，因为低频扩散体要求扩散体的尺寸较大。Cox 提出采用主动扩散技术可以解决低频扩散问题，即在普通的 Schroeder 扩散体底部安装一些能够对入射声作出相应的扬声器，这样使得扩散体的表面产生主动的阻抗来获得低频扩散[30,31]。

Jong 等也曾对 Schroeder 扩散体进行优化，提出过最佳平面扩散体的理论设计方法[32]。

随着数字计算机技术的进步及声扩散测量技术的发展，从 1990 年代开始，为了使扩散体看起来更美观，人们开始应用计算机辅助设计最佳的扩散表面，不断改进扩散体的性能，对扩散体进行数字优化，Cox 提出最优阶梯式扩散体[22]。也有人提出与现代建筑趋势相符的最优曲面扩散体[22]。Angus 发明了既能吸声又能均匀散射的复合扩散体，即幅度隔栅扩散体[33]。1995 年为了使扩散体看起来更美观，引入数字优化设计的方法设计的波浪形扩散体，尽管扩散效果比不上数论扩散体，但在美观与性能之间取得了平衡[22]。

我国在 Schroeder 扩散体的基础上也进行了一些改良。

2003 年我国南京大学声学研究所的卢婕宁、沈勇针对大面积多周期伪随机序列扩散体群提出了一种优化布置方案，利用不同序列长度，或者不同设计频率的单个伪随机序列扩散体，按一定顺序排列，以达到需要的扩散声压响应曲线。其优点是可以针对不同的需要设计不同的布置方案，并且扩散效果相对于周期布置有较大的改进[17]。

我国同济大学的赵松龄、盛胜我等学者亦对伪随机序列扩散体的吸声性能进行了理论分析和试验研究[34,35]。Tao Wu 等将 Schroeder 扩散体的部分翼片之间的平板用穿孔板代替[36]，这样 Schroeder 扩散体变成了宽频吸声构造。

在实践中，人们发现，在大的厅堂中，对声音的吸收、反射与扩散是通过各种声学材料的组合与布置来达到预定的要求。然而，对于听音环境要求比较高的小尺寸房间，比如体积在 50～300m^3 之间的录音棚、小厅堂，扩散和吸声就会产生矛盾，扩散体所占的面积太大就会影响吸声材料的安装[37]。基于经济和效率方面的需求，声学设计师需要一种新的声学界面，兼有扩散与吸声两种功能，因此有人提出“扩散吸声体”的概念，即“Diffsorber”[38]。相应地，出现了共振吸声结构和扩散体结合的共振型扩散吸声体，以及纤维性多孔吸声材料加上扩散效果制成的纤维型扩散吸声体[9]。

同济大学的古林强和盛胜我对扩散吸声体进行了优化设计，设计了多种不同吸声效果的扩散吸声体，在大大减少结构厚度的同时，避免了低频时的强烈吸收，可以方便地应用于各种小型会场、家庭影院、高标准的听音室和录音棚等，满足了不同场合的需要[9]。

3 声扩散体的技术设计、材料发展及其应用

上述 Schroeder 扩散体发展日趋成熟并且得到广泛应用，但由于其存在相对固定的界面形式，而现代建筑和室内装修往往追求新的设计风格，所以人们对既能符合建筑声学要求，又能与室内空间效果良好融合的扩散体提出了迫切需求。如今，新技术的发展，新材料的发现，为设计新型扩散体提供了有力工具，从而保证了建筑艺术与声学技术的完美结合。

首先是数值优化技术的诞生使得新型扩散体成为了可能。同时，随着相关测试技术和数值计算方法的发展，人们可以对扩散体的散射特性进行准确测量和推算。同时，计算机模拟技术（ODEON、RAYNOISE 等相关计算机模拟软件）迅猛发展，可以对扩散的性能进行有效的评估、设计和鉴定，使演艺建筑的声学设计水平得到了提升。

新材料的涌现，使扩散体的处理形式趋于多样化，应用也变得更加灵活与丰富。目前，GRC、GRG 材料因其具有质量轻、强度高、安装简便等优点，大量用于厅堂设计，如国家大剧院音乐厅的顶棚和侧墙面均采用了预制 GRC 板。而一些诸如金属、陶瓷、木材、石材等材料，经过特殊构造处理后，也有良好的声学性能，无锡大剧院观众厅的墙面就采用了经过特殊处理的毛竹，既满足了声扩散的要求，又实现了室内艺术的观赏性[39]。

随着对扩散体的研究认识的加深，其应用范围也逐渐扩大，不仅在室内厅堂音质，也在室外噪声控制中得到应用。众所周知，交通噪声主要频谱集中在低、中频，而传统声屏障是以吸声为主，顶部结构对低频降噪效果较差，人们发现扩散体型声屏障在低频均有非常好的降噪效果，且低频降噪量比传统的声屏障要高 3～5dB，因此逐渐应用开来[40]。

4 声扩散体尚待研究的课题

目前针对扩散体的发展成果远落后于实践的需要，因此有必要在理论及实验上进一步深入。目前有待解决的问题如下：

（1）现代建筑日新月异，功能趋于多元化、灵活化、通用化，人们对建筑的功能和室内装修提出了更高的要求。而扩散表面的选择要同时满足声学和视觉的需要，因此声学家必须寻找新的方法、新的手段、新的技术来设计与之相适应的新型扩散体。

（2）如何确定表面声扩散对整个室内声场的影响，一个房间需要多少声扩散，声扩散体应该布置在什么位置合适，以及如何科学地评价一种扩散体的性能[16]。

（3）目前的优化设计最大的缺点还是针对单频，如何拓展扩散体的适用范围，打破局限，实现在多个频率都有效适用的扩散体将成为新的课题。

（4）新材料不断涌现，如何才能继续开发出适用于扩散体的新型材料。

（5）如何在现有“扩散吸声体”的基础上进行优化。

5 结语

综上所述，自从1960年代以来，人们在享受音乐的同时，不断对听音环境提出更高要求，促进了扩散体的进步和发展，并在音乐厅、剧院、听音室等建筑声学设计的实践中发挥重要作用[16]。随着人们对扩散体的重视程度逐渐提高，在不久的将来，越来越多的声学研究者会投入到扩散体的研究中，其形式会越来越完善，应用范围也会越来越广。

6 致谢

本研究得到国家自然科学基金面上项目“城市公共空间音质要素分析和声景观设计模式的研究”（项目编号：51178300）的资助，在此表示感谢。

The Review of Acoustic Diffusers

Abstract: Through the review of research process of diffusers, the variation of research contents of diffusers, the improvement of research method, as well as the latest progress and development on study and design were reviewed systematically in this paper. This review might provide reference for the further study on diffusers.

Keywords: Acoustic; Diffusers; Review

参 考 文 献

[1] （美）白瑞纳克. 音乐厅和歌剧院 [M]. 上海：同济大学出版社，2002.

[2] M. R. Schroeder, D. Gottlob, K. F. Siebrasse. Comparative Study of European Concert Halls [J]. J. Acoust. Soc. Am., 1974, 56: 1195-1201.

[3] J. E. West. Possible Subjective Significance of the Ratio of Height to Width of Concert Halls [J]. J. Acoust. Soc. Am., 1966, 40: 1245.

[4] A. H. Marshall. A Note on the Importance of Room Cross-Section in Concert Halls [J]. J. Sound & Vib., 1976, 5: 100.

[5] H. Marshall. Concert Hall Shapes for Minimum Masking of Lateral Reflections [C]. Tokyo: Proc. 6th ICA, 1968, paper E-2-3.

[6] M. Barron. The Subjective Effects of First Reflections in Concert Halls-The Need for Lateral Reflection [J]. J. Sound & Vib., 1971, 15: 475-494.

[7] W. Kuhl. Raumlichkeit als Components des Raumeindruckes [J]. Acustica, 1978, 40: 167-181.

[8] 张世武，赵越喆. 声学扩散体的基本特征及其评价参量 [D]. 广州：华南理工大学，2007.

[9] 袁烽. 观演建筑设计 [M]. 上海：同济大学出版社，2012.

[10] 刘振亚. 建筑设计指导丛书——现代剧场设计 [M]. 北京：中国建筑工业出版社，2000.

[11] 项端祈. 传统与现代——歌剧院建筑 [M]. 北京：科学出版社，2002.

[12] 高慧超. 扩散体的应用 [M]//中国电影电视技术学会影视技术文摘.

[13] 项端祈. 剧场建筑声学设计实践 [M]. 北京：北京大学出版社，1990：92-301.

[14] 谢浩. 多功能厅堂的体型与声扩散 [J]. 福建建筑，1997（3）.

[15] Trevor J. Cox, Peter D' Antonio. Acoustic Absorbers and Diffusers [M]. Second edition. Theory, Design and Application.

[16] 赵越喆，张冉. 声学扩散体及界面声散射研究进展 [J]. 南方建筑，2012（2）.

[17] 卢婕宁，沈勇. 大面积多周期伪随机序列扩散体群的一种优化布置方案 [J]. 应用声学，2004，23（3）：29-32.

[18] M. R. Schroeder. Diffuse Sound Reflection by Maximum Length Sequence [J]. J. Acoust. Soc. Am, 1975, 57:

149-150.

[19] 项端祈，王岭，陈金京，项昆. 演艺述筑——声学装修设计 [M]. 北京：机械工业出版社，2004.

[20] H. Marshall，J. R. Hyde. Evolution of a Concert Hall：Lateral Reflection and the Acoustical Design for Wellington Town Hall [J]. J. Acoust. Soc. Am，1978，S36 (A)：63. See also Proc. 9th ICA，1977：46-47，Madrid (papers B10 and B11).

[21] 刘光华，叶恒健. 几种声扩散结构的模型试验研究. 建筑科学，1988 (1).

[22] 古林强，盛胜我. 声扩散体研究与设计的最新进展. 电声技术，2006.

[23] P. D' Antonio，J. Konnert. QRD Diffractal：A New One- and two- Dimensional Fractal Sound Diffuser [J]. Audio. Eng. Soc.，1992，40 (3)：117- 129.

[24] Angusjas，Mcmanmonci. Orthogonal Sequence Modulated Phase Reflection Gratings for Wideband Diffusion [J]. Audio. Eng. Soc.，1998，46 (12)：1109-1118.

[25] J. A. S. Angus. Large Area Diffusers Using Modulated Phase Reflection Gratings [C]. Presented at the 98th Convention of the Audio Engineering Society. J. Audio. Eng. Soc. (abstract)，1995，43：390，reprint 3954.

[26] J. A. S. Angus. Using Modulated Phase Reflection Gratings to Achieve Specific Diffusion Characteristics [C]. Presented at the 99th Convention of the Audio Engineering Society. J. Audio. Eng. Soc. (abstract)，1995，43：1097，reprint 4117.

[27] J. A. S. Angus，C. I. Mcmanmon. Orthogonal Sequence Modulated Phase Reflection Gratings for Wide-Band Diffusion [J]. J. Audio. Eng. Soc.，1998，46 (12)：1109-1118.

[28] J. A. S. Angus. Using Grating Modulation to Achieve Wideband Large Area Diffusers [J]. Applied Acoustics，2000，60 (2)：143-165.

[29] T. J. Cox，P. D' Antonio. The Optimization of Profiled Diffusers [J]. J. Acoust. Soc. Am.，1995，97 (5)：2928-2941.

[30] L. Xiao，T. J. Cox，M. R. Avis. Active Diffusers：Some Prototypes and 2D Measurements [J]. J. Sound & Vib.，2005，285 (1-2)：321-339.

[31] T. J. Cox，M. R. Avis，L. Xiao. Maximum Length Sequence and Bessel Diffusers Using Active Technology [J]. J. Sound & Vib.，2006，289 (4-5)：807-829.

[32] de Jong B. A.，van den Berg P. M. Theoretic Design of Optimum Planar Sound Diffusers [J]. J. Acoust. Soc. Am.，1980，68 (4)：1154-1159.

[33] Angus J. A. S. T. Sound Diffusors Using Reactive Absorption Gratings [J]. Audio. Eng. Soc.，1995，43：390.

[34] 赵松龄，盛胜我. 赝随机扩散体吸声性能的理论分析 [J]. 声学学报，1996，21 (4)：555-564.

[35] 盛胜我. 伪随机扩散体的吸声性能及其应用 [J]. 应用声学，1996，16 (6)：1-3.

[36] T. Wu，T. J. Cox，Y. W. Lam. A Profiled Structure With Improved Low Frequency Absorption [J]. J. Acoust. Soc. Am，2001，110 (6)：3064-3070.

[37] IEC Publication 60268-13. Sound System Equipment-Part 13：Listening Tests on Loudspeakers [J]. International Electrotechnical Commission，Geneva，Switzerland，1998.

[38] T. J. Cox，J. A. S. Angus and Peter D' Antonio. Ternary and Quadriphase Sequence Diffusers [J]. Journal of the Acoustical Society of America，2006，119 (1)：310-319.

[39] 无锡大剧院，无锡，中国 [J]. 世界建筑，2012 (3).

[40] 吴文高，蔡俊，刘玲. 顶端结构为声扩散体的声屏障降噪性能研究 [J]. 噪声与振动控制，2012 (4).

作者： 杨立博　天津大学建筑学院　硕士研究生

马　蕙　天津大学建筑学院　教授

天然气压缩机厂房降噪的模型试验研究

【摘　要】 对高噪声的大型机器设备建设厂房是工业降噪常用的做法，尤其是对于以天然气压缩机为代表的高噪声大型设备。通过建设厂房能够将高噪声设备封闭在室内，与室内吸声构造相结合，降低厂房外的环境噪声。但是此类设备的降噪处理中有其特殊性。此类设备产生的噪声中低频成分能量较高，而且包含有能量较高的次声成分，加之房间的固有共振频率与设备噪声的低频部分重合，容易使厂房产生类似音箱的效应，将部分低频段噪声和次声部分放大。通过对中国的实际案例进行调查可知，此种做法容易产生加重周围环境的次声污染。本文通过建立厂房的 1/20 缩尺模型对厂房的共振情况进行研究，分析房间共振在噪声治理中的影响。

【关键词】 次声　低频噪声　缩尺模型　共振频率

1　引言

西气东输是中国天然气发展战略的重要组成部分，主要是指将我国西部，包括新疆、四川等地的天然气通过管道输送给东部沿海发达城市使用的国家工程。四川省和重庆市的气矿是西气东输的重要气源地。在天然气矿和输气管线中间对天然气进行加压输送和开采是保证西气东输的重要手段，因此在四川省和重庆市境内分布着大量的天然气加压站，对天然气进行加压输送。天然气压缩机作为天然气压缩设备被大量应用。

通过对四川省和重庆市境内的数座天然气压缩机的噪声进行测量发现，压缩机噪声巨大，对周围环境产生的噪声污染严重。

2　天然气压缩机噪声源特性分析及调研

压缩机的高噪声是由以天然气为燃料的燃气发动机及其带动的压缩机发出的噪声，根据厂家提供的数据压缩机声功率级高达 125dB（A）。压缩机的主要噪声为空气动力性噪声、机械性噪声、管道振动噪声等叠加而成，其噪声具有频带宽、低频声强的特性（图 1）。压缩机的噪声源特性主要有以下几个方面：

图 1　天然气压缩机外观

（1）空气动力性噪声：主要是天然气被压缩过程中气流产生的噪声。在天然气压缩机中，天然气被压缩至非常高的压力，因此会产生强烈的噪声。

（2）机械性噪声：由于天然气压缩机运行时活塞、柱塞往复运动而发生的撞击引起振动，产生脉冲性机械噪声。

（3）管道振动噪声：天然气压缩机运转时，由于气体排气管道内的空气摩擦振动及压缩机管道振动产生的噪声。

2.1 天然气压缩机周围声环境的实地调查

由于四川省和重庆市人口密度较大，天然气压缩机场站与居民住宅距离较近，一般在200～300m左右。距离最近的场站与居民住宅仅一墙之隔。通过对现场实地勘察测量可知，天然气压缩站附近民宅噪声水平约为60dB（A），但是听闻有明显的低频噪声，且门窗有明显的振动现象，通过对敏感区域的1/3倍频程测试噪声分析，在低频部分噪声声压级较高，尤其是20Hz附近，噪声声压级接近90dB。

2.2 天然气压缩机噪声实测

通过对天然气压缩机近场测试，在1/3倍频程测试数据显示，天然气压缩机的噪声特点是以低频噪声为主，其噪声峰值在20Hz，与隔声厂房的表观隔声量低谷以及敏感点声压级的频带峰值相吻合，如图2所示。

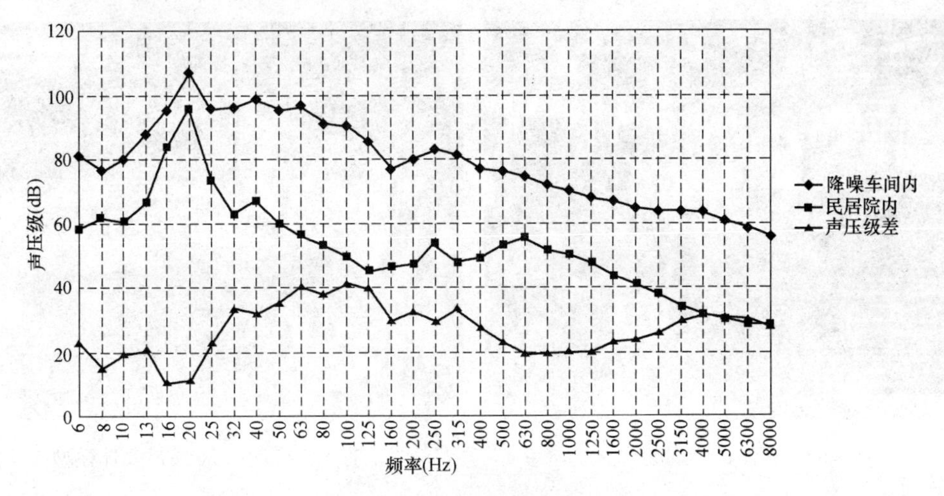

图2 噪声测试曲线

通过对四川省内相同类型的天然气压缩机降噪厂房的噪声监测，发现规模相同的矩形降噪车间，即使降噪车间的墙体构造相差较大的情况下，仍然普遍存在上述问题；但是调查显示体形异形的降噪车间不存在低频部分，尤其是次声频段的隔声低谷问题。

为分析上述问题的原因，对出现问题的降噪车间进行试验性改造。将车间拆除相邻两面墙体，拆除后附近敏感测点的低频噪声和次声部分的声压级出现8～10dB的降低，此现象与厂房的隔声作用相反，由此猜测，降噪车间的低频和次声频段的隔声低谷可能是由降噪车间的体形共振造成的。为验证以上猜测，对降噪车间进行缩尺模型的共振隔声测试。

3 降噪车间固有共振模式对隔声影响的模型试验

3.1 模型测试的设计方案

为对以上计算数据进行验证，根据降噪车间的实际尺寸建立1/20实体模型进行试验测试，测量该车间在低频部分的隔声特性。模型尺寸为实际降噪车间的1/20，为准确模

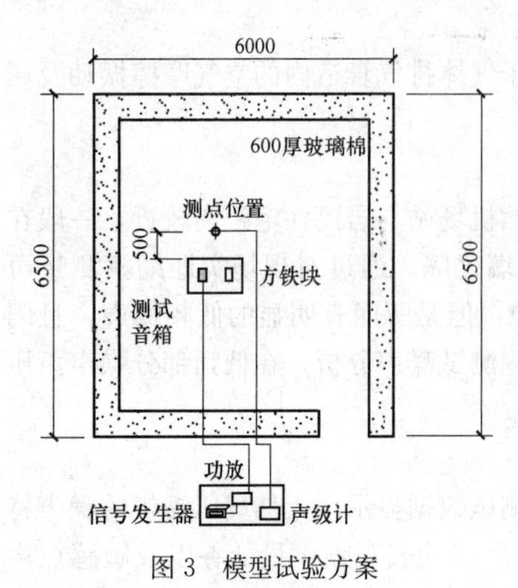

图3 模型试验方案

拟声波在降噪车间内的振动传播模式，测试频率为天然气压缩机低频部分噪声的20倍（图3～图5）。

测试模型由2.0mm钢板加工制作。现场测量降噪车间的表观隔声量隔声低谷位于8～25Hz之间，为了使缩尺模型中的测试频段和实际频段相仿，本次测试频段设定在200～600Hz，对应实际频段的10～30Hz。测试采用软件发声，经功率放大器放大后输送给模拟实际设备的音箱。在实际降噪车间内安装有两台天然气压缩机，在测试模型内用三维尺寸为压缩机实际尺寸1/20的铁块模拟另外一台天然气压缩机。试验中声压级接收设备采用挪威Norsic公司生产的Nor118。试验过程中采用相应频率的纯音作为试验信号源。

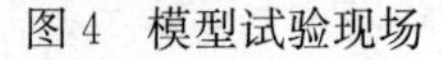
图4 模型试验现场

图5 待测1/20缩尺实体模型

为防止周围环境的背景噪声和反射声对测试结果产生影响，测试地点选择在大型厂房内部。测试模型周围采用600mm厚的玻璃棉进行围挡，吸收反射声，模拟实际室外空旷的环境。厂房的顶面距离测试模型15.0m，且吊顶已进行吸声处理，反射声强度较弱，可以忽略不计。

3.2 模型测试结果及分析

噪声测点设于模型外距离模型外墙0.5m处，模拟实际情况下距离降噪车间100m的噪声敏感点。当模拟实际尺寸为22m×13.5m×9m（长×宽×高）的实际厂房时测试结果见图6。图中蓝色曲线表明在声源位置和测点位置不变、移走模型的条件下，在测点位置测得的噪声级。图中红色曲线表明当放置隔声罩后在测点测得的噪声级。以上所有测试均在功率放大器相同工况的条件下测得。

测点处测得的噪声值在17Hz出现峰值，与移走模型测得的噪声值相当。由此说明该模型在17Hz处存在隔声低谷，通过对模型的固有共振频率进行计算得到模型的固有共振频率在17Hz附近较为集中。恰好与模型的隔声弱点相吻合。

对降噪车间模型的外形尺寸进行调整后的测试结果见图7。

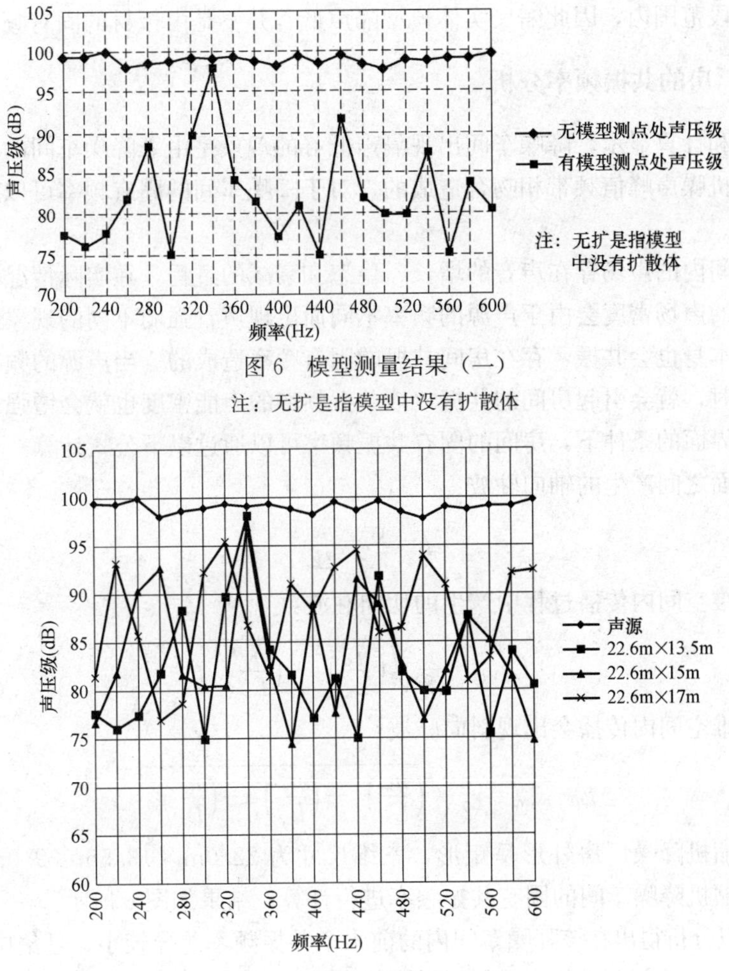

图 6 模型测量结果（一）

注：无扩是指模型中没有扩散体

图 7 模型测量结果（二）

根据计算共振公式，调整模型尺寸，使模型的固有共振频率均匀分布，避免共振频率集中现象。对该模型进行测试的结果显示原有隔声薄弱环节消失，虽然测点处声压级同样存在峰值，但是模型整体隔声量有所提高。

3.3 模型板材共振频率对隔声的影响

模型隔声罩的体积比较小，其隔声特性与其加工板材固有的共振频率关系很大。在板材共振频率附近，隔声罩的插入损失很小，甚至是负数。本次测试模型采用的是 2.0mm 厚钢板，钢板的最低固有频率计算公式如下：

$$f=\frac{2}{\pi}\left[\frac{Et^3}{12M(1-\sigma^2)}\right]\left(\frac{1}{a^2}+\frac{1}{b^2}\right) \tag{1}$$ [1]

式中 M——隔声罩板材的面密度（kg/m^3）；

E——杨氏模量（N/m^2）；

σ——泊松比，一般取 0.3；

t——隔声罩板材厚度（m）；

a、b——板材的长宽尺寸（m）。

根据上式对隔声罩在测点一侧的钢板固有频率进行计算，其固有频率为 5.68Hz，并没有在测试频段范围内，因此缩尺实体模型隔声低谷并不是由板材的固有频率造成的。

4 降噪厂房的共振频率分析

上述试验和计算显示，降噪车间出现隔声低谷的现象是由于降噪车间的固有共振频率和车间内压缩机噪声峰值频带相吻合造成的。对于降噪车间的固有频率可以通过房间共振频率计算确定。

在矩形房间内的声场存在声音的增长、稳态和衰减的过程。在实际情况中，室内声源发声时，室内的声场密度会由于声源的频率不同而出现声音强弱不同的现象。这个现象是由于房间空间本身也会共振，存在房间共振的固有频率造成的。当声源的频率与房间的固有频率相接近时，就会引起房间的共振，该共振频率的声能密度也就会增强。在房间的围护界面为刚性界面的条件下，房间的固有共振频率可以通过以下公式计算。

在两个墙面之间产生的轴向驻波：

$$f=\frac{c}{\lambda}=\frac{nc}{2L} \tag{2}$$ [2]

声波在二维空间内传播过程中产生的切向驻波：

$$f_{nx,ny}=\frac{c}{2}\sqrt{\left(\frac{n_{\mathrm{x}}}{L_{\mathrm{x}}}\right)^2+\left(\frac{n_{\mathrm{y}}}{L_{\mathrm{y}}}\right)^2} \tag{3}$$ [2]

声波在三维空间内传播会出现斜向驻波：

$$f_{nx,ny,nz}=\frac{\mathrm{c}}{2}\sqrt{\left(\frac{n_{\mathrm{x}}}{L_{\mathrm{x}}}\right)^2+\left(\frac{n_{\mathrm{y}}}{L_{\mathrm{y}}}\right)^2+\left(\frac{n_{\mathrm{z}}}{L_{\mathrm{z}}}\right)^2} \tag{4}$$ [2]

天然气压缩机降噪厂房外形呈矩形，三维尺寸为 22.0m×13.5m×9.0m。根据上述计算公式对压缩机降噪车间的固有共振频率进行计算，结果如图 8 所示。

从图 8 可以分析得出在该降噪车间内的前十个共振频率差异较小，且集中分布在 10～20Hz 附近，基本与现场测试的表观隔声量频段范围相吻合。

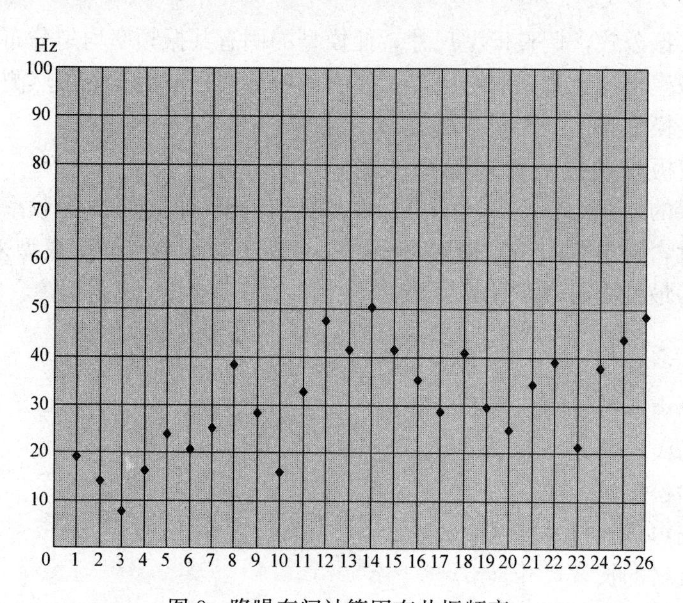

图 8 降噪车间计算固有共振频率

5 小结

通过天然气压缩机降噪车间的1/20实体缩尺模型测试分析可知，天然气压缩机降噪车间在次声部分隔声的弱点是由于降噪厂房的固有共振频率与天然气压缩机噪声的次声部分相重合，引起房间共振造成的。由此可知，在以后的天然气压缩机降噪车间设计过程中，应根据房间共振计算公式计算降噪车间的共振频率，应注意避免使房间固有共振频率与天然气压缩机的噪声峰值频率相接近，尤其是避免次声部分频率相吻合，避免出现降噪车间对次声隔声的“0dB”现象。

Scale-Model Research on Infrasonic Resonance of the Noise Reduction Workshop for the Gas Compressor

Abstract: In Sichuan province, of China, when some acoustical enclosure workshops were built to cover on large gas compressor to reduce the noise impact on neighbor residents, vibrations were found in dwelling houses 400 meters away. In this paper, noise measurements proved that the vibrations were caused by airborne sound with an infrasonic low frequency below 20Hz. To solve these problems, several 1∶20 scale models of the workshops were made, and the simulated room resonance tests were carried out. The scale-model measure result showed that the violent infrasonic sound in the village's house was caused by the main frequency of the reciprocating compressor was accidental coincidence with the room resonance frequency which was determined by the enclosure's shape. Subsequently, we redesigned the shape of workshop to change its resonance frequency and then measured the sound outside of the workshop. And the measure result showed that the infrasonic noise outside of the workshop was reduced. As a conclusion, the paper presents a calculation method to avoid the resonance effect at low frequency which was approved by the scale model test and real projects as well.

Keywords: Infrasonic; Scale-Model; Resonance

参 考 文 献

［1］ 马大猷，沈壕. 声学手册［M］. 北京：科学出版社，2004，784-785.
［2］ 秦佑国，王炳麟. 建筑声环境［M］. 北京：清华大学出版社，1999：32-33.

作者：朱相栋　天津大学建筑学院　博士研究生
燕　翔　清华大学建筑学院　副教授

京剧音质主观评价的问卷调查*

【摘　要】以天津市内去中华剧院或滨湖剧院观看京剧演出的观众为调查对象，进行了京剧音质主观评价的现场问卷调查。通过调查数据的统计分析，初步得到了观众在欣赏京剧表演时更注重哪些听觉感受。综合调查结果还发现，观众对目前京剧院内的响度环境并不是很满意，很大程度上与使用扩声设备有关。

【关键词】京剧　音质主观评价　问卷调查　音质设计

1　引言

中国戏曲有300多个剧种，其中京剧是最大、影响最广泛的剧种，被视为国剧，是中国文化的瑰宝。随着人民生活、文化修养以及观赏能力的不断提高，人们对京剧演出场所的音质要求也越来越高。在不同的观演建筑（厅堂）中欣赏、聆听演出时（话剧、戏剧、音乐等），厅堂声学条件上的差异会引起音质效果的较大不同[1]。而厅堂的音质是通过人们的听觉感受来评价的，决定这些感受的因素与厅堂设计的声学参数有关。所以，若知道人们听京剧时更看重的是主观音质的哪些方面，就可有针对性地设计声学参数，从而提高音质设计的质量，使得京剧演出场所的音质效果更符合京剧本身的音色。以此为目的，开展了关于京剧音质主观评价的问卷调查。

2　调查对象与调查地点

选择经常去剧院观看京剧表演的观众作为本调查的主体，作出这种选择的原因主要是：①对京剧的声音效果的感受有实际的经验，能够根据个人经验对问卷中的问题作出真实的回答，与没去过剧院观看京剧表演的普通群众相比，这些观众的调查结果更具研究价值；②这些观众大部分都是戏迷，对京剧的喜爱度和关注度较高，完成问卷的认真程度要高于一般人；③能保证一定的数量，有利于获得较大的样本量。

调查问卷的发放地点为两个，分别是天津市内的中华剧院和滨湖剧院，它们是目前为止天津市内进行京剧演出相对较多且上座率也较高的两个剧院，有利于获得大量的样本。问卷调查采用随机抽样的研究方法，在演出开始之前半小时，在观众厅入口处向入场观众随机发放问卷，在演出结束后回收问卷。每场京剧的演出时间约2～2.5h，被调查者可在演出之前或中场休息时作出回答。

3　问卷设计

评价因素的构建是本次问卷设计的重点。到目前为止还没有其他学者针对京剧进行过研究，所以针对京剧的听音感受的术语选择是以相对研究比较成熟的音乐为依照的[2]。问卷选用了8个评价因素，分别是清晰度、丰满感、亲切感、环绕感、视在声源宽度、声

* 国家自然科学基金面上项目（项目编号51178300）。

像平衡、温暖感、嘹亮感，这8个评价因素大体上能够涵盖声音的重要方面，也是声学界意见比较统一的共同的语言。

为使被调查者对问卷有更好的理解，使之准确地反馈自己的感受，将问卷内容进一步口语化，将声学领域的专业词汇转换成较口语的方式，内容如表1所示。问卷调查时发放通过口语化转换整理后的问卷。

问卷评价因素的转换　　表1

专业术语	转换
清晰度	演员演唱的唱词能听清楚
	乐器伴奏的声音能准确辨识
丰满感	演员演唱的声音要浑厚、丰满，不干涩
	乐器伴奏的声音要浑厚、丰满，不干涩
亲切感	演员与观众之间有交流，感觉演员距离自己很近，有亲切感
环绕感	声音有环绕感，感觉声音来自上方、前方、后方等多个方向
视在声源宽度	演员和伴奏的声音在听觉上的宽和窄
声像平衡	声音和形象是同步、不分离的，不是声音在一个方向而演员在另一个方向
温暖感	低音丰富，感觉声音浑厚、温暖
嘹亮感	高音嘹亮，感觉声音明亮、干净

从心理学指标出发，问卷中的题目采用不同的等级描述每个评价因素，本研究采用的是李克特五分量表。每题的回答选项为5个，依次为：很不重要、较不重要、一般、比较重要、非常重要。这些评价等级基本上概括了个体反应的差异，请求被调查者根据自己的听觉感受针对每个评价因素给做出等级判断。

4　调查样本统计

在不同的演出日期，分别在中华剧院对观众作了三次问卷调查，共发放问卷300份，回收96份，将题项作答不完整或随意作答的问卷（大多题目的作答完全一致、问卷填写明显不符合逻辑）剔除，经过剔除无效问卷后，得到有效问卷60份。同样，在滨湖剧院也对观众作了三次问卷调查，共发放问卷300份，回收120份，经过剔除无效问卷后，得到有效问卷91份。

对回收的151份有效问卷的观众性别进行了初步分析，被调查者中共有男性81人，占总人数的53.6%，女性共有70人，占总人数的46.4%，总体性别比例比较均衡。将被调查者的年龄划分为五个阶段，分别是30岁以下、31～40岁、41～50岁、51～60岁、61岁以上。其中，年龄在30岁以下的27人，占总人数的17.9%；年龄在31～40岁之间的10人，占总人数的6.6%；年龄在41～50岁之间的16人，占总人数的10.6%；年龄在51～60岁之间的42人，占总人数的27.8%；年龄在61岁以上的56人，占总人数的37.1%。对被调查观众在一年内观看京剧演出的频率也进行了统计，其中，观看场次在3场以下的22人，占总人数的14.5%；观看场次在3～10场之间的51人，占总人数的33.8%；观看场次在10场以上的78人，占总人数的51.7%。可见被调查者有很大比例是经常观看京剧演出的观众，从一定程度上可以保证本研究的可信度。

5 问卷分析

为了保证问卷的可靠性与稳定性，需要对问卷进行信度检验。本研究问卷的信度系数 α 值为 0.82，说明本次问卷调查所得的数据可靠性较高。

为得到每个主观感受的得分均值，首先对每个问题的 5 个选项进行量化，采用赋值的方法："非常重要"为 5 分，"比较重要"为 4 分，"一般"为 3 分，"较不重要"为 2 分，"很不重要"为 1 分。将收集到的全部有效问卷进行赋分后对 8 个评价因素的平均值进行统计，分值越高表示该评价因素在观众中的受重视程度越高。对 8 个评价因素的得分均值从高到低排序，见表 2。

评价因素的重要性排序 **表 2**

因素	演唱清晰度	演唱丰满感	嘹亮感	声像平衡	视在声源宽度	温暖感	亲切感	环绕感
排序	1	2	3	4	5	6	7	8

从表 2 可以看出，清晰度、丰满感的得分均值是最高的，说明观众在听京剧时十分看重唱词的清晰和声音的圆润饱满，这也符合人们听京剧讲究"字正腔圆"的传统。由此可见，在京剧演出厅堂的音质设计中，如何将演员本身演唱出的"字正腔圆"的声音经各界面的反射、吸收等环节再传递到观众席后，观众也能听到"字正腔圆"的声音是非常重要的。嘹亮感的得分均值是第三高的，说明观众还是很希望京剧演出的厅堂有一定的嘹亮感，通常意味着中、高频的混响时间要长一些。声像平衡的得分均值也较高，说明观众欣赏京剧时比较在乎声音和形象的同步。如果剧院内使用扩声设备不当，很可能会造成声像不同步的现象，在设计扩声系统时要重视这一点。视在声源宽度（ASW）和环绕感（LEV）的排序比较靠后，其中 LEV 分值是最低的。它们作为空间感的两个方面，也表示观众欣赏京剧演出时相对不重视空间感受。温暖感的排序比较靠后，说明观众相对不重视低音的丰满，这与嘹亮感得分较高是相符的。亲切感的排序也比较靠后，说明观众相对不追求听觉的亲切感。若要在听感上有"亲切感"，则要求厅堂内在直达声之后 20～35ms 内有较强的反射声[3]，像在规模比较大的京剧院中，要靠布置专门的反射面实现"亲切感"。

京剧的演唱以唱腔为主，器乐为辅（由管弦乐器、打击乐器组成），在演唱中器乐起拖腔、伴奏的作用。但在前期调研过程中发现，由于剧院内使用扩声设备，使得打击乐器的响度偏高，存在演员声音被较高的乐器声所掩盖的现象，影响了唱词的清晰度。为了进一步了解"认为乐器音量过大，不适宜"这一主观感觉在观众中是否具有普遍性，所以在问卷中加入了"乐器伴奏响度和演员演唱响度大小关系"的题目，对回收的有效问卷进行统计后的结果如表 3 所示。

响度问题的问卷调查结果统计 **表 3**

题目	人数(人)	百分比(%)	累积百分比(%)
演唱的响度低于乐器的响度	4	2.6	2.6
演唱的响度与乐器的响度相适宜	112	74.2	76.8
演唱的响度高于乐器的响度	35	23.2	100.0

从表 3 可以看出，大部分被访者（占总数的 74.2%）认为乐器伴奏和演员演唱这两者的响度要大小合适，演员音量过低会造成观众听不清楚，而乐器音量过高则会使人听起来不舒服。另外，也有相当一部分被访者（占总数的 23.2%）认为，演员演唱的响度要高于乐器的响度，听清楚演唱内容是最重要的。

6 结论

通过本次调查发现，大部分观众欣赏京剧时更喜欢声音具有清晰度和丰满感，相对来说对空间感的重视程度较低，多数被调查者认为京剧演出时打击乐器音量过高影响了演员演唱的清晰度而且过高的音量让人听起来不舒服，并希望京剧的演出能尽量减少扩声的使用，向自然声演出发展。

7 致谢

本研究得到国家自然科学基金面上项目“城市公共空间音质要素分析和声景观设计模式的研究”（项目编号 51178300）的资助，在此表示感谢。

Questionnaire Survey of Acoustics Evaluation for the Beijing Opera

Abstract: A questionnaire survey of acoustics evaluation for the Beijing Opera was conducted and the subjects were the audience who watched Beijing Opera in the Zhonghua Theatre and Binhu Theatre in Tianjin. Through the investigation analysis, obtain that which acoustics were more preferred by audience. It also shows that the audience are not satisfied with the current loudness environment in the Beijing opera theatre, which has a large extent with the use of sound equipments.

Keywords: Beijing Opera; Acoustics Evaluation; Questionnaire Survey; Acoustic Design

参 考 文 献

[1] 吴硕贤主编. 建筑声学设计原理［M］. 北京：中国建筑工业出版社，2000.
[2] （美）白瑞纳克（Leo Beranek）著. 音乐厅和歌剧院［M］. 王季卿等译. 上海：同济大学出版社，2002.
[3] 项瑞祈著. 剧场建筑声学设计实践［M］. 北京：北京大学出版社，1990.

作者：杨娇娇 天津大学建筑学院 硕士研究生
马 蕙 天津大学建筑学院 教授

商业步行街中视觉因素对环境噪声主观烦恼度的影响*

【摘 要】 通过实验室研究的方法探讨了商业步行街中视觉因素对环境噪声主观烦恼度的影响及内在规律，研究对象为天津市的11处商业步行街场景。研究结果表明，商业步行街中视觉因素对环境噪声主观烦恼度具有非常显著的影响：建筑风格的喜好程度、街道主体色调的明度和彩度、街道空间尺度以及建筑年代等视觉因素对降低环境噪声主观烦恼度，提高步行街声环境舒适度具有重要意义。因此，商业步行街中可以从建筑设计与城市设计的角度出发，利用视觉环境的舒适度降低听觉环境的烦恼感，达到“视觉降噪”的目的。

【关键词】 商业步行街 环境噪声烦恼度 街道尺度 建筑风格 明度和彩度

引言

随着城市化进程的不断加快，商业建筑空间迅速发展。近年来，为满足人们的物质要求和精神需求，以商业步行街为主的集中商业活动区不断涌现。然而，商业空间的迅速发展也带来了严重的噪声污染问题，商业空间的使用性质决定了这些噪声的不可避免性，同时，为了追求商业利益的最大化，商业建筑的底层空间一般以玻璃界面为主，很难起到吸声降噪的作用。在环境噪声所带来的影响中，噪声引起的烦恼感（Noise Annoyance）是普遍适用的主观评价指标[1]，它表征了特定情境下噪声源对人们所造成的一般的、综合的损害[2,3]，是衡量噪声影响和制定噪声政策的主要参考指标[4,5]。对噪声问题的深入研究表明，噪声引起的烦恼感不仅取决于响度、频率等噪声的声学特性，还受到场景、色彩等非声学因子的影响。因此，在无法绝对消除噪声的今天，可以通过视觉环境的改善降低噪声带来的烦恼感，减少噪声污染对人们的危害。

关于视觉因素对环境噪声烦恼度的影响开始于20世纪末21世纪初，主要集中在欧洲和日本[6,7]。代表人物是德国的Hugo Fastl，他初步研究了声源颜色和视觉匹配对交通噪声主观响度评价的影响[8]，研究发现，红色声源有增加噪声响度的趋势，同时视觉图像与听觉刺激的匹配越近于现实，被试对交通噪声响度的评价越高。近年来，韩国的全金泳教授针对视听觉交感作用对环境噪声主观烦恼度的影响作了大量实验研究[9]。研究结果表明，人们对视觉因素的喜好程度，自然因素所占的比例以及 L_{Aeq} 对噪声烦恼度的评价具有显著影响。国内关于视觉因素对噪声烦恼度影响的研究较少，张邦俊等人对噪声源可视与不可视对人主观烦恼感的影响进行过研究[10]。总体而言，关于视觉因素对环境噪声烦恼度的影响还停留在多因素混杂的初探阶段，对单一视觉因子对噪声烦恼度的影响探讨得不深入、不彻底，对特定场景下多维视觉因素对噪声烦恼感影响的层次、权重和相互关系尚未涉及。

* 国家自然科学基金面上项目（项目编号：51178300）。

本课题组初步研究了颜色和明度单一视觉因子以及室内环境中组合视觉因子对交通噪声主观烦恼度的影响[11]。研究发现，单一颜色色块下，颜色因子对交通噪声主观烦恼度具有非常显著的影响，明度因子的影响并不显著。而在室内环境中，明度因子的影响非常显著，低明度的环境具有显著增加交通噪声主观烦恼度的作用，颜色因子的影响不显著，但明度和颜色具有显著的交互作用。因此，单一色块的研究结果并不能适用于实际场景中，而室内环境下的研究成果能否适用于更加复杂的室外场景仍需进一步探讨，本研究就是在此基础上选取商业步行街场景为研究对象探讨室外环境中视觉因素对环境噪声主观烦恼度的影响。

本研究选取了天津市的 11 处商业步行街场景为研究对象，现场采集各商业步行街实景照片及环境噪声声音文件，通过实验室主观评价的方法分析各视觉因素对环境噪声主观烦恼度的影响及相互关系，提出了有利于改善商业步行街声环境的视觉设计建议。

1 实验设计

1.1 实验方法

本研究主要采用实验室研究的方法，为增加视觉场景的真实感，实验选在天津大学建筑学院建筑数字化研究所中进行。视觉场景的呈现利用 BenQ 三屏投影仪以及尺寸为 3071mm×768mm 的宽屏播放，听觉刺激利用耳机播放。视觉场景呈现的同时耳机播放相应地点录制的环境噪声，让被试对环境噪声烦恼度进行主观评价。评价方法采用五阶段言语尺度，分别为：1（一点儿也不烦），2（好像有点烦），3（比较烦），4（相当烦）和 5（特别烦）。

1.2 实验被试

实验被试为 30 名来自天津大学的学生，平均年龄为 24 岁，男女比例 1∶1，其中，专业背景为建筑学及其相关专业的共 19 人，占总体被试的 65%，其他专业背景的共 11 人，占总数的 35%。

1.3 实验刺激

视觉刺激选取了天津市几大著名的商业步行街：滨江道商业区、意式风情区、古文化街、鼓楼商业街、大胡同商业区以及小白楼商业区。通过拍摄大量的街景照片，从中选出了街道宽度、建筑高度、建筑风格等视觉因素各不相同的 11 个场景用于本研究。视觉因素中，人流量是我们无法控制的并且可能对噪声烦恼度影响较大的因素。因此，照片拍摄过程中，需要保证每个街道中的人流量是差不多的，这就需要对拍照的时间进行控制，例如滨江道、古文化街等是人流相对密集的地区，选择在工作日的早上，人流较少的时候进行拍摄；而意式风情区、鼓楼商业街和小白楼商业区平时人流较少，因此选择在周末进行拍摄。

听觉刺激为现场录制 11 个商业步行街场景的环境噪声。采样地点与视觉刺激的采样地点相同，采样时间 10min。利用 Cooledit 声学软件对录制的 11 个环境噪声文件进行编辑处理，分别从中截取 20s 变化较平缓的噪声片段，并调节其声压级大小，每个声音分别制成 L_{Aeq20s} 为 35、45、55、65dB 和 75dB 共 5 个声音片段。将听觉刺激与其相对应的视觉场景配对组合，共制成 55 个视听刺激。

2 实验结果与分析

2.1 视觉影响因素量化处理

利用 SPSS 软件进行统计分析的第一步是需要对各视觉影响因素进行量化处理。街道宽度、建筑高度等空间尺度因子可以通过直接测量的方法得到，将其定义为客观影响因素，而建筑风格、年代、色彩等因素的确定较复杂，并且因人而异，因此，将其归类为主观影响因素，并采用主观问卷的方法进行调查统计。因此，统计分析过程中，将视觉影响因素分为客观影响因素和主观影响因素两大类，客观影响因素包括建筑比例、天空比例、地面比例、绿化比例、道路宽度和建筑高度 6 个视觉因子，主观影响因素包括风格、年代、色相、明度、彩度 5 个视觉因子，共 11 个视觉影响因素。

（1）客观影响因素量化处理

客观影响因素的量化采用直接测量的方式得到，不同的视觉因素采用的测量方法也不同：建筑比例、天空比例、地面比例、绿化比例的量化采用网格法，将 11 个商业街场景照片划分为 16×12 个大小相等的方格，如图 1（*a*）所示，红色网格区域为建筑，黄色为天空，黑色为地面，利用小方格计算出各部分所占的比例；建筑高度和街道宽度的量化采用角度法，每张街景照片由于比例不同，高度和宽度无法直接测量，而建筑和街道的透视角度是固定不变的，因此建筑高度和街道宽度利用建筑透视角和街道透视角来间接量化，如图 1（*b*）所示。

(*a*)

(*b*)

图 1 客观影响因素量化方法

（*a*）网格法；（*b*）角度法

（2）主观影响因素量化处理

主观影响因素的量化处理采用问卷调查的形式，让被试对视觉因素进行主观评价，针对 11 个商业步行街场景提出了 5 个主观评价问题：建筑风格的喜好程度、建筑年代、商业街主体色调、商业街主体色调的明亮程度以及商业街主体色调的鲜艳程度，用以表征风格、年代、色相、明度、彩度 5 个主观影响因素。评价方法采用 7 阶段言语尺度法，如表 1 所示。

主观影响因素问卷调查　表1

调查内容	评价(请选择)						
	非常	很	一般	没感觉	一般	很	非常
建筑风格的喜好程度	(不喜欢)−3□	−2□	−1□	0□	1□	2□	3□(喜欢)
建筑年代	(旧的)−3□	−2□	−1□	0□	1□	2□	3□(新的)
商业街主体色调	(冷色调)−3□	−2□	−1□	0□	1□	2□	3□(暖色调)
商业街主体色调的明亮程度	(阴暗)−3□	−2□	−1□	0□	1□	2□	3□(明亮)
商业街主体色调的鲜艳程度	(不鲜艳)−3□	−2□	−1□	0□	1□	2□	3□(鲜艳)

2.2　环境噪声主观烦恼度方差分析

表2为被试对环境噪声主观烦恼度评价的方差分析结果。可以发现，除声压级外，风格、饱和度、建筑比例和建筑高度对噪声主观烦恼度具有非常显著的影响，经统计分析，在0.01水平上影响显著；另外，年代和明度也能显著影响被试的主观烦恼度评价（在0.05水平上显著）。因此，商业步行街中，街道尺度、街道色彩、建筑风格以及建筑年代等视觉因素对降低环境噪声烦恼度，改善步行街声环境舒适度具有重要作用。

被试对环境噪声主观烦恼度评价结果的方差分析　表2

偏差来源	偏差平方和	自由度	均方	效应项与误差项的均方比	显著水平
校正模型	2374.189	44	53.959	127.850	0.000
截距	674.670	1	674.670	1598.559	0.000
声压级	2312.027	4	578.007	1369.525	0.000
风格	7.855	6	1.309	3.102	0.005
年代	6.839	6	1.140	2.701	0.013
色相	2.693	6	0.449	1.063	0.382
明度	5.681	6	0.947	2.243	0.037
饱和度	8.286	6	1.381	3.272	0.003
建筑比例	5.135	2	2.568	6.084	0.002
天空比例	0.186	2	0.093	0.221	0.802
地面比例	0.109	1	0.109	0.259	0.611
绿化比例	0.090	1	0.090	0.214	0.643
道路宽度	0.673	1	0.673	1.595	0.207
建筑高度	4.236	2	2.118	5.019	0.007
误差	677.389	1605	0.422		
偏差平方和总和	13560.000	1650			
校正总和	3051.578	1649			

2.3　建筑风格对环境噪声烦恼度的影响规律

风格属于主观视觉影响因素，用建筑风格的喜好程度来表征。图2为建筑风格的喜好程度对环境噪声主观烦恼度的影响情况，当建筑的喜好程度为2和3时，即非常喜欢的建筑风格下，被试的主观烦恼度较低；喜好程度为−1时，烦恼度最高。基本的影响趋势

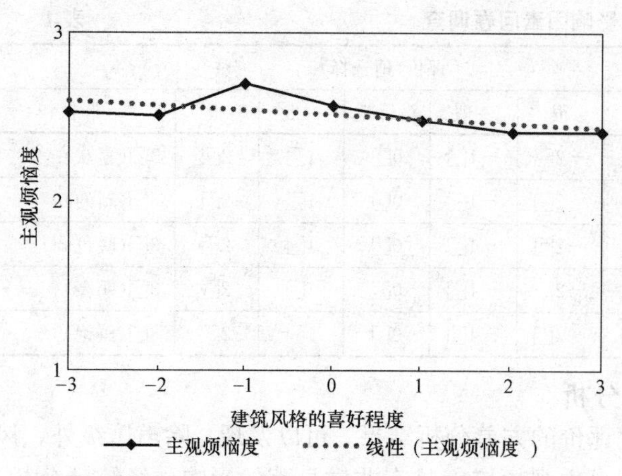

图2 建筑风格的喜好程度对环境噪声主观烦恼度的影响
（－3：非常不喜欢；－2：很不喜欢；－1：一般不喜欢；0：没感觉；1：一般喜欢；2：很喜欢；3：非常喜欢）

为，被试喜欢的风格场景下，环境噪声的主观烦恼度较低，而不喜好的风格场景下，主观烦恼度偏高。

图2的烦恼度评价标准为不同声压级下噪声主观烦恼度的平均值，但商业街中的环境噪声声压级通常为70dB左右，因此，探讨高声压级下建筑风格的喜好程度对环境噪声主观烦恼度的影响更具有现实意义。图3所示为75dB环境噪声情况下，建筑风格的喜好程度对主观烦恼度评价的影响。可以发现，高声压级情况下，环境噪声主观烦恼度的变化趋势更明显：建筑风格的喜好程度越高，被试对环境噪声的主观烦恼度越低。因此，可以通过设计人们喜欢的建筑风格，降低环境噪声主观烦恼度，不仅能够改善商业步行街的声环境舒适度，也能够提高商业街整体环境满意度，吸引人流，促进消费。

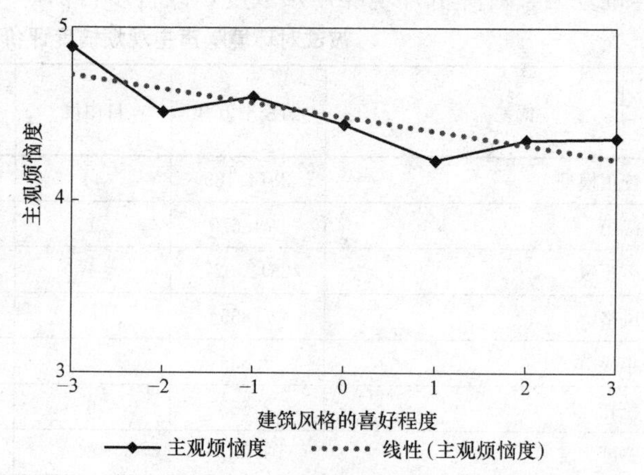

图3 75dB下建筑风格的喜好程度对环境噪声烦恼度的影响
（－3：非常不喜欢；－2：很不喜欢；－1：一般不喜欢；0：没感觉；1：一般喜欢；2：很喜欢；3：非常喜欢）

通过统计被试对各个场景建筑风格的喜好程度，从中选出了被试非常喜欢的3个建筑风格为场景d、f、j，非常不喜欢的建筑风格为场景e、h、k，如图4、图5所示。可以发现，被试喜欢的建筑风格分别为意式风格、中式风格和欧式风格，均属于复古的建筑风格，且风格统一性高，整体性强。因此，被试喜好度较高的建筑风格可以总结为整体性强的复古风格。

d

f

j

图4 非常喜欢的建筑风格

e　　h　　k

图 5　非常不喜欢的建筑风格

2.4　街道色彩对环境噪声烦恼度的影响规律

色彩因子中，明度和彩度对环境噪声烦恼度的影响非常显著，而色相的影响并不显著，即街道色调的明亮程度和鲜艳程度对改善商业步行街声环境舒适度具有重要作用。图 6 所示为街道色调的明暗程度对环境噪声主观烦恼度的影响规律，结果发现，低明度和高明度的环境下，被试的环境噪声烦恼度都比较低，而中明度时的噪声烦恼度反而偏高。图 7 所示为街道色调的鲜艳程度对环境噪声主观烦恼度的影响规律，除了彩度为－3 外，随着场景彩度的升高，被试的环境噪声烦恼度显著降低。结合明度和彩度因子的影响规律可以得出，选择高明度、高彩度或者低明度、高彩度的商业步行街主体色调是非常有效的视觉降噪设计。

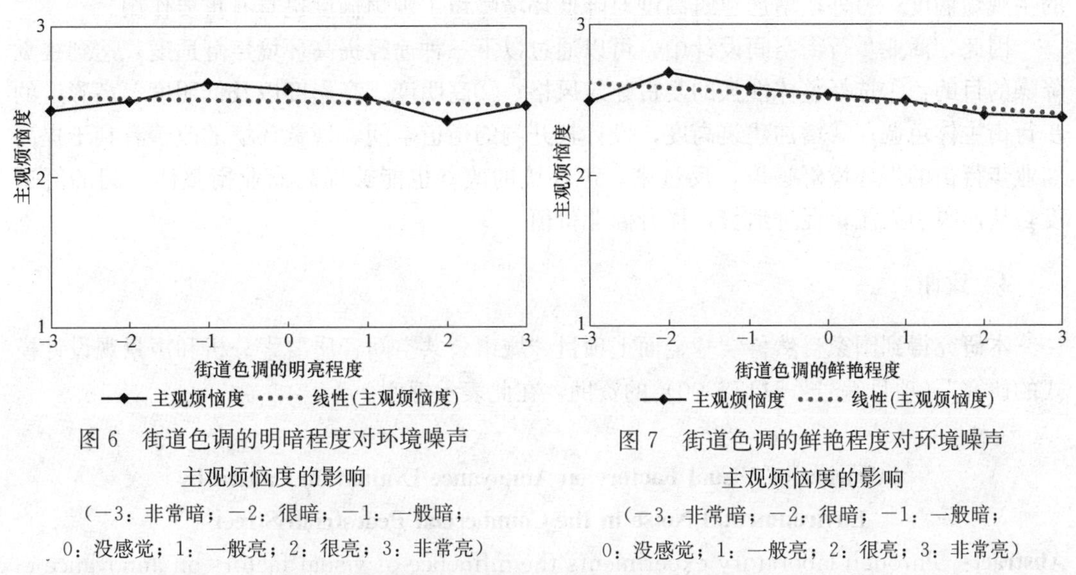

图 6　街道色调的明暗程度对环境噪声主观烦恼度的影响

（−3：非常暗；−2：很暗；−1：一般暗；0：没感觉；1：一般亮；2：很亮；3：非常亮）

图 7　街道色调的鲜艳程度对环境噪声主观烦恼度的影响

（−3：非常暗；−2：很暗；−1：一般暗；0：没感觉；1：一般亮；2：很亮；3：非常亮）

2.5　街道尺度对环境噪声烦恼度的影响规律

经统计分析可知，建筑比例和建筑高度两个空间尺度因子能够显著影响环境噪声的主观烦恼度。图 8 所示为建筑比例和建筑高度对环境噪声主观烦恼度的影响情况，视觉因素量化过程中，将建筑比例和建筑高度均分成了高、中、低三类：1 表示最低，3 表示最高，从图 8 可以发现，随着场景中建筑比例和建筑高度的增加，被试的环境噪声烦恼度显著降低。建筑比例大小主要由建筑高度和道路宽度决定，建筑高度越高，建筑比例也越高。因此，增加建筑高度对于商业步行街视觉降噪具有重要作用。

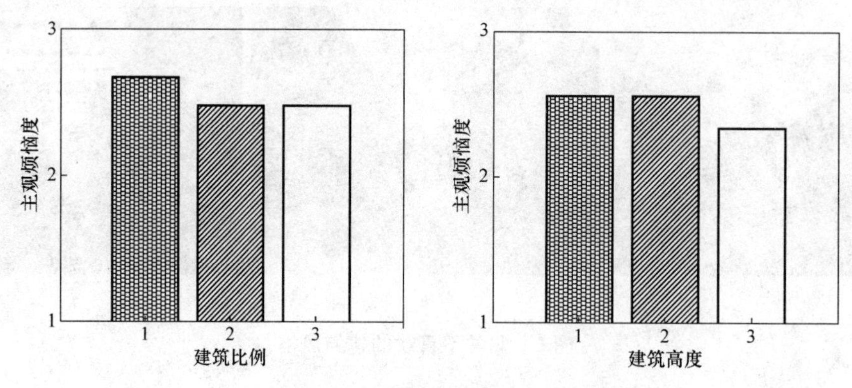

图 8　街道尺度对环境噪声主观烦恼度的影响

（1：一点儿也不烦；2：好像有点烦；3：比较烦）

3　结论

商业步行街中，建筑风格的喜好程度、街道主体色调的明度和彩度、建筑比例和建筑高度以及建筑年代等视觉因素对环境噪声烦恼度具有非常显著的影响。建筑风格的喜好程度越高，噪声烦恼度越低，整体性强的复古建筑风格非常有利于改善商业街的声环境舒适度；其次，高明度、高彩度以及低明度、高彩度的步行街主体色调能够显著降低环境噪声的主观烦恼度；另外，增加建筑高度对降低环境噪声主观烦恼度也具有重要作用。

因此，商业步行街空间设计中，可以通过以下三种途径提高环境声舒适度，达到视觉降噪的目的：①选择整体性强的复古建筑风格；②高明度、高彩度以及低明度、高彩度的步行街主体色调；③增加建筑高度，设计较开阔的街道空间。视觉环境的改善有利于提高商业步行街的声环境舒适度，反过来，声环境的改善也能够提高商业街整体空间的舒适度，从而吸引人流，促进消费，提升商业价值。

4　致谢

本研究得到国家自然科学基金面上项目“城市公共空间音质要素分析和声景观设计模式的研究”（项目编号：51178300）的资助，在此表示感谢。

Influence of Visual Factors on Annoyance Evaluation Caused by Environmental Noise in the Commercial Pedestrian Street

Abstract: Through laboratory experiments the influence of visual factors on annoyance evaluation caused by environmental noise in the commercial pedestrian street was explored. 11 commercial pedestrian streets in Tianjin were selected as experimental scenes for this study. The results show that in commercial pedestrian street the influence of visual factors on noise annoyance evaluation was very significant. The preference of architectural style, the brightness and saturation of the commercial pedestrian street, street scale and architectural era play important roles in reducing the environmental noise annoyance and improving the acoustic comfort of pedestrian street. Therefore, we can create a comfortable visual environment from the perspective of architectural and urban design to improve the a-coustic comfort in the commercial pedestrian street.

Keywords: Commercial Pedestrian Street; Environmental Noise Annoyance; Street Scale; Architectural Style; Brightness and Saturation

参 考 文 献

[1] Finegold L. S., Finegold M. S. Development of Exposure-Response Relationships between Transportation Noise and Community Annoyance [C]. Japan Net—Symposium on "Annoyance, Stress and Health Effects of Environmental Noise", 2002.

[2] Berglund B., Berglund U., Lindvall T. Scaling Loudness, Noisiness, and Annoyance of Aircraft Noise [J]. The Journal of the Acoustical Society of America, 1975 (57): 930-934.

[3] Berglund B., Berglund U., Lindvall T. Scaling Loudness, Noisiness, and Annoyance of Community Noise [J]. The Journal of the Acoustical Society of America, 1976 (60): 1119-1125.

[4] Fields J. M., et al. Guidelines for Reporting Core Information from Community Noise Reaction Surveys [J]. Journal of Sound and Vibration, 1997 (206): 685-695.

[5] Nielsen L. International Cooperation and Development of International Standards on Noise [C]. Proceedings of the 33rd International Congress and Exposition on Noise Control Engineering, 2004: 549-556.

[6] Abe K., Ozawa K., Suzuki Y., et al. The Effects of Visual Information on the Impression of Environmental Sounds [C]. Proceedings of the 28th International Congress and Exposition on Noise Control Engineering, 1999: 1177-1183.

[7] Viollon S., Lavandier C., Drake C. Influence of Visual Setting on Sound Ratings in an Urban Environment [J]. Applied Acoustics, 2002 (63): 493-511.

[8] Fastl H. Audio-Visual Interactions in Loudness Evaluation [C]. Proceedings of the 18th International Congress on Acoustics, 2004: 1161-1166.

[9] Pyoung Jik Lee, Joo Young Hong, Jin Yong Jeon. Assessment of Rural Soundscapes with High-Speed Train Noise [J]. Science of the Total Environment, 2013.

[10] 张邦俊，翟国庆. 视觉感受对噪声烦恼度的影响 [J]. 中国环境科学，2000，20 (4)：382-384.

[11] 宋剑玮，杨青，张森，马蕙. 颜色知觉对道路交通噪声烦恼度主观评价影响的研究 [J]. 南方建筑，2011：77-79.

作者：聂文静 天津大学建筑学院 硕士研究生
马 蕙 天津大学建筑学院 教授

基于大数据的室内热环境控制策略

【摘　要】 基于对建筑围护结构传热规律和大数据理论的分析，我认为可以通过广泛收集室内建筑中人们调节空调的频率、时间、室外空气温度、湿度、建筑围护结构的热阻、传热系数等数据，建立强大的数据库。并通过试验检测一天内室外气温变化下室内热环境智能控制的可能性。得出结论：只要数据足够多，就可以预测某天特定建筑内特定房间，一定的室外温度、湿度条件下，大部分室内人群会调节空调到某个温度，通过空调的智能调节，从而使室内环境达到人员最需要的舒适度。

【关键词】 大数据　室内热环境　空调　智能控制

全球数据总量每年以超过40％的速度增长，几乎每两年翻一番。2013年，中国产生的数据总量超过0.8ZB，是2012年的两倍，相当于2009年全球的数据总量。据分析，大数据将会在未来10年改变几乎每一个行业的业务功能。《大数据时代》作者维克托说过："大数据是未来，是新的油田、金矿。"忽视日益爆发的数据便是浪费资源，大数据还存在于人们对建筑室内环境的智能控制中。

炎热的夏季，开启空调调节室内热环境已经是唯一选择，但是随之而来的是让人们难以忍受的"空调病"。空调对人们的危害日益突出，老人、孩子、体弱者等人群似乎与空调无缘。目前，空调有定频和变频两种，定频空调的舒适度比较差，已经在逐渐淘汰。即便经历100余年发展的直流变频空调仍无法达到人们对舒适度的要求。随着大数据理论的出现，我们是否可以换个思路来思考这个问题呢？我们现在利用大数据理论与技术来思考这个问题。

1　夏季室内热过程概述

在太阳辐射和室外气温的综合作用下，屋顶和外墙表面温度呈周期性波动规律。屋顶和外墙由于得到太阳辐射热量，白天，外表面温度高于室外气温。外表面温度向室内传热过程中，热流一部分流向室内，一部分留在屋顶和外墙结构内。在夜间，结构内的热量向室内外释放，但是经过衰减和延迟，这部分热量到达室内的温度波幅减小。

各外墙接收太阳辐射的时段和强度与屋顶有所不同，清晨和上午东墙接收太阳辐射，中午和上下午部分时间南墙接收太阳辐射，傍晚西墙才接收太阳辐射，北墙基本不接收太阳辐射。

2　大数据时代环境数据

2.1　大数据概念

大数据（big data），或称巨量资料，指的是所涉及的资料量规模巨大到无法透过目前主流的软件工具，在合理时间内达到撷取、管理、处理并整理成为帮助企业经营决策达到更积极目的的资讯。大数据是一个数据集的集合，这个集合是如此大而复杂，以至于它很难通过现有的数据库管理工具来进行处理，这也揭示了其管理的难度与利用的价值。大数据更多的特点有四个层面：数据体量巨大、数据类型繁多、价值密度低、处理速度快。

2.2 大数据发展趋势

随着移动互联网、物联网、社交网络等技术和应用的兴起，全球范围内的数据量迅猛增长，大数据（Big Data）时代已经来临。2012年3月美国奥巴马政府发布了《大数据研究和发展倡议》（Big Data Research and Development Initiative），投资2亿美元以上，正式启动"大数据发展计划"，计划在科学研究、环境、生物医学等领域利用大数据技术进行突破。奥巴马政府的这一计划使大数据上升到国家战略。

涂子沛的《大数据》和《数据之巅》两本书从国家战略的层面讲述了大数据对美国民主与进步所起的积极作用，从企业发展层面揭示了企业长盛不衰的秘籍。大数据及其分析，将会在未来10年改变几乎每一个行业的业务功能。

国内对大数据的研究也是近两三年的事情，目前已经将其应用在交通运输、企业数据分析等领域，显示出极大的优势，产生了巨大的价值。给人们提供了一种新的思考方式，新的生产力提高的源泉。人们变得更加理性，更加讲究数据，中国正积极迎接大数据时代的到来。

2012年12月，广东省宣布将启动大数据战略，还将"在政府各部门开展数据开放试点，并通过部门网站向社会开放可供下载和分析使用的数据，进一步推进政务公开"。此后不久，广东又宣布，根据《广东省实施大数据战略工作方案》，为保证大数据战略的有效实施，广东省将组建大数据管理局。

2.3 收集数据的传感器的发展

现代传感器是一种检测装置，能感受到被测量的信息，并将感受到的信息，按照一定的规律变换成电信号或其他所需要的形式输出，以满足信息的传输、处理、存储、显示、记录和控制等要求。它是实现自动检测和自动控制的首要环节。其包括：光敏传感器、声敏传感器、气敏传感器、化学传感器。传感器越来越智能化，奠定了收集数据的技术基础。

如最近发明的一款小工具：Netatmo气象站是一款物联网设备，两个模块可以监测到室内及室外的温度、湿度、二氧化碳甚至是噪声水平。内置的WIFI可以连接到所有的手机、平板或是桌面电脑，并且兼容IFTTT自动化标准以及最新的苹果HomeKit家居平台，互联性十分出色。如你可以非常关注局部位置的天气细节、家庭空气质量或是需要监控特定位置的温度（如酒窖）。

3 室内热环境计算模型

我们可以从无人驾驶汽车的成功来得出经验：无人驾驶，是指汽车自动行驶，完全不需要人的干预。其原理主要是汽车装备激光雷达、摄像头、红外相机、GPS（全球定位系统）和一系列传感器等感应设备，无人驾驶汽车不间断地收集路面情况、汽车的地理位置、前后车辆精确的相对距离、车辆的移动速度等环境数据，通过设计好的算法来分析，从而作出反应，来达到无人驾驶的目的。无人驾驶的例子就是说明可以利用大量相关的数据来编程，得到对策以应对下次出现的类似情况，通过对比两种情况的相似概率来作出与人类似的行为。

试验对象为天津市河北区宁园街道的一栋办公楼的一间办公室，图1为2015年4月

30 日办公楼室外气温变化图。图 2 为办公室内调节空调后身体感觉舒适的温度变化图。以上所述的温度差异与办公楼围护结构的热阻与空调制冷效果有关，围护结构热阻可根据材料性能计算得出，空调制冷效果由人为随时调节。由于围护结构热阻是定值，导热和辐射传热虽有延迟，但相对较小，可以在计算中考虑上。如此室内温度会随室外气温的变化而变化，若要保持室温维持在人体感觉舒适的温度，就需要随时调节空调制冷和风速。通过试验得到的图 1 与图 2 的温度差异存在一定的相关关系，将此相关关系编成软件程序，植入空调就可以根据空调室外机的温度传感器的温度自动调节室内温度，达到智能控制室内温度的目的。

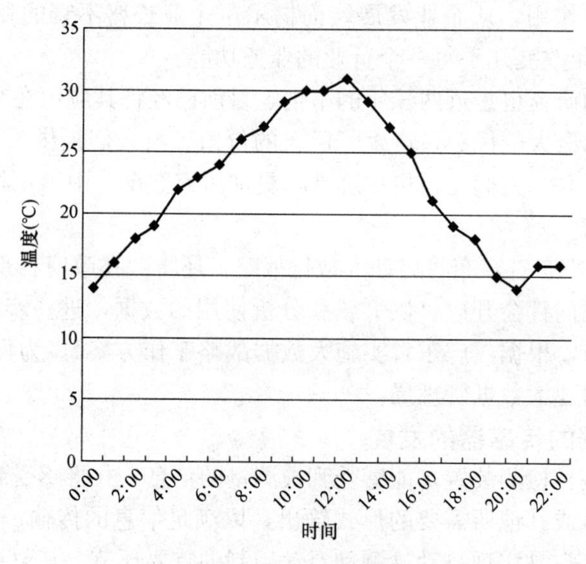

图 1　室外温度数据

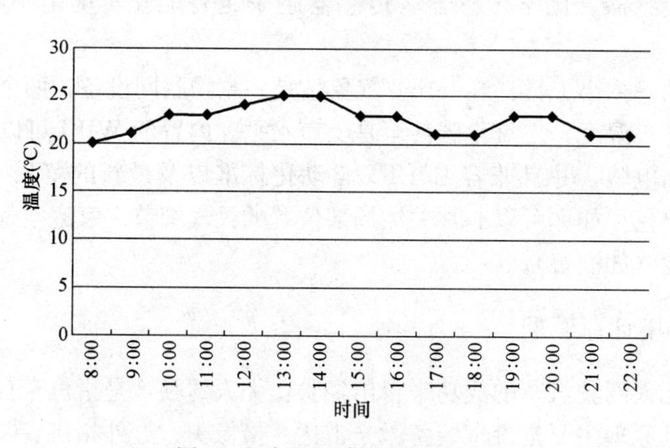

图 2　室内人员感觉舒适的温度

在一栋办公建筑中的 100 个办公室，每个办公室 10 个人，那么就有 1000 个人对室内环境的温度、湿度的要求，就要统计他们每天 8h 调节空调的次数、频率和对温度、湿度的要求。在办公室人员稳定的情况下，根据以上室内外环境数据就可以建立数据库，编程成功后，室外环境特定时刻对应的特定办公室的环境温度可以通过对比以往数据的相似度来得出。

当然，植入空调的计算程序需要有足够多的数据，才可以用来统计分析得出相应房间内的温度调节条件。如此，需要长时间的对室外气温的统计，还需要对特定办公室人员调节空调的频率和对温度的感受作调研，得出特定人员的行为习惯，并建立数据库。

4 大数据时代控制室内热环境策略

室内外环境数据以前一直都是被人为忽视的数据，主要是人类收集、挖掘、分析这些数据的能力有限，力不从心。即便收集了大量的大气、温度、湿度、调节空调的时间、频率等诸多数据，人们也无法从中找出有用的价值信息。得益于大数据理论及技术的发展，现在人们掌握了收集、挖掘、分析大量数据的技术。

基于对空调发展的历史研究，我认为可以通过广泛收集室内建筑中人们调节空调的频率、时间、室外空气温度、湿度、建筑围护结构的热阻、传热系数等数据，建立强大的数据库。只要数据足够多，就可以预测某天一定的室外温度、湿度条件下，大部分室内人群会调节空调到某个温度，通过不断地调节空调，从而使室内舒适度大大提高。再好的变频空调也只是根据简单的室内外温度作出的反应，反应不及时，没有精确考虑人们的实时感受。要想达到大部分人的舒适度要求，记录更多人群对环境的感受数据与调节空调频率数据更可行，建立数据库后供统计分析。通过编程提取记录的数据，通过对比室外环境的相似度来调节室内环境温度，如此便能实现智能空调的变革。

热环境控制策略总结：

（1）通过手机、传感器等终端设备收集环境与人的操控数据，建立数据库；

（2）由于计算机科学领域的摩尔定律继续起作用，人类已经具备存储和处理大量数据的能力，储存数据和挖掘、分析数据的前提条件已经成熟；

（3）借助正在普及的 BIM（建筑信息模型）、谷歌等公司推出的数据挖掘算法对收集到的环境数据进行挖掘、分析；

（4）利用 DPS 数据处理系统、SPSS 统计产品与服务解决方案等将数据分析结果直观表达出来。

5 结论

本文分析建筑围护结构的传热规律并结合室内外大数据传感器的发展研究，提出了通过手机、传感器等终端设备收集环境与人的操控数据，建立数据库；借助正在普及的 BIM（建筑信息模型）、谷歌等公司推出的数据挖掘算法对收集到的环境数据进行挖掘、分析。以大数据理论为依据，通过试验检测，收集室外气温和室内人员控制温度、身体感受等行为习惯，建立数据库，编程植入空调，可达到对室内热环境的智能控制。同理，湿度、二氧化碳甚至是噪声水平等均可以通过此法来实现对环境的智能控制。

Indoor Thermal Environment Control Strategy Based on Big Data

Abstract: Based on the heat transfer law of building maintenance structure and big data, I think people can establish a powerful database through extensive collection of interior architecture adjust the frequency, time of air conditioning, outdoor air temperature, humidity, thermal resistance, heat transfer coefficient of building palisade structure and other data. As long as we have enough data, we can predict a certain outdoor temperature, humidity one day, most indoor people can adjust air conditioning to a certain temperature, through continuous regulation of air conditioning, so that the indoor comfort level is greatly increased.

Keywords: Big Data; Indoor Thermal Environment; Air Conditioning; Intelligent Control

参 考 文 献

[1] 涂子沛. 大数据 [M]. 桂林：广西师范大学出版社，2013.

[2] 涂子沛. 数据之巅 [M]. 北京：中信出版社，2014.

[3] (英)维克托·迈尔—舍恩伯格. 大数据时代——生活、工作与思维的大变革 [M]. 盛杨燕，周涛译. 杭州：浙江人民出版社，2013.

[4] 倪光南，何克清，姚宏宇. 迎接大数据时代的来临——中国信息化形势分析与预测（2013 年国家信息化蓝皮书）[M]. 北京：社会科学文献出版社，2013.

[5] 张金萍，李安桂. 自然通风的研究应用现状与问题探讨 [J]. 暖通空调，2005.

[6] 巴赫基著. 房间的热微气候 [M]. 傅忠诚译. 北京：中国建筑工业出版社，1985.

[7] Dabenport T. H., Barth P., Ben R. How "Big Data" Is Different [J]. MIT Sloan Management Review, 2012.

[8] Big Data: The Next Frontier for Innovation, Competition and Productivity [Z]. McKinsey Global Institute, 2011.

作者：王海涛 天津大学建筑学院 博士研究生

董 雅 天津大学建筑学院 教授

基于FDS模拟的地下候车厅火灾烟气控制研究*

【摘　要】本文针对综合交通枢纽的建筑特点，分析了地下候车厅的火灾风险。运用FDS模拟软件系统分析了不同净空高度、不同火源、不同防烟分隔情况下的火灾烟气蔓延过程，并提出了地下候车厅防火安全设计的优化建议。

【关键词】地下候车厅　FDS　烟气控制

0　引言

在当前铁路建设高速发展的时期，综合交通枢纽经历了建筑规模不断扩大、交通方式不断融合、功能流线日益复杂的发展过程。现行的规范体系对大型综合交通枢纽的防火疏散要求不明确，且难以满足建筑设计的需要。新建大型综合交通枢纽大多采用性能化防火设计的方法来验证消防安全性。而既有车站在改建过程中，建筑局部难免有突破规范限制的部分，火灾危险性也更高。候车厅作为铁路交通枢纽最重要的功能空间，消防安全性更应受到建筑设计者的充分重视。

1　地下候车厅火灾风险

传统的等候式客站，尤其是大中型铁路客站的候车室分区划分严格、空间缺乏弹性、空间利用率低且服务水平不高。随着铁路客站由单纯性旅客站房向多功能综合交通枢纽的转变，很多既有车站无法适应现代社会发展和旅客出行的需要，进行了大幅改造。客站内部空间一般不再采用实体分隔墙的方式，候车厅布局由独立候车厅单元的设置模式逐步向集中候车厅或综合候车厅转变。在改造过程中，一些车站向下开拓空间，形成地下候车室，如青岛火车站、天津火车站、英国圣潘克拉斯车站[1]（图1）等。地下候车厅相比地上候车空间火灾风险更高，扑救难度更大，人员疏散更困难。

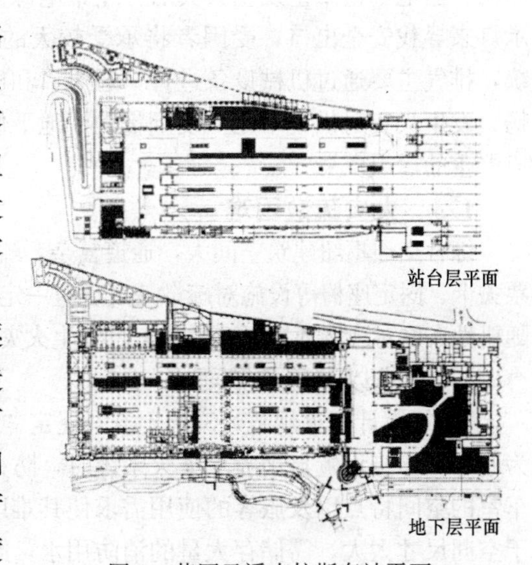

图1　英国圣潘克拉斯车站平面

1.1　火灾荷载集中

候车厅是综合交通枢纽的主体建筑空间，功能复杂、人员密集，火灾危险性相对较高。候车厅内往往集合了大量商业空间，增加了车站的火灾荷载，提高了火灾风险。旅客随身携带的行李为候车厅的临时火灾荷载，其分布受旅客移动的影响，人员越密集，携带

*　国家自然科学基金重点项目：51438009

行李越多，火灾荷载越大。普通候车区的火灾荷载主要是休息用的座椅，这些区域是以不燃的金属构件为主体、辅以少量覆盖皮革或纺织物的候车座椅，火灾风险不大；贵宾休息区的装修档次较高，火灾荷载也更大。随着综合交通枢纽的发展，对商业服务的要求越来越高，部分车站在候车厅内部进行了改造，加建了更多的餐饮店、商铺等设施，餐饮茶座的火灾荷载主要为桌椅、沙发以及店面装修，火灾荷载与贵宾休息区接近；而候车区域内的商铺，由于火灾荷载很高，应采取积极的消防措施予以应对。各商业亭因其售卖商品的不同，火灾荷载也有较大的不同，特别是与大空间相联通的售票厅、商店等，面积较大，内部有较多集中摆放的可燃物，发生火灾后风险较高。由于综合交通枢纽人流量大，具有较强的广告效应，一些车站甚至在候车厅内摆放了商业展览（图 2）。这些设施进一步提高了候车厅的火灾荷载，增加了发生严重火灾的可能性。

图 2　北京南站候车厅

1.2　地下空间风险更高

位于地下的候车厅，除了有候车室共同的火灾特点外，还具有自身的一些特点。地下空间层高较低，蓄烟能力较差，发生火灾时，能保证安全疏散的时间较短。由于依靠人工照明，当地下候车室发生火灾后，正常电源被切断，旅客需要依靠消防应急照明和疏散指示灯来寻找安全出口，受困者将承受较大的心理压力。地下候车室无法采用自然排烟系统，排气主要通过机械设备进行，通风口和出入口的不足容易造成地下空间内空气流通不畅，发生火灾时供气不足，发烟量大。地下候车室内人员高度聚集，发生火灾后更容易造成严重的后果。

1.3　火灾疏散困难

综合交通枢纽建筑空间大，通道复杂，疏散距离较长，而疏散宽度有限；候车厅内的检票关卡、固定座椅等设施对疏散速度也有一定的影响。车站内人员密集且流动性强，旅客等随机性人群对现场环境不熟悉，一旦发生火灾等危险，易导致集体性恐慌，影响疏散安全。

1.4　难以满足规范要求

《建筑设计防火规范》5.1.7 条中规定“地下、半地下建筑防火分区的最大允许面积为 500m^2，当设置自动喷水灭火系统时，防火分区的最大允许面积可增加 1 倍”。地下候车室的空间特点以及旅客的使用需求使其难以满足规范的要求。如采用防火分隔水幕，由于空间尺寸太大，需储存大量的消防用水，既不经济也不环保。

2　火灾场景设计

2.1　火灾规模

候车室内发生火灾风险较高的类型为商铺火灾和行李火灾，不同的火灾类型火灾热释放速率不同，火灾规模也不同。

（1）商铺火灾

由于我国并没有对车站内商铺火灾规模设计的建议，根据英国注册工程师协会

(CIBSE)《技术备忘录(TM19)》的建议，零售商店的火灾规模为500kW/m²，按照这一数值考虑，设地下零售单元面积分别为4m×2.5m、5m×2m，单位热释放速率 *HRRPUA* 按500kW/m²计算，则火灾规模为5MW。

(2) 行李火灾

英国建筑研究公司(BRE)的防火研究部对行李火灾作了试验研究。试验表明两个手提行李同时燃烧可以达到最高500kW的火灾规模，并且建议在没有设置自动喷淋系统的空间，满载行李的小型手推车应设计火灾规模为1.1MW。因此，当较不利情况发生，如单个行李包裹引燃周边3~4个行李时，考虑一定的安全系数，设计火灾规模为1.8MW，模型中火源面积为4m²(2m×2m)，*HRRPUA*=450W/m²。

2.2 安全标准

建筑防火安全目标首先应保证建筑物内人员的安全。根据人体可耐受极限表(表1)，本文利用FDS模拟，分析在烟层临界高度(z=2.0m)处，烟气温度以及能见度情况，用以考察不同情况下候车厅的消防安全性。

人体可耐受极限 表1

烟层高度	烟气温度高于200℃，烟层临界高度一般为2.0m
能见度	当热烟层降到2.0m以下时，大空间能见度临界值为10m，小房间为5m
使用者在烟气中疏散的温度	当热烟层降到2.0m以下时，持续30min的临界温度为60℃
烟气的毒性	一般认为在可接受的能见度范围内，毒性都很低，不会对人员疏散造成影响

2.3 几何模型

(1) 模型尺寸

参考某火车站地下候车室，建立长116m×宽58m×高(9~13)m的计算机模型(图3)。模型共分三个部分，分为地下连廊、地下候车室和进站连廊。模型网格大小为116m×64m×13m，精度为0.5m×0.5m。

(2) 排烟通风系统

模型设置机械排烟系统，按照感烟探测器保护面积80m²的要求，共设计83个感烟探测器。为了减少运算时间，模拟时仅激活火源正上方附近的6个感烟探测器。按照《建筑防排烟技术规程》规定，“室内净高大于6m且不划分防烟分区的空间，单位排烟量应不小于60m³/(h·m²)，单台风机的排烟量不小于7200m³/h，排烟口风速不宜大于10m/s，公共聚集场所的送风口风速不宜大于5m/s。”候车单元平面尺寸为116m×58m，按照规范计算排烟量不小于403680m³/h，

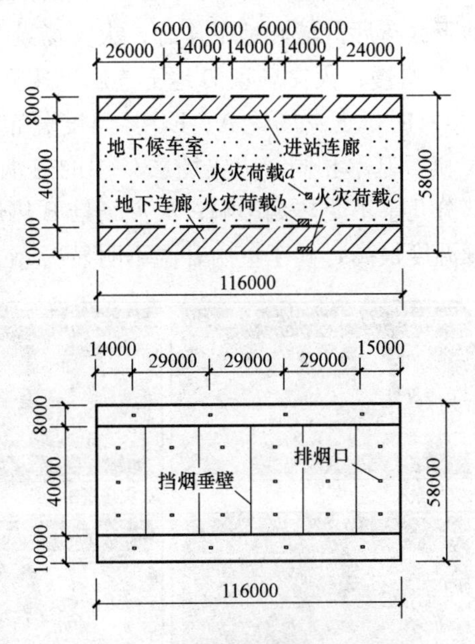

图3 平面示意图与仰视图

排烟口面积不小于403680/3600/10m²=11.21m²，实际模型按照地下连廊、地下候车室、进站连廊等三部分划分，设计排烟口2m²+9m²+2m²=13m²。模型设计采用自然补风系

统，由连接地下候车室的进站通道进行补风，每个补风口面积为 36m²，共 4 组。由于设计地下候车厅层高高于 8m，不适宜设置自动喷淋系统，模型中未设置灭火设施。

2.4 火灾场景

根据以上内容，设计六个火灾场景，用以比较不同空间类型与防火措施下的烟气控制效果。考虑到最极端的危险情况，设计候车厅内无自动灭火系统，地下连廊处喷淋失效（表 2）。

FDS 烟气模拟火灾场景设计 **表 2**

火灾场景	模型尺寸(m)	地下候车室防烟分隔	起火位置	火灾规模	热释放速率(*HRRPUA*)	火源面积
A	58×116×13	无	候车厅中部	1.8MW	450W/m²	4m²
B	58×116×13	固定挡烟垂壁(高 3m)	候车厅中部	1.8MW	450W/m²	4m²
C	58×116×13	挡烟卷帘，报警后延迟 60s 降至地面以上 2m 处	候车厅中部	1.8MW	450W/m²	4m²
D	58×116×13	固定挡烟垂壁(高 3m)	地下连廊内商铺	5MW	500W/m²	10m²
E	58×116×13	无	候车厅商业摊位	5MW	500W/m²	10m²
F	58×116×9	无	候车厅中部	1.8MW	450W/m²	4m²

3 模拟分析

3.1 温度对比

当火灾发生 300s 时（图 4），横断面 $z=2.0$m 处，火灾场景 A 中热烟气蔓延至整个地下候车厅区域和地下连廊；火灾场景 B 采用高度为 3m 的固定挡烟垂壁，热烟扩散较场景 A 略慢；火灾场景 D 地下连廊迅速升温，并有少量热烟蔓延至地下候车厅。火灾发生 1200s 时，火灾场景 A、E、F 温度分布最平均，其中场景 F 温度最高，升温达 2～3℃，A 和 E 基本相同；火灾场景 C 中的热烟主要集中在火源上部的防烟分区内，候车厅其他部分几乎不受热烟影响；火灾场景 B 热烟分布情况介于 A 和 C 之间；火灾场景 D 地下连廊温度最高，候车室内升温不明显。

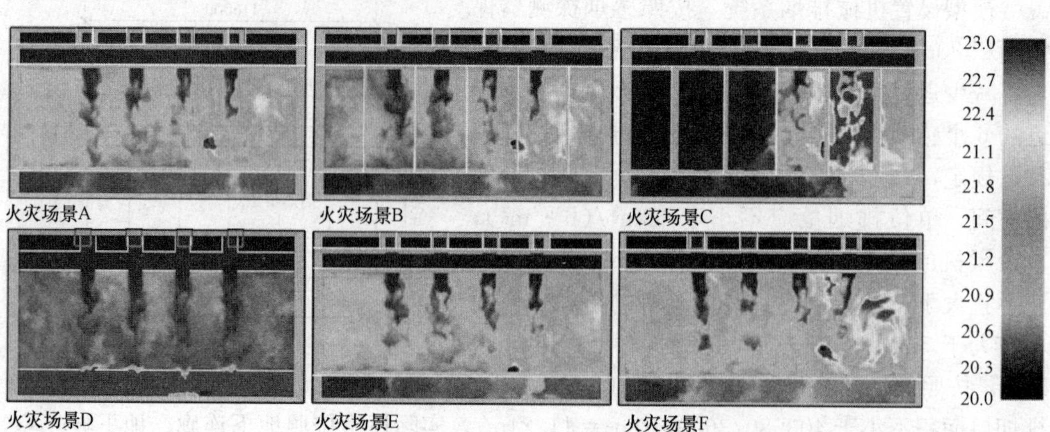

图 4 $t=1200$s 时，横断面 $z=2.0$m 处温度云图

3.2 能见度对比

当火灾发生 300s 时（图 5），横断面 $z=2.0$m 处，火灾场景 A、B 除火源处外，其余大部分区域能见度均大于等于 30m。火灾场景 A 距离火源处较远的防火分区内小部分区域能见度降至 22m；火灾场景 B 火源处附近的防火分区内，有极少部分区域能见度下降至 24～26m；火灾场景 C 火源附近的区域能见度下降到 18m 左右；火灾场景 D 地下连廊处能见度迅速降到 10m 以下；火灾场景 E 能见度大于等于 30m；火灾场景 F 地下候车厅个别区域能见度降至 10m 以下。

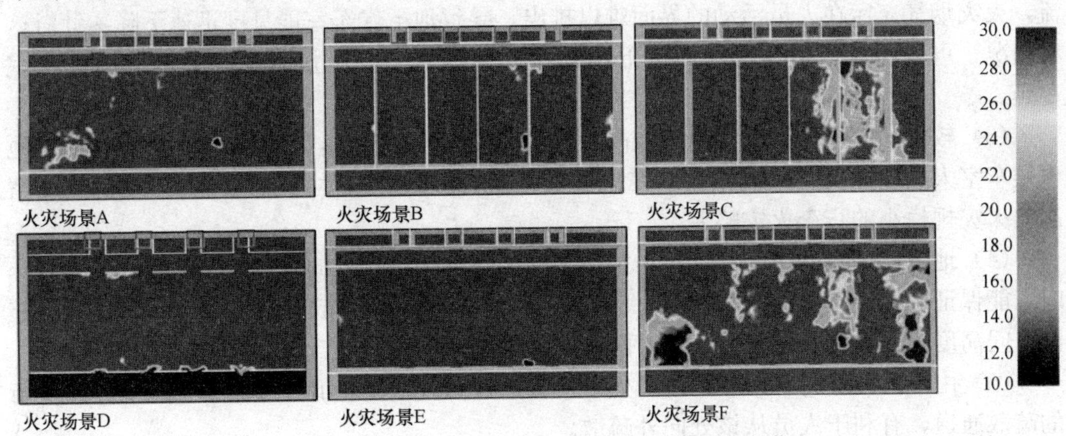

图 5　$t=300$s 时，横断面 $z=2.0$m 处能见度云图

火灾发生 1200s 时（图 6），火灾场景 A 大部分区域能见度在 20m 以上，距离火源较远的防火分区能见度下降到 14m，个别区域低于 10m；火灾场景 B 能见度情况较为均衡，绝大多数区域能见度在 20～30m；火灾场景 C 火源附近能见度下降到 10m 以下，其他区域能见度大于等于 30m；火灾场景 D 几乎整个地下候车室能见度都小于 10m；火灾场景 E 远离火源附近的防火分区能见度低于 10m，其他区域能见度均大于 10m；火灾场景 F 地下候车室能见度低于 10m。

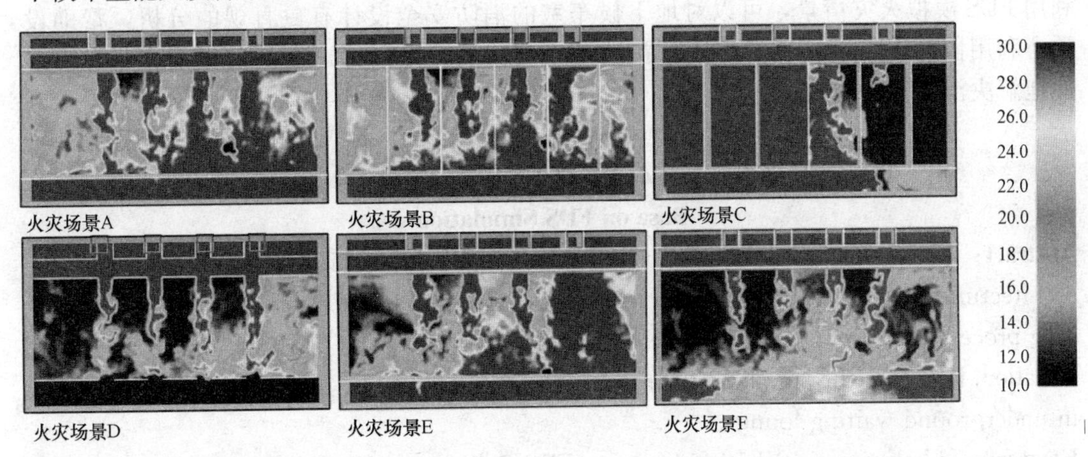

图 6　$t=1200$s 时，横断面 $z=2.0$m 处能见度云图

3.3 结论与建议

（1）隔烟措施对火灾烟气蔓延有明显效果，固定挡烟垂幕在火灾初期对烟气蔓延有一

定的作用，但随着火灾烟气量的增多，效果逐渐衰弱；挡烟垂幕可降至距离地面较低的位置，有最好的隔离烟气的作用，可以将火灾烟气控制在防火分区内，计算机建模过程中设计火灾探测器报警1min后挡烟垂幕启动完成，由模拟结果可以得知，短时间的延迟对整个火灾发展过程中控制火灾烟气没有太大的影响。

（2）在自动喷水灭火系统失效的情况下，发生在地下连廊处的商铺其火灾风险最高。由于地下连廊空间受限，层高较低，一旦发生火灾，烟气将迅速蔓延至整个连廊并通过门洞向候车室扩散。蔓延至地下候车室的火灾烟气温度已经不高，难以形成有效的排烟气流，火灾烟气充斥在人员活动的界面难以排出，导致地下候车室能见度迅速下降。针对这种情况，可采用镂空吊顶，增加地下连廊顶棚储烟能力，尽量减少火灾烟气向候车室蔓延。

（3）较大的火灾规模烟气温度较高，发生沉降的时间较晚，火灾烟气在火灾初期对地下候车室人员疏散安全影响不大，在火灾发生20min后，发生商铺火灾的火场能见度情况比火灾规模小的行李火灾略差。

（4）地下候车室的空间高度对火灾场景的危险情况有较大的影响。净空高度达到13m时，能保证20min以上的疏散时间；净空高度9m时，安全疏散时间仅为450s。保证足够的空间高度对提供较长的安全疏散时间有明显作用。

（5）由疏散口作为补风口的进风处，使疏散口烟气浓度较低，形成一条视线较为清晰的疏散通道，有利于人员从该处向外疏散。

4 小结

候车厅作为综合交通枢纽的重要功能空间，消防设计是保证建筑安全的重中之重。地下候车厅既是人员高度密集的区域，又是火灾风险高的地下空间，消防安全更应得到充分的重视。在车站的日常运营中，应严格控制地下候车厅内的火灾荷载。与候车厅直接相连的交通连廊，对地下候车厅影响巨大，应保证连廊内自动灭火设施的有效性。增加地下候车厅的净空高度可提高顶棚的蓄烟能力，提供更长的安全疏散时间。利用FDS模拟火灾情景，可以对地下候车室的消防安全设计有更直观的分析，帮助设计者利用性能化防火设计的方法，在满足建筑功能和空间舒适度的前提下，更有针对性地解决消防设计的问题。

Research on Smoke Control of Underground Waiting Lounge Base on FDS Simulation

Abstract: The article analyzes the fire risk of underground waiting lounge according to the architectural features of integrated transport hub. Using FDS to simulate the smoke spreading process in different head-room clearance, different fire and different smoke separation situation. Based on the simulation, proposing some optimization advice of fire safety design in underground waiting lounge.

Keywords: Underground Waiting Lounge; FDS Simulation; Smoke Control

参 考 文 献

[1] 郑健等. 中国当代铁路客站设计理论探索［M］. 北京：人民交通出版社，2009.

[2] Hugh Collis. Transport，Engineering，and Architecture [M]. Architectural Press，2003.
[3] 李引擎等. 多层综合交通枢纽防灾设计 [M]. 北京：中国建筑工业出版社，2010.
[4] CIBSE TM19：Relationships for Smoke Control Calculations [Z].
[5] 赵子新等. 北京奥运工程性能化防火设计与消防安全管理 [M]. 北京：中国建筑工业出版社，2009.

作者：曹　笛　第二单位：郑州大学建筑学院
曾　坚　天津大学建筑学院　教授

夏季绿化降温模拟在天津地区的应用与研究

【摘　要】随着城市化的不断发展，城市热岛效应导致的夏季高温问题日益突出。作者通过计算机模拟与场地试验相结合的方式，研究了不同绿化率对天津城市室外热环境的影响。此外，通过场地试验对模拟有效性进行了校验。研究结果表明，在现有环境的基础上增加绿化率可以在一定程度上缓解夏季室外过热的问题，但是绿化降温也具有自身的局限性，绿化率与室外温度之间不存在线性关系，即室外温度不会随着绿化率的不断增加而下降。

【关键词】室外热环境　ENVI-met　绿化率　绿化降温

1　研究背景

目前，全球有超过一半的人口生活在城市中，约2%的地球表面被城市所覆盖[1]。城市热环境已是人们生产生活所不可忽视的话题。但同时城市人口的增长、绿化面积的减少、温室气体和生活生产热能的不断排放导致城市地区出现城市热岛效应，即市中心地区室外温度高于郊区的现象，这在夏季导致了过热的室外热环境[2, 3]。近年来，虽然天津地区处于我国寒冷气候区，但是夏季过热的问题亦日益突出。城市建设部门和规划师也意识到增加城市绿化是有效缓解夏季过热的有效手段。但是利用现有的规划指标，如建筑密度、绿化率和容积率，无法精确地量化绿化降温效果，建设部门和规划师也无法通过优化方案来准确预测绿化后的室外热环境。因此，本研究提出一种计算机数值模拟方法，评估和量化不同城市绿化设计方案对消解城市热岛效应的作用。

1.1　城市绿化的影响因素

缺少绿化和吸收太阳辐射的城市下垫面是造成夏季市区出现热岛效应的主要原因。多项研究表明城市绿化可以有效消解由热岛造成的高温[4,5]。城市绿化主要是通过蒸发降温和叶面遮阳的方式调节温度。当环境湿度低于100%时，叶面通过蒸发作用吸收能量以达到对周围环境降温的作用[6]。此外，叶面遮阳通过遮挡太阳辐射以减少地表和环境空气吸热升温[7~9]。学术界认为以下五种因素有利于绿化降温，缓解热岛效应：

（1）公园和绿地。一定规模的公园和绿地通过蒸发降温和叶面遮阳的共同作用可以有效降低内部温度，甚至能够形成冷岛效应，学者 Eliasson 的研究发现这种效应可以使公园与城市中心的平均温差达到4℃[10]。

（2）城市规划与建筑。学者 Ong 提出一种被称为 planning metric 的新型绿化建筑以补偿城市发展带来的绿化空间缺失，他建议在这种建筑中种植叶面指数（LAI）在1.36～10之间的草坪、灌木和成年树木[11]。

（3）绿化屋顶。学者 Kohler 对屋顶模型（三个绿化屋顶和一个黑色屋顶）的研究认为绿化屋顶利用植物蒸腾作用吸附空气灰尘，降低屋面温度，为屋面提供阴影，改善微气候。此外，学者 Takebayashi 和 Moriyama 研究了绿化屋顶的热平衡和高反射率屋顶对热岛效应的影响[12]。学者 Hirano 和 Fujita 认为带有绿化屋顶的商业建筑通过降低耗电量能够缓解热岛效应[3]。

（4）路面铺装。城市地表材料通过三个因素影响热岛效应，分别是暴露在太阳辐射下的水平表面、材料的吸热性和储热性。根据 Doulos 的研究，表面粗糙、颜色深的材料（被称为热材料）比表面光滑、颜色浅的材料（被称为冷材料）吸收更多的太阳辐射。冷材料适于炎热气候的都市环境，而热材料适宜用于冷气候区[13]。

（5）材料反射率。城市表面的反射辐射的能力影响城市的温度分布。城市显热材料吸收传导太阳辐射，是城市表面的主要蓄热物质，而这些吸收的热量会以长波辐射的形式释放到环境中。高反射率的材料可以减少建筑表皮和城市构筑物对太阳辐射的吸收，Taha 的研究发现在中纬度气候区可以通过改变表面材料反射率（0.25～0.40）使夏季空气温度降低 4℃[14]。

1.2 ENVI-met 模拟模型研究

ENVI-met 是一款以热力学和传热学为基础，用于评价局部环境条件下的微气候的模拟工具。ENVI-met 广泛应用于城市已建成环境的评价模拟。例如，学者 M. F. Shahidan 研究了 ENVI-met 模拟热带湿热气候区的绿化降温效果，研究发现通过调整铺地材料和优化树木可以使最高温度和平均温度降低 3.5℃和 2.7℃。而在高密度中心城区，增加约 33％的树木可以使行人高度的空气温度降低 1℃[15]。

不同地区的研究人员通过场地试验对软件的精确度、模拟数值、空气温度等进行了校验。陈卓伦利用 ENVI-met 模拟研究了景观环境（人工湖和植被）对微气候的影响及它们潜在的降温机理[16]。学者 Alitoudert 和 Mayer 利用该软件对人体热舒适（PET）与街道走向之间的关系进行了研究[17]。学者 Kruger 的研究集中在对 ENVI-met 风速的精度校验，发现模型边界条件的初始风速不宜大于 2m/s[18]。这些研究为之后的模型边界条件设置提供了重要的参考依据。

上述的研究成果表明合理的绿化降温可以有效消解热岛效应带来的高温环境，并且通过对 ENVI-met 的校验可以评估和预测绿化降温的有效性。但同时这些研究是以湿热气候为主，缺少对我国寒冷地区城市夏季热岛效应的研究，并且无论是绿化降温的理论研究还是模拟研究均未能直接指导工程实践。因此，本文以寒冷地区典型城市天津为研究对象，通过场地环境参数实测和计算机数值模拟相结合的方法，研究了不同绿化率的环境设计对夏季室外热环境的影响。

2 研究方法

研究方法以场地环境参数实测和计算机数值模拟相结合，研究步骤分为两步：①模型校准，即对比模拟结果与现场参数测试结果，当两者的差值在仪器误差的范围之内时，即可认为当前的模拟模型可以代表真实环境，并且认为模型可以对真实环境的改变作出预测；②优化模拟方案，通过 ENVI-met 软件模拟预测不同绿化率的绿化降温效果。

研究地点为天津大学内的一片教学区域，该区域占地面积约 31500m^2，绿地率 28.3％，区域内分布有多栋多层楼宇（图 1 中的红线区域内）。

考虑到 7 月开始学校陆续进入假期，6 月中下旬是全年教学期间的最热时间段，同时 11：00～15：00 也是全天的最热时间段，因此场地试验时间选择为 2013 年 6 月 19 日 11：00～15：00。根据植被、路面铺装、阴影和水体四类校园景观特点，选取 10 个典型的公共开放空间作为观测点进行定点观测（表 1）。使用手持式温湿度计 HI8564 记录各测点在测试日 11：00～15：00 时的整点环境温度（图 2）。

测试点属性　　表 1

测点编号	空间功能	是否邻水	开敞/围合	阴影遮掩情况	下垫面铺装
1	人行道	是	开敞	有	透水砖
2	桥面	是	开敞	全年无	柏油路
3	景观绿地	是	开敞	全年无	草地及灌木
4	礼仪广场	否	开敞	全年无	广场砖
5	树林	否	开敞	有	草地及灌木
6	景观绿地	否	围合	部分	草地及灌木
7	机动车停车场	否	围合	部分	透水砖
8	小广场	否	围合	有	广场砖
9	自行车停车场	否	围合	部分	透水砖
10	景观绿地	否	围合	有	草地及灌木

注：测试点位置参加图 3 模拟模型。

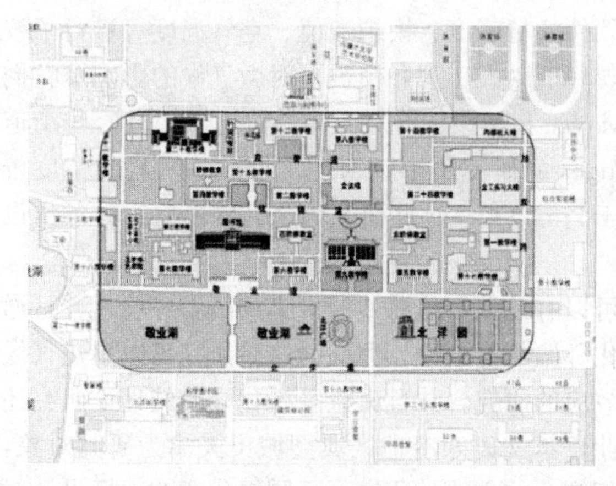

图 1　研究区域

（资料来源：www.tju.edu.cn）

图 2　手持式温湿度计 HI8564

3　模型模拟

在 ENVI-met 软件中建立描述真实环境的模型（图 3、图 4），对测试日 11：00～15：00 期间的环境温度进行模拟。通过对比 10 个测点各时刻的温度模拟结果与实测结果（图 5）发现，各测点的模拟数值与实测数值具有相似的发展变化趋势，即测试和模拟期间的最高温度出现在中午 13：00，温度变化呈抛物线状。

但是由软件自身的局限也导致模拟温度差小于场地实测温度差。首先，软件有限的模拟区（550m×350m）无法考虑更大的城市范围的影响；其次，在主模型范围之外（nesting grid）的地表类型只能简化设置为一种到两种，而城市地面的构成则较为复杂；再次，nesting grid 区域无法建立建筑模型，因此无法模拟周围建筑对环境的影响；最后，

图 3　模拟模型

ENVI-met也无法模拟交通产热和人体活动产热的影响；软件模拟简化了影响温度变化的因素，因此温度的模拟结果要比实际的测试值稳定。

此外，模拟结果高于实测数值，产生这一差异的主要原因可能是模拟将真实环境中复杂的植物类型进行了简化，植物绿化对降温的作用没有完全在模拟中体现，其次原因是忽略了水体对降温的作用，这是由于临近模拟区域的两个较大的人工湖没有体现在嵌套网格的设置中。除软件本身的局限性外，误差原因还包括场地测试中的人为读数误差和仪器测试误差，但这些差异属于合理范围之内，二者最大差值不超过 4K，80%的模拟数值与实测值相差不超过 3K，差值属于测量仪器误差范围之内，因此软件模拟具有反映真实环境的可靠性。

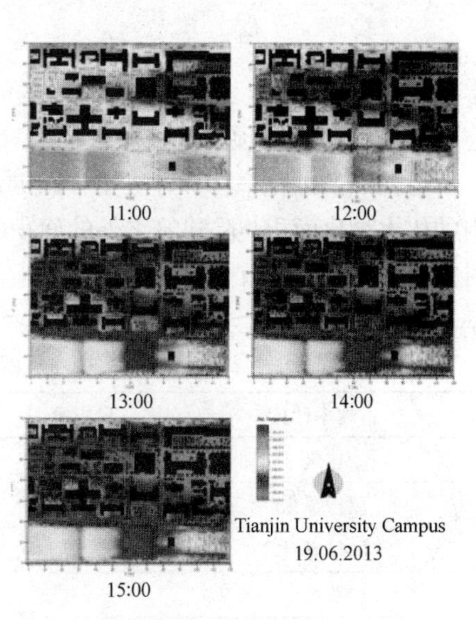

图 4　温度模拟结果

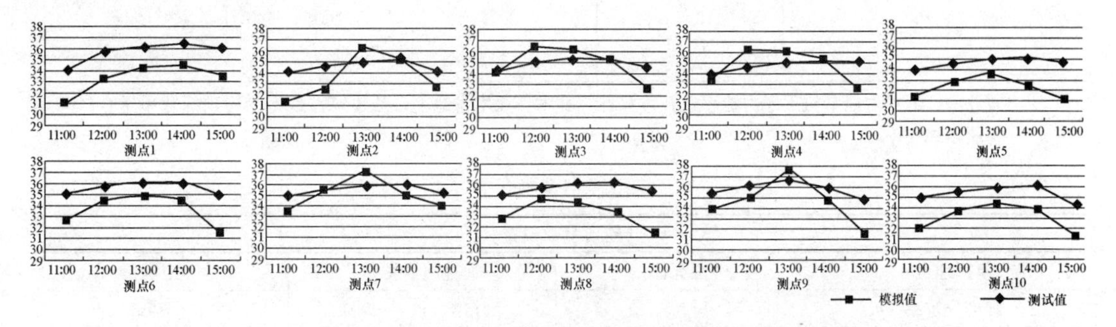

图 5　10 个测点各时刻的温度模拟结果与实测结果对比线图

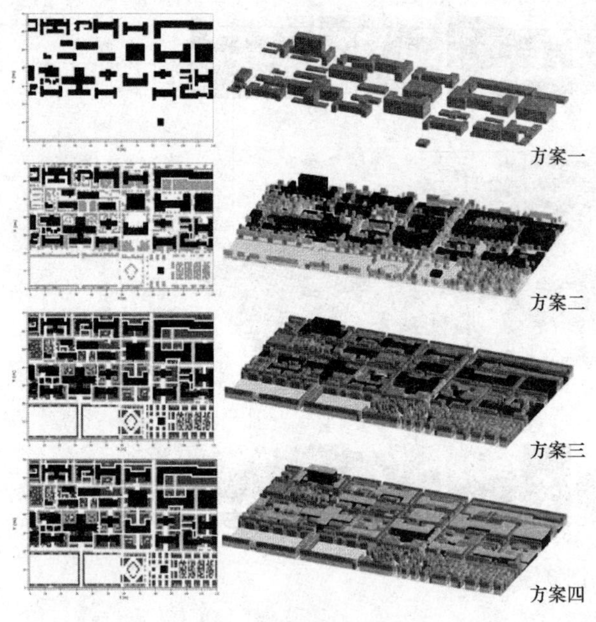

图6　四种绿化方案

4　绿化方案模拟优化

从优化环境参数的角度出发，绿化率是影响绿化设计的主要因素。为了比较不同的绿化率对热环境的影响，设置四种绿化率依次从0%增加到59.97%的方案（图6、表2），通过模拟对比这四种方案以量化绿化降温效果。除代表现有环境的方案二外，其他三种方案代表了绿化率极值情况下的室外热环境，但同时方案设计兼顾场地的使用功能和美学价值。

在本研究中分别对地面绿化和屋顶绿化提出两种绿化植物类型。地面植物类型的选择主要依据其对本地环境的适应性，同时考虑其美学价值，故选用天津地区最常见的树种白蜡树。考虑到建筑承重荷载，屋顶绿化采用屋面草坪。

各测点的绿化率计算方法是：以测点模拟监控器设置点为中心，计算50m×50m范围之内的树木绿化面积与除建筑之外的面积的比值，即为该测点的绿化率。草坪因*LAD*值较小，对室外热环境影响有限，故绿化面积不包括屋顶草坪面积，方案三和四具有相同的地面绿化率。软件模拟采用上文的边界条件设置（表3），以保证模型真实反映测试日的气象条件。

四种方案的绿化率　　**表2**

占地率计算	方案一	方案二	方案三	方案四
建筑	22.07%	22.07%	22.07%	—
屋顶绿化	—	—	—	22.07%
乔木、灌木	0%	13.86%	35.5%	35.5%
草坪	0%	14.49%	2.4%	2.4%
开放空间	67.08%	38.73%	28.55%	28.55%
水体	10.85%	10.85%	10.85%	10.85%
总和	100%	100%	100%	100%
绿化率	0%	28.35%	37.9%	59.97%

注：若乔木、灌木占地率与草坪占地率重合，只计算乔木、灌木占地率；若建筑占地率与屋顶绿化率重合，只计算屋顶绿化率。

模型模拟参数设置　　**表3**

建模参数设置			
模拟地点	中国天津	垂直网格类型	等距网格
网格分辨率	$dx=5$，$dy=5$，$dz=3$	网格数（x、y、z轴）	120m×70m×25m
嵌套网格数	3	嵌套网格土壤类型	沃土

续表

模拟数据设置			
模拟时间	24h	模拟起始时间	2013 年 6 月 19 日 0 点
初始近地面风速	2m/s	初始环境温度	295K
初始相对湿度	78%	云量	晴天无云
LBC 类型	温湿度开式、湍流闭式	最高风频	155°(东南偏南)

5 模拟结果与讨论

对比四种模拟方案的结果，绿化率较高的方案三和方案四的室外热环境优于绿化率较低的方案一和方案二（图 7、图 8）。本文通过场地试验与数值模拟研究有以下结论：

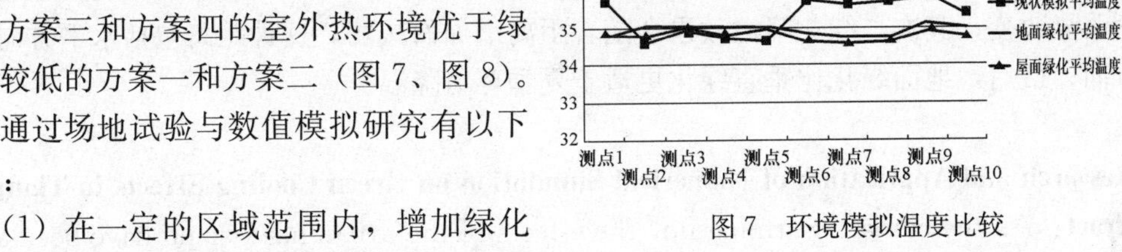

图 7　环境模拟温度比较

（1）在一定的区域范围内，增加绿化率可以降低夏季室外环境温度。在模型模拟中，当研究区域的绿化率从 28.35%增加到 59.94%时，室外环境的平均温度预计可以降低 0.4℃。

（2）整体环境的绿化率变化对局部环境温度影响有限。例如，模拟环境的整体绿化率增加后，测点 2、3、4、5 的室外温度并没有明显变化，而且同其他测点相比，测点 2、3、4、5 的绿化率没有明显变化，由此可见，局部环境温度不会因整体环境的绿化率增加而明显改变。

（3）局部绿化降温的辐射范围有限。例如在方案二、三和四中，绿化率增加明显的区域被认为是“绿化中心”，而远离绿化中心的测点的环境温度并没有明显改变。这一模拟结果与“冷岛效应”的辐射范围研究相一致，即“冷岛效应”对周围环境的影响范围与绿化中心（冷岛）的绿化密度和植物的 *LAD* 值大小有关。但是这一关系的具体量化需要通过更加细致的现场试验和模拟来进一步确定。

（4）环境温度随着绿化率不断增加无限趋近于某一值（图 9）。在模型模拟中，当绿化率从方案一的 0%增加到方案二的 8.35%时，环境温度预计会降低 2.1℃。与此同时，方案三的绿化率增加到 59.94%时，环境温度只比方案二降低 0.4℃，而在此基础上增加屋顶绿化后，模拟温度并没有明显降低。模拟结果说明随着绿化率的增加，温度不会无限制地降低，只会无限趋近于某一值。

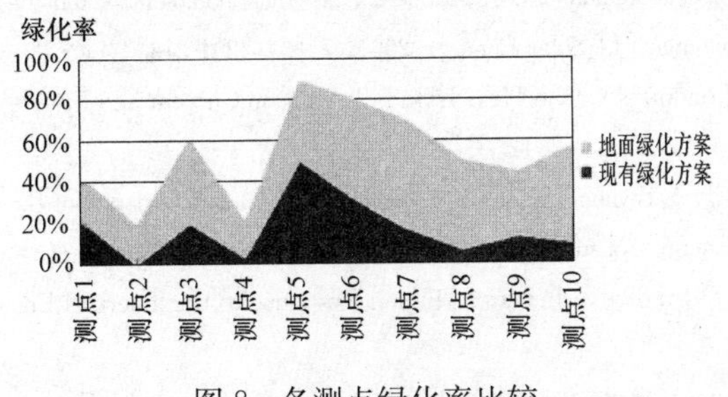

图 8　各测点绿化率比较

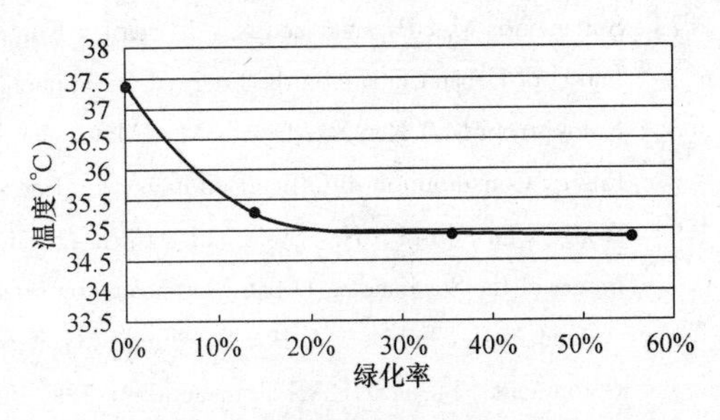

图 9　环境温度与绿化率关系

（5）同屋顶绿化相比，地面绿化更利于改善夏季室外热环境。屋顶有限的结构负荷和建筑高度是制约屋顶绿化降温的主要因素。有限的建筑负荷只能种植 *LAD* 较小的植物，因此制约了植物的绿化降温能力；屋顶绿化距离地面越高，绿化降温对地面环境温度的影响越小。因此，在改善夏季室外热环境的过程中，地面绿化应优先考虑。

6 研究结论

本文通过 ENVI-met 模型模拟与场地试验相结合的方法对夏季绿化降温进行了量化研究。根据模拟结果，虽然绿化空间可以降低夏季室外环境温度，提高夏季的室外热舒适度，但降温效果会受到不同因素的制约。首先，局部环境温度不会因整体环境的绿化率增加而明显改变；其次，绿化降温效果会随着距离增加而减弱，这种距离包括水平方向和垂直方向；最后，地面绿化比垂直绿化更适于夏季环境降温。

Research and Application of Numerical Simulation on Green Cooling Effects in Tianjin

Abstract: As the climate warming up, the effects of the urban heat island have been an insurmountable issue in the urban development. In this paper, taking Tianjin for example, the research combined computer simulation with on-site measurement to evaluate the effects of different greening ratios on outdoor thermal environment. Besides, the accuracy of the simulation model has been verified by calibration. Research results determined that the increase of the greening ratio in the existing environment could improve the outdoor thermal environment in summer. But the limitations of green cooling was also pointed out, namely that the air temperature would infinitely close to a certain value with further increasing greening ratio.

Keywords: Thermal Environment; ENVI-met; Greening Ratio; Green Cooling

参 考 文 献

[1] http://www.prb.org/Publications/Datasheets/2009/2009 wpds.aspx> Retrieved 23.09.10.

[2] 朱颖心编著. 建筑环境学 [M]. 北京：中国建筑工业出版社，2006.

[3] Satterthwaite D. Cities Contribution to Global Warning: Notes on the Allocation of Greenhouse Gas Emissions [J]. Environment and Urbanization, 2008, 20 (2): 39-49.

[4] 周淑贞，束炯编著. 城市气象学 [M]. 北京：气象出版社，1994.

[5] http://www.City.Osaka.lg.jp/contents/wdu020/kankyo/english/quality/quality04.html.

[6] Oke T. R. The Energetic Basis of the Urban Heat Island [J]. Atmospheric Environment, 1982 (7): 769-779.

[7] Santamouris M., Papanikolaou N., Livada I., Koronakis I., Georgakis C., Argiriou A., Assimakopoulos D. N. On the Impact of Urban Climate on the Energy Consumption of Buildings [J]. Solar Energy, 2001, 7 (3): 201-216.

[8] Kolokptroni M., Ren X., Davies M., Mavrogianni A. London's Urban Heat Island: Impact on Current and Future Energy Consumption in Office Buildings [J]. Energy and Buildings, 2012.

[9] Wong N. H., Jusuf S. K., Syafii N. I., Chen Y., Hajadi N., Sathyanarayanan H., Manickavasagam Y. Evaluation of the Impact of the Surrounding Urban Morphology on Building Energy Consumption [J]. Solar Energy, 2011 (85): 57-71.

[10] Gagge A. P., Fobelets A. P., Berglund L. G. A Standard Predictive Index of Human Response to the Thermal Environment [J]. ASHRAE Transactions, 1992 (2B): 709-731.

[11] Wong N. H., Tan A. Y. K., Tan P. Y., Wong N. C. Energy Simulation of Vertical Greenery Systems [J]. Energy

and Buildings，2009（4）：1401-1408.

[12] E. Ng，L. Chen，Y. Wang，C. Yuan. A Study on the Cooling Effects of Greening in a High-Density City：An Experience from Hong Kong [J]. Building and Environment，2012（47）：256-271.

[13] Madlener R.，Sunak Y. Impacts of Urbanization on Urban Structures and Energy Demand：What Can We Learn for Urban Energy Planning and Urbanization Management [J]? Sustainable Cities and Society，2011（1）：43-45.

[14] M. F. Shahidan，P. J. Jones，J. Gwilliam，E. Salleh. An Evaluation of Outdoor and Building Environment Cooling Achieved through Combination Modification of Trees with Ground Materials [J]. Build and Environment，2012（58）：245-257.

[15] Chen Z.，Krarti M.，Zhai Z. J.，Meng Q.，Zhao L. Sensitive Analysis of Landscaping Effects on Outdoor Thermal Environment in a Residential Community of Hot-Humid Area in China [C]. The Seventh International Conference on Urban Climate conference proceedings，Yokohama，Japan，29June - 3 July 2009.

[16] Alitoudert F.，Mayer H. Numerical Study on the Effects of Aspect Ratio and Orientation of an Urban Street Canyon on Outdoor Thermal Comfort in Hot and Dry Climate [J]. Building and Environment，41（2）：94-108.

[17] Kruger E. L.，Minella F. O.，Rasia. Impact of Urban Geometry on Outdoor Thermal Comfort and Air Quality from Field Measurements in Curitiba [J]. Building and Environment，46（3）：621-634.

作者：陈　铖　国家互联网应急中心　助理工程师

张志立　国家互联网应急中心　副处级

凹槽式平面对火灾蔓延影响的探讨

【摘　要】本文以凹槽式平面对火灾蔓延的影响为研究对象，借助数值模拟软件FDS，建立火灾场景，研究平面凹槽对火灾蔓延的影响，并且进一步研究讨论凹槽进深和面宽变化对火灾蔓延的影响。

【关键词】平面凹槽　火灾蔓延　FDS

1　引言

近年来，随着建筑业的飞速发展，住宅设计中的通风、采光的要求越来越严格。为了使建筑的通风、采光性能更好，尤其对于厨房、卫生间自然通风、采光的需求，因而在建筑平面设计中出现了很多如图1所示的建筑凹槽。

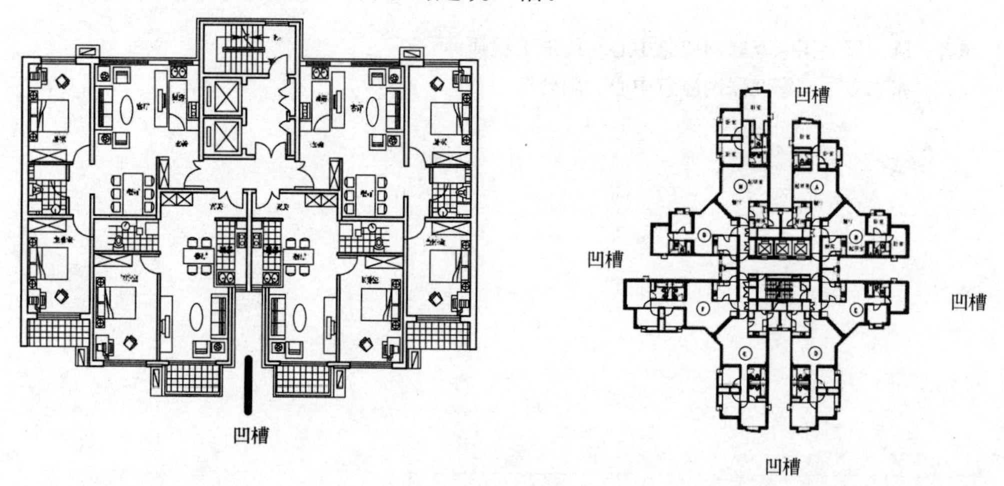

图1　建筑平面图

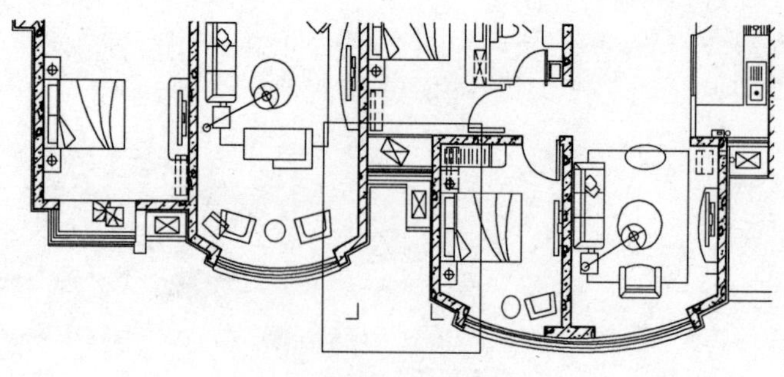

图2　住宅的凹槽平面①

凹槽的设置改善了厨房、卫生间的自然通风，满足了一梯多户兼顾通风、采光的需求，使建筑的平面形式更加多样化，因而，类似图1的凹槽式平面设计手法正在被广泛地使用。同时，凹槽的设置可以满足在减少面宽的前提下增加阳面房间数量的需求，如图2所示。但是，凹槽式平面的设置在带来各种好处的同时，也为建筑带来了很多弊端，首先，凹槽建筑由于外立面凹凸较大，体形系数较大，因而建筑节能效果较差[1]；其次，如图2所示的凹

① 蒋悦波，金梧凤，朴完奎，刘杨．某住宅建筑凹槽内室外机热环境的CFD分析和优化［J］．建筑节能，2012，40（9）．

槽形式，凹槽内的房间采光情况较差，通风也受到一定的影响[2]；最后，凹槽式平面的设计对外墙立面火灾蔓延也会产生一定的影响。下面，本文将对凹槽式平面设计对外墙立面火灾蔓延的影响进行模拟、讨论。

2 火灾场景

2.1 FDS 简介

FDS全名为Fire Dynamics Simulator。它是由美国国家标准与技术研究院（National Institute of Standards and Technology）下设的建筑火灾研究实验室开发、研究的一款火灾模拟软件[3]。FDS主要用于模拟工程中的火灾，同时可以模拟燃烧产生的热量和烟气分布；可燃物表面的热解和对流、热辐射；火焰蔓延和烟气的扩散；喷淋设置、热探测感应装置、烟探测感应装置在发生火灾时的响应；水喷淋灭火场景模拟等，同时FDS可以借助其他三维建模软件和前期生成工具，例如Pyrosim等，更直观、更便捷地模拟较为复杂的火灾场景。它遵守的原则包括：火灾模型要有比较准确的预测；模拟运算要求节省电脑CPU；数值算法采用简单方式；试验的验证要精确；能够被消防工程师、建筑工程师等群体认同[4]。

2.2 火灾场景设置

火灾建筑模拟按照表格1建立标准模型、对比模型和对比细分模型进行场景模拟。

火灾模型　　表1

<table>
<tr><th>类型</th><th>内容</th><th>变化类型</th><th>定量</th><th colspan="4">变量</th><th>模拟火源</th></tr>
<tr><td>标准模型</td><td>建立长28m、宽12m、高18m的楼房。层高3m，6层</td><td>无</td><td>无</td><td colspan="4">无</td><td>在模型底部中间着火</td></tr>
<tr><td rowspan="6">对比模型</td><td rowspan="6">在标准模型平面的中间设置上下通透的凹槽，凹槽尺寸为进深1.5m、面宽1.5m</td><td rowspan="3">类型1</td><td rowspan="3">凹槽面宽1.5m</td><td colspan="4">凹槽进深</td><td rowspan="6">在模型凹槽底部中间着火</td></tr>
<tr><td>变量1</td><td>变量2</td><td>变量3</td><td>变量4</td></tr>
<tr><td>1.5m</td><td>2m</td><td>3m</td><td>4m</td></tr>
<tr><td rowspan="3">类型2</td><td rowspan="3">凹槽进深1.5m</td><td colspan="4">凹槽面宽</td></tr>
<tr><td>变量1</td><td>变量1</td><td>变量1</td><td>变量1</td></tr>
<tr><td>1.5m</td><td>1.5m</td><td>1.5m</td><td>1.5m</td></tr>
</table>

2.3 模拟参数

一般民用建筑火灾的热释放速率与时间关系[5]可表示为公式（1）：$Q_f = a(t-t_0)^2$，其中Q_f为火源热释放量（kW）；a为火灾增长系数（kW/s^2）；t为点火后的时间（s）；t_0为火灾达到有效燃烧的时间（s）。由于火灾初期燃烧对火势影响很小，因此在模拟的过程中，本文忽略火灾没有有效进行燃烧的阶段，只研究火源达到最大热释放速率后的稳定阶段[6]，而不考虑火灾有效进行燃烧前的阶段，故取$t_0=0$。公式（1）可以简化为公式（2）：$Q_f = at^2$。

火灾的最大热释放量的选取参考《建筑防排烟系统技术规范》。如表2所示，由于居住楼大多为多层、高层建筑结构，而且无喷淋和机械排烟设施，因此在表2中除了无喷淋的超市、仓库为单层，不符合外，选择功率最高的无喷淋的办公室、客房。因此，本文选取建筑火灾的最大热释放量为6MW[7]。

模拟时间为600s，环境温度取20℃，网格大小按0.2m×0.2m×0.2m计算[8]。边界设置：地面设置成INERT边界，其他边界设置成OPEN边界[9]。

2.4 测点选取

在标准模型、对比模型、各种变量模型的相同位置上选取相同的三个测点，三个测点分别为着火地点上方4、10、16m。

2.5 模拟目的

（1）对比标准模型，讨论凹槽式的建筑平面对火灾蔓延的影响。

（2）保持凹槽面宽不变，研究随着凹槽的深度增长火灾蔓延的影响情况。

（3）保持凹槽进深不变，研究随着凹槽宽度的增长火灾蔓延的影响情况。

3 计算结果分析、讨论

3.1 标准模型与对比模型对比

如表2所示，对比模型在测点2和测点3的最高值和平均值均高于标准模型测点2和测点3的最高值与平均值，而在测点1中，标准模型的最高值和平均值均高于对比模型。

标准模型与对比模型对比表　　表2

模型		标准模型			对比模型		
测点		测点1	测点2	测点3	测点1	测点2	测点3
温度（℃）	最高	931.87	771.82	489.88	970.05	982.30	822.68
	平均	809.73	494.13	215.14	874.76	842.29	644.10

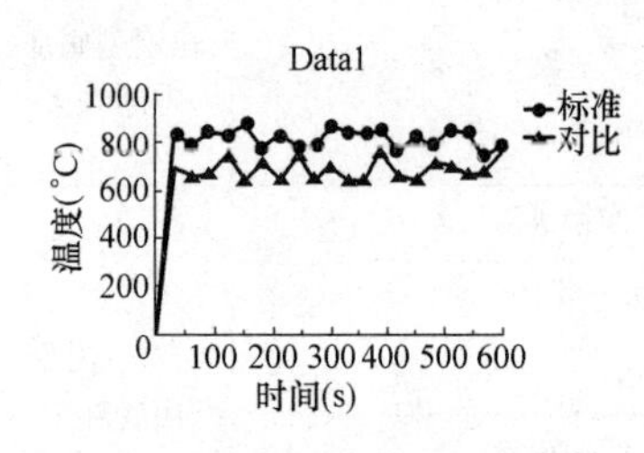

图3　对比-标准模型测点1温度场

结合图3，可以看出在测点1的位置，标准模型和对比模型升温速度一致，而标准模型整体温度区间高于对比模型。结合图4，可以看出在测点2的位置，标准模型的升温速度快于对比模型，同时对比模型整体温度区间高于标准模型。结合图5，可以看出在测点3的位置，标准模型的升温速度快于对比模型，同时对比模型整体温度区间高于标准模型。对比图3～图5可以看出：①标准模型的升温速度由测点1到测点3依次降低，而对比模型的升温速度由测点1到测点3基本不变。②标准模型的整体温度由测点1到测点3依次降低，而对比模型的整体温度由测点1到测点3先上升后下降。

3.2 类型1与对比模型对比

通过表3可知，三个测点的平均值和最高值从对比模型到变量3整体都是下降的趋

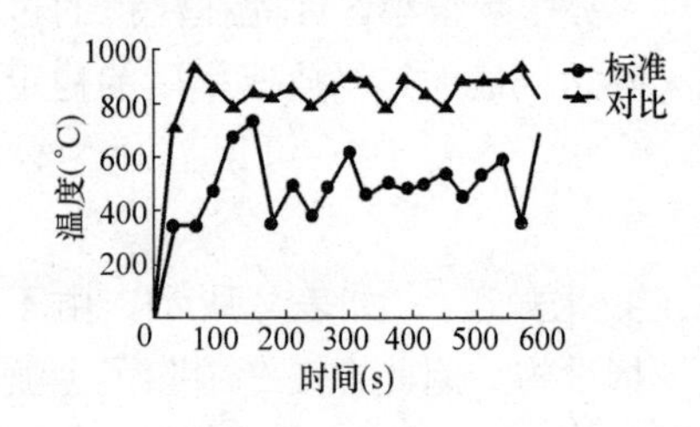

图4　对比-标准模型测点2温度场

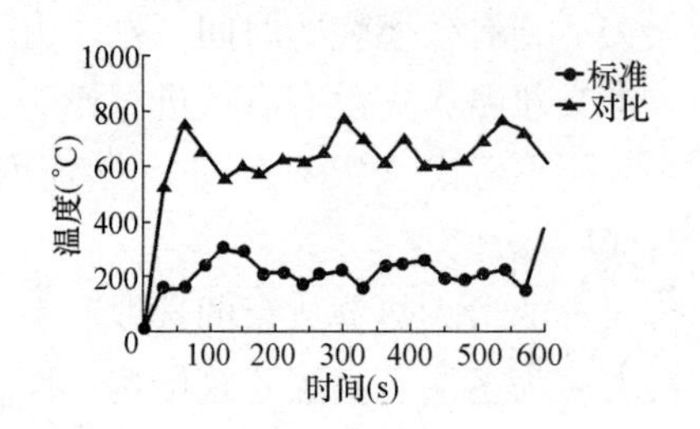

图5　对比-标准模型测点3温度场

对比模型与类型 1 变量对比表 表 3

变量	测点	温度(℃)		变量	测点	温度(℃)	
		最高	平均			最高	平均
对比模型	测点 1	970.05	874.76	变量 2	测点 1	955.92	861.35
	测点 2	982.30	842.29		测点 2	934.87	776.64
	测点 3	822.68	644.10		测点 3	788.72	553.59
变量 1	测点 1	972.92	858.45	变量 3	测点 1	958.16	852.68
	测点 2	953.85	803.25		测点 2	928.87	778.54
	测点 3	820.83	590.06		测点 3	820.72	569.39

势，但是下降幅度较小。结合图 6～图 8，可知对比模型、变量 1、变量 2、变量 3 这四个变量在三个测点中温度区间交叉很严重，肉眼很难区分出其中的差异，因此，我们引入了统计学分析方法进行单因素方差分析。本文采用 SPSS18.0 统计软件，各组数据间比较采用单因素方差分析，$P \leqslant 0.05$ 为差异有统计学意义。在数据统计中得到在测点 1 中对比模型与变量 1 具有统计学差异（$P<0.001$），变量 1 与变量 2 没有统计学差异（$P=0.404$），变量 2 与变量 3 具有统计学差异（$P=0.012$），测点 2 中对比模型与变量 1 具有统计学差异（$P<0.001$），变量 1 与变量 2 具有统计学差异（$P<0.001$），变量 2 与变量 3 没有统计学差异（$P=0.999$），测点 3 中对比模型与变量 1 具有统计学差异（$P<0.001$），变量 1 与变量 2 具有统计学差异（$P<0.001$），变量 2 与变量 3 具有统计学差异（$P=0.005$），可以说，在理论上，整体变量导致的结果是有差异的。同时从图 6～图 8 中可知，四组变量在三个测点中的温度上升速度均是保持不变。

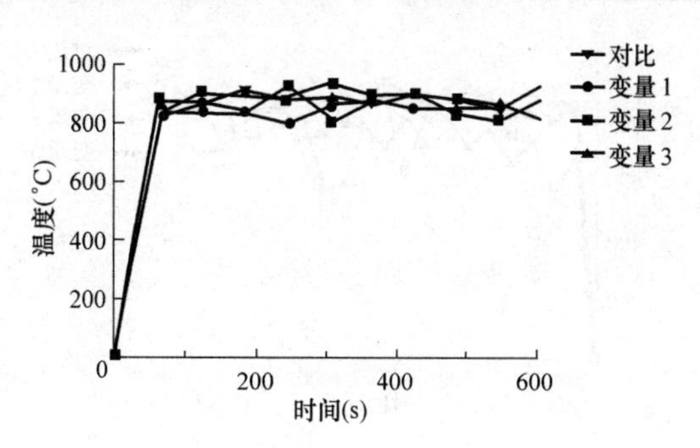

图 6 对比-类型 1 测点 1 温度场

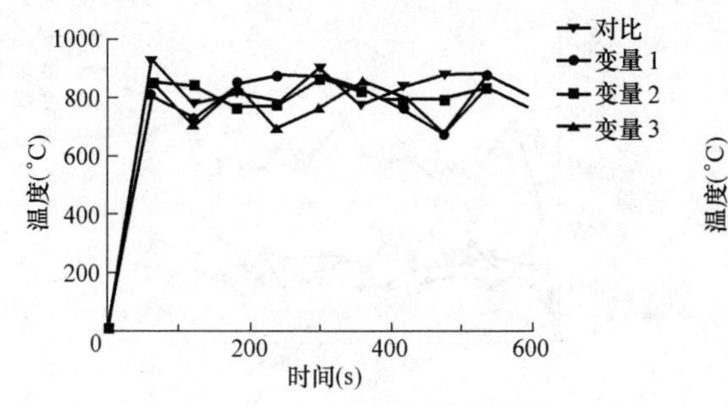

图 7 对比-类型 1 测点 2 温度场

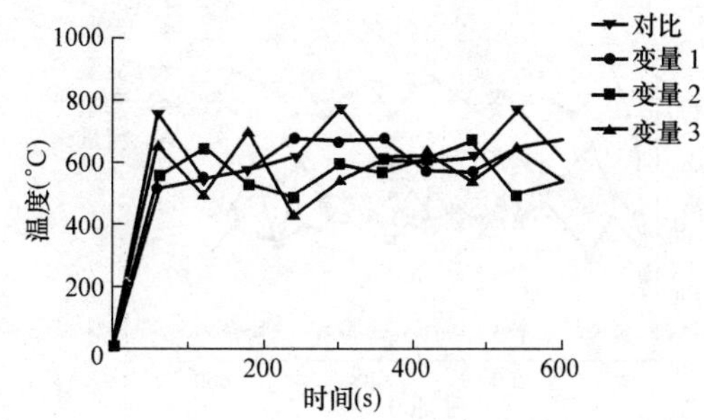

图 8 对比-类型 1 测点 3 温度场

3.3 类型 2 与对比模型对比

通过表 4 可知，三个测点的平均值和最高值从对比模型到变量 3 整体都是下降的趋势。从图 9～图 11 可知，随着面宽的增加测点温度场整体上具有下降的趋势，但局部交叉严重，和前面一样，肉眼很难区分出其中的差异，因此，我们继续引入了统计学分析方

对比模型与类型 2 变量对比表 **表 4**

变量	测点	温度(℃)		变量	测点	温度(℃)	
		最高	平均			最高	平均
对比模型	测点 1	970.05	874.76	变量 2	测点 1	968.15	837.77
	测点 2	982.30	842.29		测点 2	770.61	524.91
	测点 3	822.68	644.10		测点 3	423.20	263.08
变量 1	测点 1	958.45	852.92	变量 3	测点 1	964.82	718.29
	测点 2	790.62	541.40		测点 2	689.87	419.73
	测点 3	437.92	313.36		测点 3	333.43	213.63

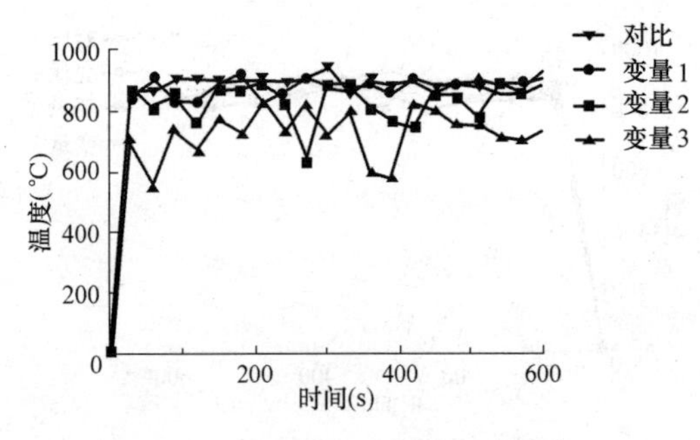

图 9　对比-类型 2 测点 1 温度场

法进行单因素方差分析。在数据统计中得到在测点 1 中对比模型与变量 1、变量 1 与变量 2、变量 2 与变量 3 均具有统计学差异（$P<0.001$），测点 2 中对比模型与变量 1、变量 1 与变量 2、变量 2 与变量 3 均具有统计学差异（$P<0.001$），测点 3 中对比模型与变量 1、变量 1 与变量 2、变量 2 与变量 3 均具有统计学差异（$P<0.001$），可以说，在理论上，整体变量导致的结果是有差异的。同时，从图 9～图 11 中可知，在测点 1 中，对比、变量 1、变量 2 变化差异变化幅度较小，不具有实践意义，变量 3 与其他三个变量变化幅度较大，具有实践意义；在测点 2 中，变量 1、变量 2、变量 3 变化差异变化幅度较小，不具有实践意义，对比与其他三个变量变化幅度较大，具有实践意义；在测点 3 中，变量 1、变量 2、变量 3 变化差异变化幅度较小，不具有实践意义，对比与其他三个变量变化幅度较大，具有实践意义。同时，从图 9～图 11 中可知，四组变量在三个测点中的温度上升速度均是略有下降，并且随着测点高度增加，温度上升速度降低越明显。

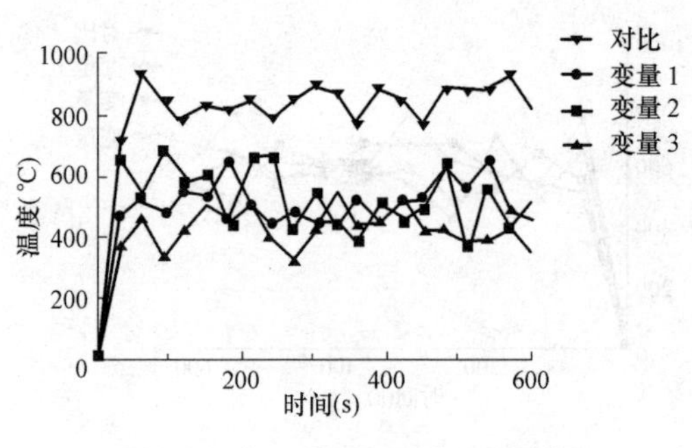

图 10　对比-类型 2 测点 2 温度场

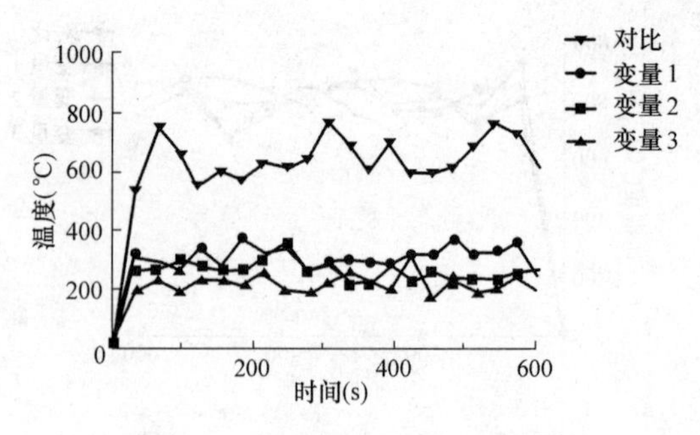

图 11　对比-类型 2 测点 3 温度场

4　结论

（1）凹槽式平面与标准平面相比整体在防止火灾蔓延的效果上较差，不但使温度上升速度更快，同时使温度区间范围更高，这是由于烟筒效应的缘故；但是在靠近火源的部分，凹槽式平面与标准平面相比整体在防止火灾蔓延的效果上较好，虽然温度上升速度一致，但是温度区间范围凹槽式平面比标准平面整体上要低一些，作者推测这是由于凹槽式平面在底部供氧能力较标准平面低。

在标准平面中随着测点高度的升高，测点升温速度急速下降，温度区间也大范围降低；在凹槽式平面中随着测点高度的升高，测点升温速度基本不变，温度区间在靠近火源范围内上升，然后随着测点高度增加温度区间逐步降低。

（2）凹槽式平面保持凹槽面宽不变，增加凹槽进深，火灾温度上升速度基本保持不变，而火灾整体温度方面在理论上略有下降，作者认为这是由于增加进深从而导致含氧量下降的原因导致，但是由于下降的温度幅度较小，相对于将近1000℃高温的火焰温度，下降的温度可谓杯水车薪，起不到实际的防火效果。因此，在实际应用中，保持凹槽面宽不变，增加凹槽进深起不到减缓、阻止火灾蔓延的效果。

（3）凹槽式平面保持凹槽进深不变，增加凹槽面宽，火灾温度上升速度略有下降，并且随着测点高度增加，温度上升速度降低越明显。而火灾整体温度方面也随着凹槽面宽增加而下降，同时在以测点1为代表的接近火源位置高度的地方，凹槽面宽增加前期防火效果较差，只有达到一定宽度才具有一定的防火效果；而在以测点2、测点3为代表的距离火源位置有一定高度的地方，凹槽面宽增加前期防火效果较好，而达到一定宽度的防火效果减弱甚至消失。

The Impact of Groove Type Plane on Fire Spreading

Abstract: In this article, the research object is find the influence of the groove plane of fire spreading. It set up fire scenario with the aid of the numerical simulation software FDS, then study the influence of he groove plane of fire spreading, and further research and get the conclusion of the influence that changing groove depth and width impact on the spreading of fire.

Keywords: Planar Grooves; Fire Spreading; FDS

参 考 文 献

[1] 蒋悦波，金梧凤，朴完奎，刘杨．某住宅建筑凹槽内室外机热环境的CFD分析和优化［J］．建筑节能，2012（9）：5-8.

[2] 朱霭敏，李德富．北京市凹槽式住宅环境设计与改善［J］．住宅科技，2001（2）：32-34.

[3] 侯东升，赵金娜，张树平．飘窗纵向防火性能数值模拟［J］．建筑防火设计，2010（2）：113-115.

[4] 颜向农．基于计算机模拟的建筑物室内火灾风险评估研究［D］．湘潭：湖南科技大学，2008：56-58.

[5] NFPA 92A. Standard for Smoke-Control Systems Utilizing Barriers and Pressure Differences（2006 Edition）［Z］.

[6] 王经伟，黄德祥，周子荐等．挑檐和窗槛墙阻止火灾竖向蔓延性能的数值模拟分析［J］．消防与技术，2004，23（4）：328-331.

[7] 民用建筑防排烟技术规程（GJ08-88—2006）［S］.

[8] 李龙．防火挑檐的位置对窗口喷火竖向蔓延的影响［J］．科技传播，2013（12）：196-197.

[9] 苏朗．高层建筑窗口喷出火焰竖向蔓延的抑制研究［D］．大连：大连理工大学，2010.

作者：王自衡　天津大学建筑学院　博士研究生

王立雄　天津大学建筑学院　教授

绿色建筑教育与实践

台湾工研院六甲院区二期宿舍的绿色建筑实践

【摘　要】台湾岛内的不同地区气候差别较大，因此绿色建筑的手法也有所不同。本文以台湾工研院六甲院区二期宿舍为例，对台湾地区绿色建筑的设计理念、指导思想进行了介绍，重点分析了“因地制宜，天人合一”的设计手法。

【关键词】绿色建筑　节能设计　宿舍

0　引言

台湾属于南亚湿热气候区，北回归线横穿台湾岛中部偏南地区，把台湾岛分为亚热带和热带气候，不同地区的区域特色明显。绿色建筑的技术在台湾已经日趋成熟，针对台湾当地的地理气候，产生了对应的知识、法规与设计手法。

台湾地区绿色建筑的发展，以“与自然调和”、“低环境冲击”、“舒适性”三大设计理想范畴为指导思想。在台湾发展绿色建筑，需要考虑气候特点，采用富有地方特色的设计手法，注重环境与人的共生关系。

工研院六甲院区位处台湾南部的台南市，属热带气候。相对台湾岛北部地区来说，台南市气候较为炎热、干燥，年平均气温为23.9℃，年平均降水量1823mm①，平均日照量15.04MJ/m²②。其中，工研院六甲院区二期宿舍的设计，在实践中展现了“因地制宜，天人合一”的绿色建筑设计理念，并被评为台湾绿建筑示范基地。

1　建筑概况

台湾工研院成立于1973年，旨在以进步的工业技术推动台湾工业发展。工研院涉及电子、通信、材料、机械等多个领域，其中绿色能源与环境、绿色生态建筑也包括在内。2005年10月，工研院南分院六甲院区投入使用，以台湾岛南部地区丰富的人文、生态资源为基础，将主要发展方向定位为“数位生活”、“健康安全”与“绿色未来”。工研院六

---

① http：//zh.climate-data.org/location/983291/.

② http：//www.cwb.gov.tw/.

甲院区二期宿舍由台湾九典联合建筑师事务所设计，该事务所在台湾完成了多个绿色建筑的实践项目，其中多项获得台湾“绿建筑标章”。

工研院六甲院区位于台南市六甲区工研路，基地面积 52792.77m²，建筑面积 1849.73m²，总楼地板面积 6181.86m²，建筑覆盖率 8.6%，容积率 23.98%，地上 6 层，钢筋混凝土结构。基地三面环山、前有湖泊，宿舍坐落在 47hm² 的园区之中，依地势而建，以尽量减少施工过程中土方的开挖及污染物的排放（图 1、图 2）。

图 1　宿舍外观

图 2　中庭生态景观水池

二期宿舍不仅拥有独特的外观、舒适的居住环境，同时是一座绿色建筑，取得了台湾钻石级绿色建筑标章认证。站在二期宿舍的窗口，可以闻到新鲜空气中的花草香、泥土香，嘉南平原的美丽景象尽收眼底（图 3～图 5）。

图 3　基地内生态水沟

图 4　沿岸栽种植物，形成自然护岸

图 5　地面采用透水铺面

2　绿色生态环境

建筑师充分考虑到独特的地理环境，使宿舍融入其中，形成良好的生态系统。宿舍的基地动线经过精心设计，绿地的连贯性良好，绿地面积占整座基地的 80%，不同层次的绿色植栽随处可见，且优先考虑拥有防蚊功效或当地原生的树种。混种的各种灌木、乔木吸引了鸟类在香蕉树上筑巢，带来趣味生动的场景，同时可以促进土壤微生物的活动，吸收二氧化碳、产生氧气，净化空气，营造良好的生态环境。

欧美、日本等国家为了调节气候及防洪的考量，会在建筑物屋顶、建筑与都市开放空间采用透水铺面及设置雨水贮流槽，以缓和都市热岛效应，改善生态环境。这对近年来都市气温不断上升、不时遭遇旱涝灾害的台湾是十分适用的观念。宿舍基地内建有生态水沟，中庭的生态景观水池与宿舍入口大厅相结合，采用自然护岸，并于水面和沿岸种植各种植物，作为整个园区的水循环系统的一部分，串联了整个场地的绿化景观，具有微调周围气温的作用。户外的夜间照明也有遮光罩避免形成眩光，最大程度地避免打扰到生物的夜间活动，这不仅使居住者被良好的景观环境所包围，也为场地的生物多样性提供了条件，创造了多样化的小生物栖息地，顾全“生态金字塔”最基层生物的活动交流环境，使生态系统中的分解者、生产者、初级消费者得以拥有生存空间，修补了人为开发对其他生物造成的伤害，提升了场地的生态品质。

3 绿色材料与施工

“因地取材”是绿色建筑的特点之一，地区特色也是二期宿舍设计的考量因素之一。为了实现建筑全生命周期中的节能、节材，二期宿舍充分运用了当地的高品质建材。在施工过程中，由建筑师和事务所的工作人员在现场负责监督，确保各项废弃物防治措施的实施。

竹子是六甲院区所在的六甲乡山区的特产，在二期宿舍的设计中，竹子轻盈摇曳的意向和材质也被运用到建筑外观中。宿舍首层的走廊环绕着生态水池，不仅遮阳通风，更巧妙地以竹竿作为空间分隔的设计概念（图 6）。

六甲乡的土质黏度适中，曾经拥有发达的砖窑业，尽管如今已经没落，但建筑师仍将其运用到二期宿舍的设计中。大厅的地砖由当地仅存的瑞隆砖瓦工厂所生产，工厂距离基地只有 3km，远远低于美国 LEED 绿色建筑评估体系对地方性材料的标准，希望借此减少运输中所消耗的能源。

房间和走廊的铺地采用当地获得台湾绿建材认证的 PVC 地坪、矽酸钙板与水泥漆，浴室和阳台则采用再生面砖，避免了完工后的刺鼻气味，减少室内污染源。在场地内的道路采用再生透水砖、卵石等材料铺面，在炎热的台湾南部地区，可以最大程度地避免土壤中的水分因蒸腾作用而从地表流失（图 7）。

图 6　使用附近工厂生产的竹竿和地砖

图 7　室内采用再生面砖、节水器具

4 绿色节能设计

台湾南部的夏天可以用“烫”来形容，在超过五个月的夏季，建筑的遮阳降温是设计的重点。建筑师巧妙地在立面设置格栅遮阳以阻挡烈日，并利用伸出来的屋檐与阳台形成的阴影带来凉爽的空间，丰富了立面的形态（图 8）。宿舍墙面采用白色的隔热漆，涂料的中间能产生微细的蜂巢状组织，以增加热能的散射、折射与消散，在日照强烈的环境下，可以使室内降温 5℃以上，达到空调节能的效果（图 9）；使用清玻璃，配合设计良好的房间格局，让房间拥有自然采光和通风。

图 8　立面遮阳设计

图 9　墙面的白色隔热漆可降低室内温度

在绿色建筑的设计中，很多基础设施的建设为了达到减少能源资源使用的目标，采用了一系列技术，但往往难以与建筑物有机地结合为整体。例如集合住宅中常用的太阳能电池板，随意摆放在屋顶上，影响了建筑物的外观，也容易损坏，反而增加了运营成本。二期宿舍的屋顶采用台湾南部常见的双层镀锌薄钢板屋顶，透过中间空气层的流通，减少热能的传递，平均传热系数仅为 0.43W/(m² · K)（图 10）。使用能反射太阳辐射热能的反射漆，帮助顶楼降温，并于其中放置太阳能板，供太阳能热水器使用（图 11）。倾斜的屋顶便于将雨水汇聚至回收槽中，作为地面层绿化的喷洒和生态水池的补充水源使用，同时双层屋顶之间形成了视角绝佳的观景台，兼顾实用与美观（图 12）。

图 10　双层屋顶间形成空气流通

图 11　屋顶使用反射漆并放置太阳能板

取得绿色建筑的认证只是绿色生活的第一步，在建筑运营和使用中的维护同样重要，如雨水回收、垃圾分类、厨余利用、绿化维护等，也是建筑师需要考虑的因素，并需要使用者的共同配合。使用者需了解环境保护、绿色建筑的大趋势，进一步促进建筑全生命周期中与环境的互利共生，达到可持续居住环境、提高生活品质的效果，减缓自然资源消耗，确保使用者的身心健康。

二期宿舍的照明采用高效率电子式安定器、T5 及荧光灯管，并有良好的分区开关控制。厕所采用通过台湾省水标章认证的节水器具，最顶层设有专用的公共洗衣空间，污水与杂排水均通过明管连接至污水处理系统（图 13）。入口附近设有垃圾集中场，并以密闭式资源回收桶处理资源垃圾，每日由管理单位负责维护建筑内外的清洁。

图 12　双层屋顶间的雨水回收槽

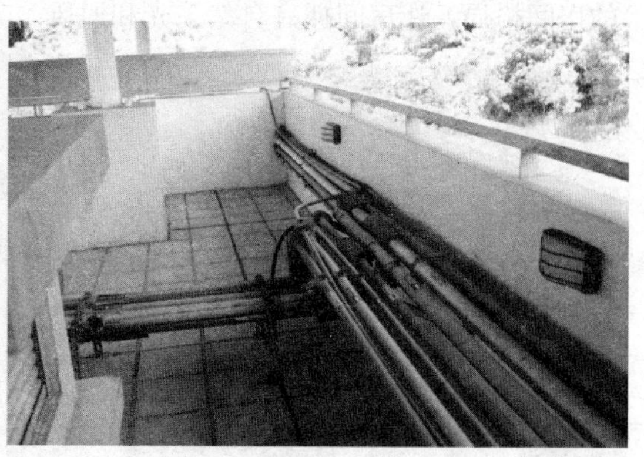

图 13　明管设计易于维护修理

5　结语

绿色建筑的重点在于以对环境友好、低能耗、低资源成本的设计，代替一般建筑粗放、浪费的建造方法，在保证使用功能的前提下，避免不必要的浪费，节省建材，尽量运用原始的自然环境与景观，产生适宜人类生存的空间。建筑师郭英钊将工研院六甲院区二期宿舍的设计形容为“无中生有的筑巢过程”。日照、风向、湿度、温度等气候与地理因素牵一发而动全身，若不考虑气候差异，而盲目照搬其他地区的设计与技术手法，难免带来事倍功半、南辕北辙的效果。建筑师通过对场地的深刻解读、对绿色建筑技术的合理运用，为约 200 位研究人员建造了一个宜居而绿色的家，也给场地内的其他生物一个与人类和谐相处的空间。在一天的工作结束后，回到宿舍休息，感受竹林间穿梭的晚风，静听虫鸣与蛙鸣的合奏，在与环境的对话中，获得良好的休息，真正体会绿色建筑的内涵。

The Green Building Practice of Liou-jia ITRI Dormitory

Abstract: The climate in different parts of Taiwan Island may vary significantly. Therefore, the method of green building design must base on analysis of geography and climate conditions. Take Liou-jia ITRI Dormitory as an example, the design concept of Taiwan green building was elaborated in this paper, especially the method of adjusting measures to local conditions.

Keywords: Green Building; Energy Saving Design; Dormitory

参　考　文　献

[1]　http://zh.climate-data.org/location/983291/.

[2]　http://www.cwb.gov.tw/.

[3]　陈锦赐，张世典．绿建筑奖励条例及奖励措施之研订［M］．台北：台湾当局内政主管部门建筑研究所，2000.

[4]　林宪德．绿建筑 84 技术［M］．詹氏书局，2010.

[5] 何明锦．绿建筑评估手册——住宅类［M］．台北：台湾当局内政主管部门建筑研究所，2012.
[6] 陈红霞．绿色建筑在台湾的发展［J］．建筑，2011（2）.
[7] 王秀芳．永续都市建筑物理环境因子之研究——以亚热带气候台湾地区为例［D］．台南：成功大学，1998.
[8] 马洁芳．台湾绿色住宅现状分析及海峡两岸绿色住宅比较研究［D］．天津：天津大学，2013.

作者：马洁芳　天津大学建筑学院　博士研究生

基于文物保护的博物馆展陈照明研究*

【摘　要】针对博物馆的文物保护性照明进行研究，通过分析该领域国内外研究现状，提出在照明对象、照明光源、照明数量三个方面尚待解决的关键科学问题，并提出研究方法和解决方案。

【关键词】展陈照明　文物保护　关键问题　解决方案

1　引言

博物馆建筑存量巨大，目前我国现有注册博物馆2946座，而且今后数十年，仍将是博物馆事业发展的高峰时期[1]。但由于博物馆环境质量不高，相关基础研究不足，馆藏文物正面临着巨大威胁。全国政协委员、故宫博物院院长单霁翔在2013年的政协提案中指出："目前在博物馆文物藏品保存环境质量控制方面存在较大问题，我国50.66%的馆藏文物存在不同程度的损害，其中濒危及重度受损文物242.5万余件（组）。因此，迫切需要增加馆藏文物保护科研经费，研究适合文物藏品特点的控制指标和设计方法，针对保存环境建立基础技术标准规范，切实减少馆藏文物因保存不当所造成的损失"。

光学辐射是造成展品受损的重要因素，因此人工光环境质量是衡量博物馆水平的一项重要技术指标，而直接作用于展品的展陈照明更是重中之重。由于不科学照明会对展品造成不可逆的永久性损伤，导致文物的历史信息流失和遗产价值降低，因此必须避免或减小光学辐射损害[2]。随着近年来大规模博物馆建设的进行和对文物保护的重视，基于光照保护的文物展陈照明逐渐成为研究热点。

2　保护性照明中的关键问题

2.1　展品类型

国际博物馆学会（ICOM，International Council of Museums）根据材料的光化学稳定性，将展品划分为对光特别敏感（如绘画）、比较敏感（如漆器）、不敏感（如陶瓷）三个等级[3]。该分类方法得到世界广泛认可，如国际照明委员会（CIE，International Commission on de L'Eclairage）《博物馆文物光照损害控制方法》（CIE 157：2004）[4]、北美照明协会（IESNA，Illuminating Engineering Society of North American）《博物馆和美术馆照明推荐规程》（IESNA RP 30 96）[5]、我国《博物馆照明设计规范》（GB/T 23863—2009）[6]（以下简称《规范》），均是参照该方法对展品进行分级，《规范》中的分级方法见表1。而书画由于其对光的高敏感特性，是目前国内外在照明对象研究中的重点类型。

国外很多学者针对书画类展品进行了光照影响的定量化研究。首先，在基材方面，Cuttle通过试验方法得到了可见光范围内不同波长光谱对羊皮纸、碎布纸、纺织物、水彩纸、油画帆布五种材质的有效曝光辐射值，并绘制了对数函数曲线，结果表明对羊皮纸影

* 国家自然科学基金项目资助（项目号51308384），天津市自然科学基金项目资助（项目号13JCQNJC07600），天津大学北洋学者基金资助。

响最为显著，对油画帆布影响最小[4]（图 1）；其次，在颜料方面，Saunders 和 Kirby 对巴西木红（红色）、焊接红（黄色）、树液绿（绿色）、石蕊（蓝色）四种颜料进行了研究，得到了在可见光范围内四种颜料对于不同波长光谱的相对光谱吸收率[4]（图 2）。

我国光化学敏感程度分级 **表 1**

类　别	说　明
对光特别敏感	织绣品、绘画、纸质物品、彩绘陶(石)器、染色皮草、动物标本等
对光敏感	油画、不染色皮草、银制品、牙骨角器、象牙制品、漆器等
对光不敏感	其他金属制品、石质器物、陶瓷器、玻璃制品、搪瓷制品、珐琅器等

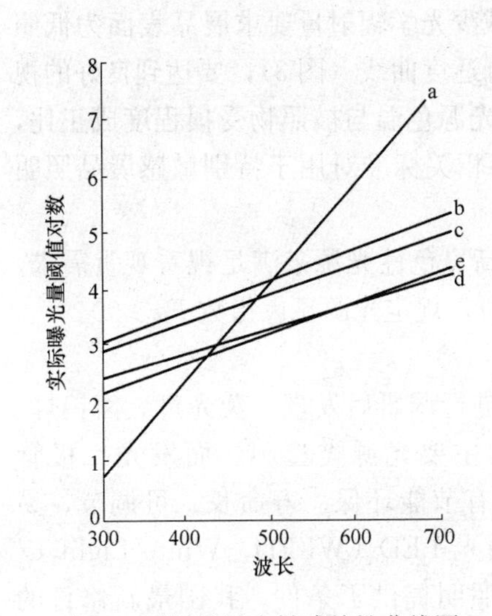

图 1　不同基材光敏感特性曲线图

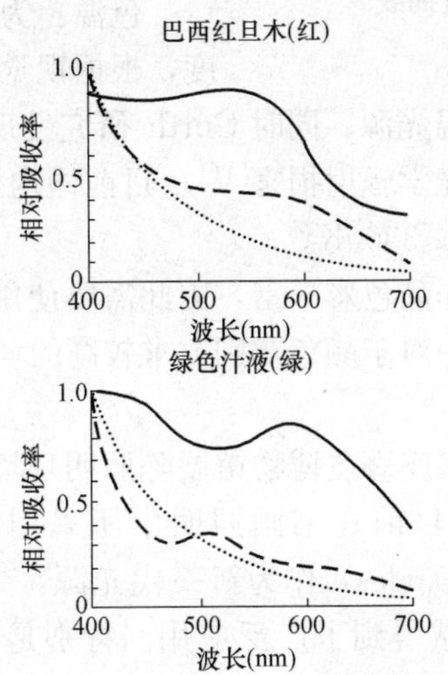

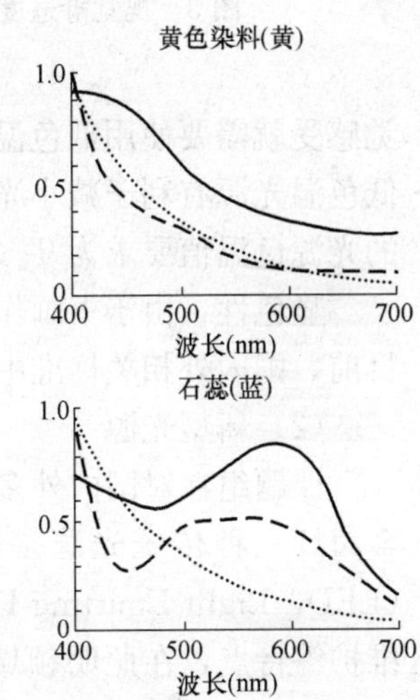

图 2　不同颜料光敏感特性曲线图

我国学者在光照对中国传统书画的影响机理方面进行了深入探讨。首先，故宫博物院刘舜强研究员从基材角度出发，研究得到纸（物质构成为植物纤维）和绢（物质构成为蚕丝）作为中国书画的两种基材材料，其中的纤维和蛋白分子键受到光照后易发生解离，造成基材强度下降、色泽变深、开裂破损[7]；其次，天津大学武金勇博士从颜料方面进行研究，在其博士论文中指出，动植物或矿物等天然材料是构成中国书画颜料的主要成分，经光照后极易发生光氧化和光降解反应，导致分子结构变性，造成色相、明度、饱和度的改变[8]。

在对多座博物馆进行调研后发现，我国绝大多数博物馆都设有书画展厅，中国传统书法绘画是最主要的展品类型之一，存量巨大。而且，作为中国传统文化的精髓，千百年来出现了许多国宝级书画珍品，具有极高的艺术价值和文物价值[9]。

照明对象在国内外的研究现状表明，中国传统书画由于自身的基材和颜料特性，较其他类型文物更易受到光学辐射损害，同时还具有存量大、价值高等特点，因此是光照保护研究的重点类型。但对于此类展品的研究尚存在如下问题：国外虽以书画为对象进行过较为深入的探索，但研究样本均为油画等西方绘画类型，其基材、颜料、装裱工艺等都与中国传统书画存在很大差异，研究结论对我国书画并不适用，而我国相关研究主要是对光照影响机理进行定性描述，缺乏深入的定量化研究。

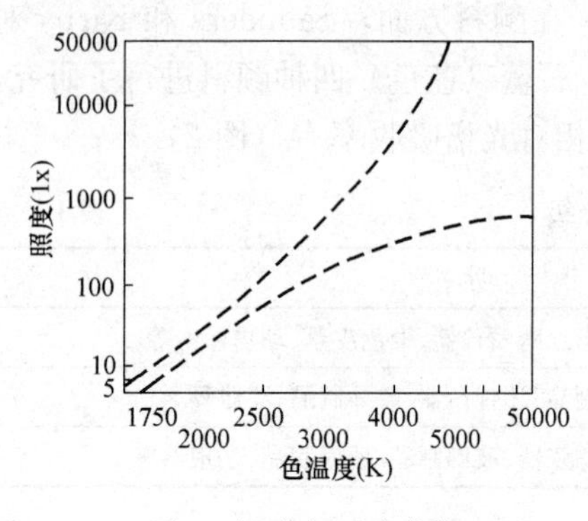

图 3　视觉舒适度曲线

2.2　照明光源

(1) 光源指标

光谱：光学辐射损害主要是由于光谱中紫外线的化学效应和红外线的热效应造成，消除光源中的不可见光辐射已成为国内外研究的共识。但可见辐射也会对展品造成伤害，尤其是可见光谱中的短波部分具有较强的破坏能力[10]，同时可见光谱直接决定视看效果而不能消除，因此研究可见辐射对特别敏感展品的影响是当前本领域的重点和热点。

色温：为减少光学辐射量要求展品表面为低照度，根据视觉舒适度曲线（图 3），要达到良好的视觉感受就需要使用低色温光源，同时 Cuttle 研究发现光源色温与被照物受损程度成正比，低色温光源有利于减小光学辐射损害[11]。目前国内外相关标准对用于特别敏感展品照明的光源色温值要求为 $T_c \leqslant 3300$K。

显色性：由于书画作品色彩丰富，因此需要使用高显色性光源来满足视看观赏需求。目前，国内外相关标准中对于颜色辨别要求较高的场所，规定光源显色指数 $Fa \geqslant 90$。

(2) 新型光源

课题组在对国内外多座著名博物馆展陈照明环境进行调研后发现，荧光灯、卤钨灯、金卤灯三种传统光源是目前在书画照明中所采用的主要光源类型[8]。而发光二极管（LED，Light Emitting Diodes）作为新一代光源，具有节能环保、寿命长、可调节、易维护等特点，在照明领域得到了广泛应用。特别是白光 LED（WLED，White Light Emitting Diodes）近年来发展迅速，为 LED 进入室内照明提供了条件。我国最新修订的《建筑照明设计标准》（GB 50034—2013）中，还特别增加了 WLED 应用于室内照明的相关内容。

WLED 所具有的另外三个特点使其在理论上非常适合用于书画照明：首先，WLED 光谱中的紫外线和红外线含量比传统光源更少，光学辐射损害也更小；其次，Mark S. Rea 教授研究表明，WLED 由于发光原理和制备方法的独特性，易于根据需求实现相应的光谱分布，因此可根据书画对于光谱的影响吸收特性研发最小损伤 WLED 光源[12]；第三，蓝光光谱由于波长较短、能量较强，是可见光谱中对展品损害最大的谱段，而 CIE 前主席 Van Bommel 教授在“Lighting Ouality and Energy Efficiency”一文中指出，$Tc=2700$K 且 $Ra>80$ 的 WLED 蓝光辐射量少于产生同样光通量的白炽灯；此外，同济大学的郝洛西教授和重庆大学的严永红教授在各自研究中均发现，低照度下 WLED 色温越低越有利于视觉辨识[13,14]，研究结果表明低色温、高显色性 WLED 在低照度环境下不但蓝光辐射量低，同时有利于视看。

WLED 的制备方法较多，传统方法是使用蓝光 LED 芯片激发黄色荧光粉，但由于光谱中缺少红绿部分，因此难以同时实现低色温和高显色性的指标要求。课题组与日本松下电器公司合作，已获得 RYGB 型 WLED 成品（$T_c=2700$K，$Ra=92$），同时测定红、黄、绿、蓝是其主要单色光谱成分，红外和紫外光谱含量极少。这种新型光源的出现，为 WLED 在书画展陈照明中的应用提供了基础。

照明光源的国内外的研究现状表明，在该领域尚存在如下两个问题：首先，目前虽已出现低色温高显色性 WLED，但面世时间很短，其可见辐射对书画基材和色彩的损伤程度不明，因此 WLED 的实际适用性缺乏科学依据；其次，WLED 的发展日新月异，光谱构成灵活且同色异谱现象明显，易于根据需求调整光源的 SPD，因此基于该特点探求组成 WLED 的主要单色光对书画影响量化规律，进而对 WLED 光谱组成及比例进行优化，对开发书画照明最低损害光源将具有重要意义，但目前缺乏相关研究。

2.3 照明数量

中国建筑科学研究院的赵建平研究员在“博物馆照明设计标准的研究”一文中指出，不同光敏感度展品可承受的最大光照射量不同，目前使用“表面照度”和“总曝光量（表面照度与照射时间的乘积）”两项参数作为照明数量限定指标[15]，世界主要国家和国际组织推荐的照度标准和年曝光量限制值见表 2 和表 3。可见国内外相关标准中大都以 50lx 和 50000lx・h/年作为特别敏感类展品的表面照度和总曝光量限定值，但由于各类光源的光谱构成不同，且不同类型特别敏感展品的物理化学特性相异，因此光源对其造成的损害程度也有较大差异，而均采用同一照明数量限定值不能对展品照明进行科学指导。为得到精确的照明数量控制指标，需要进行不同光源对各类特别敏感展品的光照影响量化研究。

部分国家和国际组织推荐的照度标准（lx） **表 2**

展品类型	组织及标准					
	国标(CIE)	国际(ICOM)	英国(IES)	美国(ANSI)	日本(JIS)	中国
不敏感	无限制	不限制	不限制	200～6000	300～1500	≤300
较敏感	150	150～180	150	200	150～300	≤150
特别敏感	50	50	50	50	75～150	≤50

注：IES（Illuminating Engineering Society，照明工程协会）。
ANSI（American National Standard Institute，美国国家标准学会）。
JIS（Japanese Industrial Standards，日本工业标准）。

陈列室展品年曝光量限制值 **表 3**

类　别	参考平面及其高度	年曝光量(1x・h/年)	
		中国	CIE
对光特别敏感的展品	展品面	50000	1500
对光敏感的展品	展品面	360000	150000
对光不敏感的展品	展品面	不限制	600000

Harrison 利用相对辐射量公式 F_{dm}，rel$=\int \Phi(\lambda)T(\lambda)D(\lambda)\mathrm{d}\lambda$（其中，$\Phi(\lambda)$ 为光谱辐射量，单位 W/nm；$T(\lambda)$ 为滤波器光谱传输量：$D(\lambda)$ 为破坏函数：λ 为波长，单位 nm），计算出在可见光谱范围内不同波长对被照物的相对辐射损害量，并绘制了相对损害影响程度函数图。研究结果表明 380～520nm 的光谱对被照物损伤明显，且自 380nm 至 520nm 相对损害程度逐渐减小，大于 520nm 的辐射影响可以忽略[4]（图 4）。

本人在北京市科委重大社会发展项目“颐和园古典园林夜景照明技术研究及示范”研究中，通过试验方法发现在满足相同表面照度和照射时间条件下，不同光源对古建筑彩画

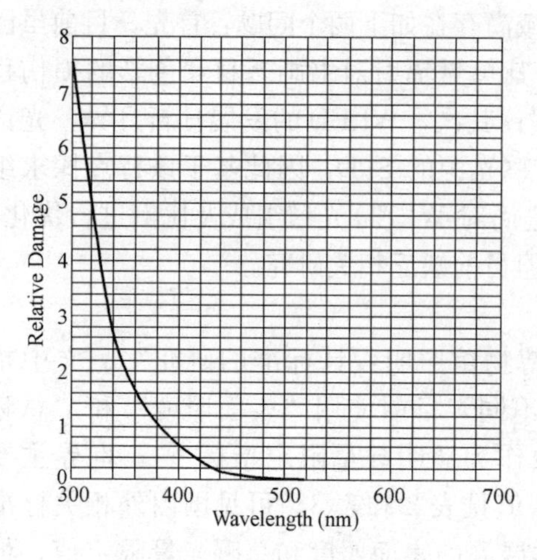

图 4　Harrison 曲线

的损害程度存在较大差异（高压钠灯<荧光灯<卤钨灯<金卤灯<日光）[16]（图 5、图 6）。

照明数量的国内外研究现状表明，现行照明数量指标存在如下两个问题：首先，对于不同光源照射不同类型特别敏感展品，均采用相同数量指标进行限定，不能为保护展品提供精确指导，尤其对于极易受损的中国书画更为明显；其次，当前指标是在对传统光源进行研究的基础上得到，而 WLED 的发光原理和光谱构成与传统光源存在较大差异，在满足现行指标要求的基础上是否能够保证良好的保护效果尚不明晰。因此，建立基于典型光源的中国传统书画照明数量标准是一项迫在眉睫的工作。

图 5　彩画试块光照影响试验

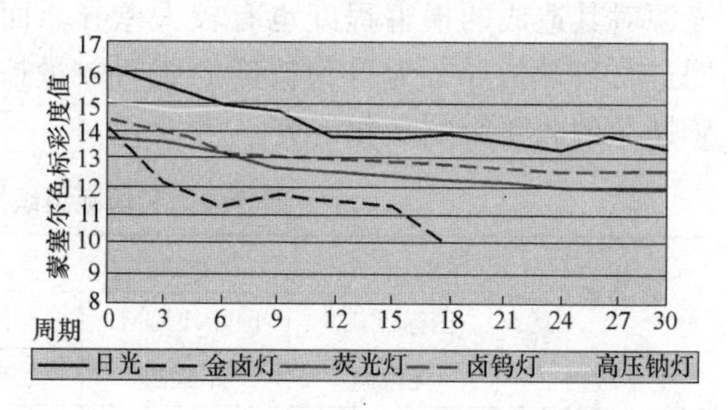

图 6　彩画色彩随时间衰变曲线

3　研究方法

针对当前在照明对象、照明光源、照明数量方面所存在的问题，课题组采用典型光源照射实体模型方法进行定量化研究。

3.1　研究准备

（1）模型试件：由天津大学工笔重彩研究所按传统技法和工艺，制作中国字画模型试件。以宣纸和丝绢作为基材，每种基材上用朱砂（矿物质）、烟墨（矿物质）、蛤粉（动物质）、花青（植物质）、岩黄（矿物质）颜料，绘制赤、黑、白、青、黄五种在中国书画中使用最为广泛的色彩，并使用小麦淀粉制成的糨糊按照古典技法进行手工装裱，使模型试件能够最真实地反映中国传统书画特点。

（2）试验光源：首先，由于传统光源的光谱构成较为稳定，因此采用满足特别敏感性展品照明要求的荧光灯、卤钨灯、金卤灯三种典型光照作为试验光源；其次，基于 WLED 具有 SPD 构成灵活的特点，除采用 RYGB 型低色温高显色性 WLED（$T_c=2700K$，$Ra=92$）作为试验光源，还将 WLED 主要包含的红（中心波长 700nm）、黄（中心波长 580nm）、绿（中心波长 510nm）、蓝（中心波长 410nm）四种单色光作为试验光源。

（3）检测指标：以微观形貌参数表征书画基材受损程度，使用 VHX-2000 型超景深三维显微系统进行检测；以色度参数表征书画颜料受损程度，采用 BM-5 型亮度计在 D65 标准光源下测量试件的 CIE 1931 色度坐标（x，y）及 CIE 1976 米制明度 L^*。为更直观地体现色彩变化情况，将（x，y）和 L^* 转换为孟塞尔标号进行评价。

3.2 研究方法

（1）在试验阶段：应用典型光源及四种单色光对书画试件进行照射的方法，进行光照对书画影响试验，并结合材料学和色度学方法对试件微观形貌及色度参数进行检测。

（2）在数据分析阶段：运用数学统计方法对所测数据进行分析整理，求解变化差值，进而基于拟合分析方法得到光照损害的周期性衰变曲线。

（3）在深化研究阶段：采用对比分析方法确定 WLED 较传统光源的相对损害系数；通过对曲线衰变规律进行分析，得到书画展陈照明总曝光量限定阈值，建立照明数量限制指标群：利用权重分析方法提出四种单色光对书画受损的影响权重关系（图 7）。

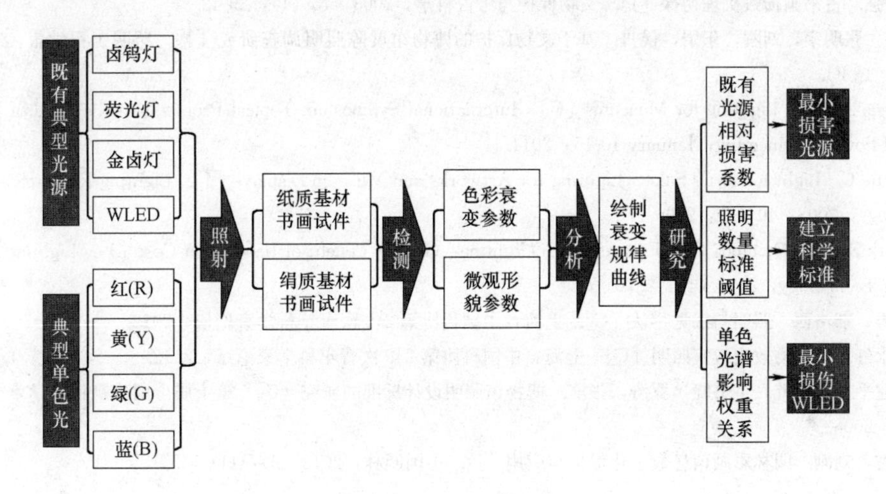

图 7 研究技术路线图

4 小结

作为博物馆展陈照明中的根本问题，文物光照保护越来越受到重视。我国也已经出台了《博物馆照明设计规范》，从展品分级、光源特性、照明数量等方面进行了限定。但由于文物种类繁多且自身特性不同，同时照明光源的光谱组成相异，因此对于不同光源照射不同类型展品均采用同一照明数量标准进行限定，不能为展品光照保护提供准确依据。本文基于博物馆展陈照明进行分析，提取出目前尚待解决的关键科学问题并制定研究路线，为确定不同类型展品照明的最低损害光源、建立针对性的照明数量指标群提供基础，从而避免或减小因不当照明所造成的文物历史信息流失和遗产价值降低等威胁。

Research on Key Questions of Display Lighting Base on Cultural Relic Rrotection

Abstract: The article researched protective lighting in museum by measns of analysized the investigation staturs at present in the field, and put forward the unsolved key science questions in three aspects, namely lighting objects, lighting source, lighting quantity. At the same time, the article raised research methods and solution.

Keywords: Display Lighting; Protection of Historical Relics; Key Questions; Solution

参 考 文 献

[1] 李光远. 中小城市专题类博物馆光环境研究 [D]. 北京：中央美术学院，2010.

[2] 李恭慰. 建筑照明设计手册 [M]. 北京：中国建筑工业出版社，2006.

[3] Museum Lighting and Protection against Radiation Damage [S]. (ICOM 3TC3-22).

[4] Control of Damage to Museum Objects by Optical Radiation [S]. (CIE 157：2004).

[5] Recommended Practice on Museum and Art Gallery Lighting [S]. (ANSI/IESNA RP-30-1996).

[6] 中华人民共和国国家质量监督检验检疫总局. 博物馆照明设计规范 [S] (GB/T 23863—2009). 北京：中国标准出版社，2009.

[7] 武金勇. 先秦两汉绘国颜料研究 [D]. 天津：天津大学，2011.

[8] 刘舜强. 古书画损毁机理初探 [J]. 文物保护与考古科学，2003，15 (1)：39-42.

[9] 党睿，张明宇，刘刚，于娟，侯丹. 基于文物保护的博物馆展陈照明调查研究 [J]. 照明工程学报，2013，24 (3)：18-23.

[10] Jelena Armas. Lighting for Museums [C], International Symposium-Topical Problems in the Field of Electrical and Power Engineering, January 10-15, 2011.

[11] Cuttle C. Light for Art's Sake, Lighting for Artworks and Museum Displays [J]. Lighting Research and Technology, 2008, 40 (3): 259.

[12] Mark S. Rea. Opinion: The Future of LED Iighting: Greater Benefit of Just Lower Cost [J]. Lighting Research and Technology, 2010 (42): 370.

[13] 杨秀，郝洛西. 照明与视觉辨认 [C]. 上海：中国科协第 249 次青年科学家论坛，2012.

[14] 严永红. 光生物效应教室照明 [C]. 上海：中国科协第 249 次青年科学家论坛，2012.

[15] 赵建平，肖辉乾，王书晓，罗涛，张滨. 博物馆照明设计标准的研究 [C]. 第十届全国建筑物理学术会评论文集，2008.

[16] 党睿，刘刚. 园林彩画信息数字化保护与应用 [J]. 中国园林，2013 (6)：111-115.

作者： 党　睿　天津大学建筑学院　副教授

雒　琛　天津大学建筑学院　硕士研究生

绿色建筑设计中适宜性技术的集成方法研究——以河北工业大学生物辐照研究基地建筑设计为例*

【摘　要】本文通过对河北工业大学生物辐照研究基地的建筑方案设计的研究，初步探讨绿色建筑设计中适宜性技术的集成概念。提出建筑师应主动利用适宜性的技术进行设计，而不是被动地堆砌技术以满足“数据”的标准。做到既满足绿色建筑评价标准，又创造更佳的空间体验，达到技术与艺术的完美结合。

【关键词】绿色建筑　适宜性技术　集成方法

1　对目标的思考——对国内绿色建筑设计现状的反思

当今绿色建筑设计中有一种误区，将技术当做了一种“补救的手段”。部分设计在设计初期对绿色建筑目标考虑不足，在建筑设计之后对照绿色建筑评价标准，用技术手段去补救不达标之处。技术处理之后，虽满足绿色建筑的标准，但发现已经改变了原来设计的空间形式。然后再去美化这些改变所带来的不利因素。这种补救的方法，以近乎“装修”的方式，将大部分的技术措施拼合到建筑中。

采用这样的设计方法，在一定程度上会产生很多前期不可预知的困难。首先，在用技术手段去“补救”时，可能要用到先进技术才能满足绿建的要求，这样会导致造价不可控。第二，美化的程度与结果不可控，导致贯彻设计师原有设计本意的不确定性。同时，往往也会给建筑师和专业工程师之间的协调增加困难。在设计结果方面，片面强调技术效用，而忽视建筑空间价值，虽然数据“绿色”了，但并不能称之为好的建筑。

因此，绿色建筑的评价标准并不能完全抛弃传统的建筑评价，更不能为了建筑“数据的绿色”，而片面强调技术的堆砌。

2　集成的概念——适宜性技术在绿色建筑中集成运作

绿色建筑技术是为达到绿色建筑目标而集成运用的手段。而绿色建筑目标不单单是一个指标，而是一个体系，涉及多个目标，多种专业。依据现行各个国家的绿色建筑评价标准（如美国的LEED评级体系，中国的绿色建筑评价标准等），基本涵盖节地、节材、节能、节水、室内环境、运行管理等方面。同时，作为建筑，仍要满足安全、适用、美观的基本要求。因为目标是一个体系，涉及众多方面，诸多专业，因此，所运用的手段也不可能是单一的，而是一个技术集成。同时，所用大量技术应该是成熟的，经济实用的，这样才能节约社会资源，并易于实现。而在设计中的难点就是如何将多种适宜性的技术集成，以期达到最佳的效果。

* 课题基金：“十二五”国家科技计划课题（2013BAL01B00）。

3 用技术去设计——以河北工业大学生物辐照研究基地设计为例研究

在此力求探讨一种方法——用技术去设计。即提出建筑师主动利用适宜性的技术，去完成设计，做到既满足一般使用标准，又满足苛刻的绿色建筑标准，创造更佳的空间体验。以生物辐照研究基地项目为例，河北工业大学为开展生物辐照技术（即通过辐照改变种子基因，达到优化育种目的的技术）的研究，欲投资 1000 万元，于北辰校区内建设一座规模 2000m^2 的实验室。校方希望在控制预算的基础上，实现建筑的“绿色化”，达到绿色建筑三星级标准要求（基地区位见图 1）。

基地概况

周边用地

建设用地位于河北工业大学北辰校区内，周边为校园体育场用地。

1.参与教学任务的教职人员主要从西南角方向进入，学生(研究生)主要从东侧的宿舍区进入研究中心。

2.周边体育场噪声对研究中心产生负面影响。

3.研究中心东侧为绿化用地。

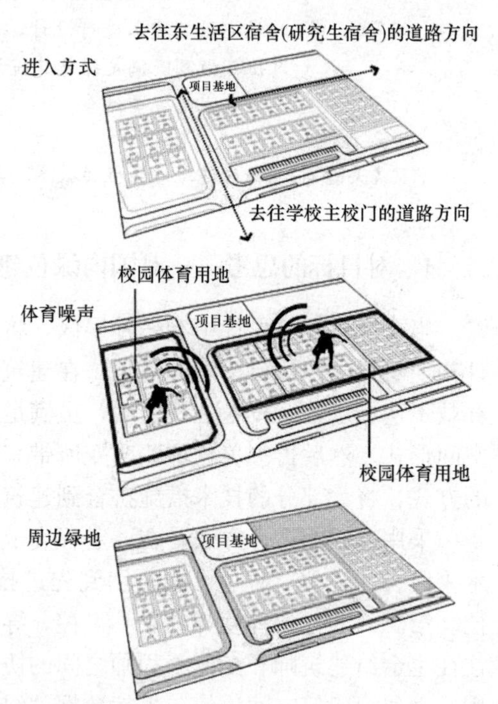

图 1 辐照实验室项目建设基地概况

这要求建筑师作为一个设计的组织者，协调各专业技术人员，参与到绿色建筑设计中，使得绿色建筑技术设计参与到方案的每一个环节，即在控制预算的前提下，充分用绿色技术去营造空间。

3.1 设计问题的研究

地域现状研究：从基地的区域气候，不利条件，分析与目标体系的差距，进而认识到设计的难点。同时，分析本地区所通常使用的本土化解决方法。在生物辐照研究基地方案设计过程中，对天津当地的气候特征、能源利用现状等进行具体分析。尊重当地文化，设计采用本地化原则。

项目需求研究：对项目需求、项目特点的分析。一个项目拥有多种需求，如对景观绿化的需求，对空气质量的需求，对采光和照明的需求，对保温的需求，对声环境的需求，等等。从中分析找出最重要的需求。比如一个实验室最重要的是空气质量，而一个教室最重要的是采光和声环境。而这些需求就成为了设计最优先考虑的因素。

3.2 提出设计主题

基于分析的结论，推出技术设计的原则和方向，提出一个绿色设计的主题。为之后绿色建筑的集成提供方向。其绿色设计主题可以是满足项目最大的绿色需求，或者是解决环境现状最不利问题的方法，亦或是结合建筑师设计概念而产生的绿色理念。这个绿色的理念是和建筑设计理念相融合的。这就要求在设计的最初阶段，就要有绿色技术的参与，从而可以让适宜性技术更好地被应用于设计。

在生物辐照研究基地方案设计过程中，依据实验室和教室对空气质量和采光的需求，同时结合建筑功能中对公共空间的客观需要，提出了“空间培养基”的设计概念——即设计通过拉伸传统封闭体块空间的手法，加入“活力空间”。活力空间就成为了空间的“培养基”，为主要使用空间提供了阳光、新鲜的空气、公共空间，使之成为“健康”的空间（图 2、图 3）。

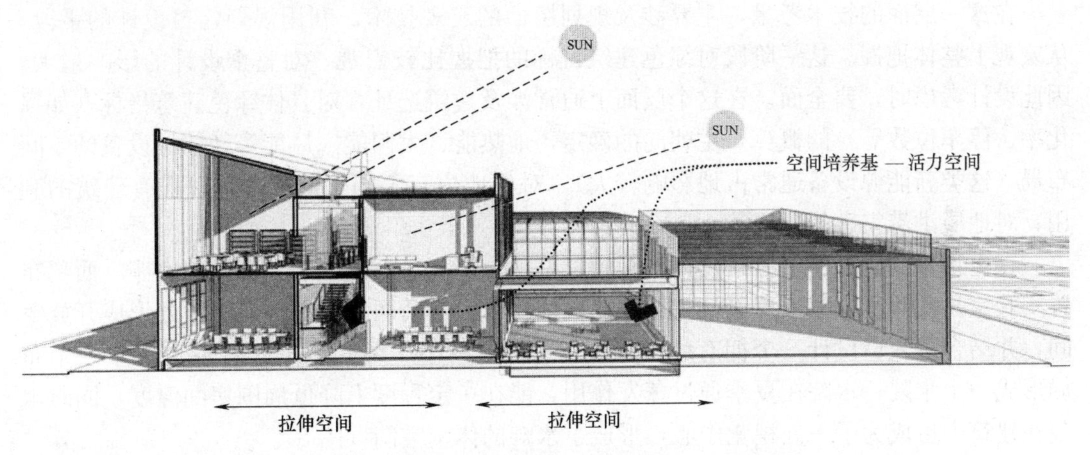

图 2　辐照实验室拉伸空间，加入活力空间的概念

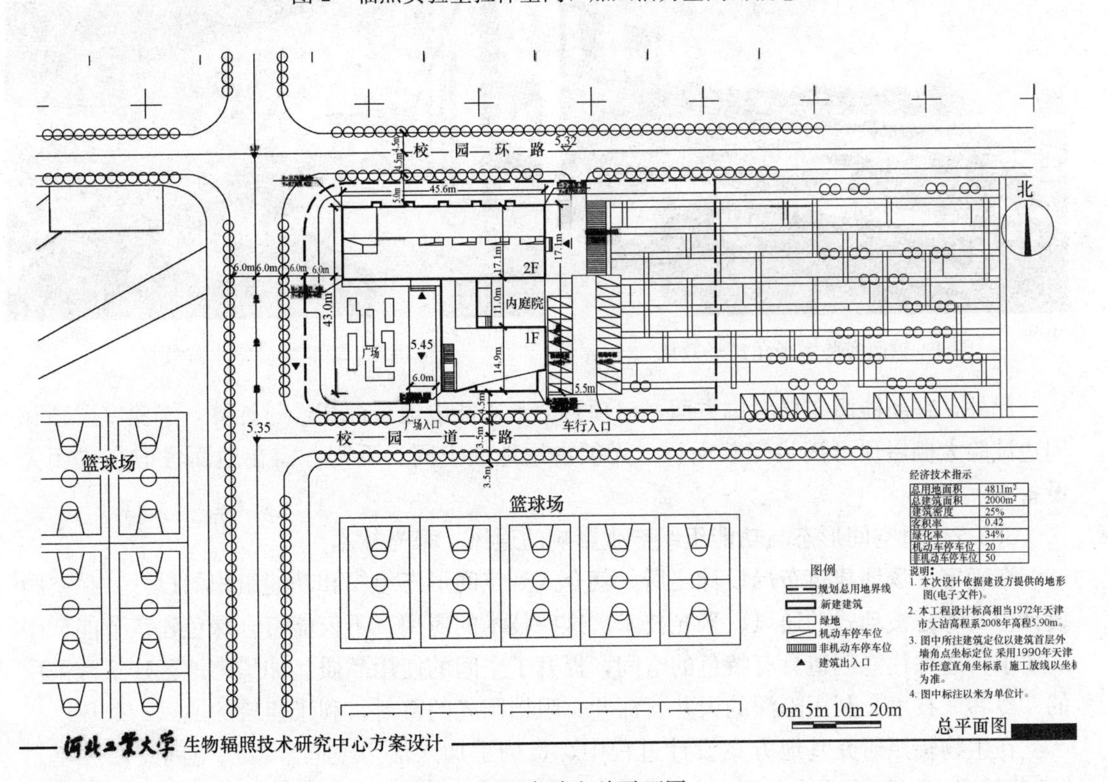

图 3　辐照实验室总平面图

3.3 把技术设计融入每一个设计步骤

绿色建筑目标体系作为一个系统，拥有诸多单项目标。为达到这些目标，我们通常拥有若干相对应的技术去完成。建筑师的任务需要去集成这些技术措施，使之构成一个完整的体系。然而，我们需要一种步骤方法去依次组织集成多种单项技术。建筑设计过程中，通常采用由宏观到微观的设计步骤，在贯彻设计主题和理念的前提下，进行每一步的实践设计，采取由宏观到微观的步骤，依次考虑组织集成绿色建筑技术。

根据技术对空间设计的影响和与其他技术的联系程度，可将这些技术分为四大类。

3.3.1 需要布局层面解决的，通常对建筑场地布局产生影响的技术

在这一层面的技术考量，主要涉及规划层面的宏观技术。利用规划建筑设计的手段，从宏观上整体把握。这一阶段对绿色建筑目标的把握比较宏观，对整个设计的影响最大，因此设计考虑时，要全面。在这个层面上通常涉及建筑选址，对具体绿色建筑指标（如绿化率、停车位数等）的概算，主朝向的确定，地热能、太阳能、风能等新能源设备的空间布局（这类新能源设备通常占地影响较大），对场地内有害因素的处理，对旧有建筑的利用，对地质洪涝灾害的防治等。

在生物辐照研究基地方案设计过程中，基地东部为一已建成的种植试验大棚，西部布置实验室。实验室方案依据设计主题将建筑体块分为前后两个体量。在街角处形成开放空间，并结合主入口设计一个拥有绿树遮蔽、可停留的小广场（图 4）。在两个体量之中布局形成一个水院，水院在夏季通过蒸发作用，能在一定程度上降低周围房间温度，同时水院在建筑中也成为了一处视觉中心，形成了水畔的休闲空间（图 5）。

图 4 辐照实验室街角广场效果

图 5 辐照实验室水院效果

此外，在新能源布局考虑方面，对项目的太阳能电池板面积经过计算，实验室屋顶和周边试验大棚屋顶可满足安装面积，无须占用地面空间。否则，需在地面考虑布置相关设备。

3.3.2 对空间形态与功能组织产生影响的通风、采光技术

在确定了场地建筑布局设计之后，就介入到空间形态组织和功能组织的设计。在空间设计中，考虑被动式的通风、采光技术。这些技术的应用，不仅能符合绿色建筑节能低碳的要求，还往往能创造具有特色的空间，提升了空间的使用品质。如华南地区建筑常采用的“冷巷”技术，利用幽深的天井、深巷，阻挡阳光的直射，利于建筑的通风、散热。

在生物辐照研究基地方案设计过程中，贯彻了加入活力空间，提供空间“培养基”，“培养健康空间”的设计主题。设计通过拉伸扩大交通空间，不仅赋予了其作为公共交流

空间的可能性，上下共享的空间设计，丰富了空间的变化和趣味性，更是形成了有利于通风、采光的天井。通过走廊上的天井，将光线引入到原本光线不足的走廊，同时所形成的上下空气压力差，增强了建筑的通风效果（图6～图8）。

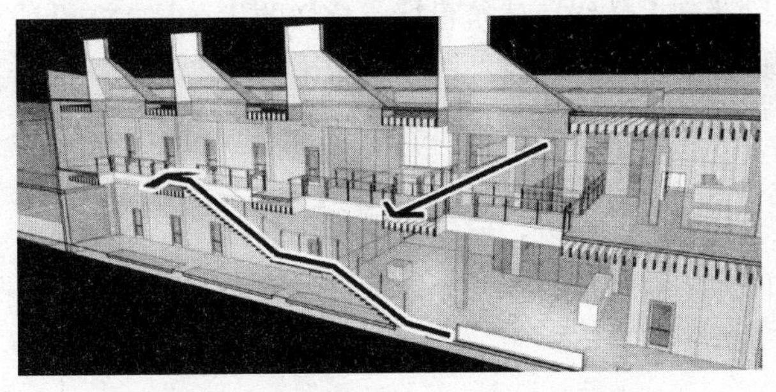

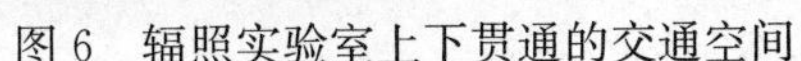

图6 辐照实验室上下贯通的交通空间

图7 辐照实验室内部效果

3.3.3 对立面，或者某一特定部分产生影响的技术

在这一层面的技术考量，是在之前的设计基础之上，利用成熟的、适宜性的技术，对某一具体部分进行设计考虑。如在考虑建筑立面时，选择应用具体的遮阳技术方案。这时遮阳技术的选择直接影响立面的设计效果。因此，在立面设计时就要考虑具体的遮阳技术手段。类似于这一阶段需要考虑的技术还有立面材料选择、屋顶绿化技术、光伏等新能源利用技术、室外铺地材料选择等。

对于屋顶的设计，方案结合从室外直接步入二层教室的设计，在一层报告厅的屋顶设置可上人屋面，布置种植覆土，形成结合入口的空中花园。同时，此屋顶绿化可在生物教学中发挥试验田的作用，满足部分教学任务。方案屋顶绿化占屋顶可绿化面积的60%，满足了绿色建筑设计标准的要求，又丰富了建筑室外空间环境，同时还利于加强屋顶保温效果。(图9)。

在这一设计阶段应用的技术，既能达到具体的绿色建筑标准目标，又能丰富设计内容，更好地表现设计主题。

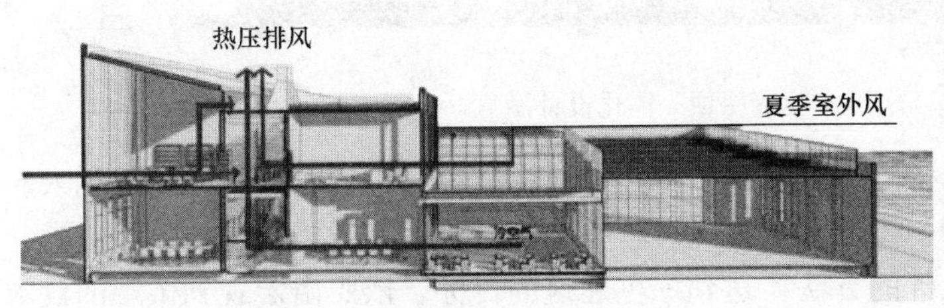

图8 辐照实验室通风效果示意

图9 辐照实验室屋顶绿化效果

3.3.4 对建筑空间形态设计产生微弱影响的技术

在这一层面的技术考量，主要涉及设备装置等单项技术层面，用于解决某一个具体问题，通常不会对建筑空间起到太大影响。属于这一层面的技术有清洁器具节水设计技术、选用节能高效节能灯、室内温度控制技术、各种智能弱电设备技术等。

在这一设计阶段应用的技术，建筑师拥有很大的选择空间，同时设计上有很大的自由度。即使出现不利的因素，如线路和设备影响立面等，建筑师也可以采用“美化装修”的小手术去修改。如实验室方案中，结合入口展厅，安装用于检测节能数据的展示屏，既检测建筑实时状态，又是展厅展示的一部分。

设计按从第一类到第四类的顺序原则，在从宏观到微观的设计方法基础上，依次组织技术设计。优先考虑用建筑空间设计手段达到多数绿色建筑目标。这样的优点是，在设计之中就充分融入绿色技术，能最大程度地减少之后“问题补救”所带来的不确定性，例如改动的不确定性、造价的不确定性等。

3.4 一体化设计

在组织完后，各个技术还是独立的、分裂的。所以，要进行一体化的设计，如屋顶一体化设计、墙体一体化设计等。所采用的原则就是涉及在同一建筑部分中的所有技术，将其进行整合。

4 结语

在河北工业大学生物辐照研究基地方案设计过程中，方案对屋顶进行一体化设计。屋顶整合了保温技术、屋顶隔热技术、排水与雨水收集、屋顶种植绿化技术、光伏技术等。由于屋顶覆盖了种植屋面和太阳能发电板，因此屋顶不需要严格传统的隔热层，降低了造价。太阳能发电板的安装需要屋顶倾角，这样的倾角有利于排水，并将水进行集中收集。同时，倾角的斜屋顶，有利于侧高窗采光。在屋顶的种植层同时利于屋顶保温（图 10）。

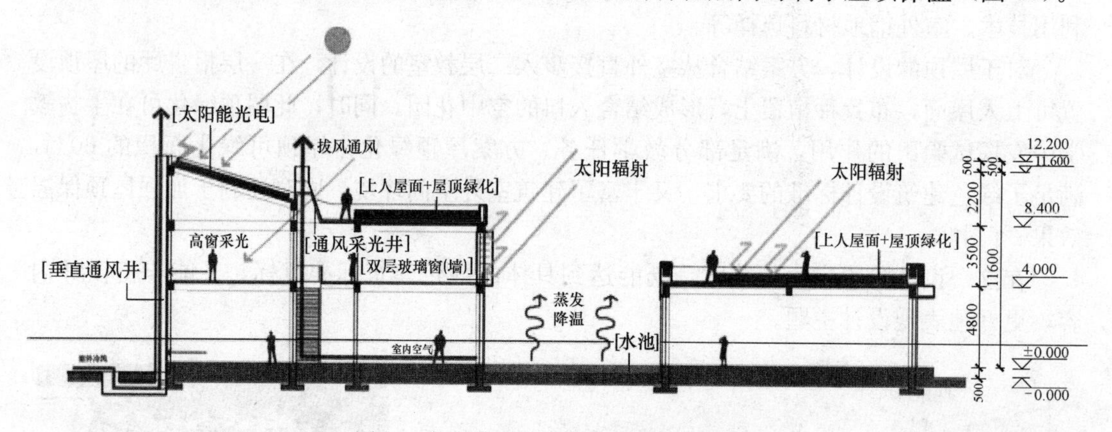

图 10　辐照实验室屋顶一体化设计示意

建筑师在建筑设计中是一个协调者的角色，本文提出将绿色技术的考量在最初就纳入到建筑设计中，并贯彻深入到每一步的建筑设计过程中去。设计优先考虑被动式、适宜性技术，即用建筑空间或者构造设计的方法，达到绿色建筑的目标。依照由宏观到微观的设计顺序，将绿色建筑技术融入到建筑设计中去。建筑师在方案设计的全过程中，协调各个专业工程师。这样，可使绿色建筑技术与各专业更好地结合，从而不至于因技术措施的使用而破坏建筑的使用功能和外观。

Integration Methods Research of Suitable Technology in Green Buildings—Case Study of Hebei University of Technology Biological Irradiation Research Base Architecture Design

Abstract: Through to the research of the Hebei University of Technology Biological Irradiation Research Base architecture design, the paper discussed the integration concept of suitable technology used in green buildings. Architects should use the suitable technology to design initiatively, but not technology stuffing to meet the standard. And we should both meet the evaluation standard for green buildings and create a better experience of space, to achieve the perfect conbination of technology and art.

Keywords: Green Buildings; Suitable Technology; Integrated Method

参 考 文 献

[1] 沈驰."建筑"行为——绿色建筑的空间设计策略 [J].建筑学报，2011 (3)：93-98.

[2] 许吉航，刘潇，肖大威.绿色建筑设计是适宜性技术与艺术结合的创新 [J].南方建筑，2010 (1)：57-59.

[3] 马维娜，梅洪元，俞天琦.我国绿色建筑技术现状与发展策略 [J].建筑技术，2010 (7)：641-644.

[4] 程凯，王娟.浅谈武汉绿地中心节能技术方案 [J].绿色建筑，2013 (4)：8-11.

作者：汪丽君　天津大学建筑学院　教授

刘振垚　天津大学建筑学院　硕士研究生

高层建筑可持续建筑策略研究——以珠江塔案例研究为例*

【摘　要】研究了绿色建筑技术理论指导设计下的广州珠江塔项目的实践，进而总结得出适于中国地区高层办公建筑的相关绿色建筑技术，以探索中国特色的可持续发展的绿色建筑之路。

【关键词】珠江塔　绿色建筑技术　太阳能光伏利用　风能发电　新型能源

0　前言

在城市土地日渐紧张的中国，高层建筑已成为解决城市高密度问题的有效途径之一。通过提高建筑高度，进而满足更多使用者的要求，同时节约城市用地面积，可谓一举多得。然而，随着社会的进步，人们也越发地发现，高层建筑对于资源的使用以及消耗也相当巨大。如何实现高层建筑的可持续性设计渐渐成为许多设计师所关注、也必须关注的问题。

1　项目概况

珠江塔（Pearl River Tower）位于广州市21世纪中央商务区珠江新城的核心区域，珠江大道西与金穗路的交会处。占地面积10636m^2，建筑高度309.4m。属于广州新城区当中第三高度。设计方为SOM设计事务所，对于这种超高层建筑他们具有相当多的设计经验，包括上海的金茂大厦，然而这栋大厦，却是他们所做的设计当中仅有的一栋“零能耗”建筑（图1）。

图1　珠江塔效果图

珠江塔于2006年奠基，于2010年建成。建筑地上71层，地下5层，其中顶层71层为高级会所，2～6层为餐厅，1层为银行。23～26层以及49～52层为设备层，地下5层为停车空间，其余各层均为商业办公空间。

作为一栋起初设计目标为零能耗建筑的高层办公建筑，却没有得到任何的权威认证，为了得出原因，本文从技术性以及经济性两方面对建筑进行评价研究。

2　技术性评价

珠江塔在整个设计过程当中，充分考虑可持续设计的相关因素。在设计阶段，SOM设计团队采用了BIM系统进行相关的建模以及设计工作，也就是利用了三维模拟显示技术，提前再现了建筑物建成后的样貌，包含建筑节点、建筑结构等都进行了详尽的设计与

* 国家自然科学基金（青年科学基金）资助项目（51208339）。

验算，进而减少了很多不必要的设计修改，提高了工作效率。此外，在完全仿真的环境当中，通过建造前期的三维模拟环境，也减少了后期不必要的资源浪费，大大提高了珠江塔的建造效率。

除采用BIM系统之外，珠江塔在设计方案中充分考虑了建筑形态与新能源应用的关系。通过建筑形体以及建筑表皮相关设计，充分利用可持续能源当中的风能以及太阳能对建筑进行供能。

风能（wind energy）是指地球表面大量空气流动所产生的动能，属于可再生能源的一种。其具有：①能量巨大，取之不尽，用之不竭；②周而复始，绿色再生；③分布广泛，利用方便；④就地可取，无须运输等四方面的优势。在与建筑结合方面的相关技术也较为成熟，主要分为水平轴风力发电机以及竖直轴风力发电机两种（图2）。

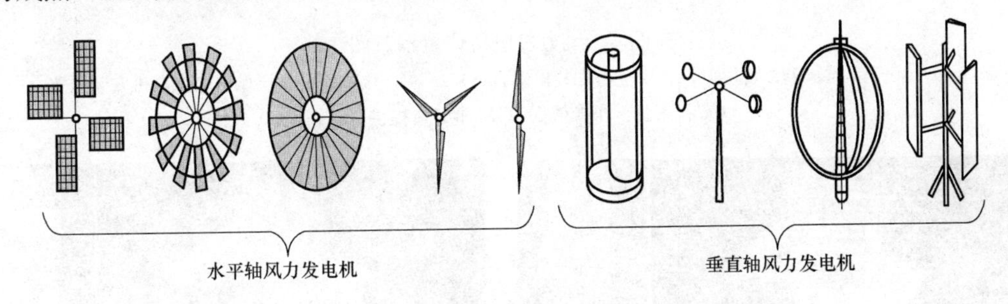

图2　风力发电机分类图
（资料来源：《新能源在建筑中的应用》）

珠江塔位于广州市，从建筑气候资料中得出广州地区年平均风速为2m/s。因受季风的影响，年内冬季受冷高压控制，多偏北风和东北风；春季风向较零乱，而以东南风较多；夏季受副热带高压和南海低压的影响，以偏南风为主；秋季由夏季风转为冬季风，以偏北风为主。在平均风速方面，以冬、春季节风速较大，夏季风速较小。但夏季间常有热带气旋侵袭，风速可急剧增大到8级以上。综上所述，广州地区属于风能较为丰富的地区，适于使用风能对建筑进行供能。

珠江塔设计项目当中，设计师在建筑23～26层以及49～52层两个不同的位置设置了4组垂直轴风力发电机（图3）。即在建筑100m以及200m处南北向贯通洞口处设置垂直发电机组。

珠江塔项目选用的为芬兰Windside公司生产的WS-10型垂直轴风力发电机组。其工作额定风速为25m/s，额定发电功率为6kW，产电的风速范围为2.7～40m/s。

在设计过程当中，为了进一步提高四组风力发电机组的发电效率，设计师通过曲线外形设计，迫使空气以最高速度穿过建筑结构腹部的四个风力涡轮机。在本文中，为了进一步检测建筑形体设计对于风速的提升作用，笔者通过Virtual Wind软件模拟，对于珠江塔建筑当中200m高度区域进行了风速模拟。如图4所示，发现通过设计师对于I形体的相关设计，使得200m处风速可以达到30m/s。相对于不进行建筑形体设计时200m高空的风速为8m/s，提高了3倍左右，促使风力涡轮系统产生更多的电能。

但由于风的不稳定性高，风力发电机紊流较强，发电质量较不稳定，致使风能所产生的电量往往有限。在珠江塔项目当中，设计师还采用了光伏发电系统进行能源补充。

广州地区属于太阳能资源一般丰富地区，属于太阳能资源可利用区，如图5所示，较

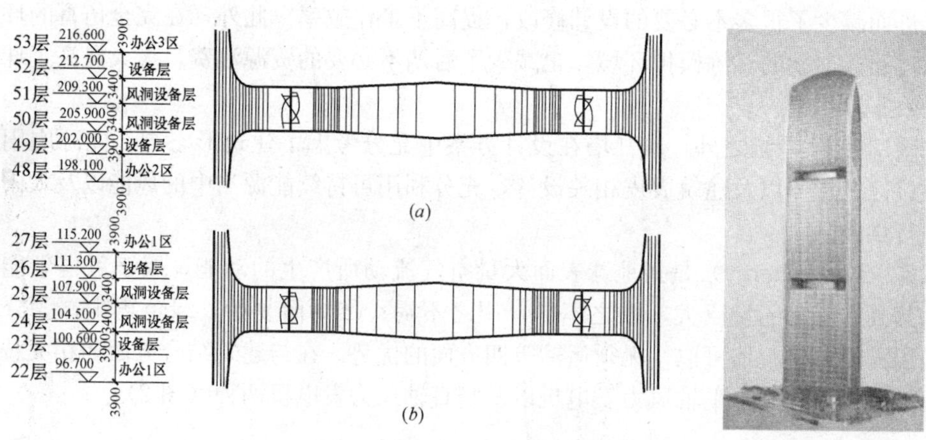

图 3 风力发电机位置示意图

(*a*) 50～51 层风洞设备层风涡轮发电机安装位置；(*b*) 24～25 层风洞设备层风涡轮发电机安装位置

(资料来源：作者依据 SOM 事务所提供资料整理)

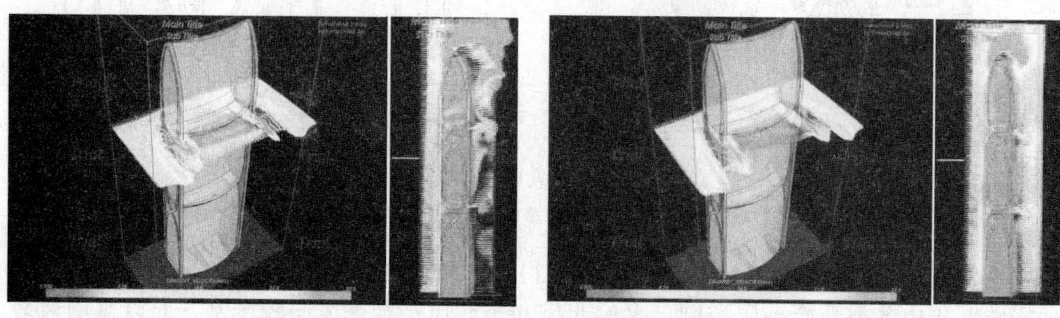

图 4 模拟夏季以及冬季不通风向下 200m 处风速

(资料来源：作者以 Virtual Wind2.0 模拟)

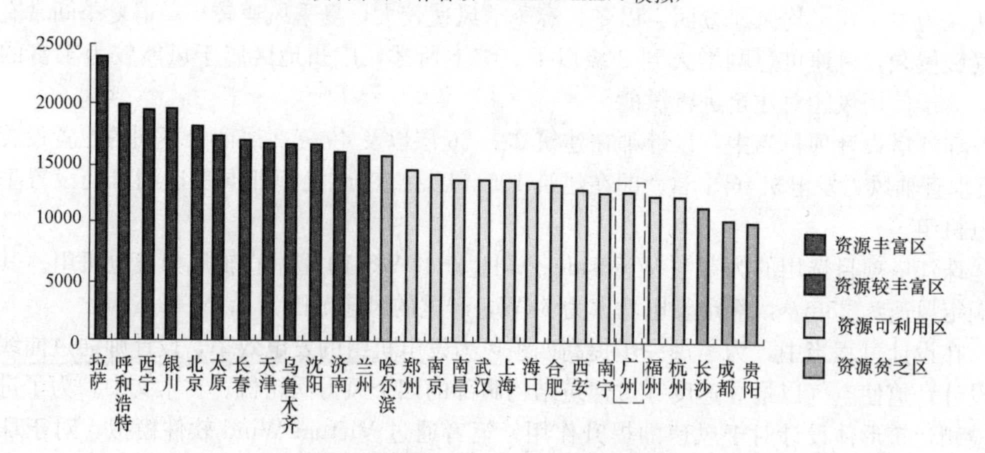

图 5 中国主要城市日均辐射量图

(资料来源：作者依据《建筑设计资料集（第二版）》整理)

为适于采用太阳能光伏系统进行原有主要能源的补充能源。在珠江塔项目当中，设计师将建筑幕墙与太阳能光伏板相结合，以获得在建筑立面上收集到的太阳能辐射能。

珠江塔项目充分考虑了光伏电池的自身特点，如表 1 所示，东西立面的固定遮阳板处设置的光伏组件颜色对于整体大楼的外观影响较小，因此设计师选用了光电转化效率较高的单晶硅电池组件，确保光伏组件发电效率最大化的同时，减少了建筑内部空间得热。而建筑的幕墙部分以及屋顶区域，考虑到单晶硅电池组件颜色多为黑色，颜色较深对于立面视觉效果影响较大，因此设计师选择了与玻璃幕墙的颜色较为接近，均为深蓝色的多晶硅光伏组件，如图 6 所示。

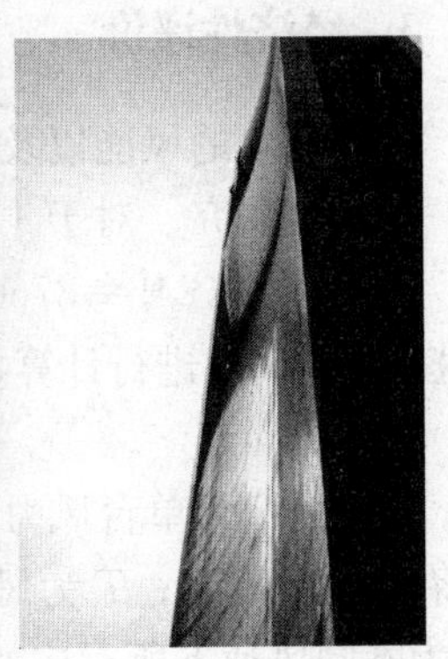

图 6　珠江塔立面、屋顶照片
（资料来源：SOM 事务所提供）

光伏组件分类以及特性总结　　　　**表 1**

种　类	优　点	缺　点
1. 晶体硅太阳电池 A. 单晶硅 B. 多晶硅	1. 原材料丰富 2. 性能稳定 3. 转换效率高	1. 耗电量大 2. 所需硅料多 3. 成本高
2. 薄膜太阳电池 A. 非晶硅 B. 多晶材料	1. 原材料丰富 2. 制造成本较低 3. 能耗低	1. 转换效率较低（<12%） 2. 衰减快
3. 其他材料 A. 锑化铬（CdTe） B. 铜铟硒（CIS）	1. 转换效率高 2. 制造成本低	材料稀缺

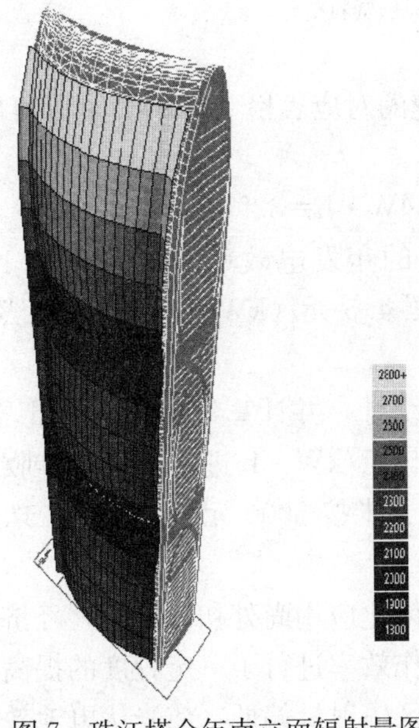

图 7　珠江塔全年南立面辐射量图

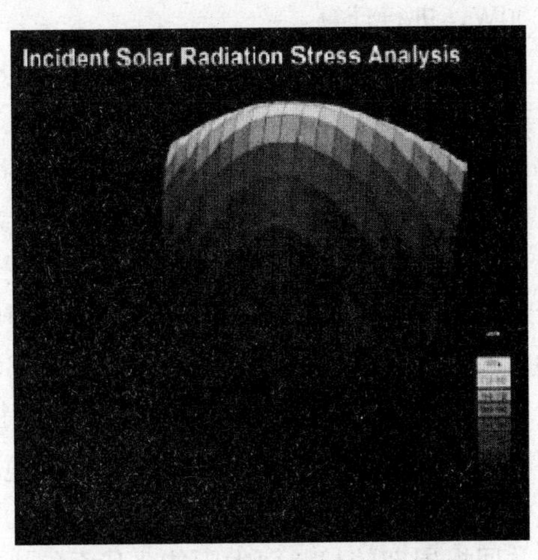

图 8　珠江塔全年屋顶部分辐射量图
（资料来源：作者以 Ecotect 分析）

笔者通过 Ecotect 模拟，进而研究整栋建筑不同区域的日照辐射时数对于立面光伏的使用效率。从图 7、图 8 中，可以看出建筑日照辐射量较高，太阳能光伏效率较高，这也从客观的角度验证了对于光伏组件进行布置方案的可实施性与科学性。

3　经济性评价

综合之前的风能以及太阳能利用效率的分析，进而对于整栋建筑的经济回收周期进行进一步计算研究。对于 4 台 WS-10 垂直轴风力发电机组，其运行周期按照 365 天进行计算，即为 365×24h=8760h。WS-10 型垂直轴风力发电机组的扫风面积为 10m²，100m 处风速按照 8m/s 进行计算，此时的风能密度为 348W/m²：

$$P=C_p\times T\times S\times\rho\times P_v$$

其中：P 为单台风力发电机年发电量；C_p 为风能利用系数，极限值为 0.59，本计算中将其定为 0.54；T 为风机工作时间；S 为扫风面积；ρ 为计算高度所对应的风能密度，P_v 为不同风速下所对应的输出功率。

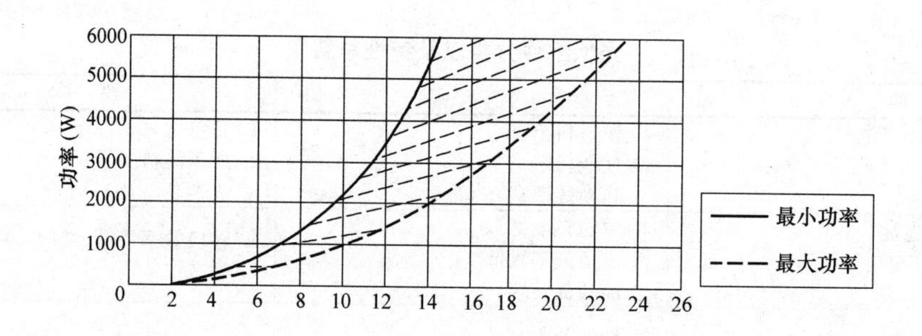

图 9　WS-10 型发电功率与风速关系

（资料来源：作者依据 SOM 事务所提供资料整理）

依据 WS-10 型垂直轴风力发电机组的效率与风速的对应表格（图 9），可以得出 P_v=2000W，进行计算：

$$P=0.54\times8760\times10\times348\times2\times10^{-6}\text{MW}\cdot\text{h}=329\text{MW}\cdot\text{h}$$

进而推出总共 4 台 WS-10 垂直轴风力发电机组的年发电效率为 329×4=13.16×10⁴kW·h。通过计算电力公司的收益回报值，即按照 4.5 元/(kW·h) 进行补偿，风力发电机成本为 1600 万元，得出回收年限为 27 年。

光伏建筑一体化部分，对于不同月份进行辐射量统计，并计算年预计发电量，如表 2 所示，为 152068kW/h，年收益回报按照电力公司 4.5 元/kW·h 进行补偿，年收益回报约为 68.4 万元，光伏组件面积总共为 1661m²，每平方米按 5000 元进行计算，珠江塔光伏系统成本为 1329 万元，而回收周期为 17 年。

从上述效益分析可知，由于风力发电与建筑物一体化应用尚处初级阶段，经济效益较低，即使是设计者通过设计的方法对风力发电机的工作效率进行了一定程度的提高，但年收益回报周期较长。而太阳能光伏系统，由于广州地区辐射量偏低，使光伏电池效率无法充分体现，致使回收周期较长。

珠江塔项目光伏各月预计发电量统计　　表 2

月份	1月	2月	3月	4月	5月	6月	7月	8月	9月	10月	11月	12月	全年
总辐射量（$MJ \cdot m^2$）	306	243	268	301	389	419	507	490	444	440	377	335	4519
换算为功率（kWh/m^2）	85	68	74	84	108	116	141	136	123	122	105	99	1255
屋顶光伏发电量(kWh)	3084	2468	2685	3048	3919	4209	5117	4935	4463	4427	3810	3593	
东立面光伏发电量(kWh)	3185	2548	2773	3147	4047	4346	5283	5096	4609	4571	3934	3709	
西立面光伏发电量(kWh)	3981	3185	3466	3934	5058	5433	6604	6370	5761	5714	4918	4637	
合计	10250	8200	8924	10130	13024	13989	17004	16401	14833	14712	12662	11939	152068

资料来源：作者依据 SOM 事务所提供资料整理。

4　问题

整个珠江塔项目当中，除了采用了风能一体化以及太阳能一体化等主动式新能源利用技术以外，还采用了包括辐射制冷系统、置换通风系统、节能照明等相关的节能技术。除此外，在建筑的施工工程中，珠江塔项目通过在施工过程当中减少粉尘、噪声、光、污水等直接对环境或人员的污染以及对已有固体建筑垃圾的分类、回收利用和再加工，充分满足了“绿色施工”要求，在建筑建造过程当中减少了能源的浪费，防止了施工对于环境的污染。

珠江塔作为一栋高层办公建筑，采用了大量的钢材以及混凝土材料作为建筑的结构材料，同时还采用了大量的玻璃作为建筑的表面材料。然而，利用生命周期方法进行分析表明：在建筑材料生产过程当中，型钢以及玻璃的 CO_2 排放量均为 1.4t/t，如图 10 所示，对于环境负荷，明显地，玻璃以及型钢的 CO_2 排放较多；而生产当中的耗能情况比较显示，如图 11 所示，型钢的耗能大概为 13.5GJ/t，而玻璃的生产过程耗能为 16GJ/t；生产过程当中的单位资源消耗量比较得出，如图 12 所示，玻璃与型钢的资源消耗量也相对较高。而珠江塔项目用钢量为 2.65 万 t，可见整体项目当中，其生产用钢的耗能是相当巨大的。

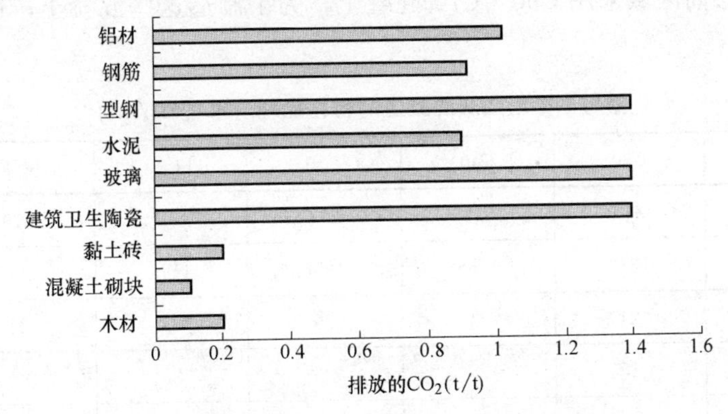

图 10　主要建筑材料生产过程中 CO_2 排放量比较

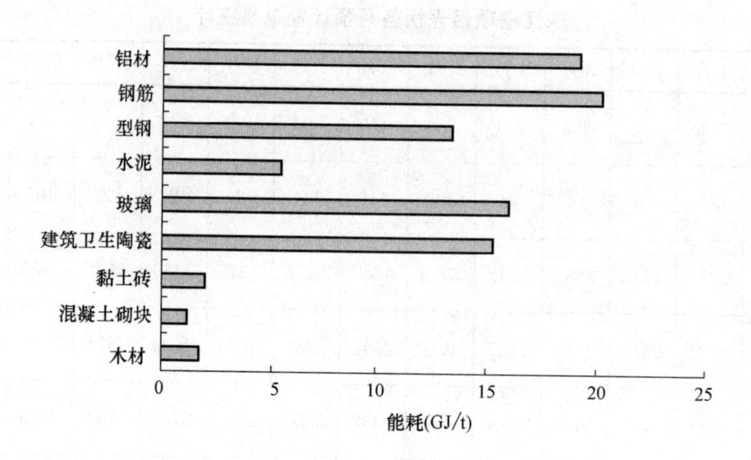

图 11　主要建筑材料生产过程中能耗情况比较

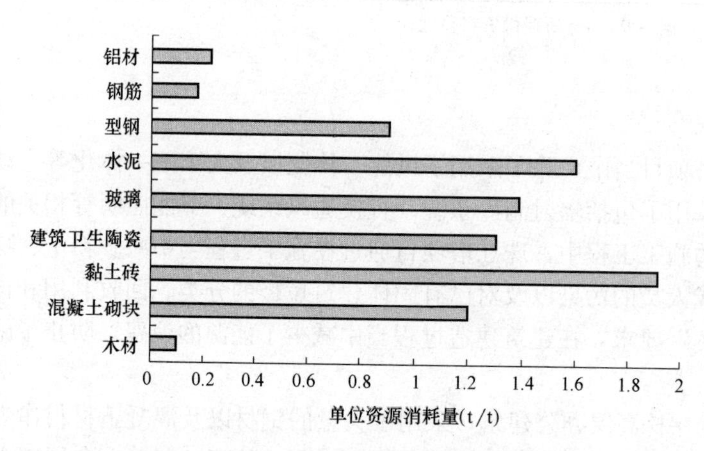

图 12　主要建筑材料资源消耗情况比较

除了钢材以外，混凝土作为高层建筑的重要的结构材料，耗能也相当严重。从表 3～5 中的相关混凝土数据，可以得出混凝土等级越高，能耗也就越大，制造混凝土所需要的石灰石消耗量和水泥用量也越大，而我国的石灰石资源储量少。而珠江塔工程当中共耗费 40000m^3 以上的混凝土，地板区域采用了 C50 混凝土进行分区浇灌，浇灌厚度达到 3.5m，建筑核心筒区域采用 C60～C70 混凝土，为了制造这些混凝土，也产生了极大的能耗。

掺与不掺粉煤灰混凝土的物化能耗清单（MJ/m^3）　　**表 3**

强度等级	C30	C40	C50	FC30	FC40	FC50
骨料开采	315	310	297	315	310	297
水泥内含能量	1272	1666	1956	1145	1449	1757
原料运输	24	24	25	24	24	25
混凝土拌制	25	25	25	25	25	25
合计	1636	2025	2303	1509	1808	2104

掺与不掺粉煤灰混凝土的原料消耗清单（kg/m³） **表 4**

强度等级	C30	C40	C50	FC30	FC40	FC50
煤	77	100	117	69	87	105
石灰石	429	500	664	386	492	597
砂岩	28	37	48	25	32	39
铁粉	12	15	18	10	18	16
石膏	20	24	28	18	21	25
砂	750	720	655	750	720	655
碎石	1080	1080	1070	1080	1080	1070
粉煤灰	40	52	60	75	105	109
水	185	185	185	185	185	185

掺与不掺粉煤灰混凝土的资源耗竭潜值（kg/m³） **表 5**

强度等级	C30	C40	C50	FC30	FC40	FC50
煤	77	100	117	69	87	105
铁粉	46	57	69	38	50	61
石膏	22	26	30	19	23	27
石灰石	13982	18447	21641	12581	16035	19457
总计	14127	18630	21857	12707	16195	19051

5 总结与讨论

广州珠江塔项目通过采用风能建筑一体化技术以及光伏建筑一体化技术等相关技术，为整体建筑使用过程当中“零能耗”起到了一定的促进作用，尤其是风能建筑一体化利用技术不但是绿色建筑的典范，同时也是实践国家提倡节能减排总体战略的新举措。然而，作为高层办公建筑，在建造过程当中，不得不使用的混凝土、钢材等材料，其生产过程当中对于环境所造成的破坏过大，在建筑全寿命周期当中，生产过程耗能过大，导致珠江塔项目始终无法获得相关权威机构的绿色认证。

作为未来城市发展的趋势，如何做到高层办公建筑的可持续性，依旧是这一代建筑设计师需要研究的重点。在保证建筑物结构可靠度和使用功能的前提下，从减少建筑物资源消耗的角度考虑，应最大限度地减少混凝土、钢材的使用量。在建筑设计过程当中，充分考虑建筑全寿命周期的原则，再结合当地气候条件设置适宜的主被动式技术，对可持续能源加以应用，才能做到真正的绿色高层建筑，为未来城市造福，为地球的环境造福。

Sustainable Technology for High-Rise Building
Based on Pearl River Tower

Abstract: According to the study of Guangzhou Pearl River Tower which is based on the theory of green architecture technology, this paper analyzed the green building technologies of official high-rises which is suitable for China, and also related research of building integration for new energy technology is done, so that it could offer a new possibility to explore future green building and to realize the sustainable development with Chinese characteristics.

Keywords: Pearl River Tower; Green Building Technology; Solar Photovoltaic; Wind Power Generation; New Energy

参 考 文 献

[1] 李婷. 一种垂直轴风力机及其在建筑中的应用研究 [D]. 北京：北方工业大学 [硕士学位论文], 2010.

[2] 李程. 可持续发展的高层建筑研究 [D]. 天津：天津大学 [硕士学位论文], 2011.

[3] 赵华, 高辉, 李纪伟. 城市中风力发电与建筑一体化设计 [J]. 新建筑, 2011 (3): 45-48.

[4] 田蕾, 秦佑国. 可再生能源在建筑设计中的利用 [J]. 建筑学报, 2006 (2): 13-17.

[5] 艾志刚. 形式随风——高层建筑与风力发电一体化设计策略. 建筑学报, 2009 (5): 74-76.

[6] 华锡锋, 周名嘉. 浅谈风力发电机在超高层建筑——珠江城项目的应用. 电气应用, 2010 (6上): 68-72.

[7] 何镜堂, 刘宇波. 超高层办公建筑可持续设计研究 [J]. 建筑学报, 1998 (3): 32-36.

[8] 刘蕾. 超高层建筑的绿色设计策略研究 [D]. 天津：天津大学 [硕士学位论文], 2013.

[9] 李秋胜, 李永贵, 陈伏彬, 赵松林, 朱楚南. 超高层建筑的风荷载及风能发电应用研究 [J]. 土木工程学报, 2011 (7): 29-36.

[10] 郭敏晓. 风力、光伏及生物质发电的生命周期 CO_2 排放核算 [D]. 北京：清华大学 [硕士学位论文], 2011.

[11] 广州超高层“风力发电”开世界先河为世界之首 [EB/OL]. www.chinapower.com.cn/article/1105/art1105771.asp.

作者： 张　文　天津大学建筑学院　博士研究生

陈思源　天津大学建筑学院　博士研究生

既有办公建筑绿色化改造设计策略研究*

【摘　要】 文章从既有办公建筑的概念界定入手，以天津大学15楼改造设计为工程案例，探讨既有办公建筑绿色化改造的目标、原则和内容，研究指出既有办公建筑绿色化改造是以可持续发展观念为前提，包括办公空间环境改造、环境资源利用改造和建筑运营管理改造三个环节的综合性建筑设计再创作。通过研究以期为我国既有办公建筑绿色化改造工作提供有益借鉴。

【关键词】 既有办公建筑　绿色化改造　全生命周期　绿色设计策略

住房和城乡建设部发布的《“十二五”建筑节能专项规划》指出，截至2010年年底，城镇节能建筑占既有建筑面积的比例仅为23.1%，其中绿色建筑（含绿色建筑示范工程和绿色建筑标识项目）所占比例更加微乎其微[1]。办公建筑作为公共建筑的常见类型之一，人员使用建筑的频率与工作停留的时间远远长于其他类型的公共建筑。因此，本文选取既有办公建筑作为研究对象，旨在探讨适合我国国情的既有办公建筑绿色化改造技术策略，以期为我国既有办公建筑绿色化改造设计实践指明方向。

1　既有办公建筑的界定

既有建筑是一个相对概念，一栋建筑从建成使用之日起，其结构、功能等各方面便开始了建筑全生命周期的衰减过程。办公建筑是指“供机关、团体和企事业单位办理行政事务和从事业务活动的建筑物”[2]，即办公建筑是收集、处理和产生各种行政、科研、商务信息，进行社会再生产的基础性场所。

既有办公建筑是既有建筑的重要类型之一。该类建筑在设计、建造、使用的初始阶段，能够满足人们日常工作的行为需求；然而，伴随时间不断推移以及实际使用需求的改变，尽管建筑的物质寿命尚存，却出现了建筑设备陈旧、运行能耗偏高、室内环境恶化等现象。由于既有办公建筑仍然存在潜在使用价值，因此对该类建筑展开绿色化改造，能够最大限度地实现节约资源和保护环境的目的。

2　绿色化改造的目标与原则

2.1　既有办公建筑绿色化改造的目标

针对既有办公建筑的绿色化改造，是将资源利用改造和办公环境改造相结合，以便更为科学、有效地利用原有建筑，使其重新满足现实功能需求而进行的改造。

既有办公建筑绿色化改造的目标主要有以下两点：其一，创造健康、舒适，与自然和谐共处的工作环境；其二，最大限度地保护环境和节约资源。

其绿色化改造的主要内容包括办公空间环境改造、环境资源利用改造和建筑运营管理

* 本文受国家十二五科技支撑计划课题资助，课题名称“既有建筑绿色化改造关键技术研究与示范”，课题编号2012BAJ0B05。

改造三个环节，各个环节之间相互渗透（图 1）。绿色化改造更注重三者的整合协调，以实现效益最大化。

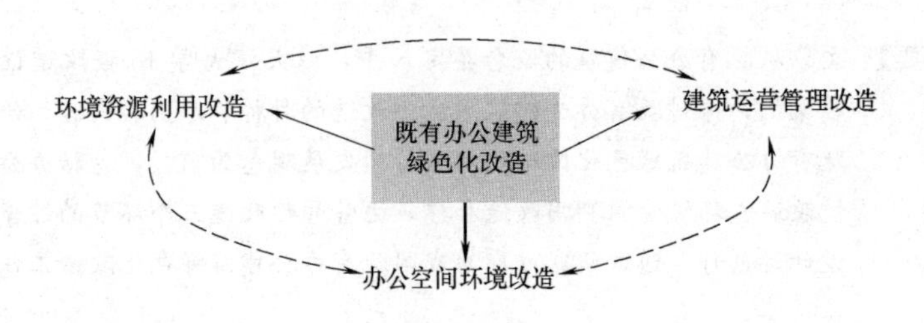

图 1　既有办公建筑绿色化改造的三个环节

2.2　既有办公建筑绿色化改造的原则

（1）整体性原则

绿色化改造从既有办公建筑活动的整体过程进行考虑，它将工程项目及其各个环节作为一个完整的生态运行周期，从改造设计开始，到原材料的选用，材料及产品的生产制造、运输与建造、运行与维护，以及再改造与报废的全过程来考虑建筑对资源环境的影响。建筑师应当考虑办公建筑的使用特点和实际需求，通过整合办公建筑空间、功能、技术来提升功能，改善办公环境和节约资源。

（2）因地制宜原则

绿色化改造应根据当地实际情况及办公建筑本身状况（结构体系、墙体种类、使用功能）来选择建筑材料和生态技术，形成相应的改造策略。例如，对于围护结构，我国北方地区注重解决保温问题；而我国南方地区应注重遮阳隔热和自然通风[3]。绿色化改造在保证办公空间舒适、环保、节约资源的前提下，应当结合当地适宜技术策略、地方文化特征进行办公建筑形式语言的创新，注重发掘原有建筑的文化内涵，起到保护城市文脉连续性和完整性的作用。

（3）健康舒适原则

绿色化改造要求体现对办公人员的人文关怀，针对既有办公建筑不同的使用功能，制订具体的声、光、热，以及通风等物理环境要素的改造目标，实现健康、舒适的室内外办公环境。绿色化改造强调在节约资源和保护生态的同时，提高工作环境的品质；单纯强调节约资源和保护生态，而牺牲了工作环境质量的改造是毫无意义的。办公建筑材料和装修材料的选择应当注重健康性原则，选择对人体低污染和无污染的材料；舒适性原则是在满足健康原则的基础上，办公空间环境品质的进一步提升，舒适的空间环境能够起到疏缓人员办公压力，提高工作效率的作用。

3　既有办公建筑绿色化改造的内容

在建筑学科理论和实践研究的框架下，既有建筑绿色化改造的核心内容，即注重运用建筑设计方法对既有建筑进行节能改造设计；这对于既有办公建筑绿色化改造也不例外。

以下根据既有办公建筑绿色化改造的三个环节，对其改造内容进行阐述。

3.1　办公空间环境改造

办公空间环境绿色化改造主要包括室外环境改造和室内环境改造两部分。

室外环境改造应从整体规划设计的角度，考虑对原有办公空间室外环境要素的整合和再利用。最大限度地保留原有场地的绿化和植被，并加以改造，结合室外风环境模拟的结果，统一考虑办公景观小品、绿地、水体、人工湿地、雨水收集与再利用、生态停车场等要素的综合配置。

室内环境改造应从声、光、热等方面，提高办公空间的环境品质。

首先，在光环境方面，天然采光可以提高办公区域的环境质量，增加办公人员的舒适感，节约能源。因此，精心设计和控制天然采光对于办公建筑改造来说十分必要，主要措施包括：①在结构可承受范围内，加高外窗高度，并配合反光板，使天然采光的进深加大。②对于改造标准较高，建筑进深过大的既有办公建筑，可以利用导光技术，如光导纤维法，将阳光经光导纤维传递到室内较深处。③自然采光引起的眩光是办公空间常见的问题，可以通过安装内部百叶窗或其他遮阳设备来控制和消除眩光。另外，人工照明是光环境的有益补充，在工作和交通分区明确的大开间办公室，可以采用分区照明的方式，有利于对照明系统的集中控制与智能化控制，起到良好的节能效果。

其次，在风环境方面，办公建筑绿色化改造应注意以下几点：①根据办公建筑内各功能区域的实际需要采用不同的通风方式，尽量选用自然通风为主，机械通风为辅的组合通风方式。②将通风和供暖、制冷作为整体进行设计，室内热负荷的降低可以减少通风需求，利用夜间的冷空气来降低建筑结构的温度，并且尽量回收排出空气中的热量和湿气。③合理设置送风口和进风口位置，采用新型通风方式，提高办公人员的舒适度。

再次，在声环境方面，一方面可以提高建筑外围护结构的隔声性能，尤其是门窗的隔声性能，保障办公效率；另一方面可以做好空间划分，适当采用吸声性能良好的建筑装修材料（如地毯、矿棉吸声板吊顶等），或是配置植物，有利于降低噪声，创造安静、良好的办公环境。

另外，在既有办公建筑结构允许的前提下，建筑设计可结合既有空间巧妙设置中庭，有利于天然采光和自然通风的组织和利用；并适当引入植物、水体，在改善室内气候环境、美化办公空间的同时，降低建筑能耗。

3.2 环境资源利用改造

环境资源利用绿色化改造旨在加强资源节约与综合利用，通过以建筑设计为主导的整体改造方法来减轻环境负荷，创造高效、集约的现代办公空间场所；其具体技术内容包括节能与能源、节水与水资源、节材与材料（图 2）。建筑材料尽量使用可再生、可回收的材料，或者是本地生产的材料，以减少运输过程中的能耗。

3.3 建筑运营管理改造

建筑运营管理绿色化改造包括既有办公建筑智能化系统配置和资源环境管理两部分。其中，智能化系统应包括室内空气调控系统、室内环境监测技术系统、用水监控系统、可再生能源发电与配电监控系统、办公自动化系统、信息网络系统、安全防范系统等内容。改造时应根据办公建筑功能使用上的特殊性，注意确定合理的改造层次，选用适宜的、有一定弹性的技术设备。

在资源环境管理方面，绿色化改造强调全寿命周期的概念，强调建筑使用过程中的资源环境管理。通过智能化系统和制度建设，建立运营管理的网络平台，包括从对节能、节水的管理到对环境质量的监视等内容。数据表明，加强用能管理，配合节能设备，可使一般办公建筑的能耗降低 20%～30%[4]。

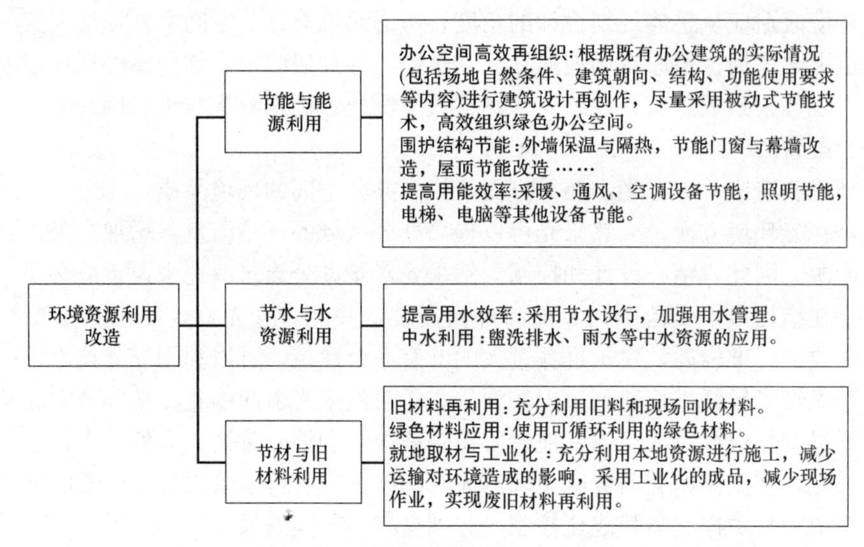

图 2　资源利用改造环节的改造内容

4　改造设计实践研究

4.1　项目概况

天津大学 15 楼位于天津大学校园内部，建成于 1970、1980 年代，既有总建筑面积约 5360m²。该建筑结构类型为砖混结构，现状建筑外墙部分破损，未设置保温层，平面形式为内走廊，两侧布置房间，目前用作普通教室（图 3）。完成绿色化改造后，该建筑将为学校新成立的生命环境学院提供行政办公的空间。

绿色化改造要求在不进行结构加固的前提下，使既有建筑赋予新的使用功能，实现健康、舒适、节能、绿色的室内外办公环境。

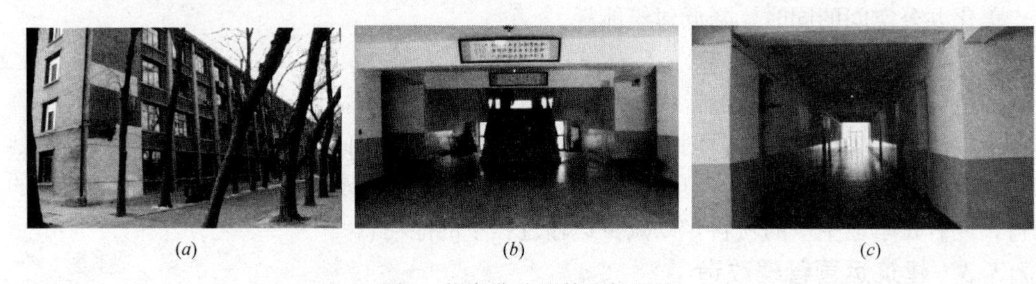

(a)　(b)　(c)

图 3　绿色化改造前现场照片

改造设计以绿色化技术整合的方式，对 15 楼进行了设计再创作。其改造重点包括了建筑外围护结构、节水设备与中水利用、建筑设备分类分项计量、可再生能源综合利用等内容。改造后现场照片如图 4 所示。

4.2　技术策略

绿色化改造技术策略的运用，具体体现在以下几个方面。

(1) 节地与室外环境

绿色化改造设计在保留既有建筑结构的前提下，合理增加了外部功能性构架，力求最大限度地减少改建对场地环境的破坏。新的规划设计方案保留了原有场地内部的高大树

图 4　绿色化改造后现场照片

木，并合理增加了绿化用地的面积。

（2）节能与能源利用

首先，绿色化改造设计对既有建筑外墙体、屋顶进行了被动式节能改造，节能效果明显。其中，外墙体在保留原有外墙 360mm 黏土砖的基础上，增设了 65mm 厚 B_1 级挤塑聚苯板外保温；屋顶部分在保证既有建筑屋顶设计荷载的前提下，于混凝土屋面板上增设 65mm 厚 B_1 级挤塑聚苯板保温层，且每隔 500mm 间距增设岩棉防火隔离带。

其次，绿色化改造在既有建筑屋顶上设置了四组太阳能锅炉蓄能器，充分利用太阳能这一可再生能源，保证了建筑改造后冬季采暖和夏季制冷的需要。

另外，绿色化改造设计结合既有建筑原外立面，统一增加了钢构架。钢构架在优化建筑立面的同时，主要承担建筑绿色化改造后新增加的各种荷载；其构架水平探出部分可以搁置活动的垂直绿化，垂直绿化采用适宜生长的本地植物，有利于建筑节能降耗。钢构架结合红色可调节遮阳百叶，在阻挡夏季太阳辐射热的同时，有效阻止冬季冷空气进入室内，节能降耗效果明显，特别适合于天津当地的气候特点。

（3）节水与水资源利用

组织了一套完整的雨水回收与再利用系统，包括屋顶设置雨水收集的高位水箱，雨水集水管、生物质雨水过滤系统、贮水池等设备，收集到的雨水用于景观用水、灌溉用水及室内冲厕用水。建筑内部采用节水洁具及节水技术，根据水平衡测试的要求安装分级计量水表，并根据用水量计量情况分析管道漏损情况和采取整改措施。

（4）节材与材料资源利用

对原有破损立面进行修缮，所用材料采用可再利用和再循环的建筑材料；改造采取土建与装修工程一体化设计，极大程度上减少了二次装修带来的资源浪费。

（5）改善室内环境质量

在室内环境质量方面，改造设计最大限度地利用天然采光和自然通风，以提升办公空间的舒适度。绿色化改造后立面新增加的遮阳百叶，除节能降耗之外，还起到合理控制办公空间室内眩光的作用，防止夏季太阳辐射透过窗户玻璃直接进入室内。另外，由于改造后的科研办公空间需要满足相关化学实验的要求，因此室内通风组织显得尤为重要。改造方案结合外立面构架设置了通风管道，有利于室内通风和气流的合理组织。

（6）绿色运营管理

绿色化改造对既有建筑运营实施用水、用电分类分项计量设计。通过分类分项计量方案设计，能够对该建筑实施用能分项计量，主要包括用电系统：照明插座用电、动力用电、空调系统用电及其他功能用电等进行分项计量；用热用水系统：生活用水、建筑供热计量。同时，能够实现实时数据上传至天津大学校园能耗监测平台，可进行建筑能耗实时监测和历史数据处理。

5 结论

既有办公建筑绿色化改造是以可持续发展理念为前提，包含了办公空间环境改造、环境资源利用改造和建筑运营管理改造等环节在内的一种综合性建筑设计再创作。改造后的既有办公建筑，应当满足现代化办公的使用要求和城市发展的时代性需要。因此，如何使既有办公建筑在可持续发展的前提下重新焕发新的生命活力，是每一个建筑师应当认真思考的问题和挑战。本文着重论述了既有办公建筑绿色化改造的常见内容和技术策略；文中列举的工程案例，目前还处于实践和检验的阶段。因此，对于具体的既有办公建筑绿色化改造项目，仍然需要根据实际情况制订具体的改造方案。

总而言之，既有办公建筑绿色化改造是一个复杂而综合的工程，它涉及政府、开发商、建筑师、公众等多个层面，推动既有办公建筑绿色化改造之路任重而道远。

Research on the Design Strategies of Green Renovation about Existing Office Buildings

Abstract: The research is started from the conception of existing office building (EOB). It has made a green renovation case of the No 15th building in Tianjin University to talk about the objects, principles and contents of EOB green renovation. It also mentions that the green renovation of EOB is a comprehensive architectural re-design which is based on the sustainable development, including of the renovations on environment resource, office-space environment and building operation management. It has been an important reference on the green renovation of EOB in China through the research.

Keywords: Existing Office Building; Green Renovation; Life-Cycle; Green Design Strategies

参 考 文 献

[1] 王俊，王清勤，叶凌，陈乐端．“十二五”国家科技支撑计划项目——既有建筑绿色化改造关键技术研究与示范[J]．建设科技，2012 (11): 38-39.

[2] 中华人民共和国建设部．办公建筑设计规范 (JGJ 67—2006) [S], 2006.

[3] 黄雷．我国既有办公建筑可持续性改造研究 [D]. 天津：天津大学硕士论文，2008.

[4] 刘杰成．室内空间设计中人性化、智能化、生态化的交互研究 [D]. 武汉：武汉理工大学，2003.

作者：李长虹　天津大学建筑学院　博士研究生

天津城建大学建筑学院　副教授

刘丛红　天津大学建筑学院　教授

建筑无障碍标识尺度量化设计技术研究综述*

【摘　要】标识是无障碍环境的重要环节，国内关于其尺度设计要素的研究在安装高度与文字尺度方面相对薄弱。基于建筑物理学和人体工程学理论，通过对日本、美国、英国等无障碍先进国家相关科研文献的分析研究，能够发现其优势与不足，从而找到我国在本领域科研的发展方向。本课题考虑了标识的构造类型和障碍用户人群因素以及人体近距离观察标识的视觉感知特征，得出了建筑无障碍标识安装高度与文字尺度量化设计的初步成果。

【关键词】无障碍标识　尺度　安装高度　文字尺度　人体工程

2013 年我国 60 岁以上的老年人口估算已超过 2 亿[1]；截至 2010 年，我国残疾人人口数量约为 8502 万[2]，这两类弱势群体总数已超过我国人口的 15%。面对严峻的人口老龄化趋势和众多弱势群体的现实困难，无障碍环境建设已成为影响国计民生的重要社会问题，而无障碍标识是其中必不可少的内容，可以说是健全社会保障的符号，是全民共享发展成果的象征。然而，标识设计研究却是我国无障碍设计科研领域较为薄弱的环节，无障碍标识尺度作为重要元素仍然欠缺量化设计理论与标准，亟须基于我国人体尺度科学合理的指导性设计策略。

1　影响无障碍标识易识别性的因素

无障碍标识设计应遵循的首要原则是“易识别性”[3]，而按照建筑物理学的基本观点，影响易识别性的因素包括视力、对比度、视角（物体垂直视线尺寸和视距的比）、照度、识别时间、眩光等。视力的特殊情况即为视觉障碍者，按医学概念为双眼视力0.05～0.1 之间的人；对比度是标识色彩设计的最重要指标；视角与标识牌尺寸、图形文字尺寸、安装高度、视距有关；照度是环境条件；后两者仅在特殊条件下影响无障碍标识。显然，通用性好的无障碍标识及其图文尺寸除了适应普通人的观看需求，尚须满足老年人及视觉障碍者的要求，而安装高度这一要素还需包容乘轮椅者等很多人体尺度特殊用户的要求。

2　无障碍标识尺度要素的国内外研究现状

2.1　国内的研究现状

从我国情况来看，标识牌尺寸、图形尺度已有标准，而有关安装高度、字体尺度的标准与科研均欠缺，亟待有所进展和突破。

我国以国际标准组织（ISO）制定的相关标准为依据，《公共信息图形符号的设计原则》提出了图形最小线宽和空隙要求，即：以边长 100mm 标识牌为例，若使用轮廓线，线宽最细 2.0mm；线条之间的距离不应小于 1.5mm；图形中每个符号要素最小尺寸为

* 基金项目：国家自然科学基金资助（51408404）。

3.5mm×2.5mm[4]。2012年新版《无障碍设计规范》规定了标识牌尺寸，一般情况边长为100～400mm；还出于安全考虑规定标识安装应高于2m[5]。

目前自身提出字体尺度量化指标的研究仅有：成斌根据彼得—亚当公式[6]提出了老年人标识英文字体高度设计公式[7]；我国台湾省的蔡登传等人试验研究了汉字笔画多少与可读性的量化关系[8]。其余国内多数相关研究成果与著作仍是引用国外数据和标准。

2.2 无障碍设计先进国家的研究现状

日本、美国、英国是国际上无障碍设计科研较为先进、规范标准相对完善的国家，已经进入到“通用设计”或“包容性设计”等新型无障碍设计理念阶段，其关于标识尺度设计的研究值得借鉴。

（1）日本

日本是世界上老龄人口比例最高的国家，与我国有着相似的人体尺度和文字，因而其无障碍标识的尺度研究很具参考价值。日本的人体工效学研究发达，仓片宪志等人近期提出了有视距、视锐度、字体、笔划数四个参数的日文字体设计公式[9]：

$$P=aD/V+b$$

注：P——字号（point）；D——视距（m）；V——视锐度，需根据环境照度和视距查图表得出；a、b——字体相关系数，需依据文字语言种类和笔划数查表得出。

此成果具有科研价值，但若应用于设计实践则显得过于复杂。《无障碍交通法》对于标识安装高度简单规定为近观（5m以内）标识取成年人眼高和乘轮椅者眼高的算术平均值1.35m[10]；远观标识高度则应在视线仰角10°以内尽可能高处；字体大小按视距分5组分别对日文和英文作了规定。

（2）美国

美国是“通用设计”的发源地，无障碍标识尺度的科研与法规更为完善。彼得和亚当的《易读面板标识的三个标准》[6]、史密斯的《字母尺寸与易读性》[11]提出了易用的标识字体设计公式，是目前最为广泛引用的成果；卢米斯的论文[12]提供了视觉障碍近视距字体大小的指标。

2010年最新美国残疾人法案标准按照标识类型分类规定了安装高度范围，如贴壁式标识中心距地面为1220～1525mm（考虑了乘轮椅者、儿童和盲人等多种用户类型），文字距地面最低1015mm[13]，并按视距分组规定了字体尺度。

（3）英国

英国是“包容性设计”的大本营，无障碍标识尺度相关成果较多。如詹姆斯·霍姆斯和塞尔温·戈德史密斯的《无障碍设计》提出了无障碍标识的几种安装高度；据此英国《建筑物及其通道无障碍设计守则》规定悬挂式标识最低2300mm[14]，按视距分组规定标识字体高度。

3 无障碍标识安装高度及文字尺度的文献分析

3.1 无障碍标识安装高度与文字尺度的研究方向探讨

首先，标识尺度研究应基于国人尺度和汉字的特点，按人体工程的理论和方法进行分析研究；此外，标识尺度还应依据通用设计或包容性设计理论和方法进行类型化、用户化研究。

（1）标识尺度设计研究必须基于中国人体工程尺度

无障碍标识的安装高度与人体工程尺度高度相关，由于英美人体尺度比我国高，因此其较完善的标准不能直接引用；日本人现使用设计平均身高数据为成人男子 1714mm，女子 1591mm[10]，而我国目前使用的设计标准为《中国成年人人体尺寸》中的成人男子（18～60 岁）1678mm，女子（18～55 岁）1570mm[15]，虽然是 1988 年的较老数据，并且国民体质监测公报显示我国年轻人人均身高逐代增长，但该标准仍为现行最权威、最全面的设计标准；国内涉及残疾人的无障碍人体工程数据仅见于《建筑设计资料集》第二版，但经笔者参与资料集第三版相关内容编写工作过程中了解到，该数据是依据国外资料推测，并无调研测量或科研依据；此外，我国已有未成年人人体尺寸标准，但仍没有无障碍设计十分重要的老年人体尺寸标准。

（2）无障碍标识尺度的研究必须考虑标识的构造类型

笔者多年调研发现，无障碍标识的尺度设计尤其是安装高度必须考虑其构造或安装类型：悬挂式和横越式（标识牌垂直墙面安装的类型）标识要求足够的安全高度并考虑视线遮挡，应按底边高度计算，而地牌式和贴壁式标识则要求视线高度，并宜按中心计算（图 1），显然新版无障碍设计规范并未考虑标识不同类型的构造和功能要求，且 2m 以上也不适合乘轮椅者较近距离观察。可见安装高度与标识类型高度相关。日本《无障碍交通法》1.35m 的要求只适于贴壁式标识，不如英美按标识类型规定尺度范围科学。

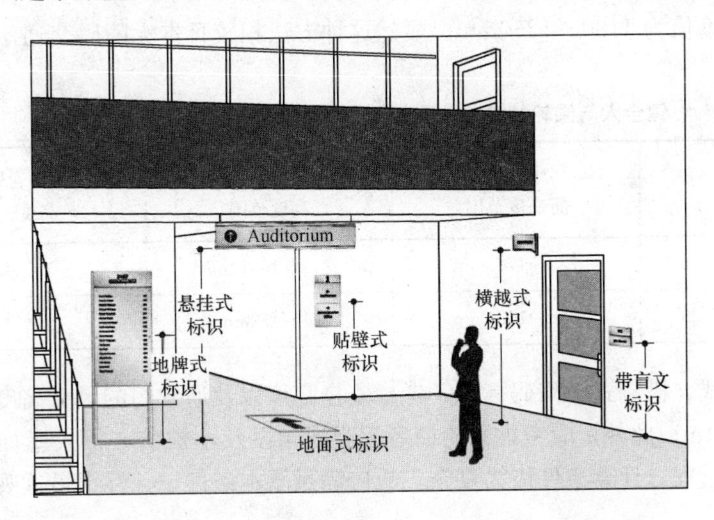

图 1　无障碍标识的位置与构造类型及其安装高度

（资料来源：笔者根据《美国残疾人法案指导纲要》插图修改绘制）

（3）无障碍标识安装高度不能简单由常人和乘轮椅者眼高算术平均得出

日本无障碍标识近距安装高度的算术平均算法存在不足，因按照人体工程学原理，人眼最清晰、舒适的观察视线不是水平而是略向下的，并且上下视野角度不同，故 1.35m 的算法不符合人体工程学（图 2），亦无包容性设计的多用户考量（如盲人、儿童）。

（4）文字尺度则可以借鉴分析多国科研文献并加以验证

汉字的结构与笔画决定了在同样条件下其尺度应大于英文和数字，日文与汉字的亲缘关系使得其研究成果可供参考，西方文字尺度可以国外多种研究成果比较研究并予以实践检验。

3.2 无障碍标识安装高度的初步理论分析研究

无障碍标识的安装高度首要考虑的使用对象是乘轮椅者的观察体验，建筑设计条件下更常用近距离（5m 以内）观察的标识。事实上，人眼近距离平视能够清晰观察物体时俯仰视线角度是不同的，日本资料为仰角 30°、俯视角 40°，美国资料为仰角 25°、俯视角 35°[16]，可用于研究贴壁式和地牌式标识。查询《中国成年人人体尺寸》标准，成年人眼高为男子 1568mm，女子 1454mm，并按照常人乘轮椅视线降低 400mm[10]，使用作图法计算分析 1m 视距下（图 2）健全人与乘轮椅者的重合视野范围，从而得到标识安装高度合理区间或平均中心高度（表 1）。考虑我国人均身高十几年来有所增加，建议的安装高度值为 1180～1250mm。显然这种方法相较日本无障碍交通法的算术平均法更科学。

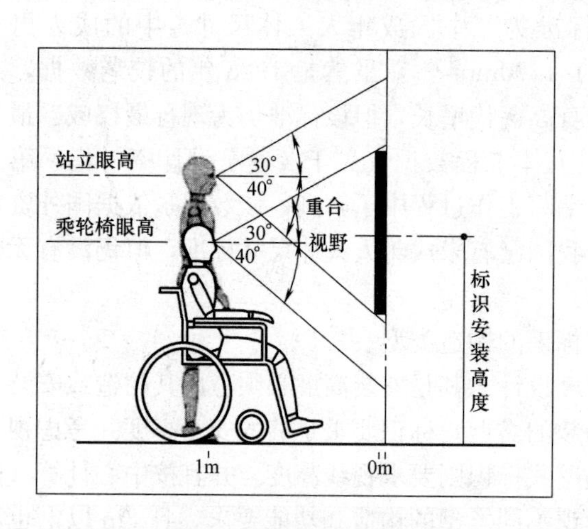

图 2 作图法计算贴壁式标识安装高度

（资料来源：笔者根据日本《无障碍交通法》插图修改绘制）

健全人与乘轮椅者 1m 观察标识的重合视野范围及其中心高度 **表 1**

视角取值	男子通用视野高度范围	女子通用视野高度范围	男女通用视野中心高度算数平均值
仰角 30°，俯视角 40°	729～1745mm	615～1631mm	1180mm
仰角 25°，俯视角 35°	868～1634mm	754～1520mm	1194mm

对于悬挂式、横越式无障碍标识，考虑安全高度以及通常门的最低高度，笔者建议安装高度最低 2.1m；此外，应考虑乘轮椅者远观视角以及不被前方行人遮挡的高度，由于二者均为动态过程，计算条件极为复杂，故应满足基本条件——标识最远观察点视角在仰角 10°以内。

无障碍标识安装高度还需按标识类型涉及的用户类型（乘轮椅者、视觉障碍者、使用助行器者、儿童、老人等）因地制宜具体分析，如带盲文标识须考虑人体伸手触摸较舒适的高度，大约为肘部高度上下，我国成年男子为 1024mm，女子 960mm；儿童为重要使用对象的环境还需考虑少儿的视线高度，但各年龄段人体尺度差异较大，设计时应作特殊分析；老年无障碍设计因无参考尺度标准，只能参照成年人尺度设计。

3.3 无障碍标识文字尺度的文献研究

相较日本仓片宪志等人过于复杂、应用不便的字体设计公式，有更多相对方便的科研成果可供参考。英文、数字设计，最小字体设计尺寸可以参考 Peters & Adams 公式[6]，以字符高度来控制：

$$H=0.0022D+25.4(K_1+K_2)$$

注：H——英文、数字高度（mm）；D——视距（mm）；K_1——内容重要性相关系数，一般情况下取 0，重要情况下取 0.075；K_2——照明条件相关系数，根据照明条件很好（0.06）、好（0.16）和一般（0.26）分别取值。

在普通照明条件下可使用更简便的 007 公式[11]：

$$H=0.007D$$

中文字体尺寸的设计可借鉴日本无障碍交通法关于汉字尺度的规定，如表 2 所示。

无障碍标识最小设计文字高度与视距的关系[10] **表 2**

视距	中文字体高度	英文、数字字体高度
1～2m	9mm	7mm
4～5m	20mm	15mm
10m	40mm	30mm
20m	80mm	60mm
30m	120mm	90mm

注：中文字体高度是以宋体“木”字作为基准，笔画较多的汉字最小高度还应增加。

4 结语

针对国内无障碍标识科研较弱的安装高度与字体尺度两个方面，初步研究成果的结论为：安装高度需要依据标识类型来设计，建筑设计常用的贴壁式、地牌式标识，一般宜取 1180～1250mm，悬挂式和横越式标识一般最低高度不小于 2.1m；无障碍标识字体尺度的设计，英文、数字可参考 Peters & Adams 公式与 007 公式，中文可借鉴日本无障碍交通法的相关规定。

下一步的研究工作应力求获得我国更新、更为全面的人体工程数据，应覆盖老年人群、以较大样本容量的人体工程试验测量数据为基础，开展标识安装高度的深度研究；并以主观评价试验验证国外字体设计研究成果。

Research Review on Quantitative Design Techniques of Architectural Accessible Signs' Scale

Abstract: Sign is an important part of accessible environment, while domestic researches on scale design elements especially in mounting height and text scale are weak. Based on architectural physics and ergonomics theories, by analyzing relevant scientific literatures of Japan, the United States, Britain and other advanced countries on accessible design, to discover their advantages and disadvantages, the research direction of China in this field can be found. Considering the construction type and user's barrier type factors of signs, as well as regarding human visual perception features under close observation, preliminary results on quantitative design of the mounting height and text scale of architectural accessible signs are obtain.

Keywords: Accessible Signs; Scale; Mounting Height; Text Scale; Ergonomics

参 考 文 献

[1] 民政部：今年中国老龄人口将破 2 亿［EB/OL］. 中国新闻网 . http：//www. chinanews. com/gn/2013/11-05/5463220. shtml.

[2] 中国残联 . 2010 年末全国残疾人总数及各类、不同残疾等级人数［EB/OL］. http：//www. cdpf. org. cn/sytj/content/2012-06/26/content _ 30399867. htm.

[3] 王小荣，许蓁，贾巍杨 . 无障碍设计［M］. 北京：中国建筑工业出版社，2011.

[4] 中国国家标准化管理委员会 . 标志用图形符号表示规则-第 1 部分：公共信息图形符号的设计原则（GB/T 16903. 1—2008）［S］，2008-07-16.

[5] 中华人民共和国住房和城乡建设部 . 无障碍设计规范（GB 50763—2012）［S］，2012-03-30.

[6] Peters G. A.，Adams B. B. These 3 Criteria for Readable Panel Markings［J］. Product Engineering，1959（30）：55-57.

[7] 成斌 . 老年人住宅室内标识系统无障碍设计研究［J］. 四川建筑科学研究，2006（6）：162-164.

[8] Dengchuan Cai，Chia-Fen Chi，Manlai You. The Iegibility Threshold of Chinese Characters in Three-Type Styles［J］. International Journal of Industrial Ergonomics，2001，27（1）：9-17.

[9] Ken Sagawa，Kenji Kurakata. Estimation of Legible Font Size for Elderly People［J］. Translation from Synthesiology，2013，6（1）：24-33.

[10] 日本建筑学会 . 建筑设计资料集成（人体空间篇）［M］. 天津：天津大学出版社，2007.

[11] Smith S. L. Letter Size and Legibility［J］. Human Factors，1979，21（6）：661-670.

[12] Jack M. Loomis. A Model of Character Recognition and Legibility［J］. Journal of Experimental Psychology：Human Perception Performance，1990，16（1）：106-120.

[13] U. S. ATBCB. 2010 ADA Standards for Accessible Design［S］，2010-09-15.

[14] BSI. BS 8300：2009 Design of Buildings and Their Approaches to Meet the Needs of Disabled People-Code of Practice［S］，2011-1-14：68.

[15] 国家技术监督局 . 中国成年人人体尺寸（GB 10000—1988）［S］，1988-12-10.

[16] 阿尔文 · R · 蒂利. 人体工程学图解［M］. 朱涛译. 北京：中国建筑工业出版社，1998.

作者：贾巍杨　天津大学建筑学院　讲师

并行工程技术方法综述及在建筑领域的应用研究*

【摘　要】 并行工程（Concurrent Engineering）是对产品及其相关过程（包括设计过程和制造过程）进行并行、集成化处理的系统方法和综合技术。并行设计更强调功能上和过程上的集成，在优化和重组产品开发过程的同时，实现多学科领域专家群体协同工作。本文探讨并行工程理论与方法在建筑领域的应用，说明其作为新技术在方案设计到建造过程的作用。现阶段，建筑从设计到施工的整个过程基本为“串行”模式，引入“并行”模式，目标不仅在于缩短建筑开发周期、提高建筑质量、降低成本，还有保证建筑的空间品质，关注场地问题，完成对全生命周期“最优化”的价值判断等。

【关键词】 并行工程　建筑应用　协同工作　微循环

1　背景

近年来，随着我国建筑业的发展，大量的建筑新技术被研究和应用。若按建筑新技术产生的方法进行分类，有一种新技术的产生方式是其他领域的先进技术移植于建筑领域，从而引发建筑技术发明或技术革新，这类新技术可称为移植型建筑新技术[1]。

“并行工程”便是源自于制造业的建筑新技术，其概念源自 Winner 在美国国家防御分析研究所（Institute of Defense Analysis，IDA）的 R-338 报告[2]中给出的定义：“并行工程（CE-Concurrent Engineering）是集成地、并行地设计产品及其相关的各种过程（包括制造过程和支持过程）的系统化方法。”这种方法要求产品开发人员在设计之初就考虑产品整个生命周期中从概念形成到产品报废处理的所有因素，包括质量、成本、进度计划和用户要求等。自 1998 年美国国防部并行工程研究中心成立以来，世界各国都对并行工程的研究和应用投入了极大的热情，也取得了很好的效益[3]。并行工程具有诸多特点，简言之，包括如下四方面：并行性（Concurrence）：产品和过程设计在同一个框架内并行进行；约束性（Constrains）：产品设计时要考虑制作（生产）过程的限制条件，需保证零件易于制作、搬运和装配，并便于采用简单而成本合理的工艺、工装和物料贮运方；协调性（Coordination）：产品和过程密切协调，保证成本、质量和交货期的最佳匹配；一致性（Consensus）：产品和过程中的重大决策，并行工程小组人员的意见要取得一致[4]。以上四个“C”又可归结为 CE（Concurrent Engineering）的“集成性”，即：过程的集成，人

---

* 国家自然科学基金（青年）资助项目，国家自然科学基金委，《城市型风景名胜区边界划定与管理量化研究》，项目编号 51208347/E080202。

教育部博士点基金（新教师类）资助项目，教育部，《城市型风景名胜区边界管理量化研究》，项目编号 20120032120062。

高等学校学科创新引智计划资助项目，教育部与国家外国专家局联合资助，《低碳建筑与城市创新引智基地》，项目编号 B13011。

员的集成，支持环境的集成等。

2 并行工程在建筑领域的应用现状

1994年美国人德拉加尔萨（De la Garza）提出将“并行工程”作为建筑新技术引入建筑行业，提倡建筑师、结构工程师、制造商在“设计研究的模式下共同工作”。在制造业领域并行工程的研究及应用已较为成熟，但在建筑业中，并行工程的研究尚处于起步阶段。目前，并行工程的研究成果主要集中在其整体框架、关键技术、实施方法以及面向并行工程的过程集成、产品集成、组织集成等方面。

并行工程在建筑领域的研究方面，以美国为例，“并行工程”还算不上美国建筑行业类杂志中的“关键词”。从1994年第一篇关于建筑行业中并行工程的研究论文发表至2002年，在The American Society of Civil Engineering（ASCE）仅发表4篇相关文章。自2010年至2013年，相关研究成果逐渐增多，在ASCE共发表5篇相关文章。其研究成果表明并行工程能够在不增加成本的基础上缩短工期，其理论及方法有可能促成建筑业内部各专业的优化重组。

并行工程在建筑领域的应用方面主要有如下成果：芬兰技术研究中心（VTT）最先对并行工程进行应用研究，其中Jarmo Laitinen带领团队在Design++基础上开发的协同方案设计平台COVE将方案设计各专业以及后期施工组织设计集成起来；欧特克有限公司（Autodesk）研制的Buzzsaw平台是集建筑、结构、施工于一体的并行系统，Buzzsaw是一整套管理服务体系，它提供了建筑行业从生产到管理的整套解决方案；奔特力工程软件公司（Bentley）的MicroStation与ProjectWise系列软件主要用于全球基础设施的设计、建造与运营，他们提供了一系列易于使用、功能全面的集成套件使得项目从方案设计、结构设计、施工组织到项目运营围绕统一的模型进行，使得项目进程得以简化同时也更为经济，北京2008奥运会国家游泳馆、北京首都国际机场三期扩建工程、长江三峡大坝都是应用Bentley的成功案例。

目前，并行工程的应用还没有深入到方案设计的核心部分，形式、空间、功能等仍然没有与建筑全生命周期中其他环节形成并行体系；缺少关于建筑全生命周期的“最优化”的价值判断，尚未建立相应的有序复杂系统；尚无应对具体场地的策略，忽略了建筑的不可移动性。基于此，本文将借鉴并行工程相关方法在制造业领域的运用改变这一现状。

3 并行工程应用于建筑领域的框架体系

3.1 建筑工程并行设计的基础

在大型建筑工程设计过程中需要众多专业（建筑、结构、设备等）设计人员的参与，各专业对同一建筑物设计的侧重点不同，对信息的处理方式不同，模型不同，因此在设计过程中不可避免地造成沟通障碍。以剪力墙为例，建筑师将其视为分隔和组织空间的要素，结构工程师认为是承受荷载的构件，而设备工程师可能把它看成保温隔热的实体。为确保各专业之间的协调，现在通常采用的方法是各专业人员面对面进行沟通，但该方法很难保证信息的及时、准确交流。

数据共享是实施建筑工程并行设计的基础[5]，可以实现各专业在前期设计过程中的沟通。应首先建立建筑工程标准化数据模型，各专业设计人员在同一数据模型基础上在各自领域范围内对方案进行设计、修改，更改数据会同步传送至其他专业设计人员处，使其针对新数据作出相应调整。

3.2 建筑工程并行设计集成的方式

集成系统以工程数据库为核心，以图形系统和网络环境为支持，运用接口技术，把各个 CAX（计算机辅助系统）应用软件及设计管理系统连接成一个有机的整体，使之相互支持，相互调用，信息共享、信息及时交换，以发挥出单项 CAX 应用软件所达不到的整体效益，减少了由于各专业间的交流不畅造成的重复设计和返工。

建筑领域并行工程的引入很大程度上填补了现阶段 BIM（建筑信息模型）的空缺。BIM 涉及建筑的设计、施工、运营全过程，可以模拟实际的建筑工程建设行为，但同时也存在诸多问题。例如，BIM 运行过程中，对项目不同阶段、不同专业及各个部门间较少应用协同设计；BIM 理念贯穿项目全生命周期，但各阶段缺乏有效管理集成。而并行工程的本质是协同和并行，协同强调的是不同过程的集成和不同设计人员的协同工作，并行强调的是在产品设计时即考虑其生命周期中的后续过程。

4 并行工程的关键技术在方案设计中的应用

4.1 协同工作环境

协同工作环境指基于并行工程的建筑产品生产过程协同环境的构建，主要包括外部环境的协同及生产过程本身内部环境的协同[6]。

外部协同是指建筑产品的设计和建造围绕建筑产品项目，委托方、设计单位、工程承包单位、承建单位、建材供货商及使用方之间进行各种形式的信息交互，如商务信息、设计信息、建造信息、供货信息的传递，以及原始信息变更造成的信息修正。并行协同的实质就是有效组织和管理这些信息，促进和优化信息处理流程，以及协调好相关人员和组织，保证沟通顺畅。总承包单位在项目启动初期组建，由项目各参与方派专门人员组成，包括委托方、设计方（建筑、结构、设备、电气）、建造方和最终使用者，小组成员通过共享资源、有效沟通对各专业进程进行时间规划、资源分配及关系协调。

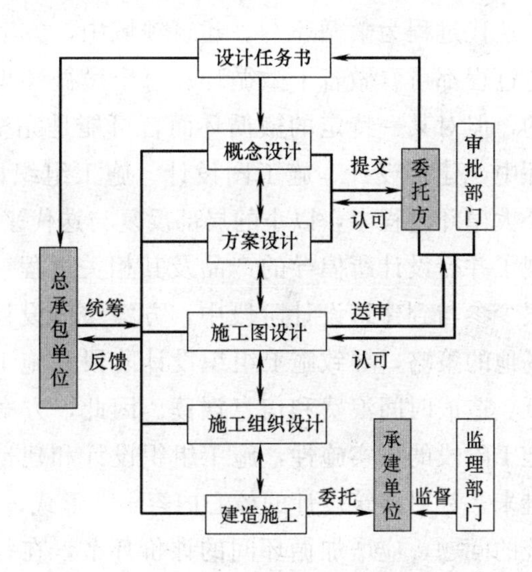

图 1 协同关系网络图

内部协同指将方案设计视为广泛而复杂的系统工程，包括了建筑、结构、设备等多方面的专业内容。在设计工作的组织中，应注意各阶段、各专业间和专业内部的密切合作。建筑产品的设计工作在结构方面、构造方面和设备方面以及其内部都存在着大量矛盾，做好协调工作有利于设计工作的顺利进行（图 1）。

4.2 方案设计并行设计过程的构建

并行工程与传统生产方式的本质区别在于它把产品开发活动作为一个集成的过程，从全局优化的角度出发，对该集成过程进行管理和控制，并且对已有的产品开发过程进行不断的改进与提高，即产品开发过程重构（Product Development Process Reengineering）[7]。要对建筑产品生产过程实施并行工程，即对过程进行细分与重组。

传统建筑产品生产过程可划分为六个阶段，即编制设计任务书、概念设计、方案设计、施工图设计、施工组织设计以及施工建造。以上六个阶段为串行关系，前一个阶段完成的图纸和设计说明是后一阶段的依据，后一阶段是前一段的深入和发展。并行工程对产品过程重构的原理是，使部分串行关系改为并行关系或交叉关系，并对划分的子过程之间的关系进一步重组，构建设计微循环，以达到减少返工的目的。

4.2.1 并行关系的构建

首先将部分串行关系改为并行关系或交叉关系。例如，对于施工图设计过程中的子过程，传统流程是先进行方案设计，再依次进行结构设计、暖通设计、给水排水设计及电气设计。通过对此过程的细分可知，结构设计、暖通设计、给水排水设计及电气设计不必等到建筑方案设计完成再进行，在其进行到一定程度就可参与到整体方案设计中。这样五个过程的并行设计可以在设计初期就考虑后期影响因素，并有效缩短设计周期。同理，在施工阶段，施工方案、进度计划、准备工作及现场图设计四个过程也可并行；建造阶段，基础施工、主体施工及装修施工并行进行。

4.2.2 微循环的构建

并行设计的过程是一种渐进的迭代过程，可以表达为多个子迭代过程的总合，称每个子迭代过程为微循环[8]。建筑领域中，方案设计、施工图设计、施工组织设计以及建造过程都可看做若干微循环。每个微循环里的数据对整个生产过程而言可能是不完整的，但对某一特定的微循环而言可能是完整的、确定的、具体的。因此，在每个微循环中，建筑设计、施工图设计、施工组织设计以及建造过程可以并行完成。另外，一个大循环过程中，以小的局部反复与迭代来克服传统设计过程中的大的反复与迭代，体现了并行设计所倡导的产品及其相关过程一体化设计的本质。传统串行设计中施工组很少参与到建筑设计阶段中，方案整体设计忽略了建筑的不可移动性，少有应对具体场地的策略，导致施工组织设计阶段和施工建造阶段必须花一定时间去理解和转译图纸，造成时间浪费和信息误读。因此，方案整体设计应考虑建筑与场地的关系及建造施工阶段的可实施性，施工组织设计和建造施工可在部分建筑设计完成的情况下参与进来；针对建筑设计的核心内容——形式、空间、功能等没有与之后的步骤形成并行系统的问题，应增加循环间的评价环节，在每一子循环的进行中引入前、后循环对此阶段的评价，以尽早考虑设计后期将要出现的问题。例如，在建筑设计这一子循环中邀请委托方和使用方探讨建筑形式、功能布置，并在数据可视化模型中进行空间体验，设计方按反馈意见进行方案调整。在方案整体设计初期就考虑建筑设计与结构设计的关系，既保证了设计质量又缩短了设计工期（图 2）。

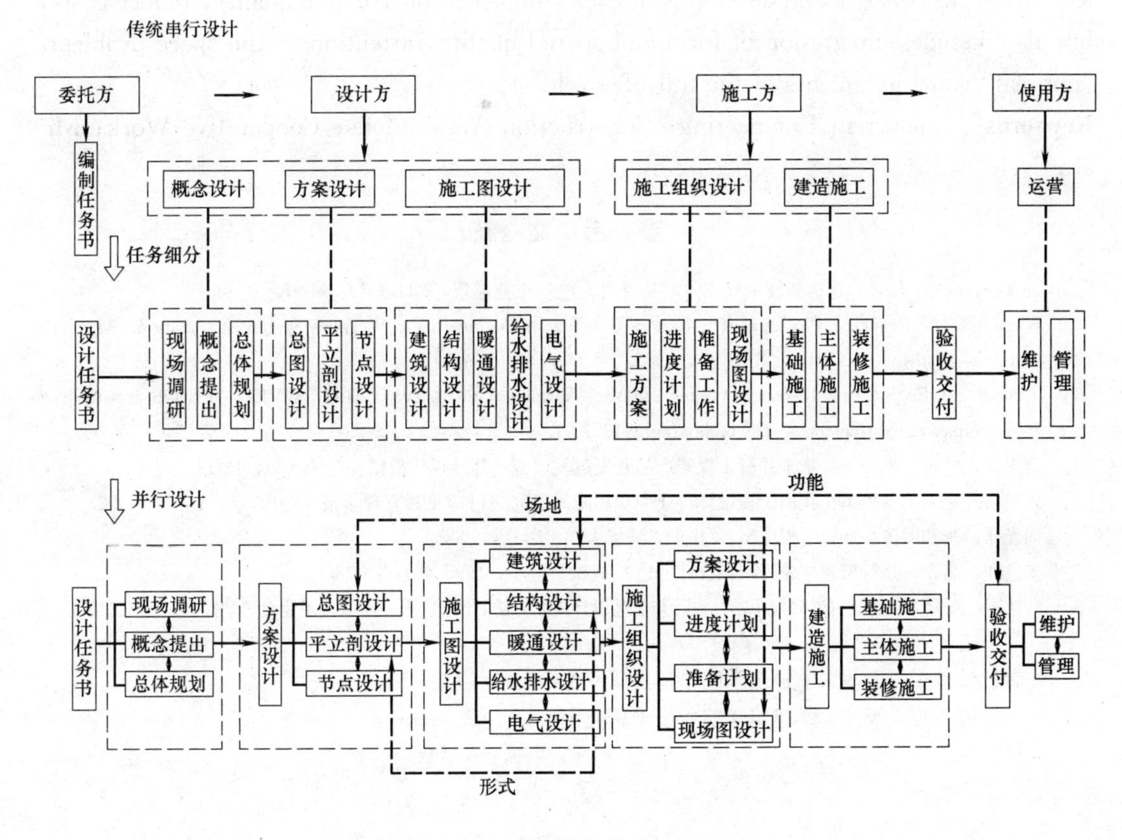

图 2　建筑并行设计过程

5　总结和展望

信息和数字技术日臻成熟，并行工程引入建筑领域最根本的问题与建筑的本质特征有着直接关系，如建筑设计关注的核心——形式、空间、功能等如何与全生命周期中的各步骤形成并行体系，如何对建筑全生命周期的“最优化”结果进行判断，如何将建筑的不可移动性和地域特征引入“并行”体系中，都是值得不断探讨的问题。

Theory and Methods of Concurrent Engineering and Applied Research In the Field of Architecture

Abstract: Concurrent Engineering is a product and its related processes (including manufacture and support processes) in parallel, integrated systems for the processing methods and integrated technology. Concurrent design more emphasis on functional and process integration, while optimizing and reorganizing in the product development process, achieving multidisciplinary group of experts to work together. This paper discusses application in the construction field, based on review of theories and methods for concurrent engineering. Building from design to construction stage of the whole process basically is “Serial” mode, the paper aims to discuss how to introduce a “parallel” mode, the target is not only to shorten the construction development cycle, improve construction quality, reduce costs, but also includes integration of form and spatial quality, attention to the space problem, "optimal" value judgments of the full life cycle.

Keywords: Concurrent Engineering; Construction Applications; Cooperative Work; Micro-Cycle

参 考 文 献

[1] 黄有亮，戴栎，孙林．建筑新技术分类体系及应用［J］．工业建筑，2008（z1）：94-97.

[2] Winner R. I. , Pennell J. P. , et al. The Role of Concurrent Engineering in Weapons System Acquisition [M]. Alexandria: Institute for Defense Analysis, 1988.

[3] Concurrent Engineering Research Center of West Virginia University (CERC, WVU) [EB/OL]. http: //www. cerc. wvu. edu/cercdocs /CE bibliography-1987-91.

[4] 李先锋，俞涛，米智等．基于并行工程的产品开发过程研究［J］．现代机械，2000（2）：13-15.

[5] 张建新．建筑信息模型在我国工程设计行业中应用障碍研究［J］．工程管理学报，2010，8（4）：387-392.

[6] 熊光楞，张和明等．并行工程［M］．北京：清华大学出版社，2000.

[7] 朱世和，高东．并行工程与并行机械设计［J］．机械与电子，1995（5）：25-28.

[8] 郧建国，陈舜青，刘卫．CE 环境下产品设计与工艺设计集成方法的研究［J］．内蒙古工业大学学报，1999，18（2）.

作者：吴德雯　天津大学建筑学院　博士研究生
邵　笛　天津大学建筑学院　硕士研究生

荷兰绿色建筑评估体系（GPR）简析*

【摘　要】绿色建筑评估体系是衡量建筑环境性能并指导其规划建设及运营管理的工具。通过对荷兰绿色建筑评估体系（GPR）制定单位、制定目的、制定背景、评价指标体系构架、指标项内容、评价方法等的介绍和分析，借鉴其先进经验和成果，希望对中国绿色建筑评估体系研究有所裨益。

【关键词】绿色建筑　评估体系　荷兰 GPR　中国绿色建筑评价体系

吴良镛院士在《人居环境科学导论》一书中“将人居环境科学范围定为全球、区域、城市、社区、建筑等五个层次”。绿色建筑作为人居环境科学五大层次之一，是城市中最基本的组成单元，是衔接宏观生态城市层面、中观生态街区层面的微观层面人类聚居地，在降低建筑自身能耗、改善街区生活环境、促进城市绿色发展等方面具有举足轻重的意义。绿色建筑评估体系是衡量建筑环境性能并指导其规划建设及运营管理的工具。1990年代以来，世界各国为应对人口增长、能源资源短缺、交通拥堵等“城市病”开始着手制定绿色建筑相关法规、标准以及评估工具，这使得绿色建筑评估体系得到了迅速发展。根据国际能源机构（IEA）的调查统计，国际上与绿色建筑评价体系相关的方法、框架和工具就有100种以上。其中较有影响力的绿色评级体系有如英国的BREEAM（建筑研究所环境评价法）、美国的LEED（能源及环境设计先锋）、德国的DGNB（可持续建筑评价体系）、荷兰的GPR等（表1）。本文通过对荷兰绿色建筑评估体系（GPR）制定单位、制定目的、制定背景、评价指标体系构架、指标项内容、评价方法等的介绍和分析，借鉴其先进经验和成果，希望对中国绿色建筑评估体系研究有所裨益。

世界各国及地区典型绿色建筑评估体系　　表1

地理区位	国家	评价体系/工具名称
欧洲	挪威	生态概况(Eco Profile)
	瑞典	生态影响(Eco Effect)
	荷兰	生态量子(Eco Quatum\GPR)
	奥地利	全质量建筑(Total Quality Building)
	法国	优良建筑质量认证体系(HQE)
	英国	建筑研究所环境评价法(BREEAM)\可持续项目评价程序(SPeAR)
	德国	可持续建筑评价体系(DGNB)
亚洲	日本	建筑物综合环境性能评价体系(CASBEE)
	新加坡	绿色标志(Green Mark)
	中国香港	环保基准评估法(HK-BEAM)/生态足迹(Eco-Footprint)
	中国台湾	绿建筑分级评估制度(EEWH)
	中国大陆	绿色建筑评价体系(ESGB)
澳洲	澳大利亚	国家建筑环境打分系统(NABERS)/绿色之星(Greenstar)
美洲	美国	能源及环境设计先锋(LEED)/环境与可持续建筑(BEES)
	加拿大	建筑环境性能评价标准(BEPAC)
非洲	南非	可持续建筑评估工具(SBAT)

* 国家自然科学基金青年科学基金资助项目（基金号51508379）。

1　荷兰绿色建筑相关法规概况

最初各国对绿色建筑的关注往往是从建筑节能入手，荷兰的绿色建筑发展也是如此。1970年代“罗马俱乐部”（Club of Rome）的研究报告在荷兰国内引起了很大的反响，1974年当时的荷兰经济部长（其后的荷兰首相）吕贝斯在经济部工作报告中提出“减缓能源需求、满足未来对能源的需求，以及核算生产、运输和消费过程中对环境的污染和破坏”。不同的节能思想导致各异的决策手段，但节能与经济增长之间的关系始终是核心理念。在这样的背景下，荷兰当局颁布了一系列的法案、政策、计划等，如表2所示，这些政府性的方针政策极大地促进了荷兰绿色建筑走向规范和可持续的发展。

荷兰绿色建筑相关法规、计划以及重要事件　　表2

时间	颁布法案或事件
1974年	颁布荷兰能源政策法案
1987年	布朗特兰德委员会(Brundtland Commission)报告
	明日之思(Zorgen Voor Morgen)
1989年	颁布第一部国家环境政策计划:选择还是失去(Kiezen of Verliezen)
	给予建筑工业较高的优先权(VROM,1989)
1993年	第二部环境政策计划:针对经济增长以及污染
1995年	可持续建筑计划:为未来投资:针对绿色建筑所有领域制定广泛的目标、政策:能源使用,水利用以及空气质量(此计划于1997年以及1999年重新整理、更新)(Bossink,2002)
1998年	第三部环境政策计划:全面推动繁荣
2001年	第四部环境政策计划:平衡生命质量与环境(VROM,2001;Sunikka,2001)
2004年	生态建筑项目EVA Lanxmeer,Culemborg:200户住宅,集成可持续建筑以及创新城市景观设计项目
2008年	住宅建筑能源性能认证
2009年	超过10万住宅建筑(租房以及自有住宅)通过EPC认证
	决议逐步减少新建建筑碳排放,2012年减少25%,2016年减少50%
	UKP(Unique Chances Projects)-NESK项目:鼓励零能耗建筑创新
2012年	建筑法案2012(Building Act 2012)

2　荷兰绿色建筑评估体系概况

最初荷兰绿色建筑的发展以先锋建筑师为代表，将“环境友好”的设计理念应用到实践中。这一时期的尝试来自建筑师们的经验积累，体现为“评估清单”或“推荐技术列表”的形式，由清单或列表为设计提供“环境友好”的经验总结。至1990年代，很多地方政府、开发商、咨询公司和设计师开始纷纷推出自创的绿色建筑评价清单。此后，荷兰中央政府为便于全国统一使用，推出了荷兰国家可持续建筑规范，规范赋予了具体的评分标准。

除初期较为主观的评估清单，绿色建筑评估体系后期发展过程中，定量化评价的方法逐渐得到重视。如“环境评估测量方法”（Schayk，1990）、“建筑材料环境影响的指示性清单”（Jong，1991），至1992年荷兰CML研究所首次提出将全生命周期分析（LCA）方法应用于环境评价，2000年Schuurmans&Meijer在全生命周期分析法的基础上推出了“环境相关的产品信息”等。[2]

近20年来在荷兰绿色建筑科研领域、建筑市场出现过的工具有：由荷兰皇家技术研究院（TNO）2001年起开发的Ecoscan，由W/E可持续建筑咨询事务所开发的Eco-Quantum、GPR，数家公司共同合作开发的 Green Calc+，以及在英国 BREEAM 基础上建立的 BREEAM-NL 等。目前，Green Calc+更多地被用作计算能耗的专项工具，Eco-Quantum 作为科学实验性工具已经逐渐淡出市场，当前市场上最为广泛使用的是 BREEAM-NL 和 GPR。因此，本文仅就荷兰本土研发的绿色建筑评价体系（GPR）为例详细分析介绍。

3　荷兰绿色建筑评估体系（GPR）

3.1　评估体系概况

以往荷兰政府规定开发商和建筑师必须遵循特定的可持续方法，仅关注使用可持续方法的数量而不是建筑质量本身或者其对环境造成的影响，这样的规定极大地禁锢了建筑设计过程的创造性。因此，其后荷兰政府国家规范不允许地方政府针对建设项目颁布更高的标准，而很多像蒂尔堡（Tilburg）、马斯特里赫特城（Maastricht）等地方政府又在寻求提高建筑质量、减少建筑环境的碳足迹。因此，基于性能表现的评价方法可以解决这一矛盾问题：最低性能表现既包括建筑质量也包括减少环境足迹。GPR 建筑（荷兰语为 GPR Gebouw）评估体系正是此类基于性能表现的绿色建筑评估工具，因此被广泛应用。GPR 评价工具最初由蒂尔堡政府出资支持 W/E 公司研发，现今已经与多家地方政府、咨询公司、房地产开发公司、大学以及设计事务所合作。截至 2014 年 8 月 26 日，通过 GPR 认证的建筑项目为 214 项，遍布荷兰全境（图 1）。其中，新建项目为 143 项，改建项目为 71 项。

图 1　GPR 评估体系评价建筑分布图

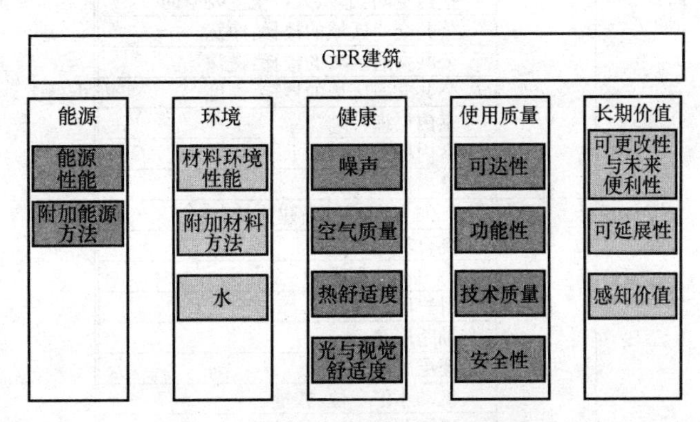

图 2　GPR 评估体系框架分析图

3.2　评估体系框架及指标项

相对其他评估工具例如 LEED、BREEAM 的不同产品，GPR 评估工具的特殊性在于，多元化功能集成于同一个软件中，可以获得从可持续发展城市层面乃至建筑性能维护层面的评估、预测。GPR 评估工具的评估种类为城市规划、特殊类型建筑、建筑、建筑规范以及性能维护五个领域。本文以建筑评估体系居住建筑评价为例，最终得分根据五个一级指标分类划分为 1（最低）～10（最高）级，分类如下：能源，环境（评估环境影响），健康，使用质量以及长期价值评估（图 2、表 3）。每一个一级指标划分为若干二级指标，具体评估时，建筑性能根据每一个指标项得到相应分数，但是一级指标项将不汇总成为一个总分值。因此，政策决策者可以致力于最为相关的特定指标项或相应技术，例如在学校建筑中，要求较高的是能源、环境和健康分类，而对于住宅建筑，所有的指标分类同等重要。

荷兰绿色建筑 GPR 评估指标体系 表 3

一级指标	二级指标	三级指标
能源	能源	额外能源输入计算(EPG)
		能源以及二氧化碳排放
		使用面积
		EPC
		一级能源消耗总量
		碳排放总量
	能源，附加项	2006 年以后新建建筑
		与 2006 年碳排放量相比
		其他节能方法
		其他节能方法
	评定	高效能建筑使用
使用质量	可达性	2006 年以后新建建筑
		多种可达方式
		入口路径，道路至入口
		单元门入口
		从入口到门厅/厕所：净宽
		室内门从入口到门厅/厕所：净宽
		门厅/厕所的三维尺度
		轮椅的可达性
		城市空间：从主入口到首要空间
		室内门：从入口到主要空间
		通往主要空间和室外空间的室外门
		主要空间和室外门之间的尺度
		室内空间：非从入口至主要空间
		公共交通区域的楼梯：净宽
		公共交通区域的楼梯：进深
		公共交通区域的楼梯：高度
		室内楼梯：净宽
		室内楼梯：进深
		室内楼梯：高度
	功能	2006 年以后的新建建筑
		复合功能地块
		每户占地面积
		每户居住面积
		轴距层高
		楼层净高
		机动车停车位：数量
		城市公共交通可达性
		走廊最小面积
		走廊最窄宽度
		空间和功能多样性
	技术质量	2006 年新建建筑
		屋顶质量
		承重墙质量
		结构质量，门、窗
		供暖质量
		热水系统质量
		通风系统质量
		电力系统质量
		卫生质量
		其他方法
	社会安全	2006 年以后新建建筑
		社会安全
	过程质量	使用质量，过程
		防火：防火使用手册

一级指标	二级指标	三级指标
环境	环境	
	环境性能，附加	2006 年以后新建建筑
		木材来自可持续化管理森林
		原材料
		结构方法和技术
		其他方法描述
	水	2006 年以后新建建筑
		厕所用水
		水龙头
		淋浴
		其他节水规定
		雨水及灰水处理
		污水、土壤以及地下水
		其他方法
	过程质量	环境，过程
健康	声	2006 年以后新建建筑
		立面隔声
		邻里隔声
		住宅内部隔声
		设计
		通风系统安装
	空气质量	2006 年以后新建建筑
		通风系统
		附加通风设施
		材料导致的有害气体排放
		供热系统导致的粉尘浓度
		降低粉尘浓度
		温室气体燃烧供暖
		燃烧气体排放的其他方法
		生物质
		颗粒物-浓度
		颗粒物-方法
		其他方法描述
	热舒适度	2006 年以后新建建筑
		夏季舒适度
		冬季舒适度
		其他方法的冬季热舒适度
		人为控制
		其他方法
	光和视觉舒适度	2006 年以后新建建筑
		自然采光
		自然光-视觉舒适
		其他方法
	过程质量	健康，过程质量
未来价值	具有前瞻性的措施	2006 年以后新建建筑
		高质量建筑构件
		未来可持续设备
		其他方法
	弹性空间	2006 年以后新建建筑
		可延展程度
		结构
		定制部件
		可更改布局
		其他方法
	设施	2006 年以后新建建筑
		周边便利设施(400m 以内)
		设施外观
		建筑设施
		教育价值
		其他方法
	过程质量	未来质量，过程

3.3 评估体系权重设置

以居住建筑为例，在建筑指标总类层级下，五类一级指标项最高分数均为 1000，同时赋予 10 分计算方法的相应分值（最终报告体现以 1～10 分的形式）。评价以 2006 年荷兰新建建筑能耗数值为基准，在该基准分值上加分、减分，或零分。因此，可以得出最终评价结果，5 个一级指标的得分是并列的，在此级别上没有权重差别。二级指标项在能源、环境、健康、使用质量、未来价值的一级指标下，对不同的二级指标赋予不同的权重分值（表 4）。

荷兰绿色建筑评估指标体系（GPR）权重设置（居住建筑） 表 4

一级指标	二级指标	权重	分值
能源	能源	0.75	750
	能源—附加项	0.25	250
环境	环境	0.6	600
	环境—附加	0.2	200
	水	0.2	200
健康	声	0.25	250
	空气质量	0.45	450
	热舒适度	0.25	250
	光和视觉舒适度	0.05	50
使用价值	可达性	0.25	250
	功能性	0.25	250
	技术质量	0.25	250
	社会安全	0.25	250
未来价值	未来基础设施	0.2	200
	弹性空间	0.4	400
	设施	0.4	400

3.4 GPR 的特点

1）均衡性

GPR 与其他国家绿色建筑评估工具最为首要的不同之处在于不接受任何形式的指标互偿。一级指标项：能源、环境、健康、使用质量、未来价值得分完全均质、等值。由此可看出，对于想要得到 GPR 高分的项目，必须具有低能耗、环境友好、使用健康、质量保障，乃至未来可能存在的发展几个方面要求同时满足方可。

2）联动性

联动是指若干个相关联的事物，一个运动或变化时，其他的也跟着运动或变化。该特质体现于 GPR 工具指导说明中。为避免正相关指标计算失误，在 GPR 工具指导说明中凡涉及相关指标，均有标注要求前后严格统一，同时联动性出现情况越多的指标，亦表示其重要性越高。

3）时效性

时效性是指信息仅在一定时间段内对决策具有价值的属性。决策的时效性很大程度上制约着决策的客观效果。GPR 分值的制定与荷兰本国法律法规紧密结合，以从 2000 年、2002 年直至现今使用的 2006 年新建建筑为基准线，不断动态调整的评价基准充分体现了 GPR 工具的时效性，以保证能够领先荷兰绿色建筑的发展。此外，与国家数据库结合计算建筑材料生命周期内的环境影响力，也体现了计算结果的实效客观性。

4）延展性

（1）GPR 工具的延展性体现于该工具的目标可以但不仅为“标签”工具，其很重要的作用为设计师和业主推敲设计方案、改建方案的可持续程度，以及如何帮助、促进建筑更加可持续地发展。

（2）GPR 工具的延展性还体现于工具中的“未来价值”一项。在该项中，详细设定了在未来可能存在的改建、加建中需要的条目，例如需满足未来发展的基础设施数值、未来建筑是否可使用太阳能技术、立面是否可安装室外百叶窗、通风系统以及墙体绿化等。因此，可以看出 GPR 工具将“可持续”作为必要条件而不是假设条件，为建筑的延续发展提供了切实的可能性。

5）连贯性

GPR 评价工具从核心部分“建筑评价”不断扩充内涵，逐步发展成为包括建筑规范、居住社区、城市发展层面的评价工具，这为绿色建筑的推广、促进绿色城市理念的深化打下了良好的基础。

4 借鉴意义

（1）建筑材料全生命周期环境影响力计算方法的引入。目前我国绿色建筑评价方法界定的 LCA 分析范围尚未将建材的生命周期环境影响力纳入计算中，可以借鉴荷兰 GPR 的评价方法——通过专用计算工具与国家数据库结合，设计人员或业主可以通过不同建筑材料之间的比较，选择更加可持续的方案。

（2）未来价值评价对建筑可持续发展性的深入考量。在未来价值评价分类中，设计、改建方案或现有建筑在将来的使用过程中，是否具备多功能使用的弹性空间或是否适宜未来可能的更新利用。已有建筑能够充分改造利用就意味着对新建建筑需求的降低，因此，我国绿建评价工具可以借鉴 GPR 工具中对未来价值的条款分析，对新建建筑方案或既有建筑的未来改造的可能性给予更多的关注。

（3）适当拓宽评价视域，我国标准目前就仅有针对建筑层面的评价工具，但城市由建筑-社区-城市三个层面构成。因此，可拓宽标准的评价范围，进一步制定针对社区、城市层面的评价工具，以便深化多元的绿色发展。

GPR Analysis of Green Building Rating System in the Netherlands

Abstract: Green building assessment system is the tool to value the building environmental performances, and to guide the planning, constructions and operation managements. The aim of this article is to improve the study of Chinese green building rating system, through introduce and analysis the GPR system in the Netherlands in details, for instance, the developing unit, aims, backgrounds, framework, context, measure.

Keywords：Green Building；Rating System；GPR

参 考 文 献

[1] 吴良镛．人居环境科学导论［M］．北京：中国建筑工业出版社，2011：50.

[2] Top Energy 绿色建筑论坛组织．绿色建筑评估［M］．北京：中国建筑工业出版社，2007.

[3] Rebecca Retzlaff. Developing Polocies for Green Buildings：What Can the United States Learn from the Netherlands［J］. Sustainability：Science，Practice，&Policy，2010，6.

[4] Ali Sayigh. Sustainability，Energy and Architecture［M］．2014.

[5] 聂梅生，秦佑国等．中国绿色低碳住区技术评估手册［M］．北京：中国建筑工业出版社，2011.

[6] 王静．城市住区绿色评估体系的应用和优化［M］．北京：中国建筑工业出版社，2010.

[7] （美）哈泽尔巴赫·L．LEED-NC 工程指南——工程师可持续建筑手册［M］．单英华，蒋冬芹，胡春艳译．沈阳：辽宁科学技术出版社，2010.

作者：叶　青　天津大学建筑学院　博士研究生

宋　昆　天津大学建筑学院　教授

英国可持续社区认证标准的方法、实践与启示*

【摘　要】英国可持续社区认证是国际首例绿色建筑认证（BREEAM）的子系统之一。本文通过介绍 BREEAM Community 认证的内容、方法和实施效果，总结出它的评估内容、方法架构全面灵活、引导高度公众参与、融入市场元素激发开发商参与度等优势，为我国在城市规模的开发实践中建构可持续认证标准明确了方向，在既结合国情又满足国际化目标、社区与建筑认证全周期化，提高公众认可度和参与度等方面为完善现有标准体系提供了可借鉴经验。

【关键词】英国可持续住区　认证标准　内容和方法　实践　启示

0　引言

绿色可持续发展无疑是引领这个时代最重要的关键词之一。2014 年 10 月 1 日，中国房地产研究会人居环境委员会主持编制的《绿色住区标准》正式施行，这是我国住区绿色可持续发展的里程碑事件，将对我国住区生态建设和可持续发展起到深刻引领作用。此前，绿色建筑及认证已在我国推进多年，住区层面的标准及认证制度尚未广泛推行。该标准为绿色住区认证敲响了开场锣，建立正式认证制度时不我待。

近年来，世界上关于绿色住区的评估标准和认证体系在各地为可持续住区建设提供了明智的决策支持。它们大多立足国情，在绿色建筑认证基础上，将对象延伸至社区。目前，应用范围较广的有美国绿色建筑委员会的 LEED Neighborhood Development，英国的 BREEAM Community，日本的 CASBEE-UDD 等。它们对城市规模的建筑群体设计和环境设计的可持续发展影响深远。本文旨在通过介绍英国的 BREEAM Community 认证内容及其实践应用，发掘出可为我国绿色社区认证借鉴的经验，促进新型城镇化要求下可持续住区认证的更深入研究，帮助我国刚起步的评估认证体系调整完善，在绿色住区国际化发展趋势下进一步与国际接轨，推动我国低碳经济发展。

1　英国可持续社区认证（BREEAM Sustainable Community Scheme）简介

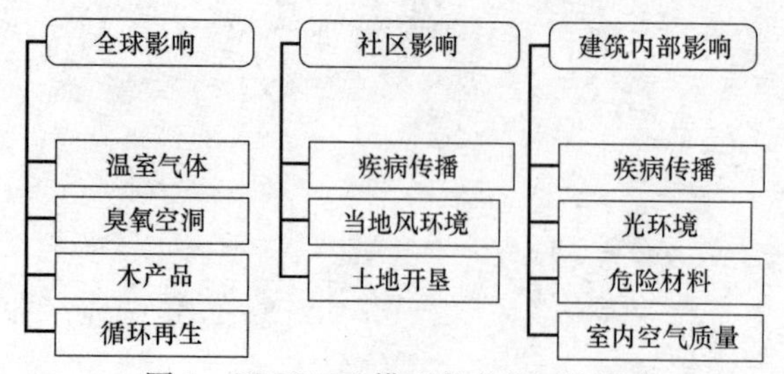

图 1　BREEAM 模型考虑的环境因素

（资料来源：参考文献[2]）

1.1　认证的产生

英国建筑建造环境研究评估方法（the Building Research Establishment's Environmental Assessment Method）简称 BREEAM，是英国“建筑研究所”在 1990 年研发的国际首例绿色建筑评估方法，迄今已有 25 年，认证建筑数量超

* 本文为国家自然科学基金资助项目（项目编号 51208345）、国家国际科技合作专项项目（项目编号 2014DFE70210）、高等学校学科创新引智计划 B13011 阶段成果。

过12万。BREEAM可以用来评估全球任何地区所有类型的建筑，是具有普适性的绿色建筑认证标准，它创新性地提出一系列旨在改善建筑设计和实践对环境负面影响的指标，以实现让设计者在设计阶段对地方乃至全球环境变化及影响给予高度重视，通过设计的手段实现建筑的节能减排目标。BREEAM认证通过具体指标内容的架构，迫使设计者认真思考自己在设计中到底解决了多少有利于建筑可持续发展的问题（图1）。

BREEAM体系共有15个子系统，BREEAM Sustainable Community（以下简称BREEAM Community）是在以高标准可持续发展为宗旨和目标的BREEAM体系中一个独立的、以BREEAM建立的方法为基础的第三方评估和认证标准。它问世于2009年，在各类大型开发项目建设的最早阶段（特别是从可持续总体规划层面），作为一个完整的评估框架对于影响可持续发展的问题作出考虑，主要涉及环境、社会和经济因素对各类大型开发项目的影响。BREEAM Community能帮助设计团队、开发商和规划师为社区规模甚至更大尺度的开发项目进行可持续性的完善、测评和独立认证。在设计和规划阶段，致力于通过大量社区参与、区域战略和设计实施来培养和影响项目早期开发的可持续性，同时为今后的BREEAM建筑和住房评估奠定基础。

1.2 BREEAM Community认证涵盖的阶段和范畴

1.2.1 认证阶段

对于需要更长时间的大规模的项目，BREEAM Community为项目提供了两个灵活的认证阶段：框架认证书（不给予等级评分）和最终的认证书以及等级评分（图2）。审核过程根据规划层面分三个步骤完成。分别是建立发展原则、确立项目发展布局和细节设计（图3）。对于一些分期建设的大型项目，在每个规划分期建设阶段都可以有两种不同的选择：每个分期阶段可以单独进行一整套评估，或整个规划建设区域可以用第一阶段来评估，然后每个独立的阶段可以用第二、第三阶段来评估。

图2 框架认证书和最终认证书
（资料来源：参考文献[4]）

图3 审核过程的三个步骤
（资料来源：参考文献[4]）

1.2.2 内容范畴

BREEAM Community涵盖的评估内容分为五大类别、四十个评估指标，安排在不同的步骤中进行评估，分别是：管制（GO）、社会和经济福祉（SE）、资源和能源（RE）、用地和生态（RE）、交通（TM）和科技创新（INN）。管制用于解决、监督及保障社区参与决策任何在长期的开发建设过程中作出的影响设计、施工、运行和发展的抉择；社会和经济福祉用于解决影响健康和福祉的社会和经济因素，包括包容性设计、社会凝聚力、提供合适的住房以及就业等；资源和能源用于解决自然资源的可持续利用以及减少碳排量；用地和生态用于解决用地的可持续性以及改善生态环境；交通用于解决设计与提供各类交通设施来提倡可持续的交通运输方式；科技创新用于认可、鼓励在规划设计过程中各类能为环境和社会经济福祉带来好处的科技创新。

BREEAM Community 认证的第一步是建立发展原则，致力于对规划区域内的问题和机遇进行评估，考虑该项目对周边及社区带来的深远影响。该阶段中的所有评估指标都附有强制性标准，因为它们将作为根本性的发展原则，为整个项目未来的可持续设计发展奠定重要基础。这个步骤的指标包括咨询计划书（GO01）、经济影响（SE01）、人口需求和优先事项（SE02）洪水风险评估（SE03）、声污染（SE04）、能源战略（RE01）、现有建筑与基础设施分析（RE02）、用水战略（RE03）、生态战略（LE01）、用地（LE0）、交通评估（TM01）。步骤二是确立项目发展布局，根据规划区域内的实际需求和机遇，考虑该项目内各部分的布局安排，共包括 17 个指标，除公共协商与参与（GO02）外，其他 16 个指标均为非强制性，其中涉及的设计和测试的内容，包括生物多样性，栖息地保护和强化，行人、自行车和其他机动车的运作，公共交通，街道和建筑的设计布局、使用和朝向，住房的类型、供应及位置，公共事业以及其他的基础建设，公共领域及基础绿化设施。在步骤三，BREEAM Community 着重对项目的细节设计，所以不包含强制性指标，评估师与设计团队紧密合作，根据不同情况灵活选择可以实现并完成的指标来获取积分。从前两个步骤公众社区参与协商的资料及规划范围内的各类战略举措得到的各类证据、资料将会被汇总，用于打造更详细的规划和设计。随着规划方案的进一步深入，当地社区以及其他利益相关者将继续参与并影响设计方案，其中涉及的设计和测试内容包括景观设计、建筑材料、管理、设施和服务的长期监管、建筑设计、包容性设计、在建设期间和完成后的资源使用率、建设期间提供的当地就业岗位等（表 1）。

BREEAM Community 各部分内容指标一览 **表 1**

第一步骤	第二步骤	第三步骤
管制(GO)		
GO01——公众咨询计划	GO02——公众咨询与参与 GO03——设计评审	GO04——社区设施管理
社会和经济福祉(SE)		
SE01——经济影响 SE02——当地需求和优先的重点 SE03——洪水风险评估 SE04——噪声污染	SE05——住房供应 SE06——服务、设备和设施的提供 SE07——公共领域 SE08——微环境 SE09——公用设施和公共事业 SE10——气候变化适应情况 SE11——绿化设施 SE12——当地停车设施 SE13——洪水风险管理	SE14——地方特色 SE15——色容性设计 SE16——光污染 SE17——劳动力与技能培训
资料和能源(RE)		
RE01——能源策略 RE02——现有建筑与基础设施 RE03——供水策略		RE04——可持续性建筑 RE05——低影响材料 RE06——资源利用效率 RE07——交通碳排放量

续表

第一步骤	第二步骤	第三步骤
用地和生态(LE)		
LE01——生态策略 LE02——土地利用	LE03——水污染 LE04——增强生态价值 LE05——景观	LE06——雨水收集
交通(TM)		
TM01——交通评估	TM02——安全和有吸引力的街道 TM03——自行车网络 TM04——使用公共交通工具	TM05——自行车设施 TM06——公共交通设施

除强制标准外，BREEAM Community 的评分原则是每个指标均提供有相应的评估准则来对应不同的分数，每个指标取得的分数会根据其重要性有一个比重值。评估师可以根据设计团队及开发商的不同需求和优势进行灵活操作，最后得出总分数并给出相应评级（表 2）。

各类指标所占的最终评分比重 **表 2**

Catagory	Waging	Catagory	Waging
管制(GO)	9.3%	资源和能源(RE)	21.6%
社会福祉(SE)	17.1%	用地和生态(RE)	12.6%
地方经济(SE)	14.8%	交通和运动(TM)	13.8%
环境条件(SE)	10.8%		

2 实践案例——瑞典马尔默市西港新城

2.1 概况

项目位于瑞典马尔默市西部港区，是英国本土外第一个申请并通过 BREEAM Community 最终认证的可持续社区。项目占地面积约 15000m^2，曾是著名的造船和汽车制造中心，现在是一个繁荣的可持续商业住宅混合功能区，有 18 街区，包括住宅和 20000m^2 的办公、商业和服务类建筑，公园位于北部，基地中心是公共活动的广场（图 4、图 5）。这个项目成功地被认证为“很好”等级（认证编号 BREEAM-0050-9695）。

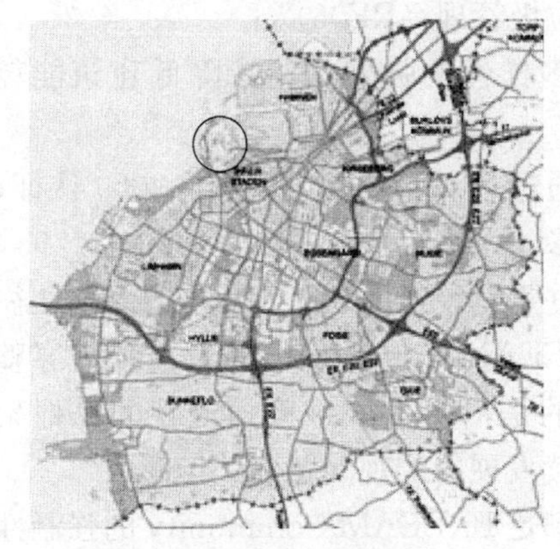

图 4 西港新城区位

（资料来源：参考文献 [7]）

图 5 西港新城现状

（资料来源：参考文献 [7]）

经过规划全过程可持续程度的审核，这片区域目前正在建设当中，建成后将成为西港地区的生活和工作中心，成为传统工业重生之地，也是马尔默进一步实现可持续发展宏伟计划的重要组成部分。在共享的认证目标下，马尔默的开发商和相关人员，对社区的规划和设计广泛参与了意见，共同承担实施和管理的责任。

2.2 项目目标

当 BREEAM Community 评估组接受英国以外的项目，需要根据当地条件拟定一个定制的附件的标准，包括气候、文化背景及规划系统等。因为开发者对当地环境非常理解，评估师们能从早期的西港开发项目中获得可利用信息来支持定制的标准。与开发商、设计者和政府当局协同工作，定制的标准是保证能够反映当地实际需要的。评估师因此建立了立足当地条件的标准，包括为小微企业、新兴行业提供发展空间，而不是扩大现有企业竞争；种植食物的空间；为公众参与活动提供室内空间或专门场所；降低噪声和光污染；建筑全寿命材料成本；考虑建造实践的空间。

2.3 项目的获益

瑞典最大的房地产公司 Diligentia 是西港新城的开发商，他们决定申请 BREEAM 认证的目的是帮助马尔默政府、未来的开发商和住户最大限度地提升项目的可持续发展程度，创造一个有吸引力的社区，动态和更可持续的城市环境。西港新城可持续发展的属性及其对应的认证指标包括：

·混合功能的社区提供住房、办公室、零售和教育设施（SE05、LE02）。

·提供更多就业机会，创造活力，支持小微企业和餐馆等（SE17）。

·可持续的建筑材料（RE05）。

·重视适应气候变化影响的设计（SE10）。

·非机动交通解决方案，多种快速安全的自行车道，便捷到达马尔默其他区域（TM03）。

·改善公共交通，公交车在交通灯控制路口享有高度优先通行权，提高西港与马尔默市重要片区的公交往来频率（TM04、TM06）。

·通过“sunfleet”组织小汽车拼车共乘（TM04）。

·可持续的垃圾管理（RE06）。

·城市生物多样性的强烈关注，降低建筑能耗（SE08、RE01）。

·单体建筑通过 BREEAM 欧洲商业 2009 认证，“优秀”等级（RE04）。

图 6　西港新城设计方案鸟瞰（一）
（资料来源：参考文献［7］）

像西港这样重要发展项目的设计和建造周期往往要持续几年。BREEAM Community 认证过程贯穿整个周期。更重要的是，Diligentia 公司珍视的是框架认证确保他们“在开发早期有效掌控了当地社区可持续发展的宏观问题和关键问题”。

西港曾经是一个闻名的高碳排放地区，开发时为满足 BREEAM Community 的强制性指标要求提高了建设标准，2014 年通过调整生成的定制附件标准取得了一个“很好”的评级，分数为 57.52%。实施 BREEAM Community 认证，为申请建筑认证打下了基础，实现了 BREEAM 绿色认证方法对建设开发活动的全周期覆盖（图 6～图 8）。

图 7　西港新城设计方案鸟瞰（二）
（资料来源：参考文献［7］）

图 8　西港新城设计方案鸟瞰（三）
（资料来源：参考文献［7］）

3　对我国可持续住区建设的启示

我国绿色住区标准受地区发展不平衡等因素制约，评估要素定位于“节地、节水、节能、节材和建筑环保”，更偏重强调技术和结果，指标内容包括场地整合、城市区域价值、交通效能、人文和谐、资源能源效用、健康舒适环境、可持续住区管理几部分，旨在令可持续发展理念植入项目开发建设和管理中。BREEAM Community 在认证步骤、指标内容覆盖面、与绿色建筑标准的衔接和激励效果等方面仍有我们可借鉴之处。

3.1　灵活的认证阶段

BREEAM Community 将认证划分为两个阶段——框架认证和最终认证，且只在最终认证进行评级。框架认证只进行宏观层面的策略评价，集中精力建立正确的可持续发展原则，更有利于优化大规模开发项目的设计标准，尤其对于大规模开发计划中存在的关键问题进行理性的判断和把握，保证了项目开发起步阶段的正确方向，将规划设计、区域价值、交通等技术和细节问题留给最终认证评级。避免一次性认证制度可能出现的由于缺少最初原则问题把关，在认证时出现关键过失从而造成大量投资浪费的代价，同时最终认证能够将更多注意力放在细节方面，使绿色社区认证和绿色建筑认证无缝衔接。

3.2　评估项目、区域的全覆盖

和国际上众多评估标准相比，BREEAM Community 具有更全面和灵活的评估指标组合方法，以适应不同区域、类别的项目。前文所举的西港新城就是一个成功的城市更新项目可持续发展认证案例。它不仅适用于城镇新建生态城住区、产业园区等增量建设项目，也对城市旧区更新等存量用地项目可持续建设的引导和认证同样具有成功的指导经验和积极的指导作用。它的另一个优势在于通过在不同国家和类型的项目采取“定制改进（Bespoke progress）”的方式，指标可根据项目所在地环境、气候、法律等条件进行调整重组，结合每个国家和地区的法规和条件施行评估，这对我国幅员辽阔、气候条件和地方发展条件各异的实际情况非常有借鉴意义。

3.3　极高的公众参与度

BREEAM Community 公众参与环节贯穿了对住区的规划、设计、建设、运营、管理等评估的全过程，它不仅是一个技术体系的完善集合，且切实将之与社会参与、和谐住区等社会可持续发展目标紧密联系，每个指标的强制性内容都包括“对当地社区进行充分的公共咨询”。公共咨询类评估内容更直接将“公共咨询计划书”和“公共咨询和参与”列为两个子类，强制性指标为“提供一份详细的公共咨询计划书，向所有与项目开发相关的政府部门、当地居民代表、生态环境保护团体等阐述包括项目开发的一切有关事宜”和“公共咨询过程按计划书实施；利用良好方式方法进行公共咨询；给予成果反馈”。

3.4 激励机制

无论在哪个国家，绿色社区建设都不仅意味着执行新标准，更意味着需要投入更多资金，增加建筑开发的成本，这成为制约绿色社区推广实施的瓶颈。“无论制定评估标准的意图多好，如果激励内容不足以改变传统行为模式，它也会因无人参与而最终导致失败。”BREEAM Community 在制定之初就认识到了市场即基本激励所在，认证从市场中提取了部分元素，使最终评估体系的架构和运作适应市场需求。研究表明，只有庞大的开发商群体相信可持续发展社区是市场发展趋势，绿色证书可以为其扮演“广告”的角色，他们才更容易接受成本增加的问题。在认证标准执行力推动方面，BREEAM Community 没有把自己塑造成死板的规定清单，而是经营成一个被民众追捧的榜样，多角度激励开发者和使用者践行绿色社区的做法值得我们借鉴。

4 小结

通过梳理英国 BREEAM Community 认证的内容、方法和实践效果，总结出其内容和架构灵活、评估内容全面和引导公众参与等先进经验，明确了我们在城市规模开发实践的可持续发展方面建构认证体系的发展方向，为制定切合国情又与国际绿色目标接轨的认证标准，可持续社区与建筑认证全周期化，增强全社会可持续社区参与度等新型城镇化时期生态文明建设目标，提供了操作性强又适度超前的科学指导。

Study on the Approach, Practice and Enlightenment of the UK BREEAM Community

Abstract: The UK sustainable community certification is based on the first international green building certification (BREEAM) and is one of it sub-system. Through introducing the content, method and practice of BREEAM Community, this paper explores and summarizes its advantages, such as the content and evaluation method are comprehensive and flexible, guidance for the strong public participation, adding market elements to stimulate the developers participation and so on. It makes our targets of establishing the sustainable community certification standards in urban scale for the development practice clear, provides experience and enlightenments for the improvement of the existing standard system in such aspects as accessing both national conditions requirements and the goal of internationalization, entire life cycle community and building certification, improve public acceptance and participation ect.

Keywords: UK Sustainable Community; Certification Standards; Content and Methods; Practice; Enlightenment

参 考 文 献

[1] Dimitra Kyrkoua, Roland Karthaus. Urban Sustainability Standards Predetermined Checklists or Adaptable

Frame-Works [J]. Procedia Engineering，2011 (21)：204-211.

[2] Edword Finch. Environmental Assessment of Construction Projects [J]. Construction Management and Economics，1992 (10)：5-18.

[3] 李巍，叶青，赵强. 英国 BREEAM Community 可持续社区评价体系研究 [C]. ECGB 博士生论坛论文集：90-96.

[4] Handbook of BREEAM Sustainable Community (2014) [M].

[5] 于一凡，田达睿. 生态住区评估体系国际经验比较研究——以 BREEAM-ECOHOMES 和 LEED-ND 为例 [J]. 国外城市规划研究，2009，8 (33)：59-62.

[6] 董世永，李孟夏. 我国可持续社区评估体系优化策略研究 [J]. 西部人居环境学刊，2014. (2)：112-117.

[7] www. malmo. se/vastrahamnen.

作者： 许熙巍　天津大学建筑学院　讲师

运迎霞　天津大学建筑学院　教授

基于零能耗太阳能建筑的决策评价工具开发

【摘　要】随着美国能源部（DOE）主办的太阳能十项全能竞赛①（SD）的开展，全球越来越多的目光聚焦零能耗太阳能建筑（ZESB），零能耗太阳能建筑逐渐成为当今绿色建筑领域重要的研究方向之一。本文以天津大学新能源应用示范基地——零能耗‖建筑试验平台的设计建造为例，在分析零能耗太阳能建筑的特点以及现有绿色建筑工具的基础上，从决策过程中存在问题剖析入手，探讨了建筑活动参与者对零能耗太阳能建筑决策评价工具的需求，提出了开发零能耗太阳能建筑的决策评价工具的思考，并结合零能耗太阳能建筑全生命周期各个阶段，对决策评价工具的形式及功能提出了具体建议。

【关键词】零能耗太阳能建筑　决策评价工具　建筑活动全过程　建筑参与者

0　背景

目前，国内外已经逐步研究开发了一系列绿色评价建筑工具，然而，文献研究显示，现有工具的使用对象大多为能源、材料、水、空气质量等领域专家，在实际操作过程中很难对建筑活动多元的参与者提供直接的决策支持。这样导致建筑活动参与者在具体实践过程中无法得到零能耗建筑设计方面的直接、有效的决策信息，直接制约了他们的零能耗建筑实践效果。为了推动零能耗建筑的发展，有必要进一步思考和探索如何建立与国情相适应的、面向多元建筑活动参与者的零能耗建筑决策评价工具。

1　零能耗太阳能建筑

利用太阳能技术达到零运行能耗的建筑称之为零能耗太阳能建筑（Zero-Energy Solar Building，简称 ZESB）。ZESB 的目标，必须通过“开源＋节流”的方法实现：首先在节能方面，通过被动式建筑设计：采用高性能外围护材料，被动式太阳能房设计，遮阳装置，相变材料利用等建筑设计策略，同时通过暖通空调技术，楼宇智能控制系统和建筑能源管理系统等设备优化以减少能耗并达到低能耗建筑的标准；其次，在能量生产方面，通过太阳能光热、光伏、太空辐射能降温、电能存储技术、并网技术等实现全年能量平衡。从 ZESB 的实现方法上可以看出 ZESB 具有目标共存、多学科交叉、多技术结合的特点，而且 ZESB 的良好运行，还需要建筑活动参与者在规划、建筑与技术集成设计、施工、运行过程中不断完善，最终才能确定运行、能源利用方案等。

本人参与天津大学新能源应用示范基地——零能耗‖建筑试验平台的设计建造，零能耗试验建筑 Sunflower 曾代表天津大学参加 SDE2010，后在天津大学校内选址重建，作为试验平台供科研人员试验使用。在零能耗试验建筑设计建造过程中，虽然建筑师对发展 ZESB 很有热情和责任感，但在设计和参与建设、运行过程中却面临不少困难，主要是由

① “及阳能十项全能竞赛”（Solar Decathlon）是由美国能源部（DOE）主办的以全球高校为参赛单位的建筑与能源科技竞赛。SDE2010，即 2010 年在西斑牙马德里举办的 SD 竞赛欧洲赛区。

于ZESB目标共存、多学科交叉、多技术结合的特点，其中决策因素错综复杂，建筑活动参与者没有明晰的职能分工与协同方法，各领域的科研人员无法兼顾ZESB整体性能，从而直接制约了ZESB实践。这些困难的产生是由于建筑活动参与者在建筑全过程未能得到必要的决策指导和有效的工具支持，从而严重影响了建筑师工作的效率及零能耗太阳能建筑的效果。

2 绿色建筑工具

绿色建筑工具是鼓励绿色建筑发展的有效方式之一。近年来，以清华大学秦佑国教授主持的国家"十五"科技攻关项目：绿色建筑关键技术研究之绿色建筑规划设计导则与评估体系研究为代表的相关研究得到广泛关注，开发了针对不同建筑类型的绿色建筑工具，并在不同地区的建筑项目中得到应用。

2.1 绿色建筑工具框架

西北工业大学刘煜教授主持的国家自然基金项目：基于环境性能评价的绿色建筑设计决策支持研究中提出了绿色建筑工具系统开发的构想。根据刘煜教授提出的分类框架，绿色建筑工具总体上可以分为性能评价、决策支持（包含决策评价）、教育培训三大类，分别与建筑的最终性能、建筑活动、建筑活动参与者相关（图1）。

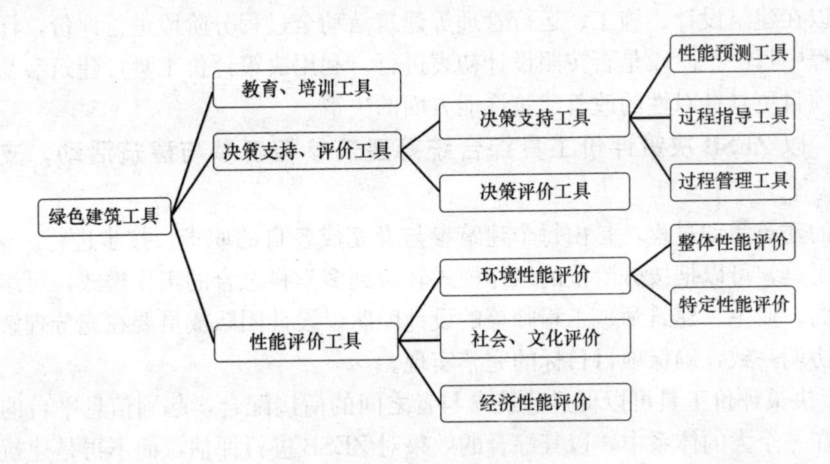

图1 绿色建筑工具分类框架

其中，"教育工具"应当主要面向开发商、使用者、管理者等对绿色建筑发展决策起重要作用，同时对绿色建筑概念和技术应用了解不多的群体；"培训工具"需要面对设计师和管理者等绿色建筑专业技术和管理人员，侧重对其进行绿色建筑技术应用的培训；"性能预测工具"需要面向建筑设计师和建筑技术专家，对其参与建筑活动的不同阶段起到决策支持作用；"指导工具"需要面向所有建筑活动参与者，对其具体决策过程有所帮助；"过程管理"工具需要面对建筑管理者，对其具体管理决策过程提供支持和帮助；"决策评价工具"需要面对绿色建筑发展过程中的每一个步骤，对其中的各项决策作出评价；"性能评价工具"需要针对绿色建筑性能表现的目标领域，对建筑的最终性能作出评价。

2.2 绿色建筑决策评价工具

决策评价的理论基础源于控制论的多学科领域，控制论是指：研究生命体、机器和组织内部或彼此之间的控制和通信科学。决策评价工具用于评价"建筑活动"过程的各项决策。其目的不是评价建筑的最终成果，而是促进和提高绿色建筑实践的决策水平。因此，与性能评价工具相比，与建筑活动过程结合得更加紧密，其涉及因素相对也要复杂很多，而且其评价机制应当使建筑活动参与者更易于理解、接受和使用。

近年来，对决策评价工具的研究在绿色建筑领域受到越来越多的重视。由绿色建筑环境国际创新组织（iiSBE）开发的 GBC-DAT（Green Building Challenge-Design Assessment Tool）是此类工具的一个实例。它试图将建筑设计过程的各步骤与绿色建筑的最终性能目标联系起来，并允许使用者结合实际项目条件，自行加入他们认为与可持续发展相关的因素。另一个实例是澳大利亚的 BASIX（Building Sustainability Index）。它是基于网络的互动式规划决策工具，用于评价新建住宅项目在水、能源和热舒适性方面的潜在表现，是住宅项目报批前政府要求使用的自评价工具。

3 零能耗太阳能建筑决策评价工具需求分析

通过分析 ZESB 的特点以及调查当前国内外绿色建筑评价及相关专业评价体系，将零能耗太阳能建筑决策评价体系的目标总结为以下几点。

3.1 构建建筑活动全过程的反馈评价体系，支持 ZESB 决策

ZESB 决策评价工具需要改变现有的评价方式，采用建筑全过程评价的方式，即开发的工具可以在建筑设计、施工、运行管理等建筑活动全过程分阶段进行评价，评价在建筑活动全过程中每一个阶段是否按照设计初衷进行。利用决策评价工具，建筑参与者能够作出对建筑项目更具针对性的改善建筑性能方面的决策。

3.2 以 ZESB 决策评价工具综合统筹建筑参与者参与建筑活动，支持 ZESB 决策

传统的建筑活动过程，是由每个建筑参与者完成各自的职责，按步进行。运用 ZESB 决策评价工具，可以把按分阶段的工作模式转换到多学科融合的工作模式，可组建包含政府、开发商、业主、建筑师、工程师等的设计团队。设计团队成员要在充分理解项目目标的基础上协调一致，确保项目目标的完整实现。

ZESB 决策评价工具可以促进建筑参与者之间的衔接配合，起到信息平台的作用，将建筑整合在一个大的体系中，以其综合的效果对 ZESB 进行评估，而不再是建筑师或设备工程师单兵作战。评价工具通过建筑参与者之间的对话与协作，更好地为建筑活动提供决策支持。

4 符合零能耗太阳能建筑全过程的决策评价体系构建

过去建筑交付被看做是一个导向最终产品的线性的过程，现在基于 ZESB 的决策评价体系应该是一个动态的、进化的和非机械的理论模型，它被描述成一个建筑决策知识方面不断延伸的螺旋体，以满足 ZESB 多系统、多目标的需求。ZESB 决策评价框架从建筑参与者的角度界定了建筑活动全过程的概念。随着时间的进程，通过对建筑集中在“数据采集”的反复评价，期望有关建筑决策的信息被汇集在建筑特殊类型数据库和信息交换库中。

ZESB 决策评价体系的一个重要特征是时间尺度，它涉及 ZESB 全过程循环中决策评价的复杂性质。ZESB 决策整体化体系的五个阶段是：规划、策划、建筑设计、施工、运

行。这个框架符合建筑师统筹全过程的视角，显示了循环评价和建筑活动全过程的优化，这一过程的目标在于全面地获得更好的建筑性能并使用户得到更高质量的建筑。建筑的交付过程、预期成果以及产品的定性和定量的性能标准在建筑活动全过程中是评价模型的核心。它表现为五个阶段，这五个阶段的每一个阶段都有内在的评价和反馈循环（表1）。

零能耗太阳能建筑决策评价体系理论模型 **表1**

建筑全过程阶段	决策评价各个阶段及循环评价
阶段1——策划	ZESB策划的目的是指明项目的方向，明确未来业主的需求，建立项目的预期达到的可再生能源利用率和计划采用的技术与措施的目标，预见并提出建筑活动全过程中可能出现的问题，完善建设项目的各项内容，包括投资估算等，将总体规划思想科学地贯彻其中，以达到预期的目标
循环1——策划评价	项目的投资方、设计方、使用方利用决策评价工具对ZESB的性能标准的策划方案结果进行评价。策划的发展是一个动态的过程，把团队创造性和系统地分析问题结合起来，以解决这个阶段的矛盾
阶段2——规划	在建筑设计之前，收集建筑所在地区与ZESB设计相关的太阳能资源、气候条件、建筑场地环境等数据资料，综合这些资料优化建筑布局，结合道路、绿化植被、景观设计等提高场地内环境质量，以达到ZESB对于场地与室外环境质量的要求
循环2——规划评价	投资方、设计方通过性能预测工具对ZESB的场地规划与室外环境质量进行评价。结合预测工具评价规划设计的决策是否符合建筑项目要求
阶段3——建筑与技术集成设计	这个阶段包括方案设计、初步设计和施工图设计文件。在方案设计阶段，通过这个阶段扩展选择答案的范围，并将策划参数转化为一个或若干个的建筑解决方案；初步设计为ZESB设计的技术选择和各系统间的集成设计；施工图设计成为设计的最终结果。在这个步骤中，所有相关信息被转化为实际指令，并对建筑能源系统、室内环境调控系统、信息网络系统提出具体要求
循环3——设计评价	以故障判断的方式进行评价循环，投资方、设计方、用户方共同参与，利用决策评价工具对建筑方案进行评价。建筑策划阶段提出的ZESB的目标提供了设计决策评价的标准
阶段4——施工	施工阶段，施工方和设计方同时承担施工管理和质量控制，以确保建筑与项目预期目标要求一致。此外，还要满足国家标准、规范
循环4——施工评价	在建筑投入使用前需要利用决策评价工具对ZESB进行施工评价，对ZESB进行清单式的检查与系统调试。作为一个正式和系统的评价过程，这个循环需要确保满足使用方的预期以及必须的标准和规范
阶段5——运行维护	从时间上看，运行阶段是建筑活动全过程中最长的。当建筑符合使用方的预期目标时，就可以使用这个建筑。尽管策划、规划和建筑设计在实现建筑过程中是重要环节，但使用方只有在运行时才能真正了解ZESB相关的功能和环境状况。这个阶段，通过调整ZESB的各项系统使得用户获得最理想的室内环境
循环5——运行维护评价	这个阶段，ZESB决策评价主要是针对建筑使用后系统调试的，从用户那里得到有关设计的反馈，了解哪些系统调试需要改进等。使用后评价也评价一些隐含在策划和设计阶段的关键决策的假定。作为选择，使用后评价的结果能够被用于识别建筑使用后有关性能中存在的问题以及确定解决这些问题的方法

总体来说，一个建筑决策反馈评价过程加上一个高效严格执行的建筑过程，在概念上构成了一个完整的循环，由决策评价工具提供的反馈信息为建筑性能的改善依据，并最终转化为建筑设计或运营的更优策略。

5 结语

建筑决策评价是对建筑设计、施工和运行的一个创新尝试，它基于建筑活动全过程每一个阶段的反馈评价。由决策评价工具提供的反馈信息为建筑性能的改善提供依据，并最终转化为建筑设计或运行的更优策略。通过决策评价以此使 ZESB 建筑本体、建筑能源系统、室内环境调控系统、信息网络系统得到最优化的方案，更贴近用户的需求。关于决策评价工具分阶段评价具体方法的探讨，限于篇幅，不再具体展开。期待本文所提出的问题和解决问题的思路，能够为 ZESB 设计和研究人员提供有益的帮助。

The Development of Decision Evaluation Tool for Zero-Energy Solar Buildings

Abstract: With the Solar Decathlon (SD) organized the US Department of Energy (DOE), the world's attention began to focus on Zero-Energy Solar Buildings (ZESB), ZESB is becoming one of the important research directions in the field of green building today. This paper, as an example of The Demonstration Base of Application of New Energy: Experimental Platform ‖ of Zero-Energy Building of Tianjin University, from analyzing existed problems in the decision-making process, discusses the demand of construction activity participants for decision-making evaluation tool of ZESB, based on analyzing the characteristics of ZESB and existed green building tools. Besides, the article puts forward the thinking on developing decision-making assessment tool of ZESB, and makes specific recommendations on form and function of the decision-making evaluation tools, Combining with the whole life cycle stages of ZESB.

Keywords: Zero-Energy Solar Buildings; The Decision-Making Evaluation Tool; The Whole Process of Construction Activities; Construction Participants

参 考 文 献

[1] 秦佑国，林波荣. 中国绿色建筑评估标准研究 [J]. 中国住宅设施，2005 (7)：17-19.

[2] Liu Y. A Holistic Approach to Developing Generic vs. Regionally Specific Frameworks for Sustainable Building Tools [Z]. PhD: University of New South Wales, Faculty of the Built Environment, 2005: 315.

[3] 刘煜. 绿色建筑工具的分类及系统开发 [J]. 建筑学报，2006 (7)：36-40.

[4] 刘煜. 绿色建筑工具的因素分析与成套开发 [J]. 建筑学报，2007 (7)：34-38.

[5] 田蕾，秦佑国，林波荣. 建筑环境性能评估中几个重要问题的探讨 [J]. 新建筑，2005 (3)：89-91.

[6] Wolfgang F. E. Preiser, Jacqueline C. Vischer. Assessing Building Performance [M]. Beijing: China Machine Press, 2004.

[7] 郑峥. 基于全寿命周期的被动式太阳能建筑评价方法与指标研究 [D]. 天津：河北工业大学，2012.

作者：郑　峥　天津大学建筑学院　博士研究生

王立雄　天津大学建筑学院　教授

以绿色建筑及 BIM 为主题的国际联合教学模式探索*

【摘　要】 目前我国建筑教育界与国际相关院校进行着广泛的交流，如何在交流过程中有效地取长补短，成为各建筑院校关注的话题。本文对天津城建大学建筑学院与丹麦 VIA 大学经济与技术学院举办的一系列国际联合教学过程进行了分析，并在人才培养、教学安排、组织管理等方面总结经验，以期为地方建筑类院校的国际合作与交流，尤其是在绿色建筑设计及 BIM 应用方面的合作交流提供一定的参考。

【关键词】 绿色建筑 BIM 国际联合教学 人才培养

近年来，随着我国建筑市场的长足发展，我国建筑界与国际建筑界进行了多层次的交流，多元的建筑思潮打破了固有的传统思维模式，建筑师综合素质亟须得到全面提升，教育体制逐步向国际化和正规化方向发展。而同时，我国建筑教育的局限性却日趋明显：忽视了建筑师综合素质培养，单一的教学体系及教师知识背景使得学生思维取向也趋于单一化。

针对这一现象，我校建筑系逐渐探索以传统建筑设计教学为中心，尝试结合生态建筑、节能技术、更新改造、数字化建造等多方面课程的教学模式（图 1），使学生从低年级就把设计视野放在更加开阔的建筑学领域中。为了快速提高课程的整合度，学院陆续拓

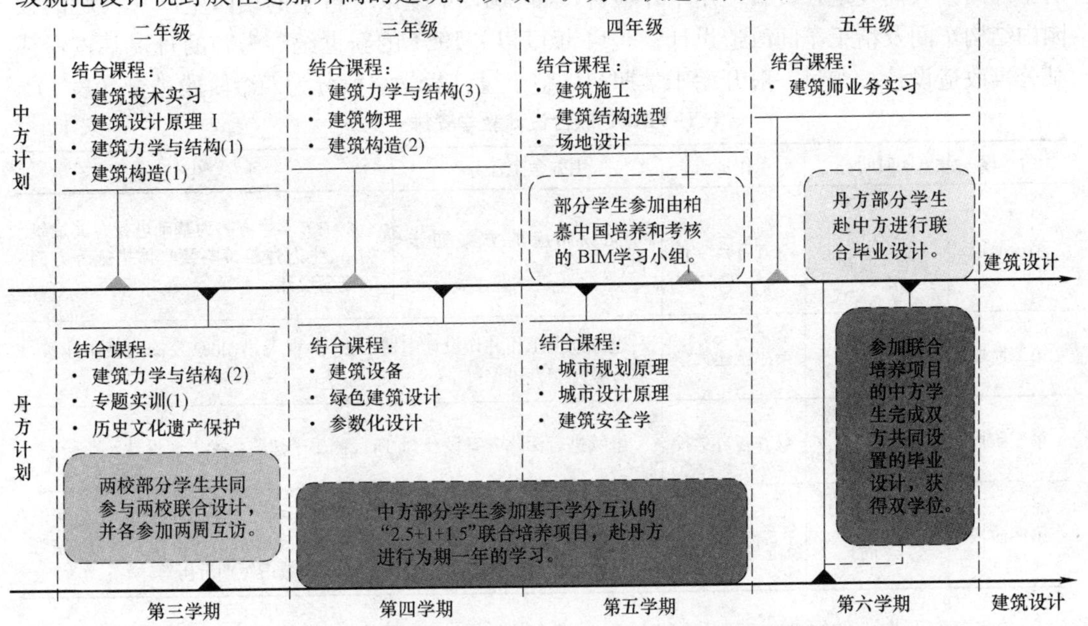

图 1　教学模式简图及与丹麦 VIA 大学学院合作模式示意

* 本文为天津城建大学“建筑学专业国际联合教学模式及体系研究”教改项目支撑。

展与国外建筑院校的合作与交流，先后与丹麦、英国、澳大利亚、爱尔兰等国家的建筑院校签订了合作协议，并形成了一定的互访机制。

在这些院校中，丹麦 VIA 大学经济与技术学院的课程均基于与工程企业的密切合作及具有专业工作背景的教师，能够紧密联系相关领域的最新动态，教学侧重工程实践、绿色建筑设计咨询、BIM 咨询与综合应用等方面。我校建筑系与其在长、短期联合教学模式上均进行了一定的探索（见图 1），不仅为教学和设计的交流提供了一个国际平台，更重要的是有利于两校教学优势互补，提升学生在多方面尤其是绿色建筑设计和 BIM 设计方面的应用和实践能力。

1 以绿色建筑设计为主题的联合设计

以往的教学安排及课程设置忽视了培养学生运用所学知识综合处理设计问题的能力，造成了学生知识体系不完整、基于理论学习进行综合实践研究能力较低的现象，同时也容易造成学生设计手法的狭隘与局限性。因此，在二年级设计课程基础上，我校建筑系通过整合相关建筑构造、建筑物理环境分析、历史文化遗产保护类课程，提高各门课程考核题目的关联性，使学生能够尝试以更开阔的思维及手段针对题目所处地域环境、人文环境、物理环境中存在的问题，并作出合理的回应。

与此相应的“TCU-VIAUC 联合设计”是两校每年于二年级春季学期联合举办的常规性设计交流项目。该项目要求学生在初步理解旧建筑改造方法的基础上，关注社会文脉和环境意向的延续与创造，培养其构建与环境相协调的城市与建筑空间的能力，在加强基本功训练的基础上，培养学生能够初步在设计中进行绿色节能概念设计的能力。设计项目由中外两方共同设定，交替使用中外项目，如 2013 年度以“再生的校园空间”为题的校园内结构车间及精工车间改造设计；2014 年度以“1921 的新世纪”为题的丹麦某古堡或某公寓改造设计。题目一般开始于学期初，整个设计教学一般分为四个阶段进行（表 1）。

TCU-VIAUC 联合设计教学安排一览　　表 1

<table>
<tr><th>阶　段</th><th>时间</th><th>工作地点</th><th>中方学生任务</th><th>丹方学生任务</th></tr>
<tr><td>第一阶段</td><td>3 月初
至 4 月初</td><td>双方各自学校</td><td>完成相应的方案初步设计</td><td>以中方学生方案为基础进行有关建筑构造、生态建筑策略及具体措施等方面的概念设计</td></tr>
<tr><td>第二阶段</td><td>4 月中旬
（2 周）</td><td>天津城建大学</td><td colspan="2">整理前期工作并作设计中期汇报，参观天津、北京及周边城市建筑，双方教师举办讲座等</td></tr>
<tr><td>第三阶段</td><td>4 月下旬
至 5 月下旬</td><td>双方各自学校</td><td colspan="2">继续进行深化方案设计，此阶段侧重于建筑技术方面设计</td></tr>
<tr><td>第四阶段</td><td>6 月初
（2 周）</td><td>丹麦 VIA 大学经济与技术学院</td><td colspan="2">完成设计并参加丹麦 VIA 大学经济与技术学院举行的设计终期汇报与答辩，双方教师举办讲座，参加当地政府相关项目竞赛评图，参观建筑大师作品，与欧洲建筑师对话，欧洲城市短期游历等</td></tr>
</table>

在该项目进行的同时，开设了以 Autodesk Revit 学习为主的计算机辅助设计课程及以 Ecotect Analysis 为主的专题实训（1）课程，因此参与该项目的学生具备基本的 Revit 建模能力和简单的物理环境分析能力，这方便了在该项目的教学过程中通过借助丹方学生及教师的相关设计经验，使学生能够快速初步掌握绿色建筑设计的方法，进行适当的建筑

物理环境模拟并以此作为设计依据，同时借助相关软件进行节能计算、结构计算及造价预算等。

例如在校园车间改造项目中，某方案组首先使用 Weather Tool 等进行了基本的环境气候、基地分析后，发现天津市常年西北风风量较大的现实。因此，该方案尝试将“风”这个对基地影响最大的环境因素与设计结合起来。该方案设计伊始，中方学生首先对不同形体对风流动的影响进行了感性的认识，认为可以通过对建筑及设施的形体设计对风的流动进行控制，在与丹方学生交流后，对不同形体产生的风压进行了分析；相应地，为了保证通风面积，确定了平开式的开窗形式；同时，为了保证风向，增加了水平条状的垂直绿化（图 2），并在双方教师的帮助下，对垂直绿化的种植及固定方法作了相应试验（图 3）。为了增加方案与“风”的对话，在庭院围墙的立面设计时，设置了由混凝土框架与泡状玻璃构成的“风墙”，每个单体泡状玻璃均可独立转动，以呈现“风”的痕迹，创造了动态、变化的立面效果（图 4），独特的形体设计保证了转动时互不干扰（图 5）。

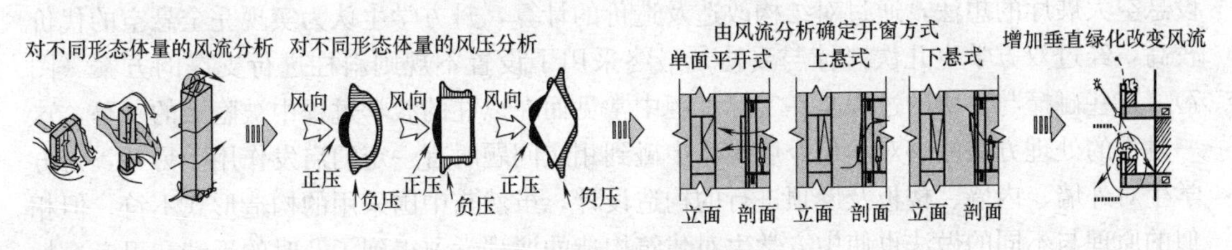

图 2　将“风”引入建筑设计的思路

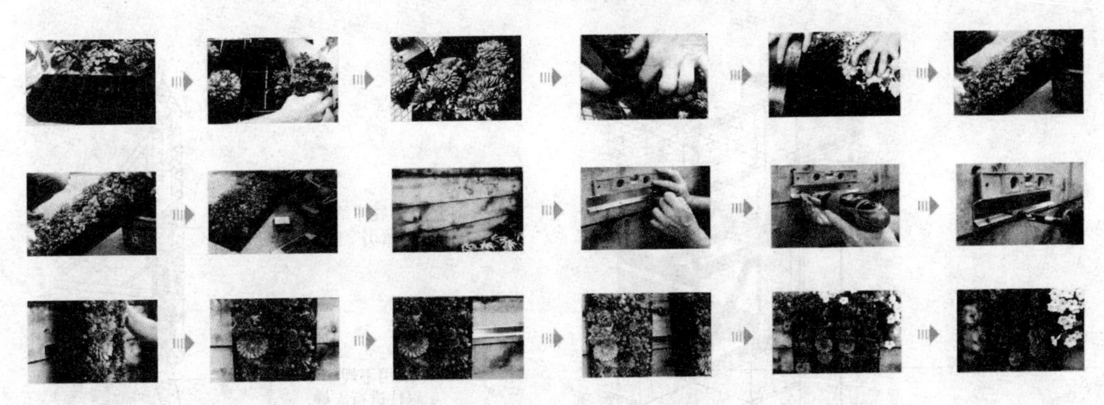

图 3　垂直绿化的种植方法与固定做法

图 4　“风墙”立面设计意向

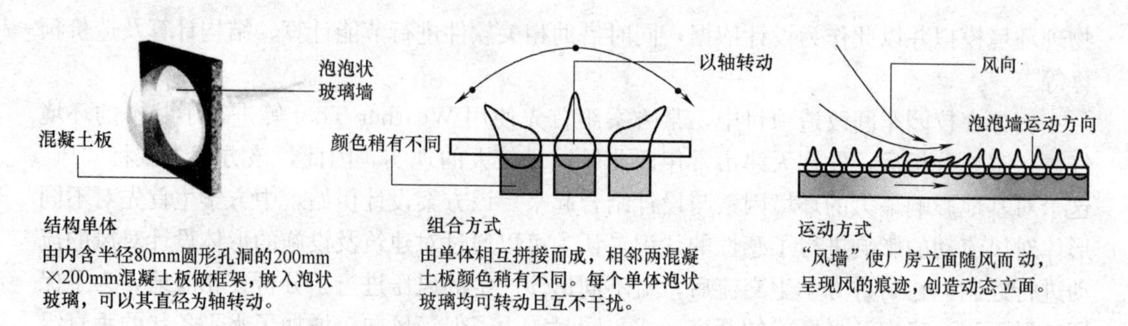

图5　“风墙”的构造和运动方式

随后，方案组丹方学生对现有结构进行了力学分析，结合中方的改造方案，认为需要对结构进行适当的加固与改造。为了保证中方学生方案的完成度和效果，丹方学生对现有结构提出了添加斜梁加固现有结构的方法（图6）；对于中方学生方案中在通高空间内增设悬空大展厅的想法，通过对结构改造及造价的计算，丹方学生认为实现完全悬空的代价较高，经过双方学生几次碰撞与妥协，最终采用了设置不规则斜柱进行支撑的方案（图7）。这些碰撞与妥协的过程是在实际工程中常见而在以往的教学过程中被隐藏的一幕，这一过程的处理方法能够对学生今后工作中碰到相应问题时有一定的启发作用。另外，丹方学生对外墙、内墙、楼板及屋顶进行的构造设计，虽然与中国采用的构造形式不符，但相似的原理与不同的做法也使中方学生对建筑构造的课程学习得到了及时的反馈和思考，加深了对建筑构造重要性的认识（图8～图12）。

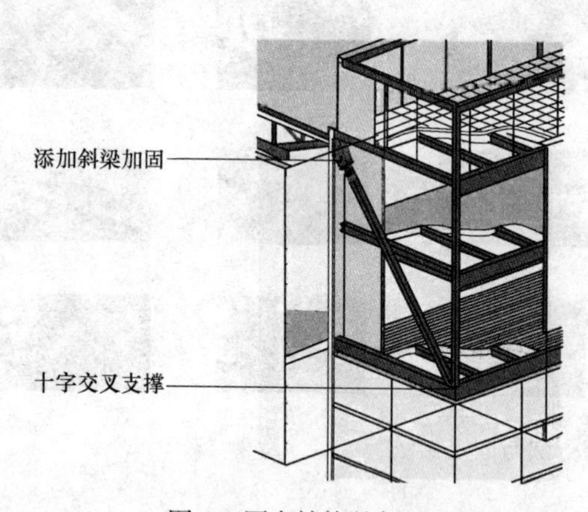

图6　原有结构的加固

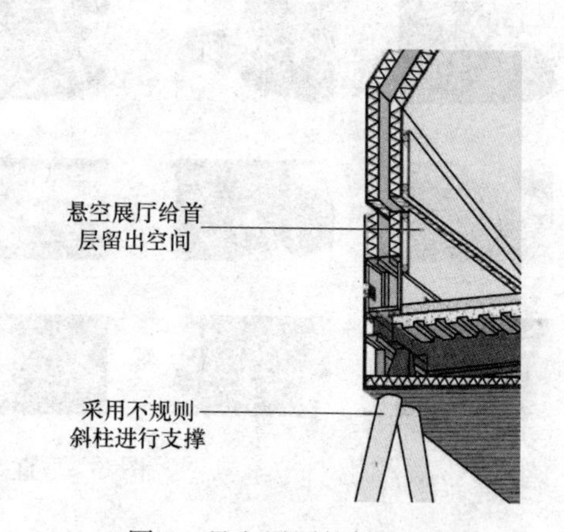

图7　悬空展厅的斜柱设计

该方案同时采用了可调节百叶窗和天窗，对建筑物的通风、采光、遮阳均起到一定的效果（图13～图15）。主动式设计方面，该方案仅在南侧设计了含相变层的太阳能板。在其他学生的设计中，有的设置了彩晶光伏玻璃并进行了相应的能效计算（图16），有的设置了地源热泵系统并由丹方学生设计了机电布置，有的设置了热交换系统，有的设置了雨水收集系统等主动式的节能技术，有的则通过双层楼板等围护结构改善大面积玻璃幕墙的高能耗问题（图17）。

虽然有些方案的技术措施略显稚嫩和概念化，但该项目的开展使学生初步接触了绿色节能建筑设计的相关技术和设计方法，有效结合了建筑结构及构造的知识，有利于进一步

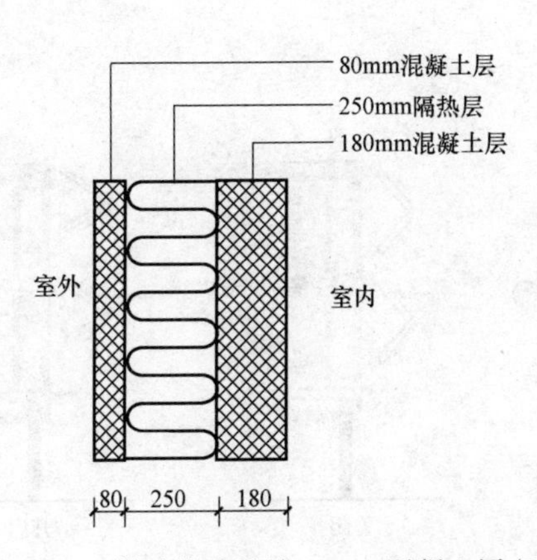

图 8　外墙构造设计 80mm 混凝土层/250mm 隔热层/180mm 混凝土层

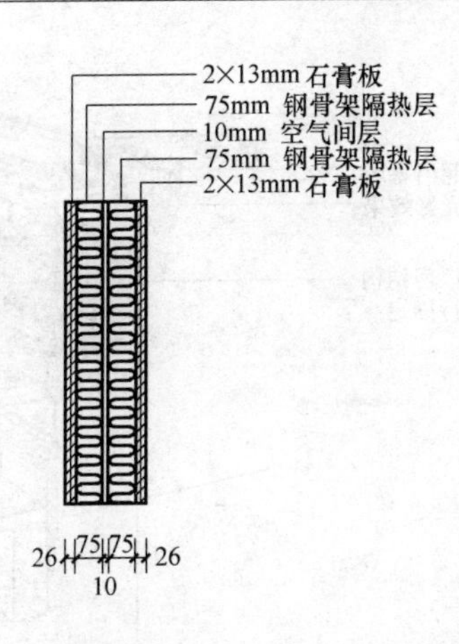

图 9　内墙构造设计 2×13mm 石膏板/隔热层/10mm 空气层/隔热层/2×13mm 石膏板

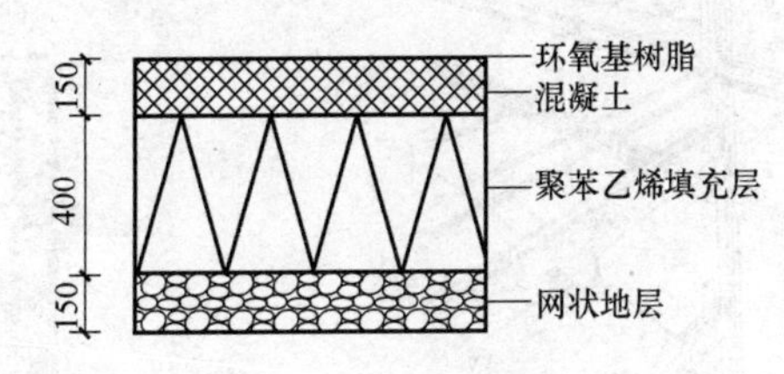

图 10　一层楼板构造设计

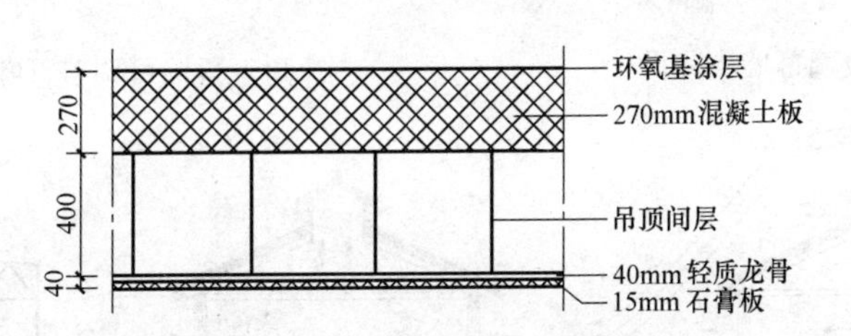

图 11　二三层楼板构造设计

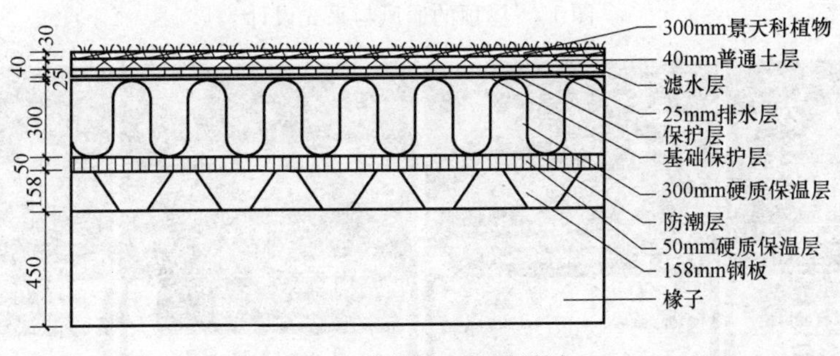

图 12　种植屋面构造设计

完善学生的知识结构。该国际联合教学项目其他部分方案组成果在 2014、2015 年度中国建筑院校境外交流学生优秀作业评选中连续获得优秀作业奖。

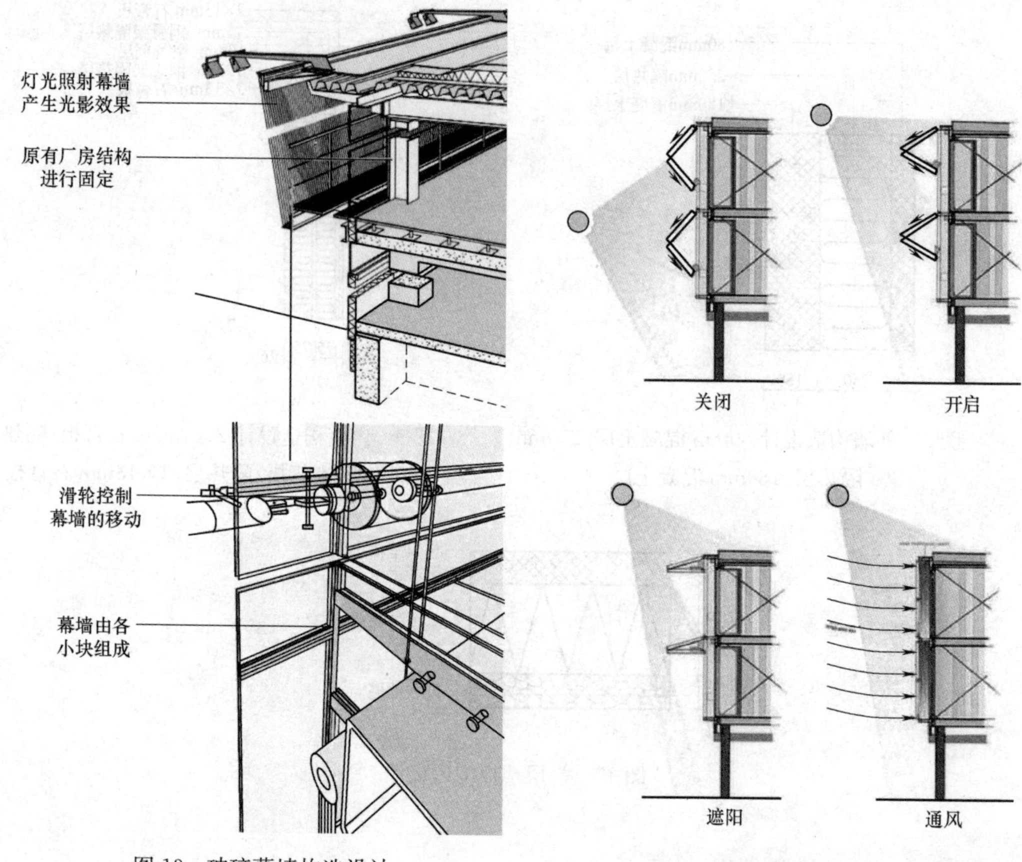

图 13　玻璃幕墙构造设计

图 14　幕墙可调节百叶的遮阳与通风场景

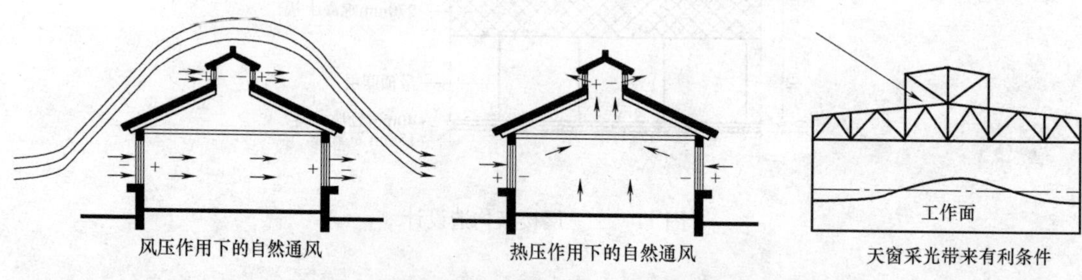

图 15　屋顶的通风与采光设计

一年大约可以生产102965kWh的电能

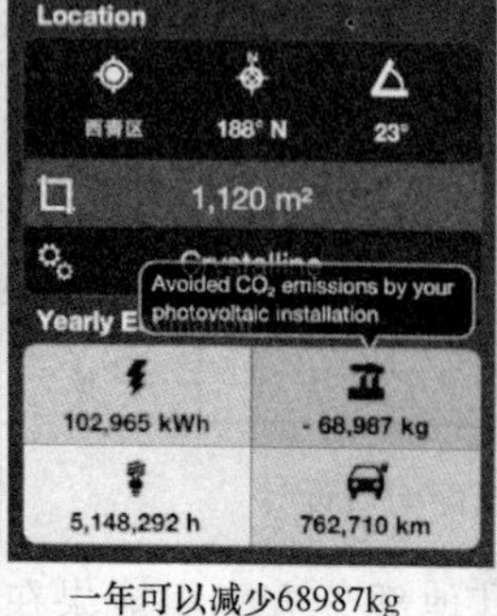

一年可以减少68987kg的二氧化碳排放量

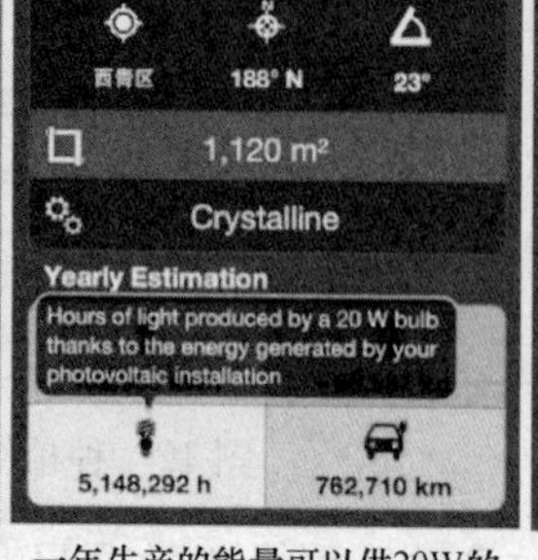

一年生产的能量可以供20W的电灯泡持续发光5148292h

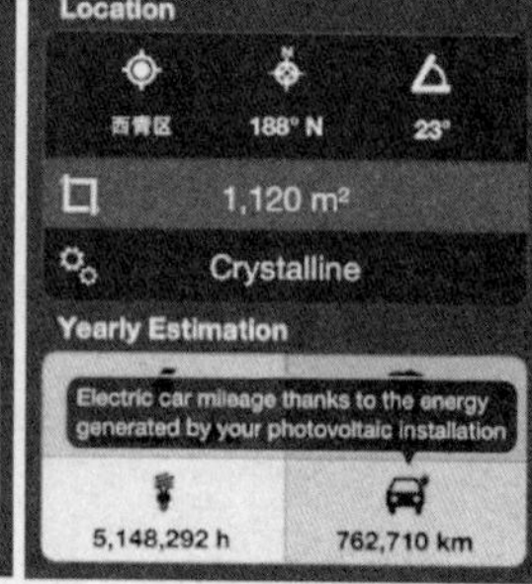

一年生产的电能可以供一辆电动汽车行驶762710km

图 16　彩晶光伏玻璃能效计算（峰值功率：120～180W/m^2）

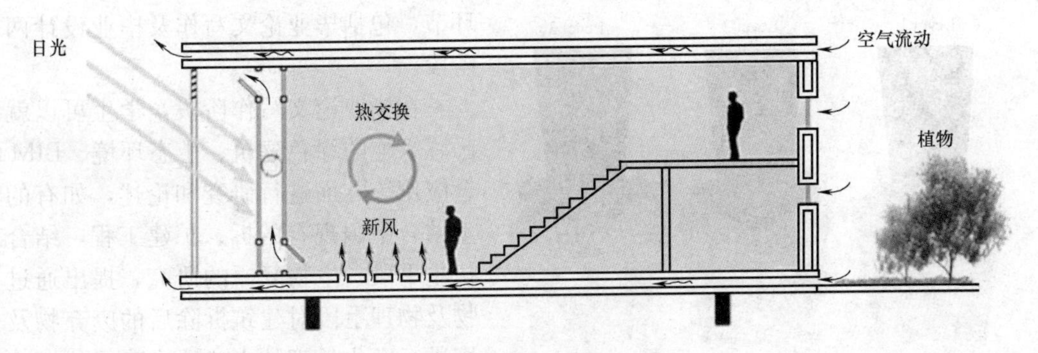

图 17　双层围护结构设计

2　以 BIM 应用为主题的联合培养

为了使部分学生能够快速适应未来市场对 BIM 设计及应用人才的需求，我校建筑系在专业教学过程中开始有选择、有意识地培养具备多专业设计知识、多平台管理能力的人才，在四年级尝试设置了专门的 BIM 学习小组，由具有实际操作经验的柏慕中国 BIM 咨询团队进行培养和考核。同时，为了使部分学生具备一定的国际视野和跨国协同作业能力，在对两校的培养方案进行认真研讨后，我校与丹麦 VIA 大学经济与技术学院基于学分互认签订了 2.5＋1＋1.5 联合培养协议，即建筑学专业学生在我校顺利完成 5 个学期（即 2.5 学年）的学习，通过所有考试并完成语言测试后，将获得 VIA 大学经济与技术学院建筑技术与工程管理本科相应的学分，并可赴丹麦 VIA 大学经济与技术学院进行学习，时间为一年（VIA 大学经济与技术学院的第 4、5 学期，即 1 学年），回国后在本校完成第 8 学期、20 周实习后将获得两校相应学分，完成两校联合设置的毕业设计（即 1.5 学年）并符合毕业设计成果要求者可同时获得由两校分别颁发的学历及学位证书。该项目同时支持双方教师的交流与互换，以促进两校间的教学交流与学术合作。

该项目刚刚启动，首批学生目前仍在丹方学习，其成果尚未完全反馈至我校，本文仅就学生微博中的话语窥测一斑："放弃惯性的康庄大道，自然要比别人花更多时间思考去路，无论是音乐或建筑都一样。过去从没有一个设计师敢于在音乐厅内采用大量的玻璃。由声学的角度来看，玻璃会把音乐"打散"得支离破碎，也不会是最好的隔声材料。音乐之家是全世界唯一拥有两面玻璃围墙的音乐厅，因此波尔图不算太猛烈的阳光能登堂入室，温暖整个空间，也模糊户外和室内的界限，让封闭得到透气的空隙。"通过学生的言语，我们可以看到他不但在欧洲游历建筑，而且在观察建筑的时候同时在结合他所学的知识去考虑各种物理环境因素对建筑设计的影响和效果，这将是他今后建筑创作的个人积淀；同时，在他其他的只言片语中对构造的方法、结构的复杂性、对光线的处理手法等都有其自己的理解，相信他已经开始逐步有意识地将艺术与技术进行整合并应用到自己的设计过程中了。由于丹方教学基本是以小组为单位整合各专业 BIM 协同作业，因此我们期待着这批学生的回归能够对其他学生产生积极的影响。

3　综合应用的国际联合毕业设计

该项目目前仅在丹方学生中开展，即丹方派出学生来我校进行最后一学期的毕业设计

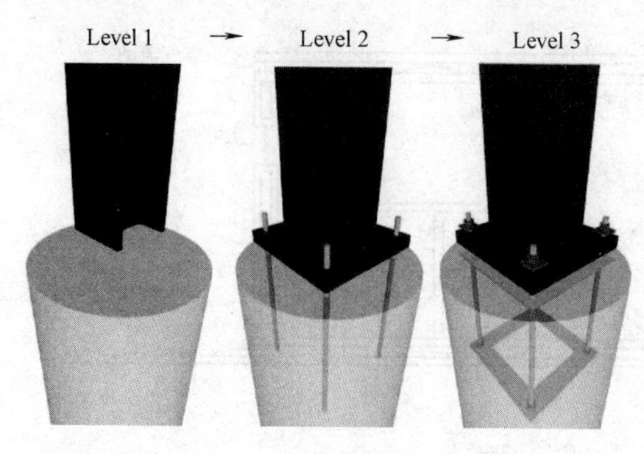

图 18 BIM 在工程中的应用深度

环节，包括毕业论文写作及毕业设计两个阶段。

在毕业论文写作阶段，学生可以就自己感兴趣的绿色建筑、生态环境、BIM 综合应用等方面进行研究和论述，如有的学生结合中国现有的拆、扩建工程，结合对仿生手段、生物复原的研究，提出通过生物及物理手段对建筑拆除后的废弃物及土壤进行净化处理的方法，构建了一套相对封闭的循环系统，对我国的土地和建筑废弃物循环利用提出了新的设想。有的学生则结合 BIM 目前在中国推行的现状，研究了 BIM 在实际工程案例中应用的不同深度（图 18），对承包商在整个建筑全生命周期中的角色进行了重新的审视和整理，深入探讨了承包商在 BIM 工作流程中参与程度的多寡对整个 BIM 工作流的影响，对我国建筑行业推行 BIM 的方式方法提出了建设性的意见。该阶段由中外双方教师共同指导完成，这促进了中外教师的理论交流和学习，为中外教师的学术合作创造了良好的环境。

在毕业设计阶段，除了完成我校对毕业设计的设计成果的常规要求外，学生还应完成丹方对毕业设计在主被动式节能设计、结构计算、构造设计、通风设备、造价预算、施工管理等诸多方面的设计要求。由于设计题目来源于国内实际工程，因此该阶段由国内教师指导完成。为了保证学生设计在各设计阶段均得到充分的指导，我校在各专业均抽调了相应的教师分阶段介入设计，由建筑学专业教师牵头，其他专业配合共同指导学生完成，最终的答辩则由丹方教师及中方教师共同考核。

该项目非常重要的一点是完善相关教师知识体系的过程，它针对我校建筑学教师教育经历单一性和知识结构雷同化的现象，借助来自其他学科教师的知识结构影响建筑学教师，使教师反思其设计思维和手段的合理性，促进建筑学教师对建筑学整体性和复杂性的认识，增加对城市学、社会学、经济学、环境学、土地资源管理及计算机技术等多学科的认识；其次，能够使外方学生快速适应国内的工程设计及施工管理过程。目前，所有参加该项目的学生均供职于国内具有 BIM 设计与咨询能力的公司或设计院。在未来，项目有望扩展为我国留学生回国工作的实践教学平台，增强留学生回国工作适应力，同时，该项目也能够吸引有志于在中国发展的外国学生来华学习与工作，并对我校其他国际交流项目提供一定的资金支持。

4 总结

作为一系列的长、短期教学合作项目，与丹麦 VIA 大学经济与技术学院举办的国际联合教学项目群提供了全方位的教学体验：对学生而言，在基本的设计课学习基础之上，建立了相对开放的价值观和知识体系，也使学生对自身的发展潜力充满信心；对教师而言，能够在国际化平台上审视国内外建筑学专业教学方式的同时，拓宽其理论基础；对学校而言，能够提高学校的办学思路和教学改革水平，促进国际联合科研团队的发展。通过总结这一国际联合教学模式的探索，我们认为：

（1）应当针对目前建筑学教育过程中产生的学生知识结构单一、设计思路狭隘的问题，结合自身教学特征，适当选择教学资源相对薄弱的环节开展国际交流与合作，有针对性地结合当地自然条件特征和历史文化特点设置地区性课题，同时以提高学生作为建筑师应具备的综合设计素质和能力为最终目标。

（2）在教学过程中，广泛吸取来自多学科领域的教师，构建多学科交叉的国际化教学团队；在制订教学计划之初，应以全局观念为指导。这能够以多学科支撑的知识架构影响学生整体的建筑观，使学生在整个建筑学专业学习过程中始终保持对建筑学学科复杂性和科学性的综合认识，使学生方案具有强大的生命力，而非对时髦的盲目追求。

（3）合理安排适当的教学进度，尽量使国际联合设计项目在教学过程中匹配自身教学的计划。一方面，它能解决参与联合设计项目师生时间安排上的困扰，另一方面，还有利于深化联合设计活动的成果和效用。如此即便外方只能短期参与前期和中期的设计工作，也能够保证自身在后期正常的教学单元中有充分的工作时间深化和完善设计成果。

（4）组织分工明确，有利于国际交流项目的规范化和职业化。这些联合教学项目，均由学校国际交流处及建筑学院外事秘书负责组织、管理和接待等事务性工作，专业教师只负责教学工作，这保证了二级学院能够集中精力完成教学任务，而不必分心于其他事务性工作。

International Co-teaching Programs Themed with Green Building Design and BIM

Abstract: At present, exchange programs are variously proceeded among China's and abroad architecture schools. To the domestic school, one of the most concern point is how to effectual reinforce their own education quality. This paper analysis the international co-teaching programs between School of Architecture in Tianjin Chengjian University and School of Technology and Business in VIA University College (Denmark). Trying to summarize the experience of talent training, teaching arrangement, and organization management. The paper may provide reference to other local architectural international cooperating programs, especially on the field of green building design and BIM utilization.

Keywords: Green Building; BIM; International Co-teaching; Talent Training

作者：万达　天津大学建筑学院　博士研究生
天津城建大学　讲师

建筑工业化

建筑部品的美学设计与技术集成模式研究

【摘　要】 建筑部品的标准化是建筑产业化的重要发展方向，通过分析发现了建筑部品标准化与需求个性化存在矛盾，研究提出了采用不同建筑部品的组合实现建筑个性化，标准化接口设计实现建筑产品化，以及改进建筑部品的接口方式实现易用化的建筑部品设计策略，并通过实例展示了建筑部品差异性组合形成内部空间的可持续性，建筑部品组合形成外部空间的多样性以及建筑部品的独特肌理形成建筑表皮丰富性的多项技术措施，为设计人员进行建筑部品的美学设计与技术集成提供了新的思路和方向。

【关键词】 建筑部品　美学设计　技术集成

1　引言

建筑部品是由建筑材料或单个产品（制品）和零配件等，通过设计并按照标准和规程在现场或工厂装配而成，且能满足建筑中该部位规定的功能要求构成建筑某一部位的产品[1]。随着我国建筑存量的持续增加，人们对舒适性要求的不断提高，能源与环境压力促使建筑业面临着重大的产业转型与结构调整，建筑材料及部品的不断更新与建筑全生命周期可持续性的矛盾促使建筑的可持续性得到广泛关注。实现建筑的可持续发展必须走产业化道路，而实现产业化的关键在于建筑部品化。

建筑部品的出现整合了建筑设计与建造过程相互割裂的局面，快速发展的迫切需求，要求发挥快速、装配、灵活的工业化建筑优势，实现缩短工期、提高质量及降低成本的目标，这是对传统建筑模式和生产方式的深刻变革。而建筑的变革总以建筑体系、建筑结构、施工工艺的变革为龙头。建筑部品的出现，引起了建筑体系、结构体系、施工技术和管理运营的变革，有望摆脱传统建筑学科的湿作业施工组织方式，引导建筑走工业化生产的道路[2]。建筑部品的出现也体现了工业建材内涵式增长与外延式发展的需求，是建材适应工业化建筑选型升级的突破点与必然选择。

目前，国内工业化建筑发展普遍面临着建筑标准化与需求个性化的矛盾。一方面，工业化建筑遵循建筑方案与图纸进行深化设计与构件拆分，针对具体方案的模具开发，这种形式使得生产效率低下。另一方面，工业化建筑的产品标准化开发使得产品形式陷入简单、单一的境地。为了解决上述矛盾，可以通过对建筑进行部品化开发，形成“工业化建筑标准化部件库”。长期以来，工业化建筑的美学都是以简洁、呆板、单调等特点被人们所认知。在面对工业化建筑设计时，建筑师的作用被削弱，忽略了建筑师对于建筑美学的总体控制，也折射出了在建筑部品前期设计建筑师参与总体控制的不足，而导致后期建筑美学丧失的局面。建筑部品的引入进入了以材料技术与设备为统领的阶段，为避免出现技术贪多、技术堆砌的问题，需要强调建筑部品前期的美学与技术结合，发挥建筑部品的综合优势，才能使工业化建筑摆脱发展的瓶颈。

此外，应打破常规的产品开发思维，在建筑部品接口通用性的基础上，探索建筑部品功能性之外的美学性、技术性与独特性，使建筑部品向多功能性、操作灵活、设计精巧方向发展，研究新的建筑部品设计策略，只有这样才能开拓工业化建筑新的发展思路。

2 建筑部品设计策略分析

在越来越追求个性化的时代背景下，对建筑产品的差异性需求也越来越明显，那么，如何满足建筑的标准化与个性化的发展需求？如何在保证建筑质量、性能、成本的前提下又不影响建筑个性的彰显？该论文从参数化设计、施工计量方面入手，具体分析建筑部品的设计策略。

在参数化设计方面，通过计算机仿真技术仿真建筑部品的构造形式与材料组成，模拟建筑部品的性能，从而优化建筑部品的集成方式，利于工业化建筑部品的工厂化精细加工，确保建筑部品的质量性能。在施工计量方面，利用 BIM，建立建筑部品族库，既可以统计建筑部品的材料清单，又能集成管线、设备的数据模型碰撞分析，从而确定建筑部品的施工数据计量。

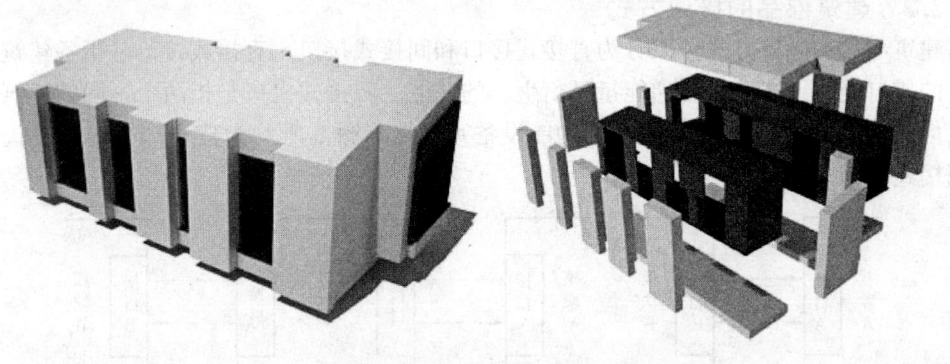

图 1 建筑骨架与围护部品示意图

（资料来源：http：//en. sdeurope. org）

2.1 不同建筑部品的组合实现建筑的个性化

建筑是地域、环境特征与历史文脉相结合的产物，工业化建筑部品通过部品标准化与模块化，结合区域的环境特征与建筑风格，通过不同建筑部品的组合实现建筑的个性化。标准化与个性化相比，标准化是过程与方法，个性化是结果。标准化是工业化的基础，在标准化基础上实现个性化的关键是节点设计，尤其是建筑部品模块之间的设计。在标准化的基础上，通过标准化模块的组合与集成，界定节点之间的标准形式，单元构件的标准模块及连接的标准方法，即可形成不同个性化的建筑风格（图 1）。如图 2 所示，将具有较

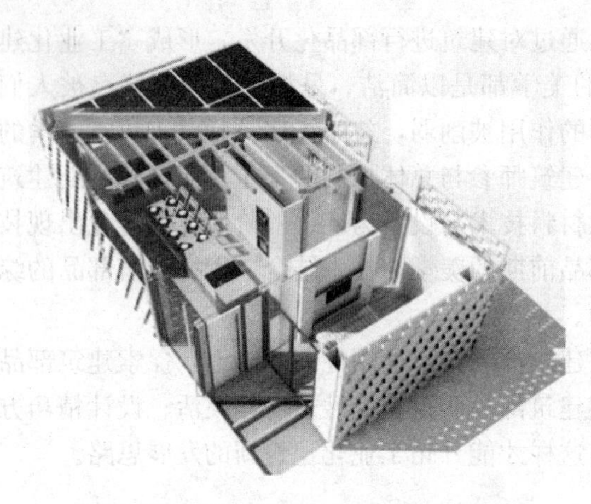

图 2　不同建筑部品的个性化设计实例
（资料来源：http：//en. sdeurope. org）

强设计感的不同建筑部品进行组装，会形成极具个性化与艺术效果的建筑方案。

2.2　标准化接口设计是实现可持续发展的途径

工业化建筑从结构类型、施工工艺、材料选择等过程中考虑的因素众多，无形中给设计工作增加了很多制约因素，从而在一定程度上降低了工业化建筑部品设计的灵活性与个性化。如何解决设计中的灵活性与个性化的矛盾？对建筑部品而言，通用性建筑部品的单元式拆分与多样化组合，使用户可以根据自己的喜好和目的自由地选择。为了提高建筑功能的可变性与建筑性能，在建筑墙体、门窗、保温层安装预埋件，采用通用性预埋件接口、预留插筋及预留管线等预埋构件，预埋件接口标准化设计使不同的建筑部品在满足同样要求的前提下具备相互替代的能力，既保证尺寸的可更换性，又保证功能的置换。

当单个建筑部品或简单的建筑部品组合不能满足建筑需求时，无论是原有部品基础上的扩展，还是相对独立建筑部品的重新组合，接口技术都是实现部品复合、边界拓展与功能更新的关键。建筑部品可以通过有效的标准化接口设计，增加新的建筑部品功能模块，实现部品功能的扩展性和个性化。新技术、新设备的出现，通过建筑围护部品不同单元的组合，通过共享接口增加新的设备部品，实现建筑、能源与设备系统的可扩展性。

2.3　建筑部品的接口方式

建筑部品的接口方式可以分为直接式接口和间接式接口。直接式接口是指各建筑部品本身的接口能直接连接并传递能量且衍生新的功能。间接式接口是指两个不同的建筑部品需要借助“中间单元”（建筑部品或功能设备）连接，图 3 所示为建筑部品的直接式接口与间接式接口。

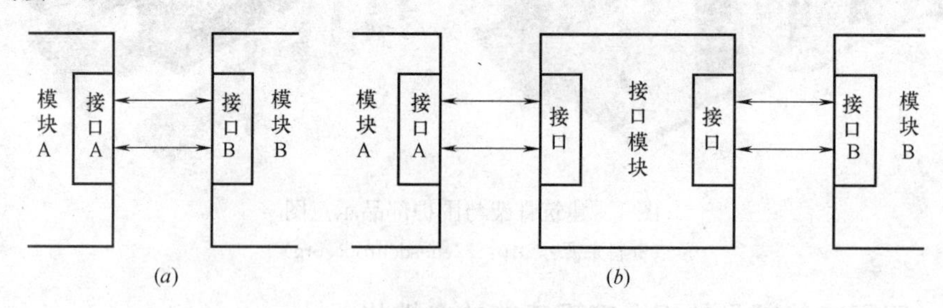

图 3　建筑部品的接口方式[3]
（a）直接式接口；（b）间接式接口

通过以上三种设计策略结合应用则可在建筑部品集成上实现美学特点与个性化需求，这主要包括三个方面：首先是通过建筑部品的差异性组合实现建筑内部空间的可持续性，第二是通过建筑部品的差异性组合实现建筑外部空间的多样性，第三是通过建筑部品独特的肌理实现建筑外表皮的丰富多样性，下面通过实例进行透彻解析。

3　建筑部品美学设计与技术集成的案例分析

3.1　建筑部品的差异性组合形成内部空间的可持续性

隔墙、壁柜、格栅、家具等与建筑的某个部件复合形成内装修建筑部品，处理这类部品的形式、功能、节点设计的关系成为工业化建筑空间实现可持续性的重要环节。如何在有限的空间单元内，利用内装修部品的差异性组合，实现内部空间的可变性与互换性？如图 4 所示，通过可变家具（床、家具的翻转与折叠）、隔墙的差异性组合等实现空间大小与功能的置换，以提高内装修建筑部品的组装与拆解难度。以卧室单元为例，卧室空间设计考虑到每天生活不能同时发生的行为所需空间可以统一到同一空间中，因而卧室设计成开放空间，将卧室和书房两个私密空间统一到一种开放的卧室空间中。卧室中安装有可调节高度的电视并可以通过移动墙板与餐厅结合形成开敞的聚会场所。通过这种内装修建筑部品的差异性组合实现不同的内部空间格局。

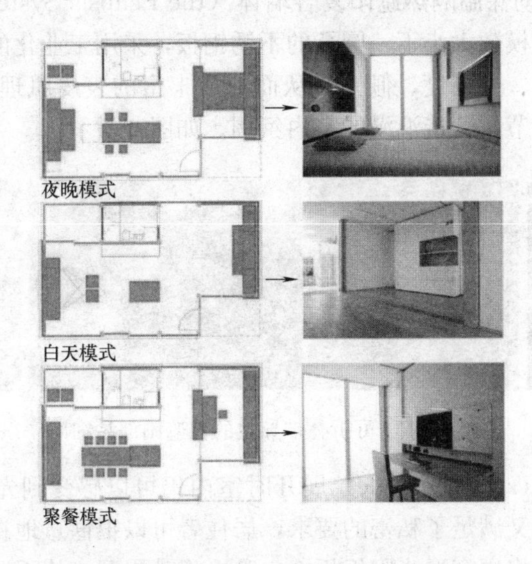

图 4　不同内装部品组合形成不同的空间设计

3.2　建筑部品的差异性组合形成外部空间的多样性

复合型围护结构通过光线和风力传感器，覆盖建筑外部的遮阳系统自动上升或降低，将室内光线和热量调整到最佳状态。或是在内循环两层热通道之间，设计由上向下电控升降，并能自动随阳光倾斜角度不同而变动角度的遮阳百叶装置。部分采用三层玻璃幕墙，最外层的玻璃板和中间一层之间的空气层内加镀锌塑料膜，同时每层玻璃板之间充惰性气体，导热值很低。德国 University of Applied Sciences Rosenheim（ROS）建筑的外围护结构采用“Z”字形可折叠带滑轨的上下滑动遮阳系统，这种创新的遮阳部品，通过建筑遮阳部品的基本单元，通过错动的部品组合形成具有韵律性的遮阳表皮，根据控制系统采集室外日照情况、风速、各工作区的照度数据，调节遮阳部品的角度和室内灯具的开启亮度。可控制的遮阳系统的遮阳角度经过精确计算设计，以此形成不同的菱形开启采光口，在室内形成独特的光影效果。如图 5 所示。

图5　ROS可折叠带导轨的自遮阳部品细部

3.3　建筑部品的独特肌理形成丰富的建筑表皮

光是人类赖以生存的心理需求元素，光线的适宜利用有益于人的身心健康。清晨人们喜欢被阳光唤醒，白天适度的光照有助于人体活动和身心舒畅。夜晚不刺眼的光源为人们带来光明。就寝时则需要安静、放松的光线氛围。在不同的时间必须考虑不同的生理需求而采用不同的光影与光源的效果。美国 Virginia Polytechnic Institute & State University（VPU）玻璃外安装滑动保温隔热遮阳复合墙体（the Eclipsis System)，最外层的可调节角度遮阳部品采用几种模数大小不一圆孔的不锈钢板，采用工业化的切割手段，自动控制调节产品的形态、色泽、光亮度、倾角，从而形成丰富的表皮肌理。室内照明采用 LED 灯，颜色可自动控制调节，营造浪漫的室内氛围。如图6所示。

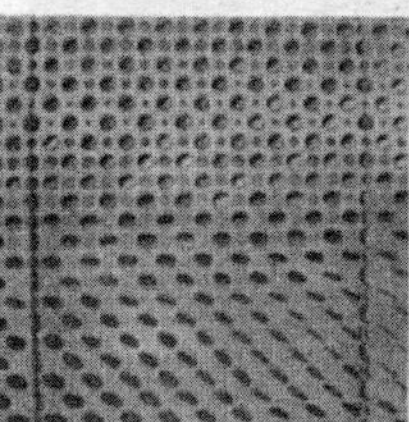

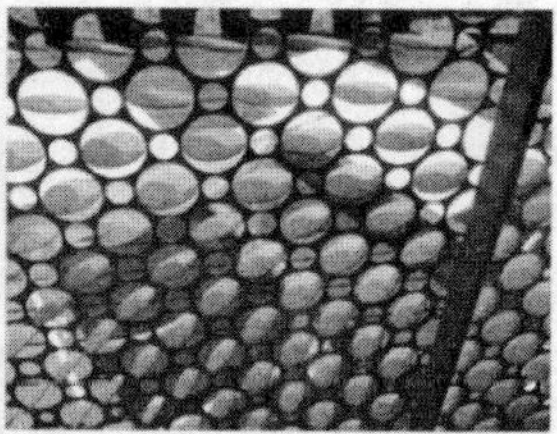

图6　VPU可折叠带导轨的自遮阳部品细部

“之”字形遮阳板（zig zag facade）展开时室内仍可以感受到光，此时室外无法看到室内，室内既保持光亮又满足了私密的要求，居住者可以很惬意地在室内休闲或休息。白天为满足室内采光要求将之字形遮阳板折叠，晚上将其展开，从而调节室内光照并满足居

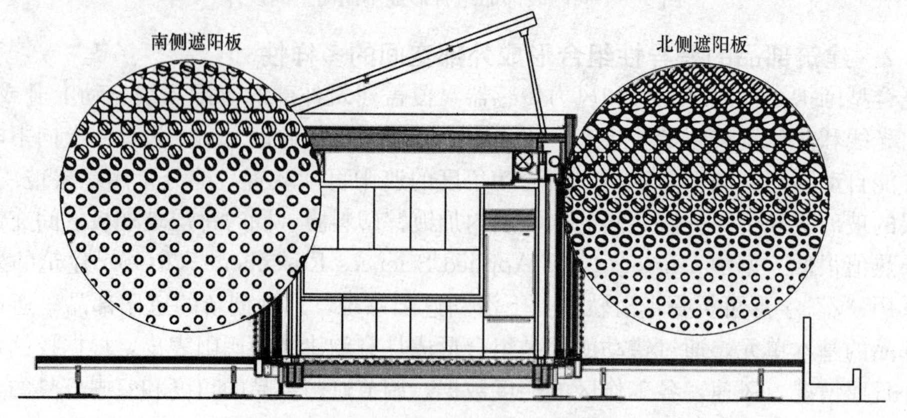

图7　VPU可折叠带导轨的自遮阳部品细部

（资料来源：http：//en. sdeurope. org[4]）

住者的生活要求。

如图 7 所示，建筑南侧与北侧设置的遮阳板形态有所不同，南侧遮阳板更多地阻挡太阳直射光同时保持室内私密空间，北面遮阳板孔洞更多，以引入更多的反射光和间接地将更多自然光引入室内，不同的功能需求形成不同的建筑部品肌理。

4 结语

建筑部品是构成工业化建筑的基本单元，建筑部品也越来越呈现出复合型、装饰性与环境控制性相结合的特性，不同建筑部品的组合既可以打破传统工业化建筑的单调风格，又能赋予工业化建筑崭新的面孔与技术特性。这就需要建筑部品接口在通用性的基础上，敢于创新，打破常规，实现建筑部品美学与技术的综合平衡。通过优秀工业化建筑的实践启发，力争将建筑部品更好地融入到建筑设计的美学创作中，使其在建筑性能提升、增强建筑美学方面发挥积极的作用。

Study on Architectural Component's Aesthetic Design and Technical Integration Mode

Abstract: The standardization of Architectural Component is an important direction of architectural industry development. By the analysis finding the contradictions between architectural component standardization and personalized demand, the research proposes some strategies that using architectural components with different combinations to achieve building personalization, standardized interface design to achieve architectural commercialization, as well as improving the interface ways of architectural components to be easily and widely used. And the illustrations of the differences between the architectural components combined to form the sustainability inner space of inner space, architectural components combined to form a unique diversity of outside space, and many technical measures about unique texture construction parts of the building skin forming architectural epidermis richness, provide the designer with new ideas and direction about aesthetic design and technical integration of architectural components.

Keywords: Architectural Component; Aesthetic Design; Technical Integration

参 考 文 献

[1] 叶明. 我国住宅部品体系的建立与发展 [J]. 住宅产业，2009 (2)：12-15.
[2] 谢芝馨编著. 工业化住宅系统工程 [M]. 北京：中国建材工业出版社，2002.
[3] 胡向磊等. 工业化住宅中的模块技术应用 [J]. 建筑科学，2012 (9)：75-78.
[4] http://en.sdeurope.org.

作者： 郭娟利 天津大学建筑学院 讲师
王杰汇 天津大学建筑设计规划研究总院 设计师

SI 建造体系与传统住宅的对比研究

【摘　要】 在可持续发展的时代背景下，为了提高我国住宅的综合品质，加快建筑业发展方式的转变，推进住宅产业化是很有必要的。本文在论述 SI 建造体系的概念和发展历程的基础上，通过对比分析，总结 SI 体系较传统住宅的变革与创新，同时分析我国发展 SI 体系所面临的问题，并探究解决办法，提出我国住宅产业化发展的新思路。

【关键词】 住宅产业化　SI 建造体系　传统住宅　集成技术

SI 住宅是一种将住宅的支撑体部分和填充体部分相分离的建造体系。在 SI 建造体系中，支撑体 S（Skeleton）指的是建筑的承重结构和公共管线及设备等，主体结构耐久年限可达百年以上，具有公共属性，不允许任意改动；填充体 I（Infill）指的是建筑的户内设备管线、隔墙和内装部品等，具有私有属性，允许根据住户的不同需求而灵活变换（图 1）。

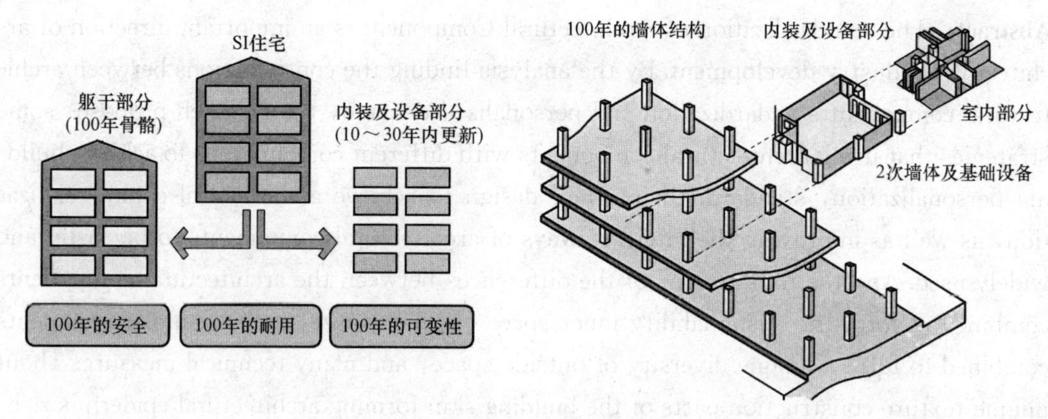

图 1　SI 住宅的分体表示[1]

1　SI 建造体系的发展历程

1960 年代，荷兰学者哈布拉肯教授（N. John Habraken）出版了《Support—An Alternative to Mass Housing》（《骨架——大量性住宅的选择》），书中第一次提出“骨架支撑体”的概念，并在荷兰成立了专门从事“支撑体”研究的建筑设计研究基金会（SAR, Stitching Architecture Research），随后形成一系列“支撑体”住宅的 SAR 方法，形成了开放建筑与 SI 建造体系的思想理论。

1973 年，日本在吸收 SAR 理论方法的基础上组织研发“公团试验住宅项目”（KEP, Kodan Experimental Housing Project），成为日本 SI 体系发展的开端。KEP 是以主体内部尺寸模数为基础，针对解决内装与设备的部品化课题进行的系列化技术研发与实践[2]。1980 年代中期以后，日本在 KEP 的基础上开始了“百年住宅计划”（CHS, Century Housing System），CHS 是一种可满足 100 年居住要求的高耐久性住宅设计体系，这项研究旨在延长整幢公寓楼的使用寿命，并考察不同使用寿命的建筑构件独立发展的可能性[3]。基于 KEP 和 CHS 等探索和研究，1990 年代末，日本都市再生机构展开了综合性更强的 KSI（Kikou SI）机构型 SI 住宅体系的研究和建设，之后在日本公共住宅项目中进行广泛应用。至此，日本进入大规模的 KSI 住宅建设时期，并将 SI 体系发展成为 21 世纪住宅建设的关键技术[2]。

我国综合借鉴荷兰 SAR 理论与日本 KSI 体系的发展经验，在 2010 年发布了《CSI 住宅建设技术导则（试行）》，明确提出建设基于我国国情的 SI 住宅体系的构想（CSI 为 China SI 的缩写）。国内建筑界对于 SI 体系的研究日趋深入。

2 SI 住宅与传统住宅的对比分析

传统住宅建造是粗放的生产方式，住宅存在品质低、寿命短、空间不具灵活性，施工低效率、高污染、高能耗等弊端，影响了住宅产业化的发展。SI 住宅体系在设计理念和技术方法等方面较传统住宅均有明显的变革和创新。

2.1 住宅寿命

2.1.1 传统住宅的“短寿化”

根据我国《民用建筑设计通则》(GB 50352—2005）关于民用建筑设计使用年限的规定，重要建筑和高层建筑为 100 年以上，一般性建筑为 50～100 年。但实际情况表明，我国城市住宅寿命普遍达不到设计使用年限，平均寿命仅为 30 多年。大量住宅面临被拆除或重建的宿命，同时造成人力、财力和资源的浪费。原因是多方面的，包括施工质量、户型空间适用性、环保能耗、规划变更等。

2.1.2 SI 住宅的长耐久性

SI 住宅作为一种工业化的建造体系，支撑体 S 和填充体 I 划分清晰，支撑体的耐久年限为 100 年以上，填充体按照一定标准将耐久年限划分为若干等级，一般为 5～50 年不等。支撑体和填充体的有效划分为住宅建筑业和住宅部品业提供了明确的市场分工。我国目前住宅的支撑体 S，高层住宅多为钢筋混凝土大开间剪力墙结构体系，多层住宅也可用大开间框架结构体系，楼板跨度一般为 6～8m，建造的工业化途径主要有工具式模板商品混凝土的现浇施工和工厂预制大型构件的装配式施工。这种方式有效保证了支撑体的耐久性，同时大幅度提高建造效率，节约能源和材料，减少环境污染，使其成为资源节约型、环境友好型的高质量长寿化住宅。住宅部品业主要负责填充体部分的工厂化生产和装配式供应，以及该部分的维护和更新。支撑体和填充体完全分离使得填充体的维护和更新不会影响到支撑体的完整性，又因 SI 体系采用大空间的结构形式，大跨度无梁楼板，为填充体的灵活配置及隔墙的移动和追加创造了先决条件。

2.2 空间适应性

影响住宅品质的因素除了建筑的耐久性，还有空间性能方面的适应性。具体来说，只有能够满足住户个性化的生活方式和家庭生命周期不同阶段的使用需求的住宅才更有生命力。

2.2.1 传统住宅空间的固定化

传统住宅户内空间布局由开发商和设计方决定，住户没有权限参与，户内拆除或添加墙体操作困难，且会对主体结构稳定性造成影响，往往不提倡。绝大多数传统住宅的功能布局是固定不变的，户内空间不具有长效性，随着时间的推移和家庭人口的变化，住宅的适应性会逐渐降低，舒适度也会大打折扣。

2.2.2 SI住宅空间的可变性

SI住宅在设计阶段便考虑到住宅内部空间的功能转换及住户使用需求的动态设计，提供菜单式的多种布局平面图供住户选择，或根据住户需求进行个性化定制。居住过程中，其填充体部分（户内设备管线、隔墙等）也可根据住户的意愿进行灵活的配置，形成个性化的功能布局和多样性的空间划分，以适应生活方式的变化，提高了住户在住宅设计中的参与度。对于整栋SI住宅来说，当它由于某些原因不再行使住宅的职能时，还可通过填充体的重新配置而进行空间尺寸和功能的变更，比如变为办公建筑或者商业建筑等。

2.3 产业化水平

传统住宅以粗放式发展为主，部件标准化、通用化程度低，产业化水平滞后。其主要操作集中在施工现场完成，传统湿作业受天气和季节等条件限制，施工周期长。施工作业带来的水污染、大气污染、噪声污染等严重影响到城市环境和居民生活，同时产生大量材料和资源的浪费。

SI体系的住宅部品采用模数化、体系化设计，工业化生产和装配式供应，在标准化的基础上实行通用化设计，高部品化率极大地促进了住宅产业化发展。而且，建筑构配件的大批量工厂预制及装配式施工可大幅度提高住宅建造效率，有效减少资源浪费和环境污染（图2）。

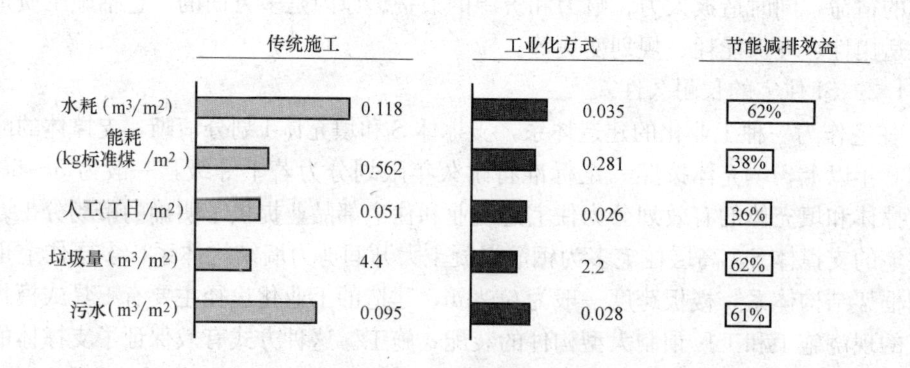

图2 传统施工与工业化方式能耗对比[4]

2.4 集成技术

2.4.1 传统住宅管线技术

传统住宅管线一般埋设于墙体或楼板内，为后期检修和更换都带来了极大不便，管线老化后，隐蔽埋设的方式也很容易造成安全隐患。传统的户内竖向管道，虽然使用效果较好也较经济，但是一旦发生故障会对竖向所有住户造成影响，往往出现“一户漏水，殃及邻里”的情况。

2.4.2 SI住宅的技术创新

（1）内间体系统及管线与墙体分离技术

轻钢龙骨隔墙、轻钢龙骨吊顶及架空地板构成SI住宅的内间体系统，使户内空间与主体结构之间形成夹层，夹层内空间用于铺设各种管线，在功能和规范允许的情况下，将管线集成布置，并预留检修口。其中，架空地板采用树脂螺栓和承压板组合支撑，这种点式支撑方式使得管线铺设基本不受支撑的制约。这三种技术改变了传统住宅将管线埋设于墙体内的做法，实现了管线与主体结构的分离（图 3），铺设位置清晰，方便后期维修管理。

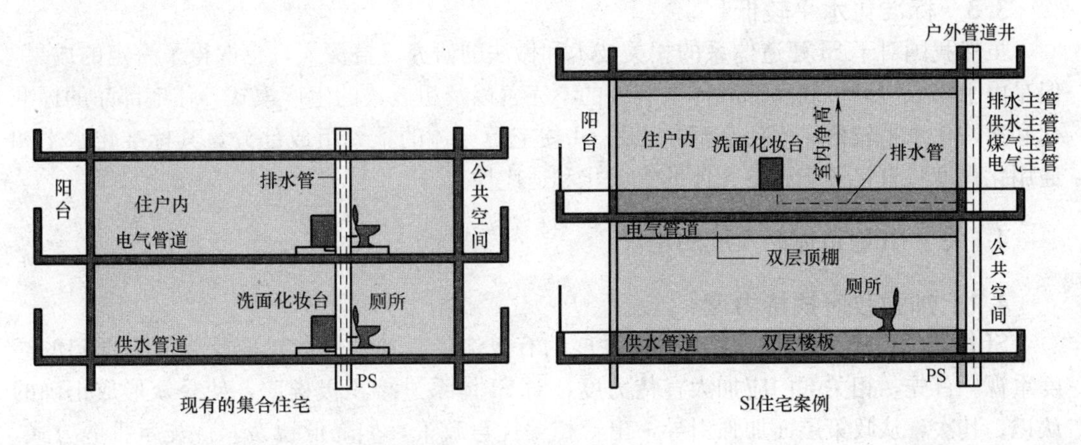

图 3　管线与墙体分离技术[1]

（2）户外排水立管及同层排水技术

SI 住宅将共用排水立管布置在户外公共楼道的管井内，再通过横向排水管连接到各户，户内将局部楼板降板，实现板上同层排水，解决了传统排水方式一旦渗漏会影响上下住户的问题。同时，采用给水分水器，从分水器到各个卫生器具之间均使用整条管材连接，降低了漏水的可能性。

（3）烟气直排及新风换气技术

SI 住宅中，卫生间和厨房均设有水平直排系统，省去公共排风竖井，利于户间防火，同时节约了面积。室内合适位置布置新风口，利用厨卫烟气直排系统排风形成室内负压，吸引室外新风进入，降低了能耗。

（4）整体厨房和整体卫浴系统

整体厨房和整体卫浴系统采用工业化生产，装配式供应，其设计的关键点在于模数协调化和部品标准化，通过统筹布置各部分构件，实现人性化设计，使用方便且布局优化。

3　我国发展 SI 建造体系面临的挑战

SI 建造体系的核心理念是可持续发展，是顺应我国住宅产业化发展趋势的住宅体系，其发展前景是值得肯定的，但是基于我国的实际情况，该体系的推进也面临严峻挑战。

3.1　社会观念滞后

SI 住宅在我国属于新生事物，多数人对于其特点和优势了解不足，即便是一些地方政府、开发商或者建筑企业也因观念保守而对其发展持观望或质疑态度。社会观念的滞后，造成政府层面对于 SI 体系的政策支持和推进机制欠缺，行业内部积极性不足，使得 SI 住宅产业链的发展受到制约。

3.2　规范标准不健全

我国现有住宅规范和标准都是依据传统住宅而制定的，对于 SI 住宅而言有一定的滞后性。SI 住宅在结构形式、空间性能和施工技术等多方面较传统住宅有很大突破，但是并不能完全满足现有的住宅规范和标准。虽然我国已经发布了《CSI住宅建设技术导则(试行)》，但是对于相关细则的制定并不完善。这些给SI住宅的设计、建造及审批等带来一定的困难。

3.3 标准化水平较低

虽然我国对于SI建造体系的相关技术和做法的研究日益深入，也取得了一定的成果，但是由于模数协调机制和部品体系制度的不完善以及粗放式的生产模式，住宅部品的标准化和通用化水平较低。而住宅部品正是SI住宅填充体的重要组成部分，其标准化水平和通用化程度将直接影响到填充体的集成化和适应性。

4 关于SI建造体系发展的建议

4.1 加强政府扶持力度

SI建造体系作为推进住宅产业化发展的有效途径，其发展前景应受到政府部门的高度重视。首先，相关部门应加大宣传力度，对SI体系进行积极推广，使公众形成正确的认识。其次，从政策层面加强引导，出台相关优惠政策，如降低税费、优先审批等方式，提高行业积极性，促进SI住宅产业链的发展。同时，积极完善相关规范和认证体系，并且鼓励地方政府制定符合自身地域性特点的规范和标准，使得SI体系的发展有据可依。

4.2 提高行业技术水平

除了从宏观层面加强政府的扶持力度外，努力提高建筑行业内部的技术水平也尤为重要。首先，行业内部应加强产学研合作，致力于SI体系核心技术的研究，发展高效的、集成的现代化建筑技术，改变以单项技术推广应用为主的传统局面。其次，建立科学实用的工业化住宅模数协调机制，提高住宅部品的标准化和通用化水平，推进部品行业的产业升级。除此以外，还应建立适合SI体系设计、建造、维护和管理的多方协作平台，便于多专业之间的高效协作和信息共享，例如，可以在SI住宅项目中应用BIM技术，通过参数化模型实现建筑信息的全面整合，在项目的策划、设计、施工、运行、维护及废弃的全生命周期中实现信息共享和传递，以提高工作效率，实现资源的优化配置。

5 结语

SI住宅建造体系是一种有别于传统住宅的创新型住宅模式，具有长寿化、可变性、工业化的特点，符合可持续发展的理念。这一体系在西方发达国家发展较为成熟，且已有许多实践案例，我国应在借鉴其经验的基础上，深入研究，不断创新，寻求符合自身国情的设计策略，积极引领我国住宅的产业化发展。

The Comparison of SI Construction System and Traditional House

Abstract: In the background of sustainable development, in order to improve the comprehensive qualities of residence and speed up the development pattern transition of construction industry, advancing housing industrialization is necessary. This article discusses the concepts and the development of SI construction system, compares the traditional house with SI house, explains the change and innovation of SI construction system, analyzes the problems and solutions on the development of SI system in China, and puts forward new ideas of housing industrialization.

Keywords: Housing Industrialization; SI Construction System; Traditional House; Integration Technologies

参 考 文 献

[1] 闫英俊，刘东卫，薛磊.SI住宅的技术集成及其内装工业化工法研发与应用［J］. 建筑学报，2012（4）：55-59.

[2] （日）井关和朗. KSI住宅可长久性居住的技术与研发［J］. 李逸定译. 建筑学报，2012（4）：33-36.

[3] （日）深尾精一. 日本走向开放式建筑的发展史［J］. 耿欣欣译. 新建筑，2011（6）：14-17.

[4] 秦国栋. SI住宅体系的技术与应用研究［D］. 济南：山东大学，2012.

作者： 朱赛鸿　河北工业大学建筑与艺术设计学院　教授

王　慧　河北工业大学建筑与艺术设计学院　硕士研究生

旧工业建筑中工业元素的适应性再利用——烟囱的重生*

【摘　要】建筑和构筑物（如厂房、水塔、烟囱、船坞等）是旧工业建筑工业元素再利用的大类，其中烟囱以占地面积小、造型独特及引人注目而被广泛保留及改造。本文通过实例分析及技术设想两方面，从单纯景观改造、主、被动式设计三方面入手，探讨烟囱符合可持续发展原则的适应性再利用方法。

【关键词】旧工业建筑　工业元素　烟囱　适应性再利用

0　旧工业建筑中的工业元素适应性再利用

建筑和构筑物（如厂房、水塔、烟囱、船坞等）是旧工业建筑工业元素再利用中的大类，是改造再利用的直接对象，也是改造设计可利用的创新点和价值所在。这些工业元素具备很强的实用性，可以作为建筑或装饰构件直接利用，也可以作为环境小品或雕塑和装饰艺术，丰富景观。它们通常带有浓厚的历史特色，具有很强的环境文脉。[1]

对工业元素进行适应性再利用即是在保留其历史价值的同时，赋予它们以新生。

工业元素中的烟囱，作为人类文明重要的标志性建筑，是人类最古老、最重要的环保设施。当人类的祖先发现火时，同时也发现了伴随着火出现的烟，原始人的排烟手段即是烟囱最早的萌芽状态。现代真正意义上的烟囱，出现于12世纪，这种把烟气排入高空的高耸结构，不仅能改善燃烧条件，而且重要的是（在当时的技术条件下）能减轻烟气对环境的污染。现代烟囱按建筑材料划分，一般分为三类：砖石烟囱、钢筋混凝土烟囱和钢铁烟囱，它们大多用于现代工业。[2]

本文以工业元素中的烟囱为例，从实例和技术设想两方面探讨它的适应性再利用方式。

1　景观设计——标志物

“由特殊用途决定的特殊构筑物，其构造形式反映其特定功能，如水泵房、煤气堡、地下矿井、工业烟囱等，此类构筑物因其强烈的外形特征很快成为所在区域的地标物。”[3]

烟囱，具有占地面积小、造型独特、引人注目等特征，是工业城市特殊的历史旗帜。目前国内已出现不少烟囱“古为今用”的改造案例。

（1）徐家汇公园

位于上海市中心城区东南部、徐家汇广场东侧，属城市副中心范围。其绿地Ⅰ期工程用地即为原大中华橡胶厂 3.35hm² 地块。在建造过程中，通过保留原厂部分标志性建

* 内蒙古工业大学科学研究项目（X201327）资助。

筑——如原大中华橡胶厂的烟囱，延续了地块的工业特色。

设计师将烟囱增高 11m，并将这 11m 高度外观镂空、内部布满光导纤维，通电后镂空外罩透出内部光导纤维的光，光线弥漫扮靓整个夜空，就像是烟囱顶端冒出的白烟，通过技术手段再现当年工厂生产时烟囱的样貌，又巧妙地美化了公园内工业遗迹的夜空，使烟囱成为徐家汇公园的三大看点之一，彰显了公园的工业主题，并保留了上海工业发展的痕迹（图 1）。[4]

图 1　徐家汇公园内的烟囱改造
（资料来源：http：//blog. sina. com. cn/s/blog _ be0da8470101qbbn. html）

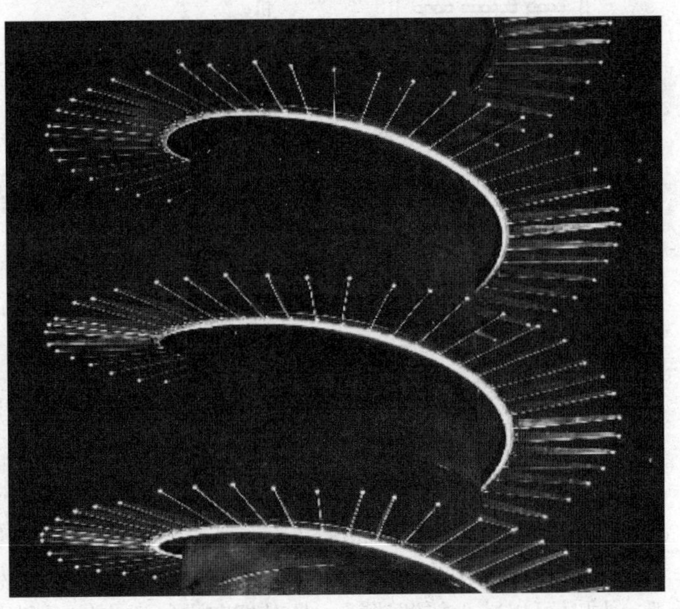

图 2　意大利杜林的烟囱改造为教堂光塔
（资料来源：http：//www. designbuild-network. com/projects/santo-volto/santo-volto5. html）

（2）意大利杜林的烟囱改造为教堂光塔

意大利杜林的废弃工业烟囱经过表面整修，被重新利用为教堂的一部分，并用螺旋上升的如荆棘般的光带装饰，白天、夜间景观兼顾。既节约了新建筑、景观的建造资金，又有效地保护利用了工业元素资源（图 2）。[5]

2　被动式设计——通风系统

内蒙古工业大学建筑学院的旧工业建筑改造案例（将内蒙古工业大学原有校办工厂铸造车间改造为建筑馆），利用原厂房贯穿于室内和室外的通风管道以及厂房庭院中的烟囱（高 22m）组成改造后报告厅的通风系统（图 3）。

（1）冬季，出于保温和舒适的考虑，在使用时报告厅入口大部分时间处于关闭状态，进风量减少，此时，开启阀门 1、关闭阀门 2，使烟囱出口成为排风口，以增加进排风口间的高度差，此外，冬季室内外温差较大，基于这两点报告厅利用热压通风即可满足冬季对室内通风的要求。

（2）夏季，随着热压增加，室内通风量加大，通风效果将更加明显，流动的空气不仅能够带走建筑物围护结构表面和空气中因受到强烈日照而传入室内的热量，还能够加速排

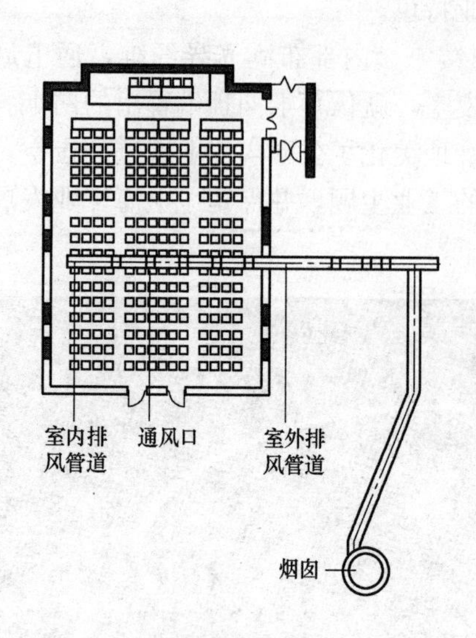

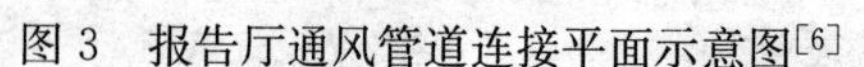
图 3　报告厅通风管道连接平面示意图[6]

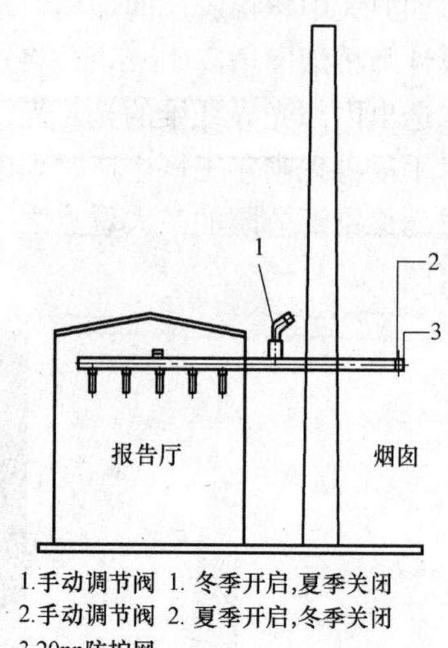

图 4　报告厅通风系统运行模式示意图[6]

除室内多余的二氧化碳，使室内体感凉爽、舒适。当夏季室内外温差较小、热压作用力较弱时，关闭阀门 1、开启阀门 2，使报告厅入口为进风口。由于室内外排风管道高差一致，室内空气便于经室外横向通风管道排出，能够满足夏季对室内通风的要求（图 4）。

建筑学院报告厅的自然通风设计实例，充分说明利用旧工业建筑中的构筑物——烟囱进行室内自然通风的被动式设计方式，不仅能够满足室内通风降温需求、改善室内空气品质，同时可以减少能源消耗，是对烟囱进行适应性再利用的成功实践。[6]

3　主动式设计——太阳能建筑一体化

可持续设计原则对建筑节能的要求促使太阳能发电技术在建筑中的应用越来越广泛。从视觉外观与应用条件而言，建筑表皮是建筑与太阳能光电板进行整合的关键位置。最为常见的是将太阳能光电板用于建筑屋面，而与建筑立面的整合为太阳能光电板的应用开辟了新的领域。[7]借鉴太阳能光电板应用于建筑立面的设计，可将其试用于烟囱表面。由于烟囱自身高度，使其基本不受周边厂房的遮挡，对于接收太阳光线十分有利，能够作为设置太阳能光电板的良好载体。

（1）光电板电池的选择——薄膜太阳能电池

近几年，薄膜太阳能电池技术日渐成熟，光伏转化效率和稳定性不断提高。薄膜太阳能电池的一个重要优点是适合做成与建筑物结合的光伏发电组件，特别是不锈钢衬底的柔性薄膜太阳能电池，质轻、易弯曲、安装简单（图 5、图 6），能够与烟囱的弧形表面完美结合。[8]

（2）太阳能接收率

与常见设置在屋顶上的安装太阳能电池的方式相比，安装在烟囱表面的方式类似于建筑立面安装，但其太阳能接收率又高于单方向建筑立面：由于烟囱表面可以 360°架设太阳能电池，能够随着太阳光线的变化全角度接收太阳能；烟囱的高度也使其表面不受周边建筑物、树木等的过多遮挡，能够更多地接收太阳能。

图 5　薄膜太阳能电池板弯曲特性展示
（资料来源：http：//image. baidu. com/i？tn=baiduimage&ct=201326592&lm=－1&cl=2&fr=ala1&word=%B1%A1%C4%A4%B9%E2%B7%FC%B5%E7%B3%D8）

图 6　薄膜太阳能电池形成的曲线表面效果
（资料来源：http：//image. baidu. com/i？tn=baiduimage&ct=201326592&lm=－1&cl=2&fr=ala1&word=%B1%A1%C4%A4%B9%E2%B7%FC%B5%E7%B3%D8）

（3）视觉效果——太阳能光电板的立面美学

“太阳能光电板与建筑立面进行整合除了必须具有外围护结构所要求的性能之外，对于建筑的外观具有决定性的影响。除了价格及效率因素外，立面整合太阳能光电板的美学表达仍然是亟待解决的关键问题。”以太阳能光电板材料作为立面的表达主题时，光电板一般凸显于建筑立面之外（如在烟囱表面的设计）作为单独的设计要素参与立面的设计组织。此时太阳能光电板不是代替外围护结构，而是作为利用太阳能的立面功能要素。整个立面的设计就以光电材料的充分表达为主题，通过合理选择电池形状、组织模块间的搭配（图 7），发掘光电板材料独特的表现力，构成太阳能光电板特有的立面美学效果，探索建筑技术与艺术的充分结合。[7]

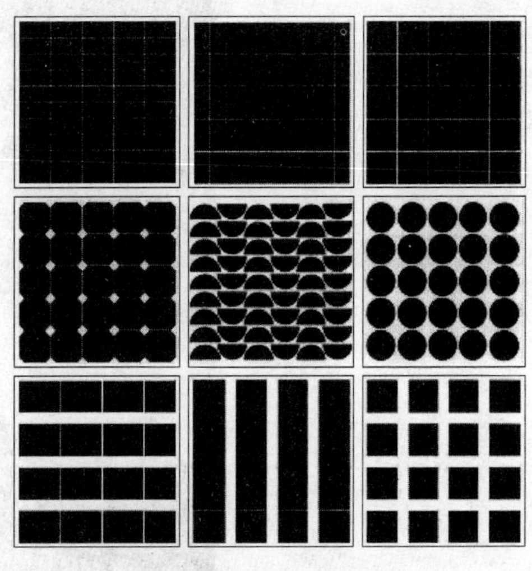

图 7　晶体硅电池形状[7]

例如，位于德国南部弗莱堡的太阳能塔楼。在设计建造之初用计算机软件模拟周边建筑对塔楼产生的阴影，从而确定西南立面有 60m 高的区域免受遮挡影响，遂整合了总面积为 $327m^2$ 的 246 块无框光电板玻璃面板，每块光电玻璃宽 1900mm、高 900mm，由单晶硅电池组成。通过安全玻璃贴膜在颜色选择上与光电电池的颜色相协调，使整个立面最终呈现了均一、和谐的效果（图 8）。太阳能光电板的使用，每年可减少排放 $6tCO_2$、$11kgSO_2$、17kgNO 与 4kgCO。

此外，薄膜电池具有半透明的特征，能够在利用太阳能发电的同时，一定程度上保留并展示烟囱的原貌（图 9）。

图 8　德国南部弗莱堡的太阳能塔楼[7]

图 9　广州塔非晶硅薄膜光电幕墙

（资料来源：http：//solar. nengyuan. net/2010/1208/22688. html）

4　结语

烟囱作为旧工业建筑中的工业元素之一，因其独特的体量与造型，在旧工业建筑改造过程中时常被保留并加以利用，但就目前的建成案例来看，单纯利用其形体进行视觉改造的较多，即将其作为标志物或纳入景观设计中；而加入建筑技术设计的改造还相对较少，若能充分利用烟囱的高大体量，进行主、被动式设计，延续其作为环保设施的功能，并为改造整体的节能性贡献力量，则更符合当前旧工业建筑改造的适应性原则。

The Adaptive Reuse of Industrial Elements in Old Industrial Buildings——The Rebirth of Chimney

Abstract: Buildings and structures (such as workshop, water tower, chimney, dock, etc.) were types of industrial elements which were reused in old industrial buildings. Chimney was widely reserved and reconstructed, because of small site area, unique shape and invitingness. In this article, the author analyzed the examples and the technical ideas, investigated the principles of sustainable development of chimney adaptive transform method, by analysis the landscape transformation the active and passive design.

Keywords: Old Industrial Buildings; Elements of Industry; Chimney; Adaptive Reuse

参 考 文 献

[1] 张冰，戴航，孟霞. 工业建筑遗产再利用的原则、模式、元素及设计实践 [J]. 工业建筑，2012 (6): 20-24，82.

[2] 作者根据 http://blog. sina. com. cn/s/blog_be0da8470101qbbh. html 整理.

[3] 左琰. 德国柏林工业建筑遗产的保护与再生 [M]. 南京：东南大学出版社，2007: 75.

[4] 张扬，李慧民，费颖. 基于绿色理念的旧工业建筑（群）再生利用浅析——以上海市为例浅析绿色建筑改造在旧工业建筑再生利用项目中的应用 [J]. 工业建筑，2013.

[5] 作者根据 http://www. designbuild-network. com/projects/santo-volto/santo-volto5. html 网络资源翻译整理.

[6] 唐汝宁，马卿. 高校旧厂房改造工程中的自然通风设计 [C]. 2010 遗产建筑和风土建筑大会: 696-701.

[7] 张雪松. 太阳能光电板在可持续建筑立面整合设计中的美学表达 [J]. 建筑技术及设计，2009 (3).

[8] 董磊. 柔性薄膜电池与光伏建筑一体化 [EB/OL]. http://www. cnki. net.

作者: 王　婷　天津大学建筑学院　博士研究生
内蒙古工业大学建筑学院　讲师
冯　柯　天津大学建筑学院　博士研究生
燕山大学　讲师

可持续城市、社区

面向海绵城市建设的低影响开发雨水系统在绿色道路规划中的设计策略研究*

【摘　要】在指出常规道路排水方式存在径流量大、污染严重和雨水资源流失等诸多问题的基础上，本文首先提出了绿色道路低影响开发雨水系统的构成要素，以四块板道路断面为例构建契合低影响开发雨水系统的绿色道路断面形式，然后对其雨水流程进行了剖析并与传统道路规划方法进行了比较，以期提出海绵城市建设中绿色道路的设计策略。

【关键词】低影响开发模式　海绵城市　绿色道路　雨水花园　雨水入渗　透水沥青路面

1　引言

随着新型城镇化进程的推进，我国许多城市正日益频繁遭受不同程度的内涝灾害，甚至出现了“逢雨必淹、暴雨围城”的发展困境。2012 年 7 月 21 日北京遭遇特大暴雨，全市平均降雨量 170mm，房山区河北镇为 460mm、接近 500 年一遇，为自 1951 年以来有完整气象记录最大降雨量。2014 年 5 月 11 日深圳最大降雨量接近 450mm，这座只有 30 多年历史的新城出现大范围严重内涝。而根据住房和城乡建设部 2010 年对 349 个城市内涝情况调研的情况，2008～2010 年共有 289 个城市发生了不同程度的内涝，占调查城市数的 80%[1]。

在此基础上经过持续几年的学术探讨，目前学术界基本上达成了由源头控制系统（LID 模式）、雨水管道系统（小排水系统）和大排水系统共同构筑城市防涝系统的共识。为强化源头控制的重要性、推广和应用低影响开发建设模式，2014 年 10 月住房和城乡建设部颁布了《海绵城市建设技术指南》（试行）稿，提出了建设自然积存、自然渗透和自然净化的海绵城市发展目标[2]，构建了低影响开发雨水系统的技术框架，为有效缓解城市内涝、削减城市径流污染负荷、节约水资源、保护和改善城市生态环境提供了重要的技

* 基金项目：教育部博士点基金资助项目（20100032110047）。

术保障。

2 常规道路排水方式及存在问题

城镇化进程的快速推进及小汽车家庭化的迅速发展使得城市道路面积日益增加。2012年新实施的《城市用地分类与规划建设用地标准》中规定交通设施用地占城市建设用地的10%～30%[3]。占城市总用地近1/4的道路用地不仅要承接自身的集水面汇水，即1/4的城市雨水，而且还要接纳周边地块的溢流或排放的雨水，按照目前“道路排水”的常规设计方法，几乎所有的城市雨水都汇集到城市道路上，使得城市道路集雨成为易发多发问题。

2.1 常规道路排水方式

现状道路一般利用道路1.5%的横坡形式将雨水由车行道中央排放至车行道两侧或非机动车道两侧，在道路两侧设置雨水口，并通过道路纵坡将雨水汇流至雨水口；同时，人行道设置朝向机动车道的1.0%横坡将雨水排放至雨水口，雨水经雨水口进入地下管网系统而排除掉，雨水资源不仅没有被利用，反而成为了城市管网和污水处理厂的负担（图1）。而道路绿化隔离带及两侧的行道树则通常设置高于周边路面的围挡，这一做法使外部雨水无法进入绿化带和树池中渗透补充植物生长水源，另外树冠对雨水的截留和遮挡又使雨水难以直接落入树池内部[4]，再加上有的地方为了不使树池土壤裸露而盖上一层覆盖层，更使雨水难以入渗和补充植物生长。形成了缘石线两侧的矛盾：行车道一侧雨水唯恐排放不及，人行道一侧树木绿化干涸缺水。

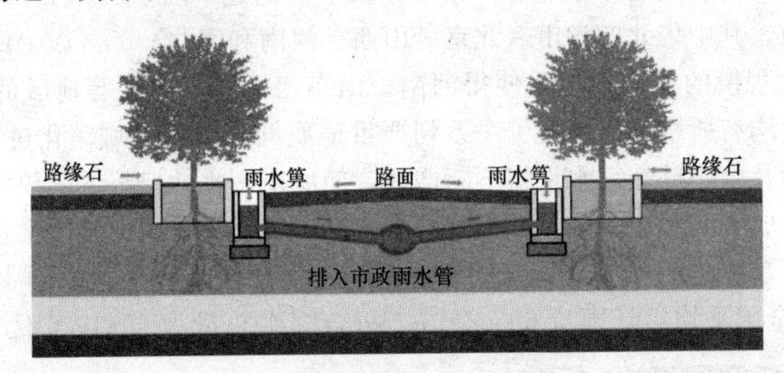

图1 常规道路排水方式示意图

2.2 常规道路排水方式存在的问题

（1）道路雨水径流量大

城镇化的快速推进导致城市不透水面积不断增加，使得城市的综合径流系统变大，雨水汇流加快；同时，工业化的快速推进也导致城市规模不断攀升，使汇流到道路上的径流总量成倍增加。因此，近几年许多城市的道路都面临排水难、洪涝灾害严重的问题。2012年7月21日北京特大暴雨中多处道路及立交桥积水（图2）、2012年7月25日天津相继遭遇的大暴雨中多条城市道路被淹（图3）、2007年济南发生的道路洪水灾害[5]等，这些由道路雨水径流量大而引发的道路内涝灾害造成了城市交通阻滞、生活不便，乃至付出了巨大的财产及生命安全的代价，给地方经济造成了巨大损失。

（2）道路径流污染严重

城市道路径流污染是整个城市雨水地表径流污染的主要来源。路面雨水径流中含有的

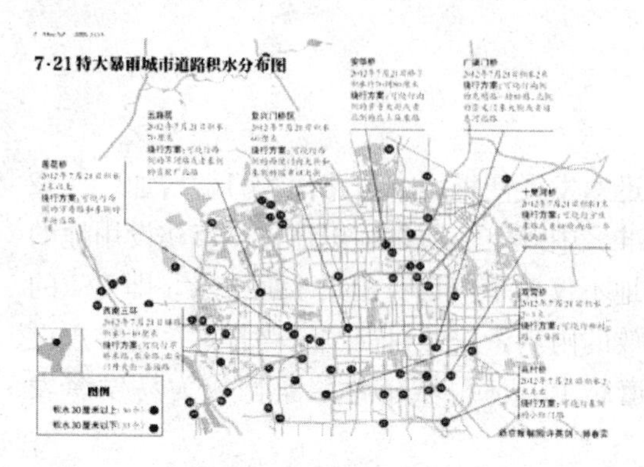

图2　北京特大暴雨中的道中积水分布
（资料来源：http：//news. qq. com）

图3　天津大暴雨中的南门外大街（大悦城段）
（资料来源：http：//news. qq. com）

碳氢化合物、重金属；车辆行驶过程中产生的油类污染；行人随手扔掉的垃圾；从周边小区或开敞空间冲刷至道路的碎屑和污染物等，这些因素都使得道路径流污染严重，而被污染后的道路雨水径流最终通过雨水口（图4、图5）及雨水管道系统排放至周边水体，引起城市河流及湖泊水环境恶化。美国的相关研究表明，其国内大约50％的湖泊和60％的河流污染是与非点源污染相关的，实现二级处理的美国城市内水体的40％～80％BOD污染来源于雨水径流[6]。

（3）道路雨水资源流失

我国的水资源比较缺乏，据统计，城市年缺水量高达60亿t[5]，2010年全国总用水量为6022.0亿t，其中华北四省市（北京、山西、河南和河北）50％以上的总供水量来源于地下水[7]。大规模的地下水超采使得河南、山东、天津、山西等地区的地下水位降落漏斗面积和深度均有所增加，引发了一系列严重地质问题。随着城镇化进程的不断推进，城市生产、生活及生态补充需水量将不断增加，使城市用水缺口将继续拉大。

然而与此形成鲜明对比的是，城市的雨水资源汇集到道路上通过雨水管道排放掉，既加重了城市排水系统、污水处理厂及周边水环境的负担，又将大量的雨水资源白白浪费掉。如2010年全国平均年降雨量695.4mm，折合降水总量为65849.6亿m^3，城市雨水

图4　塞满垃圾的道雨水口
（资料来源：http：//news. qq. com）

图5　北京特大暴雨中掏垃圾的“首都环卫工”李成友
（资料来源：http：//news. Xinhuanet. com）

总量估计为110亿m^3，而我国城市雨水利用率还不足1/10[5]。随着城市建设中将自然界原有的植被用城市硬化取代，未来雨水资源流失量会继续增加。

3 绿色道路低影响开发雨水系统构成要素

与传统道路排水方式相区别，绿色道路通过透水性沥青路面、道路雨水花园、透水砖铺装、LID树池、渗透管和集水井等低影响开发要素，构筑绿色道路的低影响开发雨水系统，从而实现自然积存、自然渗透和自然净化的“海绵城市”建设目标。

3.1 透水性沥青路面

透水性沥青路面是近几年为应对城市不透水铺装不断增加而采用的一种新颖的生态路面结构形式。可渗透性是透水性路面最大的特点。透水性沥青路面实际指的是多空隙型沥青路面，又称为排水性沥青路面或多孔沥青路面，指压实后路面空隙率为20%左右，能够在混合料内部形成排水通道的沥青混凝土面层，可以细分为：水能在路面中自由流动，并从侧向排出沥青表层[8]——排水性沥青路面；水通过保水性材料保持在路面中，温度高时垂直蒸发排走——保水性沥青路面；水垂直穿过道路的面层、基层和路基下渗补充到地下水系统——透水性沥青路面三种形式（图6）。

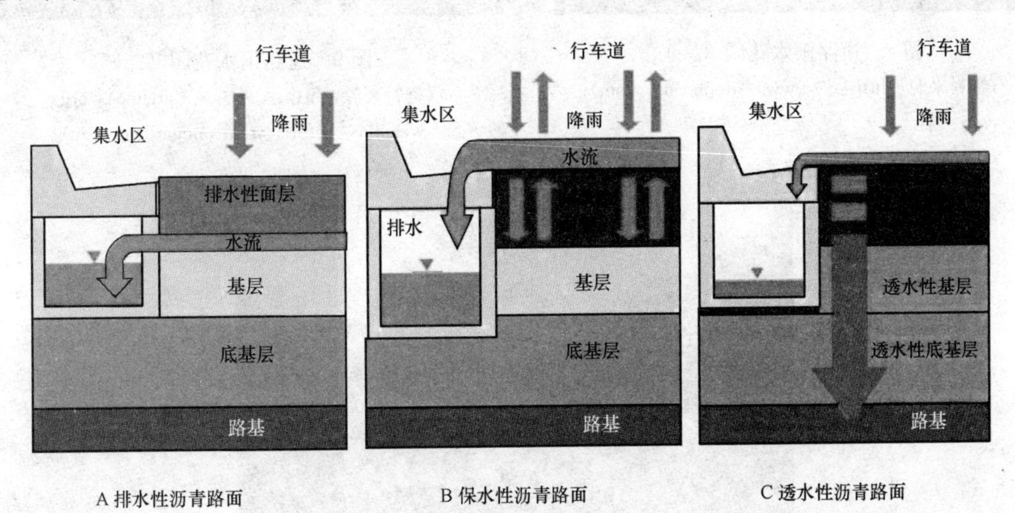

图6 三种多空隙型沥青路面结构示意

（资料来源：徐斌．排水性沥青路面理论与实践［M］．北京：人民交通出版社，2011：1-3）

这种透水性沥青路面可以通过内部空隙迅速排除路面径流，消除路表水膜（图7）；可以将地表径流入渗地下补充地下水源；可以抑制雨天行车水雾提高道路抗滑性能，从而提高行车安全性[9]；可以通过将沥青大空隙彼此连通产生的消声措施来降低路面噪声[10]。

图7 密实路面与排水性沥青路面对比

（资料来源：http：//wenku．baidu．com/百度文库）

3.2 道路雨水花园与植被浅沟

道路雨水花园和植被浅沟是道路生物滞

留设施的最主要类型。在道路转弯、交叉路口、道路宽度变化及现状有保留树木等情况下，可结合道路绿化景观设计因地制宜地在竖向低位规划道路雨水花园（图 8、图 9）。通过绿化带和隔离带的植被浅沟系统（图 10），将雨水分段输送至就近的道路雨水花园。雨水花园中设置溢流装置，既可控制雨水花园蓄滞雨水深度，又可将盈余雨水排放至其他蓄滞设施或雨水管道中。

图 8　道路雨水花园（一）
（资料来源：http：//www. sitephocus. com）

图 9　道路雨水花园（二）
（资料来源：http：//www. sitelines. org/webatlas/victoria/trent-raingarden. htm）

图 10　京港澳高速公路“浅沟式”中央绿化带

3.3　LID 生态树池

LID 生态树池是道路雨水微循环的最小单元，改变了传统树池的封闭做法。如图 11 所示，一般在树的下方设置生物滞留池，将雨水径流通过竖向设计和孔口道牙引导至树池生物过滤层，即通过种植土壤对雨水进行初期过滤净化，净化后的雨水进入储水池，通过多孔管为树木提供灌溉[11]。过多的雨水通过溢流管排入市政雨水管道中。树池是市政道路绿化中的常用形式，将树池连接起来设计成 LID 树池是一种非常经济、景观良好的雨水入渗方式。[12]

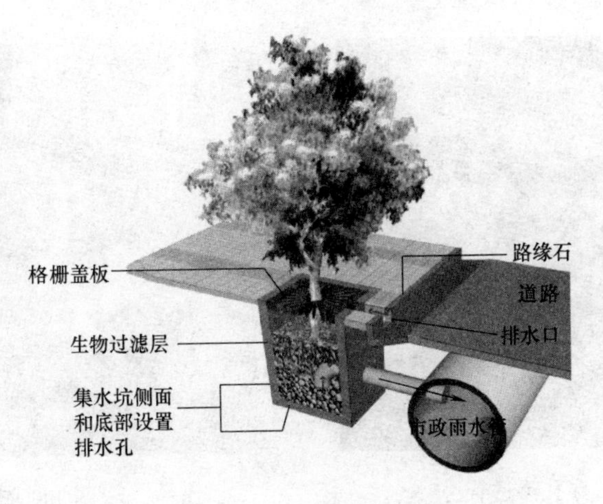

图 11 LID 树池示意图

3.4 “三维”透水砖人行道

透水砖人行道是由 8cm 厚三维透水砖、7cm 厚 1∶3 透水混凝土和 2cm 厚砂垫层构成。其最大的特点是将砖的侧面设计成向内倾斜 5°～50°的倾斜面，从而在 X、Y、Z 三个轴线方向上均能使雨水渗透的同时沿通道流动至道路排水管沟或储水池[13]，实现“三维透水”。与砖本身的渗透能力相结合，使这种透水砖人行道具有较高的渗透能力，在降雨强度为 400mm/h 的大雨到暴雨时，地面不仅不会产生径流，还能将径流通过三维透水砖加以收集利用（图 12）。

3.5 渗水管收集排放系统

渗水管可用于渗排一体式排水管道系统和雨水入渗收集系统两种情况。绿色道路中可将混凝土雨水排放管用 HDPE 穿孔渗透管（图 13）等渗排一体式排水系统取代，以便在雨水输送的同时也可以渗透；另外，绿色道路在中央隔离带、机非混行隔离带及防护绿地的凹式绿地下面设置用于雨水入渗收集的渗水管，多采用聚乙烯丝绕管、聚乙烯穿孔渗透管、软式透水管（图 14）等。[14]雨水经设置在绿地中的溢流雨水口进入渗水管收集排放系统，此时雨水口应：设置在汇水面的低洼处，顶面标高宜低于排水面 10～20mm；其负担的汇水面积不应超过其集水能力，最大间距不宜超过 40m；人行道、广场雨水口应设置在周边绿化中，其高程高于绿地 40～80mm；机动车道雨水口宜设在绿化带内，并采取沉泥及截污设施。

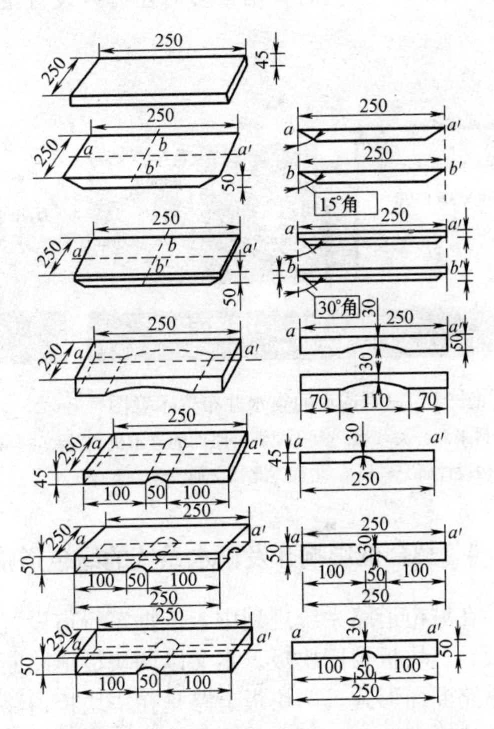

图 12 新型实用三维透水砖结构图

（资料来源：许拯民，张文胜，李锐等. 城市防洪及雨洪利用工程技术研究［M］. 武汉：长江出版社，2008：48）

图 13　HDPE 穿孔渗透管

（资料来源：长沙南联特种管道有限公司）

图 14　软式透水管

（资料来源：http：//www. chinawj. com. cn/）

3.6　集水井蓄滞系统

道路的径流系数较高，并且道路还通常负担其周边地块的客水，仅仅通过植被浅沟、雨水花园等渗透设施很难消纳暴雨时较大的雨量。因此，在经过测算的基础上，可结合实际情况在适宜的土壤情况下设置集水井。集水井占地面积较小，适合于目前受机动车影响而变得日益狭窄的城市道路环境，另外集水井可蓄积一部分雨量待降雨后继续渗透，起到了蓄滞雨洪的作用。其设置方式可采用道路单侧布置，也可通过横向排水管道路两侧联立布置（图 15）。同时，雨量多时还可以设置集水井群，以此提高其渗透能力（图 16）。

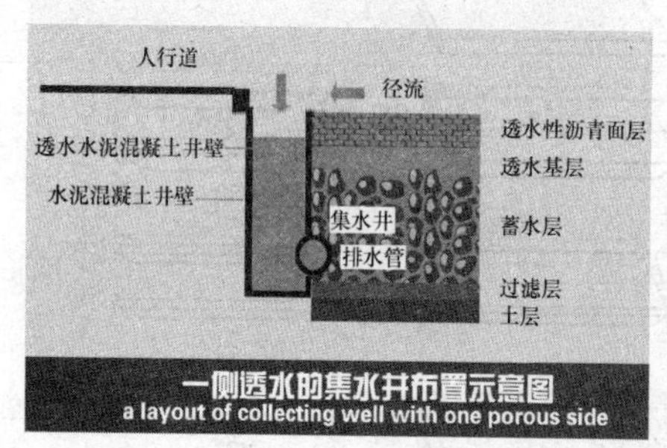

图 15　一侧透水的集水井布置示意图

（资料来源：关彦斌. 大孔隙沥青路面的透水机理及结构设计研究［D］. 北京：北京交通大学，2008）

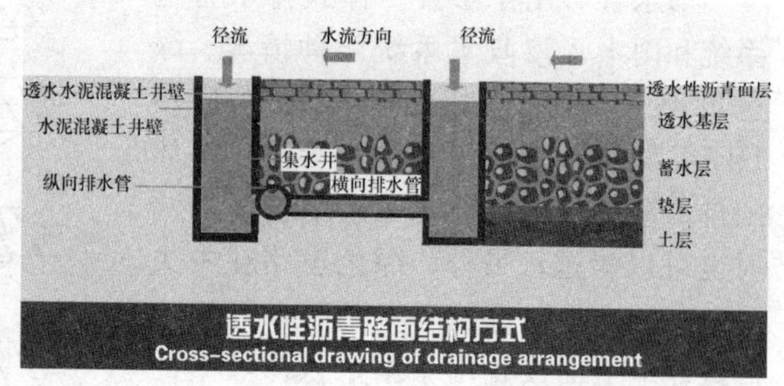

图 16　透水性沥青路面结构方式

（资料来源：关彦斌. 大孔隙沥青路面的透水机理及结构设计研究［D］. 北京：北京交通大学，2008）

4　契合低影响开发雨水系统的绿色道路断面规划新模式

在城市道路系统规划中，依据车行道设置将道路横断面形式划分为四种：一块板、两块板、三块板及四块板。本文以两块板道路断面为例，构建契合低影响开发雨水系统的绿色道路断面形式。两块板道路是在一块板道路断面的基础上增加了中央绿化隔离带，由双向的机动车和非机动车混行道和人行道组成。两块板道路通过设置中央隔离带的方式将相向行驶的机动车分隔开，提高了机动车驾驶安全度，因此通常适用于机动车较多、非机动车较少，机动车单向道路在两条以上的路段（图 17）。

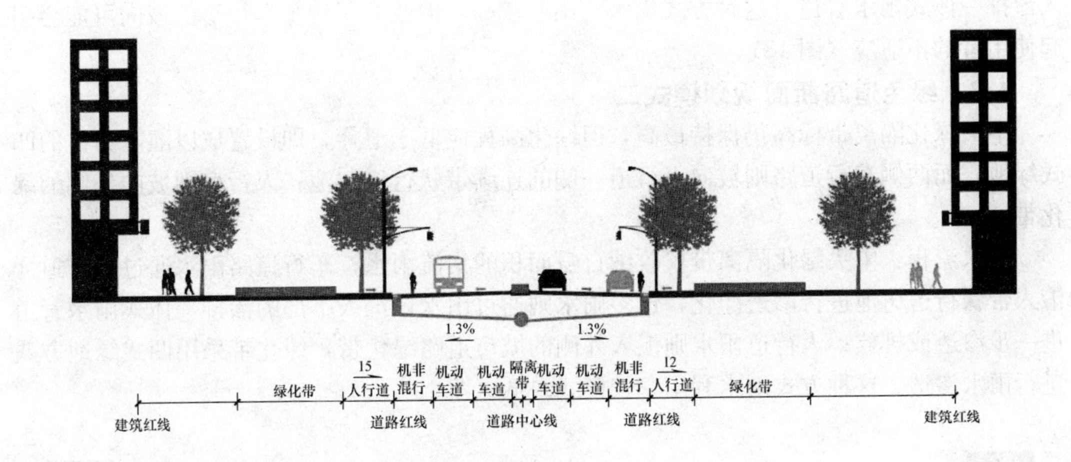

图 17　两块板道路断面常规设计方式图

4.1　常规道路断面设计方式

中央绿化隔离带采用连续的道牙围合并高出周边路面 200mm 左右，其高程最高；其两侧车行道路与人行道均朝向人行道缘石线边的雨水口设置排水横坡；雨水管道通常设置在道路中央绿化隔离带中。雨水流程：降落在道路范围内的雨水首先经道路横坡分别由道路中央绿地和两侧绿化带经由沥青路面和人行道汇集至雨水口，然后汇流雨水通过横管输送至中央的雨水管道中；如道路断面较宽则分两条雨水管线设置在两侧路面下。

4.2　绿色道路断面规划模式一

将中央绿化隔离带标高降低，设置成以灌木为主的凹式绿地，并设置高程高于绿地而低于路面的雨水口；而两侧车行道路则坡向中央绿化隔离带；人行道则坡向外侧的绿化带，或将人行道的行道树规划为连续的凹式绿地，将人行道雨水排入凹式绿地中。

雨水流程：通过孔口道牙，车行道路及中央绿化隔离带所集流雨水均汇入中央绿化隔离带中渗透，过多雨水通过雨水口进入绿化带底下的渗排一体式雨水管道进一步渗透或排放；人行道集流雨水则汇入城市道路绿化带或内侧连续的行道树池渗透，并将过多雨水汇

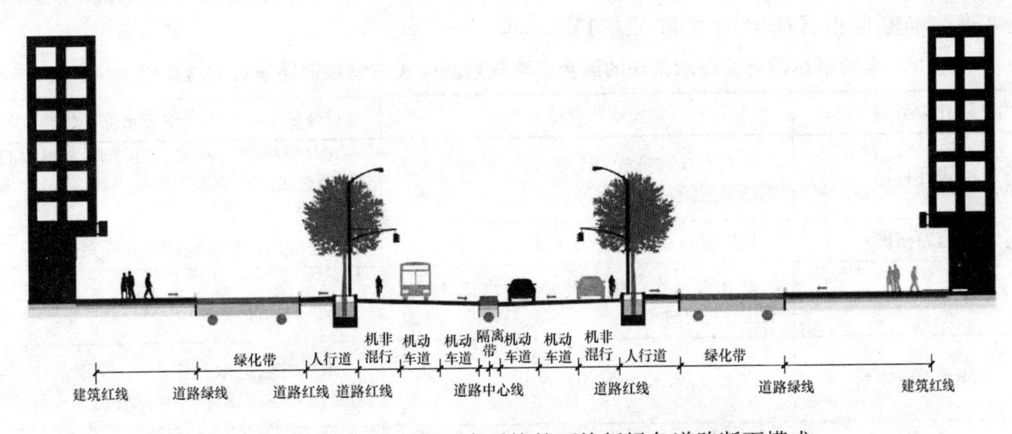

图 18　契合低影响开发雨水系统的两块板绿色道路断面模式一

入渗排一体式雨水管道。这种方式雨水利用率较高，但改变了传统车行道的坡向可能会引起使用者的不适应（图 18）。

4.3 绿色道路断面规划模式二

中央绿化隔离带标高仍保持最高，但绿化高程应低于道牙，即设置成以灌木为主的凹式绿地，而两侧车行道路则坡向人行道一侧的连续带状行道树池；人行道则坡向外侧的绿化带。

雨水流程：中央绿化隔离带仅收纳自身面积的集流雨水；车行道路雨水通过孔口道牙汇入带状行道树池进行渗透净化，过多雨水则通过雨水口汇入下部的渗排一体式雨水管道进一步渗透或排放；人行道雨水则汇入外侧的城市道路绿化带，绿化带采用凹式绿地方式进行雨水渗透。这种方式雨水利用率较模式一低（图 19）。

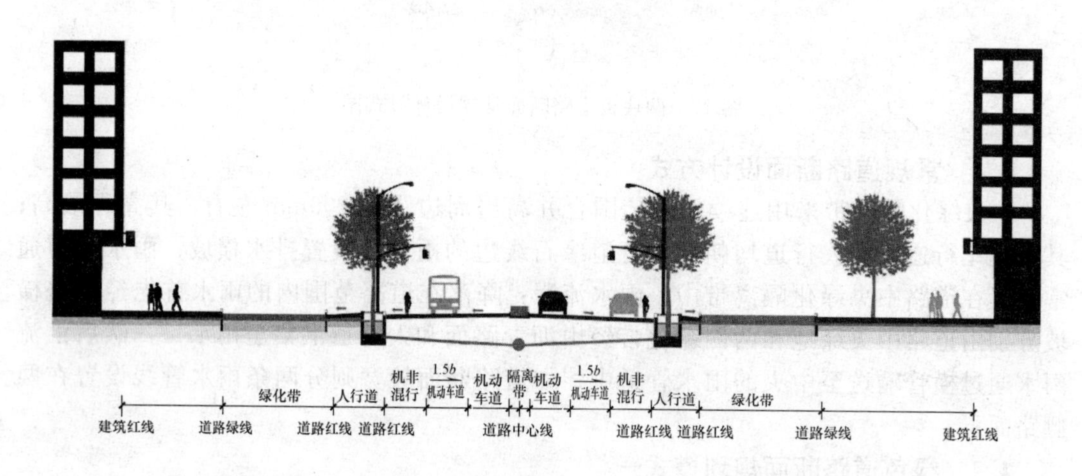

图 19 契合低影响开发雨水系统的两块板绿色道路断面模式二

4.4 与常规道路设计方法比较

契合低影响开发雨水系统的绿色道路规划新模式彻底改变了目前道路横断面的设计方法，通过透水性人行道取代普通砖铺装、渗排一体式雨水管道取代混凝土管、凹式绿地及雨水花园取代常规绿化、LID 生态树池取代常规树池等方面改变了传统道路中雨水的流程，降低了雨水径流量，改善了雨水水质，削减了洪峰，并对雨水进行了有效的利用，是未来道路横断面设计研究的方向（表 1）。

契合低影响开发雨水系统的绿色道路规划新模式与常规道路设计方法比较　　表 1

比较类别	常规道路设计方法	契合低影响开发的绿色道路规划模式
设计目标	以雨水快速排放为主要目标，降低雨水的洪峰径流流量	以源头控制雨水水量和水质为主要目标，通过雨水渗透利用削减洪峰，降低面源污染[15]
道路横坡	坡向缘石线内侧的雨水口	就近坡向雨水受纳的绿化隔离带
雨水流程	绿化带雨水—路面雨水—雨水口—雨水管道	路面雨水—凹式绿化带—渗排雨水管
雨水设施体系	雨水口、雨水管道、雨水泵站	LID 树池、透水性路面、道路雨水花园、道路植被浅沟、渗排一体式管道
人行道材质	非渗透水泥砖	三维透水砖等渗透性铺装

续表

比较类别	常规道路设计方法	契合低影响开发的绿色道路规划模式
机非道路材质	非渗透沥青或混凝土路面	渗透性沥青或渗透性混凝土路面
缘石线形式	传统线状缘石线	断续的孔口道牙[15]
雨水口位置	缘石线道路内侧	绿化隔离带内，设计高程高于周边绿化，同时低于路面
雨水管道	混凝土管道	渗排一体式管道
绿化隔离带	传统草皮或灌木种植构造，高程高于路面而只能集流自身的雨水量，无储存功能，雨水利用率低	生物滞留槽构造的凹式绿化带（为避免形成凹沟景观，应以灌木种植为主），储存并渗透一定的雨水量，有一定的雨水净化功能
维护管理	复杂	较为简单

5 结语

城市道路是城市整体布局中不可或缺的重要组成部分。采用透水路面和人行道、道路雨水花园、渗透管、集水井等要素构建绿色道路低影响开发雨水系统，并契合这一系统转变常规道路断面设计方式，运用绿色道路断面规划新模式以避免目前道路雨水径流量大、污染严重和雨水资源浪费的缺点，可实现“自然积存、自然渗透、自然净化”的海绵城市发展目标。因此，构建面向海绵城市的绿色道路低影响开发雨水系统成为缓解道路积水的方法之一，也是未来城市道路规划设计的新思路。

Design Strategies of Low-Impact Development Stormwater Systems on the Green Road Planning for Sponge Urban

Abstract: On the basis of pointing out many issues of road drainage patterns such as large amount of run-off, severe pollution and rainwater resource outflow at present. This paper proposes constitute elements of low impact development stormwater systems of green road, builds green road section form corresponding with low impact development stormwater system taking four boards road section for example. Then analyses the rainwater process and compares with the traditional path planning methods in order to propose the design strategy of green road on the construction of sponge city.

Keywords: Low Impact Development; Sponge City; Green Road; Rain Garden; Rainwater Infiltration; Porous Asphalt Pavement

参 考 文 献

[1] 中华人民共和国水利部. 中国水资源公报 2010 [M]. 北京：中国水利水电出版社，2011：1-22.

[2] 住房和城乡建设部. 海绵城市建设技术指南——低影响开发雨水系统构建（试行）[S]，2014：1-4.

[3] 中华人民共和国住房和城乡建设部，中华人民共和国国家质量监督检验检疫总局. 城市用地分类与规划建设用地标准（GB 50137—2011）[S]. 北京：中国建筑工业出版社，2011：11-12.

[4] 赵慧芳. 城市道路雨水就地利用技术研究 [D]. 北京：北京林业大学，2008：8-9.

[5] 车伍，申丽勤，李俊奇. 城市道路设计中的新型雨洪控制利用技术 [J]. 公路，2008 (11)：30-34.

[6] Dikshit A. K., Loucks D. P. Estimation Nonpoint Pollution Loading in a Geographical Information Based Non-point Source Simulation Mode [J]. J. Environ. Sys, 1996, 24 (4).
[7] 中华人民共和国水利部. 中国水资源公报 2010 [M]. 北京：中国水利水电出版社，2011：23-25.
[8] 徐斌. 排水性沥青路面理论与实践 [M]. 北京：人民交通出版社，2011：1-3.
[9] 关彦斌. 大孔隙沥青路面的透水机理及结构设计研究 [D]. 北京：北京交通大学，2008：2-5.
[10] 曹东伟，刘清泉，唐国奇. 排水沥青路面 [M]. 北京：人民交通出版社，2010：12-13.
[11] 唐绍杰，翟艳云，容义平. 深圳市光明新区门户区——市政道路低冲击开发设计实践 [J]. 建设科技，2010 (13)：47-55.
[12] 广东省城乡规划设计研究院. 低碳生态视觉下的市政工程规划新技术 [M]. 北京：中国建筑工业出版社：2012：16-17.
[13] 许拯民，张文胜，李锐等. 城市防洪及雨洪利用工程技术研究 [M]. 武汉：长江出版社，2008：47-50.
[14] 北京市规划委员会，北京市质量技术监督局. 建筑、小区及市政雨水利用工程设计规范 DB××××××—2012（征求意见稿）[S]. 北京，2012：33-34.
[15] 丁年，胡爱兵，任心欣. 深圳市光明新区低影响开发市政道路解析 [C]. 2012 年中国城市规划年会论文集，2012.

作者：苗展堂　天津大学建筑学院　副教授
李　婧　北方工业大学　讲师
天津大学建筑学院　博士研究生

低碳生态理念下的城市设计内容体系探讨
——以焦作新区现代服务区城市设计为例

【摘　要】低碳生态城市设计是低碳生态理念和可持续发展模式在城市设计中的具体化表现。本文在低碳生态发展理念指导下对传统城市设计内容进行深化和调整，提出城市设计中的低碳生态策略，从产业布局、空间布局、土地利用、绿色交通、生态空间、节能减排、资源利用等方面构建低碳生态城市设计内容体系并落实设计任务，并以焦作新区现代服务区城市设计为例，对城市设计中融入低碳生态要素的内容体系进行探讨。

【关键词】城市设计　低碳　生态　内容体系

1　序言

十八大会议上明确提出“建设低碳城市，建设生态文明”，充分体现出政府对低碳生态发展理念的认可和重视，未来我国低碳生态规划将是至关重要的内容。作为落实各层面城市规划的重要环节，具有直观、具体、时效性强等特征的城市设计成为有效落实低碳生态发展理念的重要手段。

传统的城市设计大多以物质空间体系构建为主要目标，已经不能适应新形势下的发展需求，必须从内容体系上进行符合低碳生态理念的优化调整。当前我国低碳生态理念下的城市设计研究和实践仍然处在起步阶段，大多以紧凑发展型空间布局、公交导向型空间模式、园林绿地型空间规划为主要内容，至今尚未形成系统化的低碳生态城市设计技术规范。制订具有普适性的低碳生态城市设计内容体系，对引导城市朝着低碳生态化方向前进具有重要意义。

2　城市设计中的低碳生态策略

城市设计内容全面体现低碳生态理念，进而优化城市生态环境成为实现低碳生态城市的一个重要途径。

2.1　低碳生态理念和低碳生态城市

低碳生态理念是可持续发展思想的具体化，是低碳经济发展模式和生态化发展理念的落实。低碳生态城市是通过零碳和低碳技术研发及其在城市发展中的推广应用，节约和集约利用能源，有效减少碳排放。低碳生态城市是城市生态化发展的结果，即以自然系统和谐、人与自然和谐为基础的社会和谐、经济高效、生态良性循环的人类住区形式，自然、城、人融为有机整体，形成互惠共生结构[1]。

2.2　低碳生态城市设计策略

发展低碳生态城市是我国应对气候变化、发展低碳经济的关键所在。本文从以下六个方面阐述城市设计中的低碳生态策略（图1）：

（1）产业布局策略。包括优化产业结构、强化低碳主导产业等。

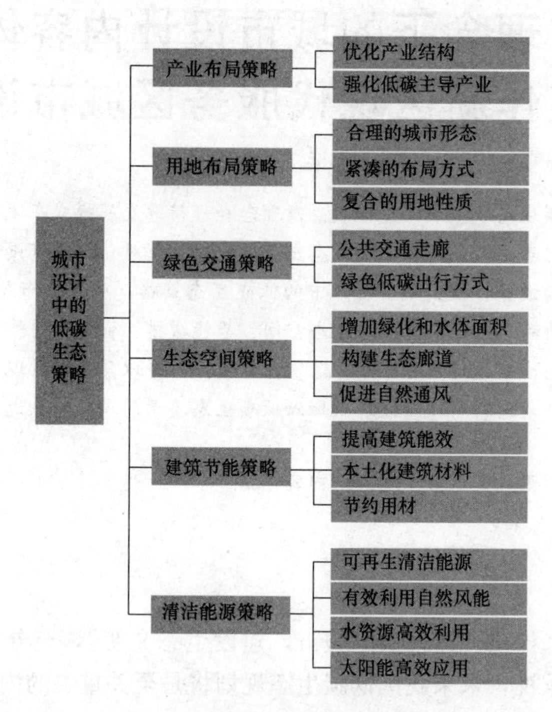

图1　城市设计中的低碳生态策略

（2）空间布局与土地利用策略。包括规划合理的城市形态、紧凑的布局方式、复合的用地性质等。采取更为布局紧凑、功能兼容的空间布局方式，在占用更少用地的基础上有效减少机动车出行，达到减少碳排放的目的。

（3）绿色交通策略。包括建立公共交通走廊、倡导绿色低碳出行方式等。完善公共交通枢纽及基础设施，推进城市步行和自行车交通网络建设，与公交网络系统配合形成绿色交通体系。

（4）生态空间策略。包括增加绿化和水体面积、构建生态廊道、促进自然通风、削减夏季热岛等。重点打造的开敞空间主要有公共绿地、广场、水面、体育场和游乐场等[2]。

（5）建筑节能策略。包括提高建筑能效、本土化建筑材料、节约用材等。进行建筑方案节能设计，应用生态节能技术，使用可循环材料和可再利用材料，并注意减量及节约用材。

（6）清洁能源策略。包括可再生清洁能源，自然风能、水资源和太阳能资源的高效利用等。

3　城市设计中的低碳生态内容解析

城市设计是各层面法定规划的具体化和图形化。城市设计编制过程中切实贯彻低碳生态发展理念，需要从产业布局、空间布局、土地利用、绿色交通、生态空间、节能减排、资源利用等方面落实低碳生态策略，深化、细化各层面上位规划要求（表1）。

3.1　产业布局

以低碳化、集群化、循环化发展为导向，培育低碳生态主导产业。通过对产业结构布局、产业深化机制、产业驱动机制的不断创新完善，发展壮大、引进培育现代低碳服务业，推进服务业清洁生产，实现产业结构低碳化转型。

城市设计中的低碳生态内容　　表1

城市设计层面	低碳生态内容
产业布局	培育低碳生态主导产业，发展壮大、引进培育现代低碳服务业，实现产业结构低碳化转型
空间布局	优化用地布局，促进空间集约节约利用，城市空间突出适当密度的紧凑型布局，减轻道路交通、基础设施压力
土地利用	强调多元化的土地用途混合，进行综合式、立体式开发，减少交叉交通行程，减轻基础设施负担，选择合理的地块尺度
绿色交通	大力发展绿色慢行交通方式，实现公交优先和慢行友好，倡导低碳出行，构建绿色交通体系
生态空间	通过用地布局和地块指标构建生态空间格局，落实生态建设内容
节能减排	大力推广各项节能措施，鼓励利用绿色新能源、清洁能源，降低废弃物排放量，强化污染控制与治理
资源利用	促进阳光资源、风资源、水资源、废物资源等的高效利用，提出切实可行的资源利用方案

3.2　空间布局

低碳生态策略下的城市设计空间布局优化主要包括三个方面。首先，优化城市空间结构，形成更加清晰、紧凑的城市形态，有序引导交通出行方向，通过减少绕行交通提升城市绿地的碳汇效果。其次，城市空间突出适当密度的紧凑型布局，在集约节约利用土地的基础上，更多保留绿地、水体、农田、乡村等公共开放空间，减少对自然环境的侵占。第三，通过绿环或绿带对各类城市用地进行边界控制，配合严格的管控措施防止城市空间的无节制扩展。

3.3　土地利用

单一的用地性质容易增加能源消耗与以交通为主的碳排放。适当设置功能混合用地，提高土地的功能复合程度，邻近地区能够提供兼容性的多样化功能用途，减少就业、居住、休闲之间的交通行程，减轻交通等基础设施负担。土地混合使用与合理的地块尺度相结合，距离市中心越远，地块尺度越大。

在大运量交通枢纽周边鼓励土地混合使用，布局居住、商业、办公以及其他功能，通过功能的适度混合引导“短路径出行”和“慢行尺度出行”，有效降低出行距离，提升出行效率。在满足方便、舒适的前提下促进土地的立体化使用，提倡地下交通设施、商业设施、综合防灾设施等多类型城市地下空间的复合利用。合理确定地下容积率，实现地上地下综合开发，将地下空间开发利用作为实施土地资源集约化的重要途径。

3.4　绿色交通

鼓励绿色出行，长距离出行推动乘坐公共交通工具，短距离出行以步行、自行车交通为主。保证公共交通分担率，把公交站点、中小学校、公园等贴近居住用地布置，确保步行可以到达相关公共设施。优化、细化道路交通格局，保障公交优先和慢行友好。积极引导小汽车“合理拥有，理性使用”，合理布局公交首末站和停车场等交通设施，制订差异化的分区停车调控策略，构建绿色交通体系。

3.5 生态建设

用区域生态格局引导城市公共绿地布局，优先保证城市绿地、水体的有效面积。改善绿化结构，建设风道绿廊，优先考虑原生态绿地及水系保护，加强建设材料、植被、水体等的循环利用，降低城市建设对自然生态的破坏。城市中心区构建网格化、小型化的公共绿地体系，推广立体绿化，提高乔木覆盖率，大力提升碳汇能力和生态效益[3]。

3.6 节能减排

分解落实上位规划确定的节能减排目标，采取行之有效的节能减排措施。首先，以集群经济为核心，推进低碳生产和低碳消费。其次，以循环经济为核心，推进产业结构创新，优化能源结构，大力发展低碳经济。第三，以知识经济为核心，推进内涵式创新发展，转变生活方式，最大限度地减少温室气体排放。

3.7 资源利用

分解落实上位规划确定的资源利用目标，大力促进阳光、风、水、废物等资源的高效利用。首先，场地规划、建筑组合方式、建筑单体设计等方面充分考虑采光与通风要求，实现光环境与风环境的最优化布局。其次，提高水资源集约节约利用水平，加强非传统水源开发利用，建立清晰完善的雨水与再生水利用体系，促进水资源循环利用。第三，大力促进废物垃圾的分类收集、处理和循环利用，构建废物资源利用体系。

4 案例分析

4.1 规划背景

2010年1月，河南省政府通过《焦作新区建设总体方案》，焦作新区成为河南省新一轮发展重点地区之一。焦作新区作为全省现代服务业的集聚区和示范区，列入“十二五”省重点发展载体。2011年5月，焦作市政府发布《加快焦作新区建设的决定》，明确现代服务区的重要战略地位。

焦作新区现代服务区位于焦作市区南部迎宾路两侧，是郑（州）焦（作）城镇重点发展带上的重要节点。总用地面积4km^2，是焦作市区的南门户。规划目标是打造集企业办公、商务会展、购物娱乐、休闲旅游、生态宜居于一体的“EMSD（Ecologic Modern Service District)”生态型现代服务区。

4.2 低碳生态城市设计内容

4.2.1 重点内容解析

上文提到的七项城市设计内容是低碳生态城市设计内容体系的重点。通过要素整合，其中产业布局内容整合为低碳型产业规划，空间布局、土地利用、绿色交通内容整合为紧凑型空间规划，生态空间内容整合为格网型绿地规划，节能减排与资源利用内容整合为节能型资源规划，从而构建“低碳型产业规划、紧凑型空间规划、格网型绿地规划、节能型资源规划”四大重点内容板块（图2），并由此分解提出相应的低碳生态策略和措施。

4.2.2 低碳型产业规划

以《焦作新区低碳产业发展战略规划》为指导，突破制约产业转型升级的关键环节，通过对产业结构布局、产业深化机制、产业驱动机制的不断创新完善，发展壮大、引进培育现代低碳服务业，推进服务业清洁生产，实现产业结构低碳化转型。

（1）培育低碳生态主导产业

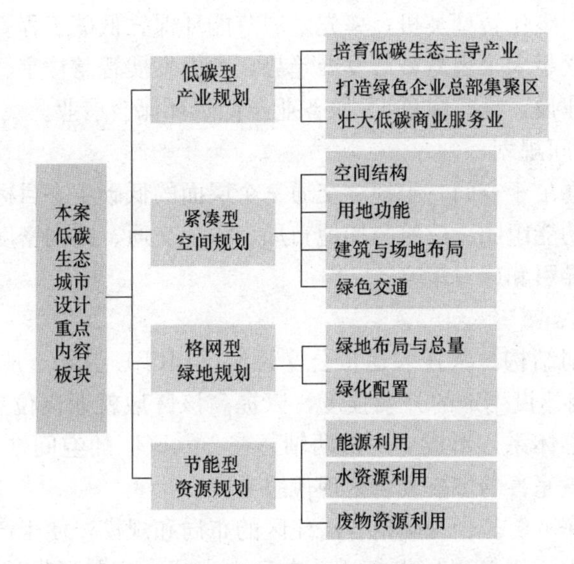

图 2　本案低碳生态城市设计重点内容板块

以低碳化、集群化、循环化发展为导向，立足产业集群、要素集聚、服务集成，加快发展信息服务、总部经济、会展经济、研发培训、商业服务五大主导产业。大力发展企业总部办公、信息服务枢纽、会展服务、软件及服务外包基地，承接中原经济区信息服务功能。

（2）打造绿色企业总部集聚区

大力发展绿色企业总部，吸引跨国公司中国总部、投资型公司、研发中心、营运中心、金融结算中心、跨国采购中心等投资入驻，同时与专业机构合作探索碳减排交易机制，开展包括绿色股权、知识产权、技术、产品和碳排放权在内的绿色交易，促进金融与低碳产业融合发展。

（3）壮大低碳商业服务业

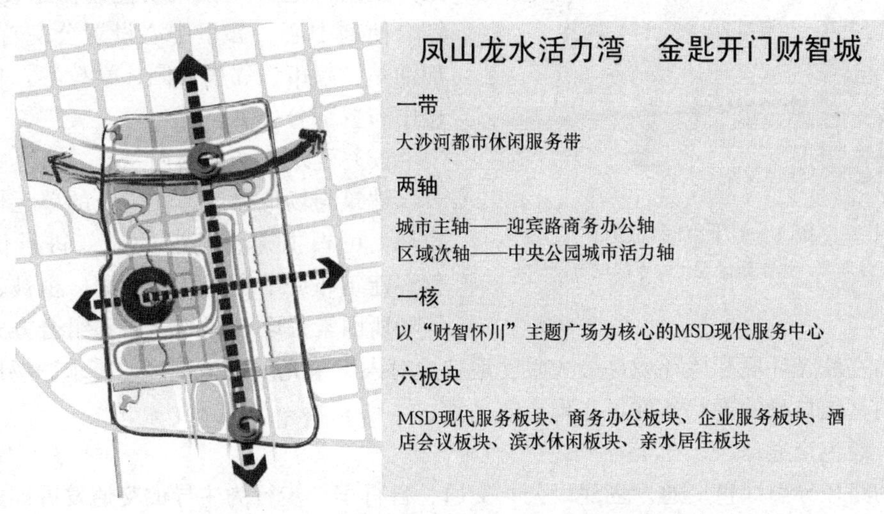

图 3　“一带两轴、三心六区”的空间结构

（资料来源：焦作新区现代服务区城市设计）

把握中原经济区低碳化转型契机，率先发展节能环保、低碳工程管理、人才培训、碳交易等专业服务业。立足未来智慧城市发展趋势，大力发展智慧楼宇、电商物流、智能社区等新兴商业服务业建设，推广绿色IT服务业及低碳环保会展业。

4.2.3 紧凑型空间规划

紧凑型空间规划立足于空间、土地、交通三个层面的低碳生态目标，对空间结构、职住平衡、土地兼容、功能组团、建筑与场地布局、绿色交通、路网密度、停车调控等内容提出相应的城市设计导引和应对策略。

(1) 空间结构

公共交通导引空间结构。依托大运量公交系统（BRT）引导土地开发，整体提升公交首末站500m范围内建设用地的开发强度，以提高该区域就业岗位和居住人口的比例，突出各组团级服务中心体系，形成“一带两轴、三心六区”的空间结构（图3），打造产业特色鲜明和配套环境完善的多核复合型现代服务区。

通勤流线导引职住平衡。合理确定各居住区的布局和规模，使生产、服务、居住三者就地平衡，以便捷的生活服务引导出行活动在区内完成，完善通勤流线，减少跨区域出行，实现紧凑布局、节能减排的目标。就业住房平衡指数不小于50%。

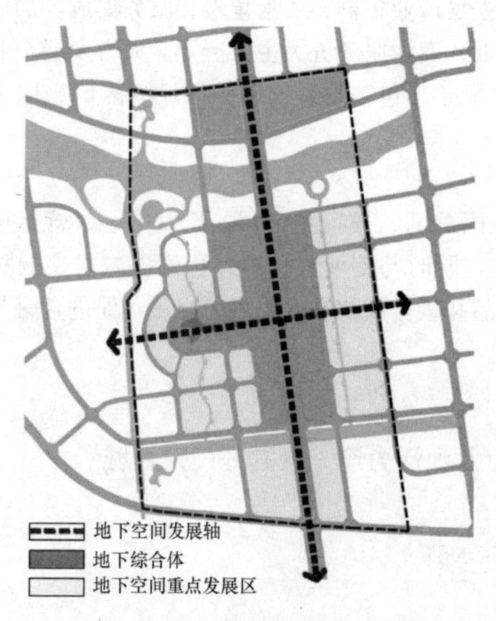

图4 地下空间规则
（资料来源：焦作新区现代服务区城市设计）

(2) 用地功能

立体开发导引土地兼容。通过地下空间规划整合地上与地下的空间资源，整合连通各私有地块地下空间，构筑与地面功能协调的地下各类功能区域，充分提高土地使用效率。充分利用地下空间布置停车位，商业类楼宇的地下一、二层作商业用途（图4）。

慢行尺度导引功能组团。依据步行和自行车的出行尺度划分组团布局，通过生态廊道界定组团边界。强调功能组团适度混合，结合便利中心、邻里中心设置公交首末站、加油站、超市、邻里公园、学校等，在商务楼中布置部分公寓。

(3) 建筑与场地布局

建筑与场地采用弹性生长的单元模块化布局，可根据建设情况的改变进行优化调整。建筑布局结合铺装、水面、植被、缓坡等场所因素采取合理的朝向和组合方式，构成良好的室外光环境和风环境，最大限度地减少对人工采光及机械制冷的需求。场地设计充分利用基地自身的现状条件，实现土方平衡。

(4) 绿色交通

活动路径导引绿色交通。创建以公共交通、自行车、步行为主导的交通发展模式，构建快速公交、常规公交、水上巴士相结合的内部公交系统（图5）。绿色交通方式出行比例近期达到50%～70%。到2020年公共交通、慢行交通量为80%左右，小汽车、出租车交通量控制在20%以内。

慢行优先导引路网密度。按照自行车、步行交通尺度和连通度要求增加支路网格密度，路网密度比原有上位规划提升了20%（图6）。

出行模式导引停车调控。根据各组团功能差异划分停车调控区域，从分区、分类、分时三个层面制定差异化的停车调控政策，通过限时供应、费率浮动等方式引导私家车的合理使用。

4.2.4 格网型绿地规划

规划以“绿化固碳”和“改善微气候”为目标，加强公园绿地、道路绿地、滨河绿地、防护绿地之间的协调，形成格网型生态绿地系统（图7）。道路绿地和滨河绿地主要充当廊道功能，联系各大型绿地公园，道路绿地对城市空间进行渗透和融合。可流动循环的绿地格网保证了生态安全格局的可实施性。

（1）绿地布局与总量

以绿地可达性、通风廊道、缓解热岛为目标确定绿地布局方式，形成“一脉两环、四廊多园”的城市绿化格局，构建多层次、多色彩、立体化的城市绿化体系。通过对采光、温度、通风等要素的影响分析，合理调整绿地布局、道路走向、建筑密度及高度等城市设计要素，科学设置通风廊道。设置与主导风向平行的绿色风廊，配合其相邻地块范围内的建筑高度和体量的差异化，并针对不同用地性质进行相应的绿地布局。严格控制绿化率下限，保证迅速排除热量的降温效果。

通过碳氧平衡分析合理确定绿地总量，促进现代服务区的碳氧平衡。“十二五”期末新增绿化面积50万m^2，实现人均公共绿地面积不低于20m^2，绿化覆盖率达50%。

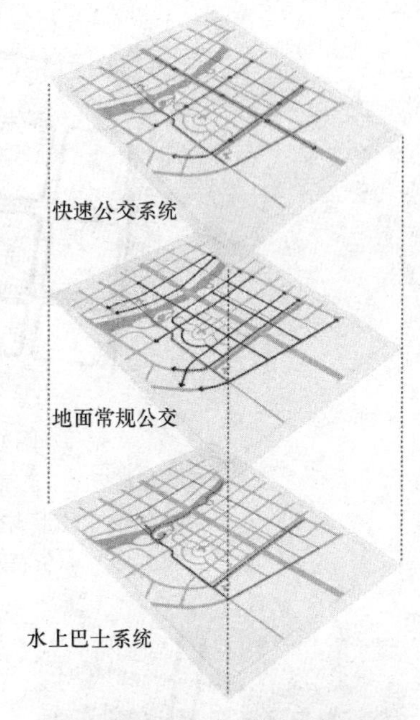

公交车　水上巴士

步行系统　过街天桥

公交系统

图5　快速公交、常规公交、水上巴士相结合的内部公交系统

（资料来源：焦作新区现代服务区城市设计）

（2）绿化配置

以提高绿地系统的碳汇能力和生物多样性为目标，构建乔、灌、草相结合的立体生态绿化结构，适当增加乔木和灌木面积。推广乡土物种种植，保护生物多样性。提倡屋顶绿化、中庭绿化、垂直绿化、覆土绿化等立体绿化方式，营造层次丰富、自然和谐的绿色生态环境。

4.2.5 节能型资源规划

提高资源利用效率促进资源节约，优化资源利用结构，构建安全、高效、可持续的资源供应系统。

（1）能源利用

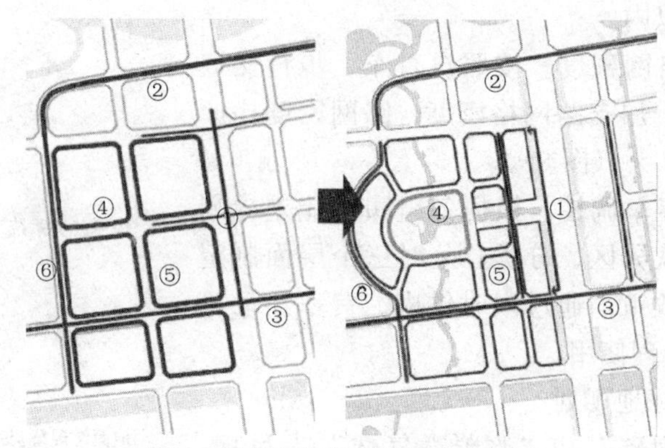

图6 慢行优先导引路网密度提升

①增加临近主干道路网密度 ②降低滨河道路宽度 ③增加临近滨河道路网密度 ④形成空间核心 ⑤缩小地块规模 ⑥美化滨河道路走向

（资料来源：焦作新区现代服务区城市设计）

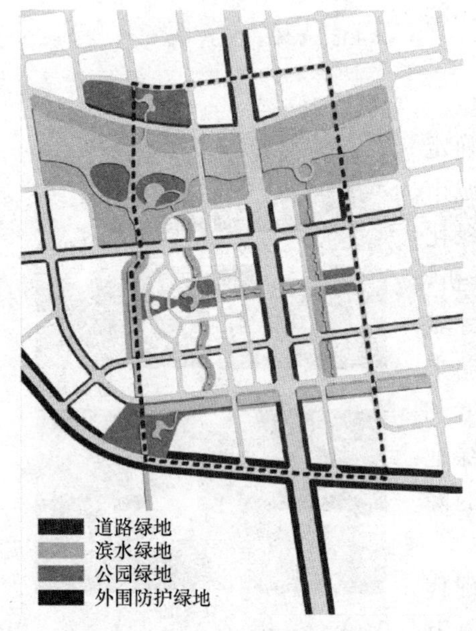

图7 格网型生态绿地系统

（资料来源：焦作新区现代服务区城市设计）

充分利用新能源技术并加强能源梯级利用，增强居民节能意识，提高能源使用效率。优先发展可再生能源，形成与常规能源相互衔接、相互补充的能源利用模式。

① 太阳能利用：利用太阳能热水系统为居民提供生活热水，全年太阳能热水供热量占生活热水总供热量的比例不低于60%；鼓励发展太阳能光伏发电；在主要道路敷设路面太阳能收集系统，用于建筑供暖和制冷。

② 风能利用：利用风电建筑一体化技术为建筑供电，利用小型风力发电厂为现代服务区供电。

③ 能源综合利用：采用热泵回收余热、热电冷三联供以及路面太阳能利用等技术并合理整合，实现对能源的综合利用[4]。

（2）水资源利用

以“节水、护水、循环水”为目标，整合自来水、中水、雨水等水资源一体化利用设施体系，明确中水回用和雨水利用设施建设标准和要求。建立完善的城市供水系统及污水收集系统，实现城市自来水供水管网覆盖率100%；污水集中处理率100%。实施再生水回用，建设城市再生水管网，减少污水排放量，缓解供水量增长压力，实现非传统水资源利用率不小于30%。全面实施雨水入渗，尽最大可能减少地表综合径流系数，争取开发前后径流系数增量小。推广应用雨水回用技术，实现水资源的合理利用[5]。

（3）废物资源利用

遵循“减量化、资源化、无害化”原则，全面推进生产、生活、建筑、医疗等垃圾的分类收集，构建完善的垃圾分类、回收、再利用与处置体系。远期实现生活垃圾分类设施覆盖率100%，生活垃圾资源化利用率不低于95%，餐饮垃圾再利用率100%，建筑垃圾再利用率不低于75%。

5 结语

综上所述，低碳生态理念下的城市设计内容涵盖产业布局、空间布局、土地利用、绿色交通、生态空间、节能减排、资源利用等七个方面。随着低碳生态理念下的城市设计内容体系的不断更新，深入研究不同地区规划管理的实际需求，因地制宜地深化和完善低碳生态理念下的城市设计内容体系，才能对相应层面的城乡规划编制进行更好的引导和完善。

Discussion on the Content System of Urban Design under the Concept of Low Carbon Ecology—A Case Study of the Urban Design of the Modern Service Area in Jiaozuo New District

Abstract: Low carbon eco city design is a low carbon ecological concept and sustainable development model in urban design of the specific performance. This paper in under the guidance of the concept of low carbon ecological development of traditional urban design content of deepening and adjustment, the proposed urban design in the low carbon ecological strategies, from the industrial layout, space layout, land use, green transportation, ecological space, energy-saving emission reduction, resource utilization structure building low-carbon eco city design system and implement the design task, and in Jiaozuo district modern service area urban design as an example, the urban design into the content system of low carbon ecological elements are discussed.

Keywords: Urban Design; Low Carbon; Ecology; Content System

参 考 文 献

[1] 中国城市科学研究会主编．中国低碳生态城市发展战略［M］．北京：中国城市出版社，2009：21.

[2] 王绍增，李敏．城市开敞空间规划的生态机理研究［J］．中国园林，2001（5）：35.

[3] 叶兴平，程炜，陈国伟．低碳生态理念下的控制性详细规划编制内容体系探索——以苏州独墅湖科教创新区低碳生态控制性详细规划为例［J］．理想空间：生态与低碳城市，2013（55）：106.

[4] 杨保军，董珂．生态城市规划的理念与实践——以中新天津生态城总体规划为例［J］. 城市规划，2008（8）：10.

[5] 曾于祥，徐挺，张建榕．低碳城市规划与建设浅析——以花桥国际商务城为例［J］．江苏城市规划，2011（6）：11.

作者：蹇庆鸣　天津大学建筑学院　讲师

何邕健　天津大学建筑学院　副教授

谈历史文化街区可持续发展的基础——环境容量

【摘　要】 本文在可持续发展的理论框架下，对历史文化街区环境容量理论进行探索，提出历史文化街区环境容量概念。通过对历史文化街区环境限度与阈值的剖析，阐述了历史文化街区环境容量的特征，进而建立评定历史文化街区环境容量的方法，并以天津市五大道地区配套设施为例对容量分析模型进行验证。

【关键词】 环境容量　历史文化街区　可持续发展

伴随着中国城市的高速发展，城市中的历史文化街区面临着诸多崭新而又紧迫的问题：建筑年久失修、不当改造、房地产开发、人口密度过大、小汽车的普及（图 1）、功能老化、设施不足、生活环境恶化（图 2）、游客大量涌入等。面对这些现实的压力，历史文化街区如何能够实现可持续发展？

图 1　天津五大道地区重庆道自行车与机动车之间的冲突

图 2　天津五大道地区部分街巷卫生状况不佳

环境容量是可持续框架下对历史文化街区环境进行评估的一种有效工具。环境容量研究本身并不产生历史文化街区保护、规划方案，但可以作为历史文化街区可持续性发展规划的战略起点，并且可以对规划方案进行评估。将环境容量的概念引用到历史文化街区的研究中，可以有效确定街区内部人类活动和发展的限度，一旦超过既定的量，街区的基本特征将会发生变化。

1　历史文化街区与环境容量

环境容量的概念最初源于生态学，可以描述为某一特定环境限度，在这一限度内，环境保持正常运转并为人类提供生活所需要的物质基础和基本服务；人类超出这一限度而从环境中获得的利益将被判定为不可接受。

本文对于历史文化街区环境容量所下的操作定义为：在不破坏历史文化街区历史环境的前提下，历史文化街区各项环境、社会、经济功能能够正常运转的条件下，环境能容纳的或者社区居民所能接受的人类活动的量。需要强调指出的是，环境容量的阈值不仅包括自然环境被破坏的临界点，而且包括历史氛围被破坏（往往早于自然环境）的临界点，历史氛围临界点的确定由知觉研究、管理手段、受影响人士的参与和意见以及承载力研究综合判断。

2 历史文化街区环境容量的限度与阈值

2.1 非线性相应系统与阈值

很多研究中“阈值”与“限度”是相同的，但在历史文化街区的环境系统研究中“阈值”承载着更重要的内容，阈值的研究来源于历史文化街区的环境系统状态与外部压力的“非线性响应”问题。

图3显示了若干不同类型环境压力和状态之间可能存在的因果关系。在每一种情况下，曲线代表给定水平的压力和系统的状态之间的平衡点。假设如果受到干扰，该系统将停留在某个平衡值。系统可以在外部条件或压力下响应为平滑或线性的方式（*a*）或表现出更多的灵敏度变数的模式（*b*）。有一点值得注意：这两种模式是“一对一”的压力和状态之间的关系，也就是说如果压力放松，系统将移动到以前在较低压力水平的相同状态。

与（*a*）和（*b*）的情况相反，图3系统（*c*）说明了一个“灾难性”的变化发生得更加复杂的类型。从点 X_2 开始，在压力变量的变化下，系统状态逐渐改变达到 f_2，突然跌落至 X_1 代表的状态。从 X_1 的相反方向移动，系统从点 f_1 跳跃到 X_2 代表的条件。

系统表现出的这种现象被称为显示“滞后”。点 f_1 和 f_2 被称为分岔点，加入虚线标记表征两个不同的“系统状态”的边界。系统表现出这种类型的现象称为“阈值反应”。

在（*a*）和（*b*）的情况中，假设外界压力水平可以被操纵，那么所需的目标状态通常可以实现，任何扰动就会重新确立这样的压力水平的平衡状态。情况（*c*）则比较复杂，当系统处在 f_2 点附近时，即使是很小的干扰都可能导致系统的运行机制转换至另一“系统状态”，并且它可能需要许多额外的管理投入才能恢复到之前的状态。在某些情况下，即使外界压力可以改善，但系统因为没有“逆转”的可能性而无法恢复到从前的状态。在这种情况下，f_2 点代表一条“不归路”，也是“阈值”出现的重要标志。当历史文化街区的环境系统表现出快速的“运行机制转换”，那么这可能是一个阈值存在的证据，标志着系统稳定状态和崩溃状态之间的边界。

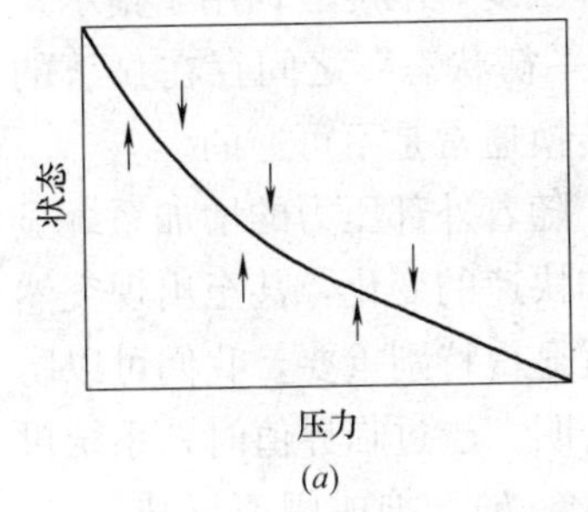

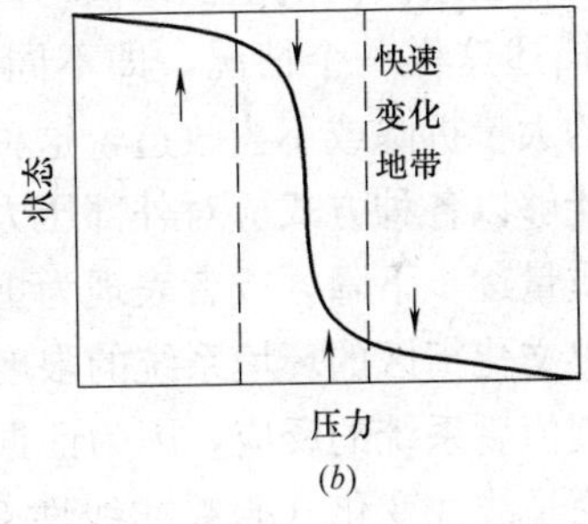

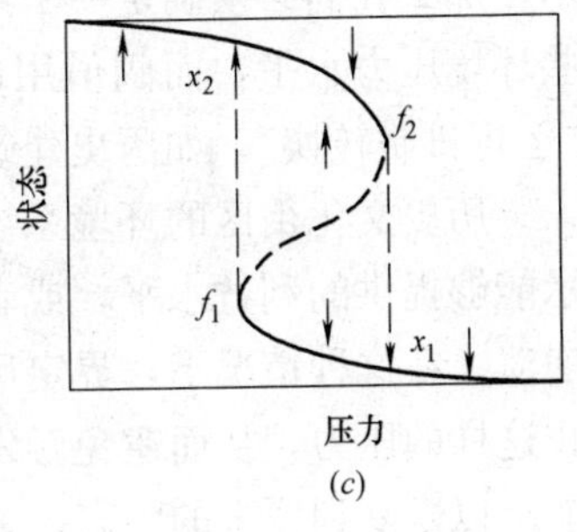

每个图都是根据控制变量或环境压力相关的平衡环境状态的变化绘制的。

上下箭头指示如果平衡线受扰动该系统将移动的方向。

图3 改变系统的外部条件得到的三种截然不同的反应

（资料来源：Defining and Identifying Environmental Limits for Sustainable Development：A Scoping Study（For Defra by the University of Nottingham，March 2006）[Z]：9，作者翻译）

2.2 历史文化街区环境容量的限度

在了解了非线性响应系统之后，我们可以从中寻找需要的限度和阈值。复杂的系统中有一些长期潜在的动力在发挥作用，这种作用也出现在历史文化街区环境系统的非自然环境要素中。存在于运行机制转换的系统（*c*）内的阈值是实现系统管理的重要资源，但是"限度"并不完全与这些类型的动态显示系统相关。

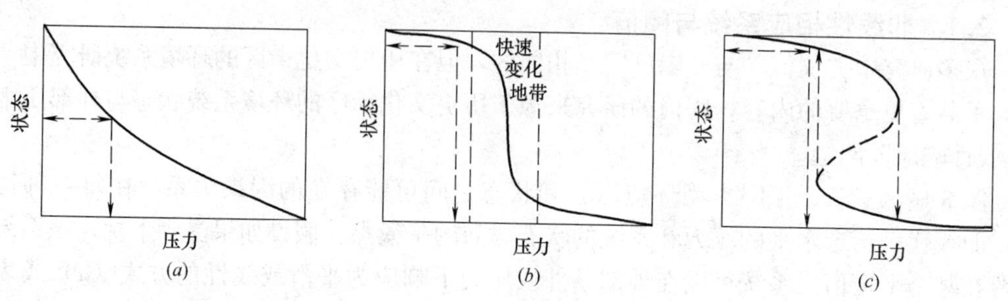

在每一种情况下，虚线代表一些限度，超过这个限度系统被判断为受到损害或危险。

图 4 限度和阈值的识别

（*a*）简单线性变化；（*b*）快速变化地带；（*c*）阀值反映

（资料来源：Defining and Identifying Environmental Limits for Sustainable Development：A Scoping Study（For Defra by the University of Nottingham，March 2006）[Z]：10，作者翻译）

在图 4（限度和阈值的识别）的例子中系统（*a*）没有表现出运行机制转换，因此没有任何一种正式的"阈值"，环境压力变化最终导致利益无法接受的程度，例如历史文化街区中的机动车数量，无法定义严格的阈值，因而对于"限度"的定义显得十分必要。

显然，图 4 的（*b*）系统中，"快速过渡地带"表示的状态之间的边界对不同的人群预示着不同的含义，取决于人们不希望超过这个过渡区域的具体界线，例如对于历史文化街区的居住人口问题，当地居民、游客、学者可能持有完全不同的观点，但可以肯定的是过高人口密度的累积效应必将导致街区环境的快速下降。历史文化街区的容量研究需要查明临界水平或限度，以确保系统不会进入快速发生变化的区域。针对具体情况可以设定多个限度，每个限度对应不同的危险状态。

系统如果表现出超出一定范围的外部驱动或压力变量的"阈值反应"，如图 4（*c*）所示，那么我们必须确定一个系统不会崩溃的阈值。阈值不同于限度，限度一词用于指示某些环境压力水平，而阈值用以描述这样一个情况，即不同"平衡状态"之间存在显著的"运行机制转换"，如历史建筑的大量拆除或不当改造，这种转换通常是不可逆的。

历史文化街区的环境系统能够以各种方式应对外部压力，随着外部压力的增加系统显示能够提供的利益水平，或者质量逐步下降，或者表现为更加快速的变化，甚至出现突然崩溃。在这种情况下，界定历史文化街区的环境系统的限度就显得特别重要，我们可以防止这样的压力，从而避免触发阈值后系统的反应，因为证据表明，越过临界值时，系统可能难以恢复到原来的状态。无论是线性变化（*a*）、非线性变化（*b*）、抑或阈值反映（*c*），都必须设定最低安全限度或可持续限度防止环境状态下降至无法接受（图 5）。

限度最有效的定义是：超过该点，从系统所获得的利益将判断为不可接受或条件不足的。历史文化街区的环境系统内包含为数众多的压力指标，每个压力指标的限度都是不同的，并不是每个环境压力都存在阈值，阈值主要适用于非自然要素，如文物建筑、历史环境氛围等。这些要素受外界压力的影响有一定的滞后性，对文物建筑和历史环境氛围的破坏很容易导致整个历史文化街区的环境系统的崩溃。需要设定不同类型的限度，以应付系统功能或利益损失的风险，如“安全最低标准”或“预防性限度参考点”。

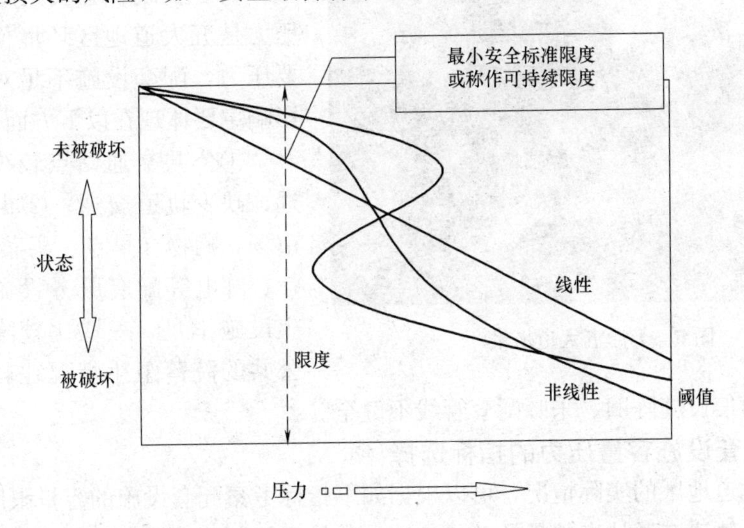

图 5　阈值和限度的关系及其针对环境压力不同类型的反应系统

（资料来源：Defining and Identifying Environmental Limits for Sustainable Development：A Scoping Study（For Defra by the University of Nottingham，March 2006）［Z］：11，作者翻译）

3　历史文化街区环境容量系统的分析模型

历史文化街区环境容量研究可以归纳为表 1 所示的五个步骤。

历史文化街区环境容量研究每个步骤的输入原始资料和输出成果　　表 1

输入	·科学证据（文献研究、图形分析） ·利益相关者的意见（知觉研究）	·科学证据（文献研究、图形分析） ·利益相关者的意见 ·环境限度和环境阈值的定义	·已有数据 ·科学证据（调研数据） ·利益相关者的意见 ·空间的数据	·环境限度或环境阈值 ·发展规划	·现有历史文化街区保护政策 ·历史文化街区环境容量的环境限度或环境阈值
过程	一、环境要素及其压力研究	二、确定环境容量指标及其限度	三、描述要素目前的状态	四、对规划进行评估	五、提出发展方向
输出	·明确需要设定环境容量指标的压力点	·每个压力点的指示物（衡量的指标） ·空间特定环境要素的限度或阈值 ·大尺度环境要素的限度或阈值	·面临压力的范围和程度	·规划对街区各项容量指标的影响	·提出历史文化街区可持续发展的方向 ·指出政策补充或规划修订

4　案例分析——天津五大道历史文化街区配套设施容量研究

本文选取天津五大道地区（图 6）作为个案进行研究，以五大道地区配套设施压力问题对历史文化街区环境容量研究方法进行具体说明。

图6 天津五大道街景

4.1 配套设施容量压力对环境要素的影响

调研发现，五大道地区配套设施压力是五大道地区环境面临的一项重要压力，配套设施不足对街区环境的影响主要体现在以下方面：

①公共交通站点较少，且距离较远，缺少轨道交通；②街区内缺少菜市场，购物（早点、买菜）、通信、医疗、邮电等配套服务设施不足；③卫生设施不足，一些比较隐蔽的小巷或公共的院落卫生情况比较差；④排水系统恶化、通信设施陈旧、采暖配套管线不健全。

4.2 配套设施容量压力的指标选择

根据五大道地区的实际情况，可以根据如下指标考察配套设施的容量限度：

①公交、轨道交通站点数量及其可达性；②早点铺、菜市场等服务设施可达性；③采暖、排水及卫生设施配套率。

4.3 五大道地区配套设施容量限度

综上，五大道地区配套设施容量限度可以归纳为表2所示。

五大道地区配套设施容量限度双状态模型 表2

可接受的（环境限度内）	不可接受的（超出环境限度）
公共交通数量、班次与距离能够满足居民需求	公共交通数量、班次与距离不能满足居民需求
步行可到达早点铺、菜市场等配套服务设施能够满足居民需求	步行可到达早点铺、菜市场等配套服务设施不足
排水、通信、采暖等设施健全；卫生设施充足，建筑内外卫生条件较好	排水、通信、采暖等设施不健全；卫生设施不足，建筑内外卫生条件不好

4.4 五大道地区配套设施相对于限度的现状分析

针对五大道地区配套设施的不同方面本文在不同尺度对配套设施的不同方面予以研究：在整个五大道地区的尺度上对于公共交通现状进行分析，在较小尺度案例片区对早点、菜市场以及排水、通信、采暖、卫生等方面进行考察。

（1）公交、轨道交通站点数量及其可达性

五大道地区周边步行可达范围内暂时没有地铁、轻轨等轨道交通，公交车站主要在街区周围，内部只有河北路有公共交通通过。图7为空间句法[1] Depth Map软件对五大道地区内

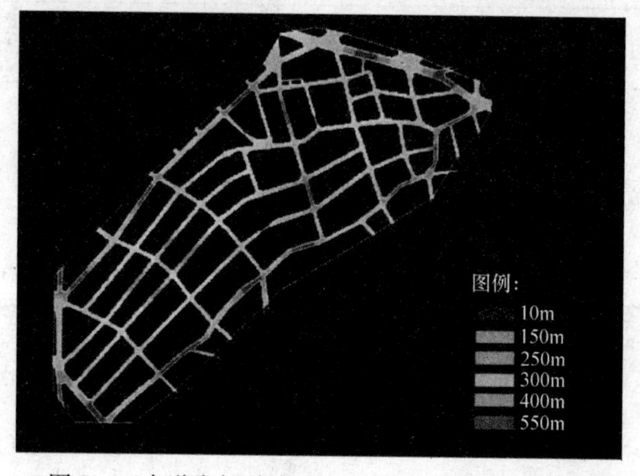

图7 五大道内部道路相对于公交车站的距离分析

部道路相对于公交站点的视域空间[ii]的组构分析（visibility）。根据空间句法图示分析，整个街区相对于公交车站，总体上可达性较好，但是街区中心部分地区可达性稍差。

（2）早点铺、菜市场等服务设施可达性

由重庆道、河北路、大理道、新华路围合的街区，步行 10min 范围内没有早点铺，买早点十分不便；但是街区内买菜相对便利。在重庆道上临近街区的建筑内有一个小型菜店（图 8），从空间句法分析（图 9）可以看出，街区内距离市场最远的里弄也在 400m 范围内，居民步行 8min 便可到达。

（3）采暖、排水及卫生设施配套率

案例街区采暖、排水设施完备，卫生状况良好，但五大道地区仍有部分地区缺少集中供暖设施。

图 8　重庆道便利菜店

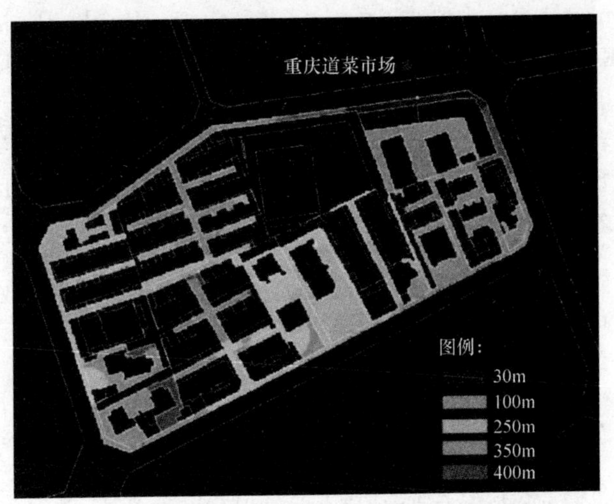

图 9　案例街区与菜市场距离空间句法分析

4.5　规划评估与发展方向

根据城市总体规划，将有 3 条轨道线途经五大道地区，地铁站总体可达性较好，将大大方便当地居民的出行。五大道地区居民反映的购物（早点、买菜）、通信、医疗、邮电等设施不足的问题，也可以通过管理措施予以缓解。虽然街区内罕有可以新建建筑的用地，但是街区内大量的存量建筑都可以进行改造利用。根据实地调研，区域内有大量居住建筑的使用功能被置换为餐饮，但很少建筑被置换为早点铺和蔬菜店，这一现象主要是由于卖早点或蔬菜的微薄收入很难承受该地区的高地价和高房租，因此可以通过政府适当补贴的方法解决这一问题。

5　结论

由于我们对历史文化街区环境独特性了解存在的不确定因素，有必要采取“预防措施”的环境限度的定义。虽然超过最后的限度（阈值）之后，系统才会发生一些重大损害，但最好的管理理念应该是设定高于这个最低水平的限度标准。因此，可能会定义不同类型的环境限度，如“预防性限制”或“预防性参考点”，以确保不会发生不可逆转的重要街区特质破坏造成的环境、经济或社会的损害。环境容量的概念对历史文化街区具有普遍适用性，正是它让决策制定过程中的环境问题变得更加清晰，并促进我们对街区系统的长期效应的全面理解。

Research on the Foundation of Historic District's Sustainable Development—Environmental Capacity

Abstract: In the theoretical framework of sustainable development, this article presents the concept of environmental capacity of historic district. By analysis of environmental limits and thresholds, the paper describes the characteristics of the environmental capacity of the historic district, and then establishes the method to assess the environmental capacity of the historic district. Tianjin Wudadao district is studied as a typical case of the environmental capacity of historic district to verify the theory.

Keywords: Environmental Capacity; Historic District; Sustainable Development

参考文献

[1] 彼得·德拉蒙德，科琳·斯温，一座历史名城的环境容量：切斯特城的经验［M］//（英）詹克斯等编著．紧凑型城市——一种可持续发展的城市形态．周玉鹏等译．北京：中国建筑工业出版社，2004.

[2] 比尔·希列尔．场所艺术与空间科学［J］．世界建筑，2005（11）：24-34.

[3] 杨滔．从空间句法角度看可持续发展的城市形态［J］．北京规划建设，2008（4）：93-100.

[4] 刘丛红，刘定伟，夏青．历史街区的有机更新与持续发展——天津市解放北路原法租界大清邮政津局街区概念性设计研究［J］．建筑学报，2006（12）.

[5] 相震．城市环境复合承载力研究［D］．南京：南京理工大学，博士学位论文，2006.

[6] Defining and Identifying Environmental Limits for Sustainable Development: A Scoping Study (For Defra by the University of Nottingham, March 2006)［Z］.

[7] Land Use Consultants. Environmental Capacity in the East of England: Applying an Environmental Limits Approach to the Haven Gateway (Final Report)［M］. The East of Endland Regional Assembly, 2008.

[8] Land Use Consultants. Environmental Capacity in the East of England: A Discussion Paper［M］. The East of Endland Regional Assembly, 2006.

[9] Making Sense of Environmental Capacity, Jacobs, Report for CPRE［Z］, 1997.

作者：任娟　天津城建大学建筑学院　副教授

殷亮　天津大学建筑设计研究院　高级工程师

注释

ⅰ．由英国伦敦大学巴特雷特研究院的比尔·希列尔、朱利安妮·汉森等人创立的理论方法，空间句法经过三十多年的实践与发展，其理论与方法在实际工程项目中得以广泛应用。空间句法从整体论与系统论的角度对空间的关联性进行研究，通过空间组构（Configuration）来解读建筑或者城市空间中蕴涵的社会、行为逻辑，将诸如用地大小、街道长度、路网密度等城市物质形态与空间中的人车流、行为活动、用地性质等功能要素紧密联系起来。

ⅱ．所谓视域分析，即每一个点对所有视域空间的组构分析，具体技术就是把平面看成高分辨率的马赛克格网，从每块马赛克向四周看出，描绘最大的无障碍视域，重叠它们，并把每个两两重合的点计为一个关联，表示两个视域空间的联系。

南阳市保障房社区环境改善策略分析*

【摘　要】以南阳市保障房绿色社区为研究对象，利用计算机软件对社区规划方案阶段的风环境、热环境进行模拟分析，提出综合经济性和地域文化的容积率指标；利用植物群落防风、通风的被动式规划策略以及依据分析结果合理设置建筑层高；利用水域调节区域气温的绿色适宜技术，为同类项目规划过程中的环境改善技术研究提供参考。

【关键词】保障房　居住区规划　软件模拟　被动式策略

0　前言

随着国人生态意识的不断普及，绿色建筑成为中国建设领域发展的一种必然趋势，取得了令人瞩目的成绩：截至 2012 年 3 月，全国已评出 379 项绿色建筑评价标识项目，总建筑面积达到 3800 多万 m^2[1]，包括商品住宅、写字楼、商场、宾馆等多种建筑类型。然而，保障房绿色建筑发展目前却存在着地区间发展不均衡、总量规模仍较小的问题，现有的绿色保障房工程大多集中在沿海地区、经济发达地区或者大城市中。由于政策、观念、经济、认证方式等各方面的原因，绿色建筑在保障房上的推广还未成规模。

保障房是我国城镇住宅建设中较特殊的一种住宅类型。因其限面积、限投资，盈利少，回报低，政府部门更多地关注低收入群体的居住保障问题，建筑师优先考虑的是容积率和得房率，而忽略了舒适性的要求。如何使"易居"的保障房更加"宜居"，我们在河南省《南阳市经适房中心·龙祥世纪家园》规划设计阶段，以低成本、低技术、适宜舒适度为出发点，针对所处的地理气候、经济条件，通过计算机软件模拟、合理优化设计，达到提高使用热舒适性及改善环境的目的，以期为建筑师在规划设计阶段预评估社区规划指标，在极少增加投资的前提下，改善低收入者居住环境提供参考依据。

1　项目概况

《南阳市经适房中心·龙祥世纪家园》地处河南省南阳市北部，是国家十二五科技支撑计划课题——"城市绿色发展生态技术研究与示范项目技术"（2012BAC13B04，2012～2015 年）的示范小区。作为保障房绿色社区研究的典型案例，该课题重点研究保障房绿色建筑设计与社区空间生态优化技术，旨在为广大中小城市建立以低能耗、低污染、低排放为特征的保障房绿色社区提供科技支撑。

社区用地 500 亩，分三期建设，地上总建筑面积 670979.32m^2，容积率 2.72，建筑密度 14.78%，绿化率 45%；社区住宅户数 7691 户，包括 12 层住宅 42 栋，32 层住宅 24 栋，其中公租房 1120 户；住宅总建筑面积 587575.16m^2，配套设施 5768.7m^2，公厕 10

* 基金项目：国家"十二五"科技支撑计划课题（2012BAC13B04）资助。

座共计 467.8m²；社区内拟建 18 班小学一所，12 班幼儿园两所[2]。项目于 2012 年开始设计，预计 2014 年年底完工，住户入住，科技部和住房和城乡建设部将于 2015 年 10 月对整个社区进行验收。

南阳市在我国热工区划上属于夏热冬冷地区。地处北纬 32°17′～33°48′，东经 110°58′～113°49′之间，年日照数 1897.9～2120.9h，年太阳辐射总量约 4600MJ/m²；年平均气温 14.4～15.7℃，其中 1 月平均气温 1.2℃，7 月平均气温 27.3℃；初霜日为 11 月 5 日，终霜日为 4 月 1 日，霜期 146 天；初雪日出现于 12 月上旬，终雪日在 2 月下旬；年降雨 703.6～1173.4mm，相对湿度约 73%[3]。

2 容积率指标分析

本项目地处 312 国道以外的城市近郊，临近独山森林公园和靳岗水库，除 2km 以外的麒麟湖畔有一处别墅区外，周边多为村民自建低层住房，容积率和建筑密度都很低。按照国家保障房和绿色建筑节约用地的要求，结合南阳市地域居住习惯，本项目拟建住宅为中高层或高层，户型以 90m² 和 60m² 左右的面积为主。

南阳市城市规划管理技术规定（2012 年修订版）要求：小高层住宅容积率不大于 2.5、建筑密度不大于 18%，高层住宅容积率不大于 3.5、建筑密度不大于 15%。本项目实际用地 244506.5m²，遵照此规定可以推算出：建造小高层住宅，建筑基底面积不得超过 44011.17m²，建筑面积不得超过 611266.25m²；建造高层住宅，建筑基底面积不得超过 36675.98m²，建筑面积不得超过 855772.75m²。

根据《城市居住区规划设计规范》的规定，暂按每户有居民 3.2 人计算人均占地面积。

（1）住宅层数为 12 层，每户建筑面积 90m²

社区可容纳人口：44011.17×12÷90×3.2＝17604 人

人均占地：611266.25÷17604＝31.74m²

（2）住宅层数为 12 层，每户建筑面积 60m²

社区可容纳人口：44011.17×12÷60×3.2＝26406 人

人均占地：611266.25÷26406＝21.14m²

（3）住宅层数为 30 层，每户建筑面积 90m²

社区可容纳人口：36675.98×30÷90×3.2＝39121 人

人均占地：855772.75÷39121＝20.87m²

（4）住宅层数为 30 层，每户建筑面积 60m²

社区可容纳人口：36675.98×30÷60×3.2＝58681 人

人均占地：855772.75÷68681＝12.58m²

我国绿色建筑评价标准（2006 年版）规定的住宅区人均用地指标为：小高层不大于 24m²、高层不大于 15m²；我国《绿色保障性住房技术导则（试行）》规定的用地指标：7～18 层，20～24m²；19 层及以上，11～13m²。

对照国家标准可以判定：在满足当地规划管理规定的前提下，若社区全部建造 90m²/套的小高层住宅，达不到绿色建筑的节地要求，若全部建造 60m²/套的小高层住宅，完全可以满足要求；而若社区全部建造为高层住宅，则两种套型面积都能满足要求。

但是，从投资角度上来考虑，高层住宅的单方造价和施工复杂程度都要高于小高层住宅；前期调研结果显示，当地保障房住户有很多三代同居的现象；综合考虑南阳市经济不发达、保障房住户购买力不足和居民居住习惯的问题，课题组与当地规划局协商后，将容积率控制指标定为 2.6～2.9 之间，户型按照 $60m^2$/套和 $90m^2$/套各半的原则设计，住宅层数以高层为主，适当配置小高层住宅。

3 社区热环境改善技术

3.1 降低室外热岛强度策略

在进行规划设计时，考虑到该社区的保障房特征和生态社区的要求，必须兼顾经济性与舒适性。因此，规划中注重依靠被动节能手法，降低居住区内的室外热岛强度，力求在不增加造价的情况下，最大限度地增加室外舒适度。

主要策略有：

(1) 室外停车场采用植草砖，景观广场和人行道采用浅色硬化地面和透水混凝土相结合，制造优美图案的同时，降低地面反射率。

(2) 室外停车场范围种植香樟、女贞、塔松等本地生常绿乔木；景观广场内布置遮阳小品，既增加社区景观趣味性，又为住户提供遮阳、避雨的设施，降低夏季地面热反射温度，提高室外舒适性。

(3) 社区住宅表面采用淡黄色外墙涂料；所有住宅屋面均设计屋顶花园。小高层住宅在西山墙底部种植五叶地锦，形成垂直绿化。

(4) 整个社区设雨水沉降池 11 处共 1400 余 m^2，收集屋面和道路雨水，增加雨水渗透量，涵养地下水源；或用于景观绿化的部分浇灌用水。

(5) 按照我国风向分区图，南阳市位于季节变化区域，冬季和夏季的风向变化达 135°以上。规划中利用当地季节变化的风向特点，参照南阳市 1 月份和 7 月份的平均风向频率，采取冬季防风和夏季及过渡季节通风改善措施。

3.2 冬季防风策略

南阳 40 年平均风频玫瑰图显示，东北风为该地区年平均主导风向；受极地大陆气团的影响，南阳市冬季主导风向为偏北风；东北风频率达到 19.75%，东东北风频率可达 12.41%[4]。针对地区冬季风向特征，项目组在规划时采取了“避”、“隔”、“防”的设计策略。

(1) “避”——合理布局建筑群的开口，将社区开口布置南北走向的百里奚路上，避开不利风向。选择半封闭的规划布局，利用 32 层的高层建筑和高大的乔木封闭东北向，使社区住宅群组合在一起，避风节能。

(2) “隔”——32 层的高层住宅背向主导风向，布置在社区北部区域，利用建筑物达到降低风速、隔阻冷风的目的。同时，将住宅间距控制在 1∶12 以内，冷风吹到高层建筑北面后，受到阻隔，改变风向；使后排建筑处于前排建筑尾流风的涡流区之外，隔开寒风对社区内部的侵袭。

(3) “防”——在冬季来流风方向种植圆柏、银杏、洋槐等植物，改善风环境，实现防风防寒（图 1）。

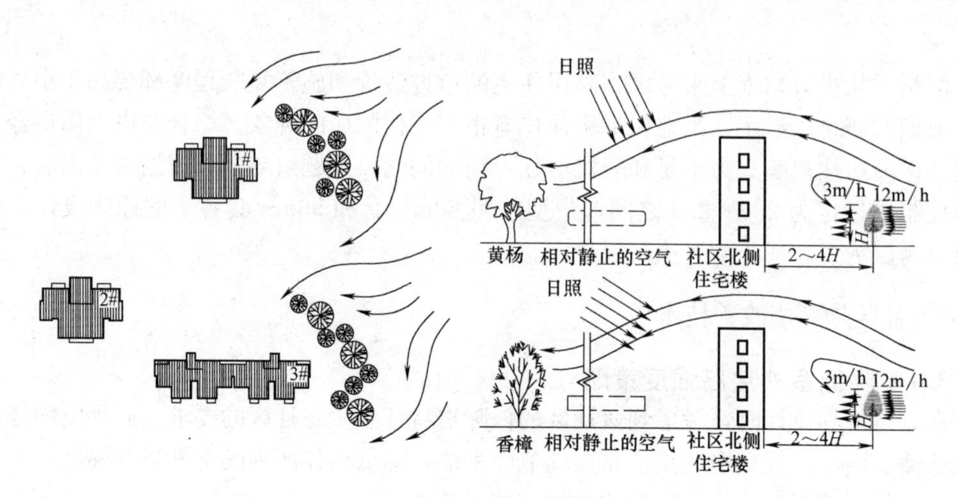

图 1　冬季绿化防风设计

3.3　夏季及过渡季节通风改善措施

温洛在统计南阳市气象站 1954～1999 年间观测所得逐日风向与风速资料的基础上，应用 Visual Foxpro6.0 与 Visualbasic6.0 软件，对 40 年逐日风向、风速资料进行分析，指出由于受南阳盆地地形的影响，南阳市春、夏、秋三季的主导风向仍为东北风[4]。为改变社区室外的风环境，促使室内自然通风得到改良，规划设计时，在平面布局和建筑朝向上采取了一系列措施。

(1) 社区住宅群平面采用“行列式”和“错列式”的布局，将 32 层、22 层和 12 层的住宅遵照“前低后高”、“高低错落”的规律布置，可以起到加强自然通风的效果。

(2) 根据南阳市气候因素，兼顾夏季通风和冬季日照，建筑朝向全部采用正南向布置。

(3) 合理确定建筑间距，使之避开前排建筑的涡流区。根据研究，减小建筑间距，可以使风向投射角加大，建筑背风面的涡流区长度减小。但是，建筑间距太小不能满足住宅的日照要求，同时当风向投射角过大时，又降低了住宅室内的风速，起不到改善室内通风的作用。关于间距问题，还有待利用计算机软件模拟后，根据分析结果，权衡利弊后再确定。

(4) 沿来流风方向，在住宅两侧布置落叶乔木。夏季，形成的绿化屏障，阻挡来流风直行，使之改变风向，通过住户开启的窗户进入室内，降低室内温度。冬季，树叶凋零，住户外窗关闭，冷风避开室内，由住宅两侧经过（图 2）。

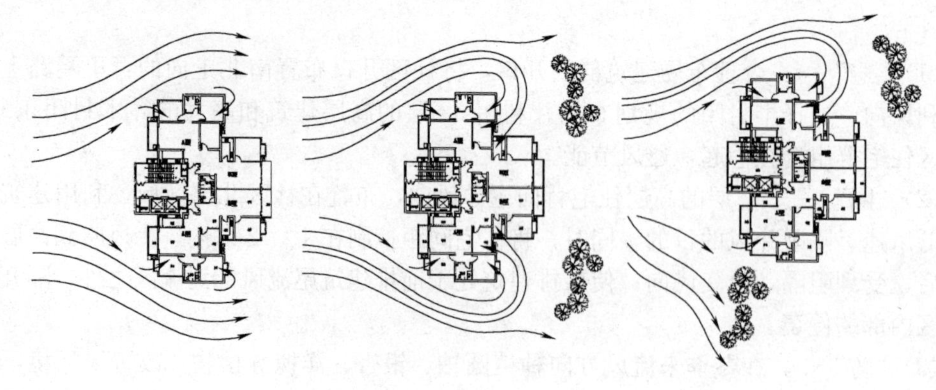

图 2　夏季绿化导风设计

4 软件模拟分析

4.1 研究工具

Ecotect 绿色建筑软件由英国 Square One research PTY LTD（“Square One”）公司开发研制，是一个对建筑室内外环境进行综合分析的数值模拟软件，具有速度快、直观、技术性强等优势。使用该软件，建筑师可以方便地在设计过程中对方案的热性能、天然光和人工照明、日照以及建筑对环境的影响进行分析，帮助建筑师在设计阶段对建筑方案作出评估，或从建筑环境角度比较不同方案的优劣，从而作出更加有利于生态的选择[5]。

本文利用 Ecotect 软件对保障房社区规划方案设计阶段的热环境、风环境、光环境进行模拟分析；通过分析结果，调整设计思路，为同类项目规划过程中的舒适度改善策略研究提供参考。

4.2 参数选取

根据《中国建筑热环境专用气象数据库》中的“设计用室外气象参数”设定风环境模拟的初始风速和风向，南阳夏季室外平均风速为 2.4m/s，最多风向为东北风（表 1）。

社区室外气象参数 表 1

设计用室外气象参数	单位	位数值	设计用室外气象参数	单位	位数值
采暖室外计算温度	℃	−1.8	冬季最多风向的频率	%	24
冬季通风室外计算温度	℃	−1.8	夏季最多风向	—	NE
夏季通风室外计算温度	℃	30.5	夏季最多风向的频率	%	20
夏季通风室外计算相对湿度	%	66	年最多风向	—	NE
冬季空气调节室外计算温度	℃	−4.1	年最多风向的频率	%	16
冬季空气调节室外计算相对湿度	%	68	冬季室外大气压力	Pa	101393
夏季空气调节室外计算干球温度	℃	34.4	夏季室外大气压力	Pa	98777
夏季空气调节室外计算湿球温度	℃	27.9	冬季日照百分率	%	28
夏季空气调节室外计算日平均温度	℃	30.1	设计计算用采暖期日数	日	92
冬季室外平均风速	m/s	2.4	设计计算用采暖初日	—	11 月 29 日
冬季室外最多风向的平均风速	m/s	3.4	设计计算用采暖终日	—	2 月 28 日
夏季室外平均风速	m/s	2.4	极端最低温度	℃	−17.5
冬季最多风向	—	NE	极端最高温度	℃	41.4

4.3 最佳朝向分析

根据模拟结果（图 3），为保证保障房居住舒适性，规划设计阶段要兼顾冬季保温和夏季通风。结合南阳市在冬夏两季建筑接收到的太阳辐射强度不同，确定该社区住宅建筑最佳朝向为南偏西 15°，适宜朝向为南偏东 15°到南偏西 20°之间。

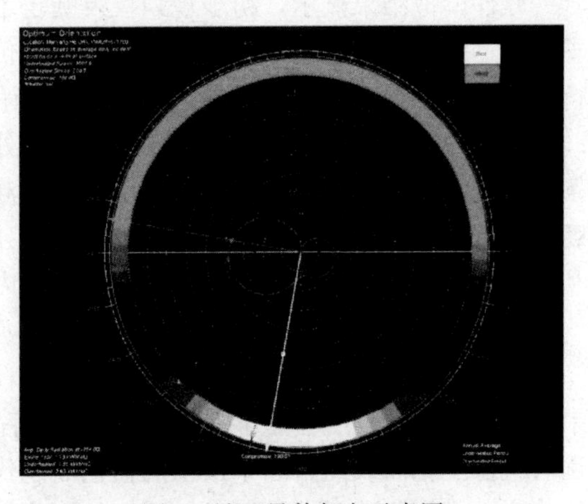

图 3 社区最佳朝向示意图

4.4 风环境分析

从表 2 和图 4 可以看出，整个社区的风速比为 0.634，总体而言，风环境为良好。中区和西区南部风环境较差，主要是因为东区南部、中区东北部的住宅建筑层数较高（32 层），对风产生阻碍作用较大造成的，应降低这两处的建筑层数，使之形成天然的通风廊道。

社区风环境评价 **表 2**

区　位	计算风速(m/s)	风　速　比	评 价 结 果
东区	1.297	0.985	优秀
中区	0.577	0.398	较差
西区	0.667	0.460	中
全区	0.919	0.634	良好

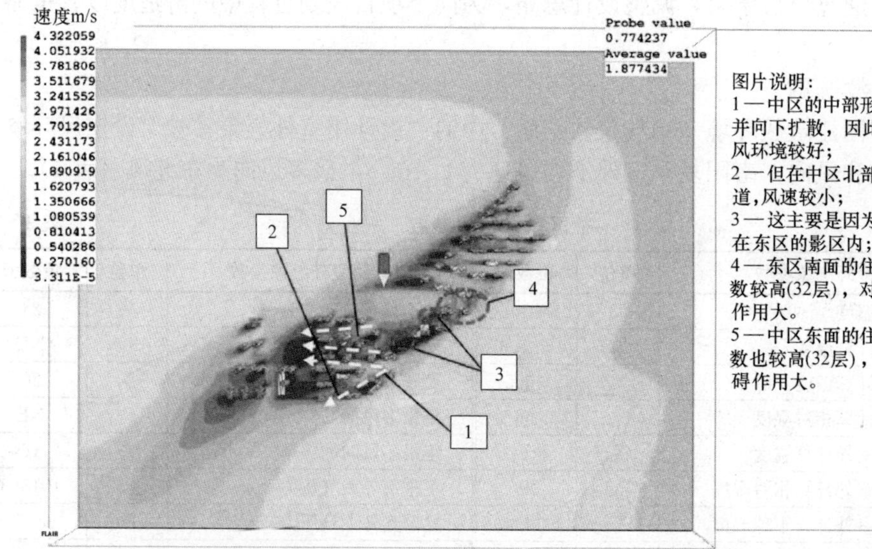

图 4　初步规划社区风环境质量及影响因素

5　基于热环境的规划策略

5.1　规划改进策略

软件模拟结果显示，初步规划仅仅满足了日照要求，社区的风环境和热环境都不尽人意。为达到“宜居”目标，满足绿色建筑评价标准对室外环境的要求，需要对初步规划进行优化改进。首先，将东区南面和中区东面的 6 栋住宅楼由 32 层降为 21 层（容积率由 2.83 降为 2.72）。其次，在涡流部位的空地处设置下沉式雨水收集池，收集雨水用于社区景观灌溉；因涡流部位水体蒸发量小，可以涵养水源，改善社区的微气候与空气的相对湿度。通过合理设置水域和广场，消除旋涡和死角，减少气流对区域微环境和建筑本身的不利影响，从而保证舒适的室外活动空间和室内良好的自然通风条件。

5.2　社区热环境改善效果

将前后两次规划的社区模型导入 Ecotect 软件对社区热环境进行模拟，并对模拟的结果进行分析。图 5、图 6 分别为规划调整前后居住区域内全年日均气温最低和最高一天的逐时气温变化曲线图，图中最粗的蓝色曲线代表室外气温在一天内的变化，较粗的白色曲线代表雨水收集池区域气温在一天内的变化。软件所模拟的温度为湿黑球温度。从全年不同极端条件天气的室外逐时气温变化图上可以看到住宅楼聚集处和水池区域温度的变化规律如下：

冬季全天最高温度约6℃，出现在下午2～3点，比初步规划气温略高0.5～1℃，这是由于降低了部分高层住宅的高度，使冬季日照更加充分使然。最低气温出现在早上6～8点之间，与初步规划气温相近。水池区域气温夜间比住宅聚集区域内温度高0.8～1.0℃，白天比住宅聚集区域内温度低1.5～2.5℃。

夏季全天最高温度为34.5℃左右，比初步规划气温略低1～1.5℃，出现在下午2～3点；最低气温为21℃左右，比初步规划气温略高1～2℃，出现在早上4～5点之间，这是由于降低了部分高层住宅的高度，减少了对自然通风的不利影响，从而消除了气流死角和旋涡所致。水池区域气温变化较平缓，夜间比住宅聚集区域内温度高1～2℃，白天比住宅聚集区域内温度低3～4℃。

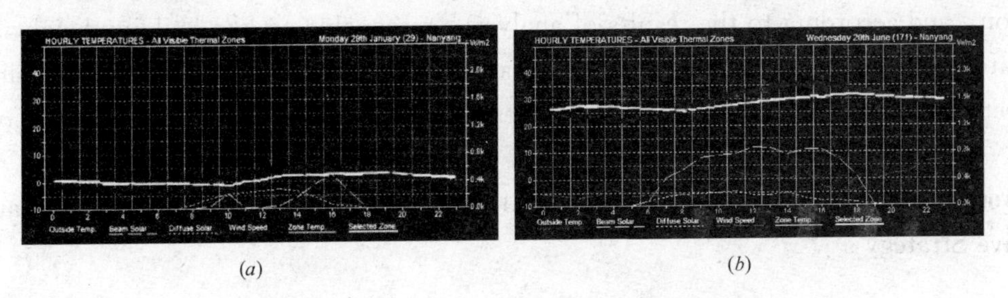

(*a*)　(*b*)

图5　初步规划全年日均气温逐时气温变化曲线图

(*a*) 全年日均气温最低日（1月29日）；(*b*) 全年日均气温最高日（6月20日）

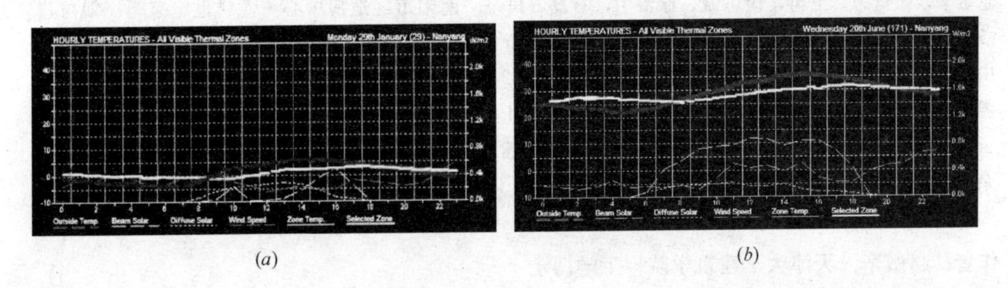

(*a*)　(*b*)

图6　规划调整后全年日均气温逐时气温变化曲线图

(*a*) 全年日均气温最低日（1月29日）；(*b*) 全年日均气温最高日（6月20日）

6　结论

根据以上的模拟过程和效果分析可以得出如下结论：

在项目规划阶段借助计算机数字化分析，改善了以往只能根据经验或者作价格昂贵的试验才能预知设计方案效果的弊端，对建筑规划设计起到很好的辅助作用[6]。尤其是在规划阶段，可以比较不同方案的优劣，及时提出改进措施，优化设计方案，减少工程的返工率。

通过合理的规划布局，在社区内修建雨水收集池，收集的雨水不仅可以用于社区绿化灌溉、节约用水，还可以改善社区内的微气候和热环境，调节区域内的气温，夏季效果更加明显；这种简单、经济的绿色建筑技术尤其适合保障房社区。

保障房绿色社区的规划设计不能局限于使用性与经济性，而应在满足节地、节能的同时关注社区生态功能和居住环境的舒适性。保障房住户收入低，生活中依靠人工调节舒适性的几率更小，因此，兼顾经济、环保和舒适性，采用被动式规划策略，改善社区居住环境，有利于解决我国保障房建设中的实际问题，创建舒适性良好的社区人居环境。

Nanyang Security Housing Community Environmental Improvement Strategy Analysis

Abstract: Taking Nanyang Green Community Housing Design as the research object, using computer software for community planning phase of the thermal environment, wind environment, to make simulation analysis. The plot ratio index of comprehensive economy and regional culture, the use of passive planning strategy of plant community wind, ventilation, and according to the results of analysis, reasonable set the building height, use of water regulation is suitable for the temperature of the green technology, for the similar project planning in the process of environment technology research to provide the reference.

Keywords: Security Housing; Residential Area Planning; Software Simulation; Passive Strategy

参考文献

[1] 仇保兴. 我国绿色建筑发展和建筑节能的形势与任务 [J]. 绿色建筑，2012 (3)：8-9.
[2] 赵敬辛，张世忠，王冉，谈志诚，徐留中，石磊，付饶. 南阳市经适房中心·龙祥世纪家园规划与建筑方案 [Z]. 南阳理工学院建筑设计院，2013.
[3] 中共南阳市委和市人民政府. 概况 [M] //南阳年鉴2009. 北京：中国文史出版社，2010：84-96.
[4] 温洛，陈建新，陈燕. 南阳市主导风向及风速分布 [J]. 河南气象，2004 (3)：22-23.
[5] 云鹏. Ecotect建筑环境设计教程 [M]. 北京：中国建筑工业出版社，2007.
[6] 余庄，张辉. 城市规划CFD模拟设计的数字化研究 [J]. 城市规划，2007，31 (6)：52-55.

作者：赵敬辛 天津大学建筑学院 工学博士
南阳理工学院建筑与城市规划学院 教授
刘作 南阳理工学院建筑与城市规划学院 副教授

建筑技术与文化

古代营建技术的可持续性启示*

【摘　要】可持续是现代建筑设计中较为新颖的理念，但其所包含的内容有些与古代中国的营建思想较为接近，中国古人在当时的社会条件下，遵循自然，在环境条件许可的情况下，进行人工营建，在这一过程中摸索了一系列的经验技术，这些技术有些本着节用思想，在尽可能少的付出下，营建更为适人的居住环境。由于技术发展的限制，这些技术简明实用，但却成本低廉，虽然在当今技术条件下未必有效，而其对舒适性的要求也不能同当代相提并论。但是这些做法不能不称为"可持续"。本文尝试通过在不同技术条件下对"可持续"内涵的不同理解，提出尊重环境首先要对环境进行全面的认识和理解，既充分把握其优势，又充分了解其弱势或劣势，由此而产生的中国传统建筑营造技术对环境的尊重体现在三个方面：趋利，避害，改善。并尝试将其中的合理内核在现代建筑设计中继承发展。

【关键词】可持续　"节用"　技术

1　建筑思想与建造技术

1.1　墨子的节用思想

《墨子·节用篇》认为房屋建造应该遵循一定的法则，以实现房屋应有的功能。"为宫室之法，曰：高足以辟润湿，边足以御风寒，上足以待雪霜雨露，宫墙之高足以别男女之礼，谨此则止……是故圣王作，为宫室便于生，不以为观乐也。"① 墨子认为房屋高度应足以避免潮湿，墙周足以御风寒，屋顶足以抵御雪霜雨露，墙的高度可以使男女之间按礼有所间隔，仅此就可以了。因此，圣人建造房屋是为了便利于生活，不是用于观赏享乐的。墨子对房屋建造的高度、周边及屋顶都有详细的见解，他的观点非常符合现代建筑理论中

---

*　项目来源：2012年河北省科学技术研究与发展计划科技支撑计划项目

项目名称：秦皇岛市近代建筑依存环境保护技术及其利用研究

项目编号：12275802

① 奚传绩. 设计艺术经典论著选读［M］. 南京：东南大学出版社，2002：12.

的功能主义理念。

墨家学派在《节用篇》中特别关注房屋建筑之法，在谈及房屋建造时强调，“暴夺民衣食之财，以为宫室和台榭曲直之望，青黄刻镂之饰。为宫室若此，故左右皆法（而）象之。是以其财不足以待凶饥，赈孤寡，故国贫而民难治也。君实欲天下之治而恶其乱也，当为宫室，不可不节”。①

1.2 传统民居的建造技术举例

通过对传统民居各个层面的研究展开，学界普遍看法认为传统民居是古代劳动人民在当时极其有限的物质和资源条件下，选择采用简便实用的建造技术，为适应当地的自然气候环境，创作出适宜人类居住的房屋典范，有着良好的气候适应性，顺应彼时彼地的客观条件，同时也兼具了某些精神层面的需求。主要体现在以下几个方面：

首先，有良好环境性能的建筑材料和构造措施。中国传统建筑尤其是民居建筑所呈现的不同地域特色，最基础的在于建筑材料的选取和使用上。一般而言建筑材料的选择往往是就地取材，尽可能地发挥地方材料的优越性。而在建筑构造做法上，往往根据经验采用较为合理的构造层次，满足环境要求。此外，建筑材料往往可以循环利用，或根据情况灵活处理，增加了建筑材料的使用寿命。

其次，在建筑使用过程中，尽可能地发挥“人”的主观能动性。一方面表现在对建筑的选址上既要顺应当地的自然条件，有时也会通过人工改变或优化自然条件的不足，最常用的便是村落附近水渠的营建（图 1、图 2）。另一方面是针对建筑单体的建筑构件而言的。比如通过设置灵活的构件，便于使用者的能动调节，以满足不同季节的气候要求。最终的目的是尽可能地利用无污染的自然能源，辅助建筑以实现舒适的居住环境。

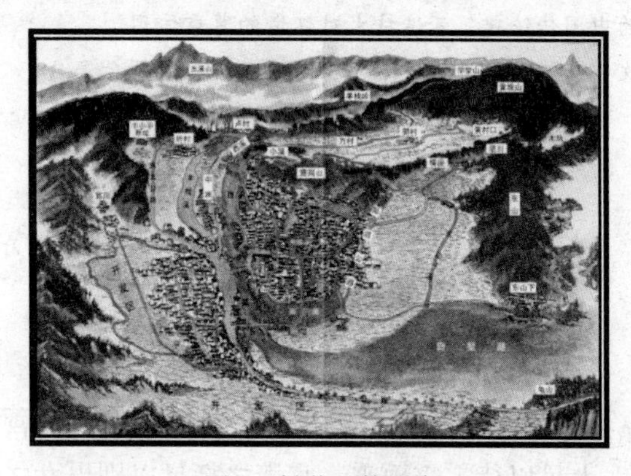

图 1 村落整体形态

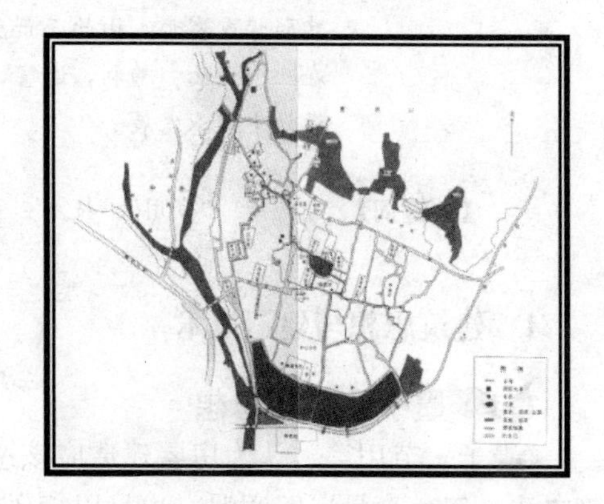

图 2 宏村古人工水系与古村落
（资料来源：汪森强．水脉宏村［M］．南京：江苏美术出版社，2004）

2 不同技术条件下可持续内涵理解

2.1 可持续发展

可持续发展的定义，目前有多种说法，学界一般以布伦特兰为首的世界环境与发展委员会所作的定义最为权威，即在满足我们这一代需求的同时，不能危及我们子孙后代满足

① 奚传绩．设计艺术经典论著选读［M］．南京：东南大学出版社，2002：17.

他们需求的能力。由此可见，所谓的可持续性（Sustainability）包含着“需要”与“限制”的思想内容。而这和前文所提墨子的“节用”思想较为接近。

2.2 民居建筑的“可持续性”体现

2.2.1 建筑选材的生态性

建筑的营造之始就是对建筑材料的准备，在生产力低下的农业社会，“就地取材”是一个非常重要的建造措施。就地取材的最大优势就是降低了建筑材料的运送费用从而降低成本。客观上不同地域的建筑材料使得民居建筑呈现不同的地域特色——黄土高原的窑洞，东北林区的井干式住宅等。因此，从这个意义上说就地取材的策略不仅有经济上的优势，又满足人们回归自然的心理需求，有利于地域特色的营造和延续。

2.2.2 营造技术的气候适宜性

从营造的角度分析建筑的气候适宜性，可以分为三个研究层面：一是聚落的选址、布局与气候关系，二是院落的微调节与气候关系，三是建筑的营造技术与气候关系。乡土建筑营造技术的形成经过数千年的摸索和积累，是和当地的气候环境直接相关的。以秦皇岛地区来说，该地区冬季寒冷，且时间长，最冷月平均气温为－7.1℃，建筑的首要任务就是保温防寒，其次是考虑夏季通风和防雨雪措施。民居采用主动、被动结合的方式实现保温防寒的目的。

首先，聚落选址方面：古代风水理论“负阴抱阳”的来源最早出自《老子》，原文“万物负阴而抱阳，冲气以为和”（老子四十二章）（图3）。风水理论中的“负阴抱阳”有两层意思：一是背负高山，面对江河，与《管子》讲的建都条件完全一致；二是背北向南，即坐北朝南，争取充足的阳光。古人用“负阴抱阳，背山面水”来概括风水理论中选择宅、村、城镇基址的基本原则和格局。中国古代聚落的选址，绝大多数处在河流的弯环之中，而鲜有在弯环外侧的，均与风水原理吻合。选择背依大山的马蹄形凹地，靠山临水，这样的地方，往往是青山翠绿、碧水长流之地，整个生态环境表现出一派安定祥瑞之气。

张十庆教授在其《风水观念与徽州传统村落关系之研究》中谈及“黟县宏村也有类似的变迁。南宋绍熙元年（1190年）汪氏‘卜筑数椽于雷冈’（来龙山）之下，一溪沿山脚而流。德祐年间（1275～1276年），暴雨洪流使溪水改道，与西南边的另一条河流汇合，绕村子的南面流去。这次水系变化给宏村提供了更广阔的发展基地，呈背山面水之势。明朝永乐年间（1403～1424年），又三聘地师对村落进行了总体规划，将村中一天然泉水扩掘成半月形水沼，并从村西河中‘引西来之水南转东出’。万历年间（1573～1620年）又将村南百亩良田掘成南湖。至此，宏村水系规划完善，从村西入村，经九曲十弯，贯穿村中月沼，穿过家家门口，再往南注入南湖（图4）。这一水系调整，不仅符合风水学说观念，而且为宏村的发展提供了良好的基础。明清时期，此地居然成为黟县‘森然一大都’了。可见风水理论对环境的改良是有益的。”

其次，院落的微调节：不同地区因气候不同，院落尺寸也不相同。学者何海霞、张三明在《中国传统民居院落与气候》一文中列举了不同地域的民居院落，阐释了院落与气候的关系。比如吉林民居的院落非常宽敞，能充分接纳太阳辐射。房屋在院子中分布分散，间距较远（图5）。每栋房屋都可完全暴露在阳光下，避免处于相邻房屋形成的阴影中。外墙厚实且院墙低于屋脊，朝南窗户开得特别大，朝北几乎不开窗，或开小窗，这些建筑

图 3　最佳村落选址
（资料来源：摹自：王其亨．风水理论研究［M］．天津：天津大学出版社，2005）

图 4　宏村鸟瞰
（资料来源：http：//photo. blog. sina. com. cn）

上的特点都是为了能在冬季获得尽量多的日照，避免冷风渗透，保持室内温度①。江浙民居院落空间多呈横长形，进深较浅，面积不大，但因高度较高，由于热压通风作用，通风量很大（图 6）。房屋净高较大，屋内宽敞通透，朝向庭院一面可以完全向庭院敞开，即“敞厅”的做法，形成良好的对流通风，起到换气、降温和除湿的作用。院墙往往高于屋脊，屋面纵横交错，互相遮挡，形成阴影，避免夏季阳光曝晒。屋面出檐深远，利于排水，避免雨水对墙面的冲刷，适应当地湿润多雨的气候特点②。

最后，营造技术与气候的关系：以建筑外墙为例，一般来讲外墙的厚度、高度、所用材料和砌筑方式都因气候而异。外墙厚度和墙体的保温隔热性关系密切。北方民居的外墙要考虑冬季防寒，往往使用热惰性较高的土坯墙、夯土墙，墙厚可达 50cm，以起到很好的保温作用。江浙和广州民居结构多为穿斗式木构架，以夏季隔热为目的，外砌较薄的空斗墙或编竹抹灰墙。空斗墙的砌筑方式由于墙体中的空气间层，而具有隔热、降温的作用③。

图 5　吉林民居院落
（资料来源：王其均．中国传统民居建筑［M］．南天书局，1993：18）

图 6　苏州民居院落
（资料来源：孙大章．中国民居研究［M］．北京：中国建筑工业出版社，2004：131）

2.3　传统建筑营造技术评价

尊重环境首先要对环境进行全面的认识和理解，既充分把握其优势，又充分了解其弱

① 何海霞，张三明．中国传统民居院落与气候［J］．华中建筑，2008，26（12）：210.
② 何海霞，张三明．中国传统民居院落与气候［J］．华中建筑，2008，26（12）：211.
③ 何海霞，张三明．中国传统民居院落与气候［J］．华中建筑，2008，26（12）：214.

势或劣势，由此而产生的中国传统建筑营造技术对环境的尊重体现在三个方面：趋利，避害，改善。

（1）取水观

取水观：对水源的利用，针对环境的不同有不一样的技术实现手段。趋利：使用水源，往往近水而居。表现在先民的沿河岸而居。避害：如果水位不稳，经常有大雨、暴雨，则要注意避水患，这时往往迁徙。改善：如果水患不是很严重，会部分修人工水渠蓄水或引水。

以安徽宏村为例，该传统民居古村落内的水圳的建成先于村落内大部分街巷空间，而水圳是村落内常用的公共使用空间，故伴随着主要水圳（上水圳、下水圳、小水圳）的建成和使用，在水圳边上自然形成了街巷。由于宏村内部水系发达，包括大小水圳、月沼、南湖，方便了村民引水入宅，因此在宏村住宅的附属部分常出现“水园”、“水院”。由于“水”在民间和风水中都是财源和吉利的象征，同时也为了日常生活和防火等需求，村民在建宅时会尽量在住宅的附属部分修建水池；而在基地面积较小，修建水池与主体合院建筑朝向、面积发生矛盾时，村民有时会选择牺牲朝向（图 7、图 8）。

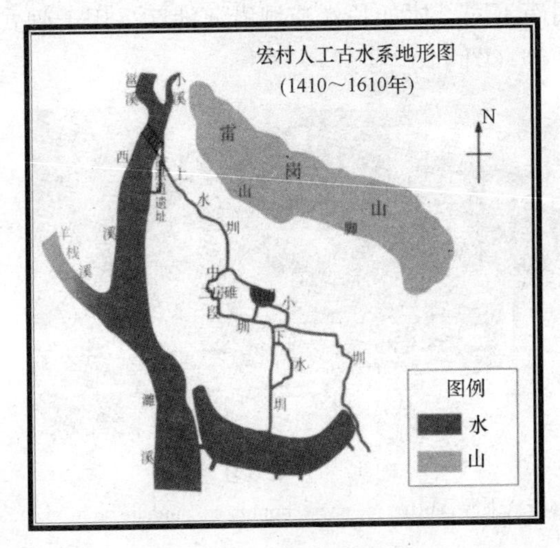

图 7　人工古水系地形图

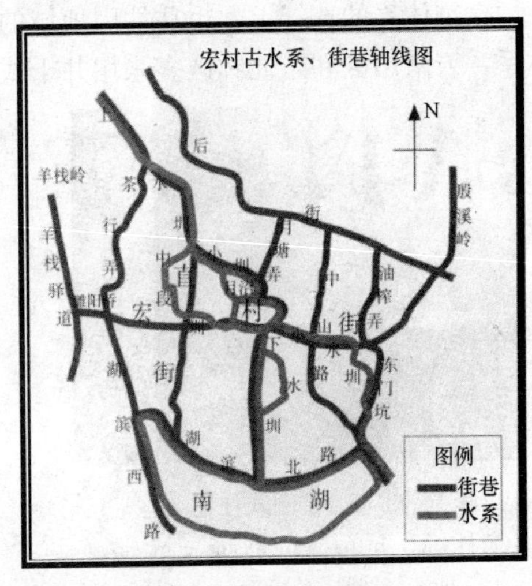

图 8　水系街巷轴线图

（资料来源：汪森强. 水脉宏村［M］. 南京：江苏美术出版社，2004）

（2）用地观

用地观：处于农耕文明的中国古代，土地是重要的生产资料。所以，先民出现聚居的地方往往是沿河沿江的土地肥沃的地域。利用肥沃的土壤种植庄稼，视为趋利。在土地贫瘠的地方较少人居，可有些地方即使土地贫瘠，仍有人类活动，通过人工的改善，达到土地的利用率增加，从而满足生活需求，比如哈尼族的梯田（图 9、图 10）。

（3）营造观

营造观：建筑材料的选择；建筑体系的选择；建筑构造或建筑细部的选择。同样也包含趋利、避害、改善的技术观。建筑材料的选择：不同的地域，建筑材料往往是就地取材。这也是今天传统民居呈现不同地域特色的原因之一。华北地区，最早是茂盛的原始森林，主要的建筑材料为木材。西北黄土高坡，黄土是最易得到的建筑材料。西南地区盛产

图 9　元阳哈尼族梯田景观
（资料来源：http：//www. goepe. com/news/detail-150286. html）

图 10　建水哈尼族蘑菇房
（资料来源：http：//www. worldofhh. com/）

竹子，主要建筑材料除了土、木还有竹。建筑材料的使用，间接地决定了建筑结构体系的选择和它们的施工方法。木材广泛使用的地区，以梁柱檩为结构体系的木抬梁建筑较为流行。而在黄土充盈的西北，窑洞或土坯砖成了广泛采用的形式。

建筑体系的选择上，也往往因地域的不同而不同。比如长江流域沿河地区采用干阑式体系，云南山区和东北林区多采用井干式体系等（图 11、图 12）。

图 11　干阑式住宅
（资料来源：http：//blog. sina. com. cn/s/blog _ 53651f7a0100qa5t. html）

图 12　井干式住宅
（资料来源：http：//www. hnphn. cn/jingganshi. html）

建筑构造或建筑细部的选择：以屋顶翼角构造做法为例，南方多雨地区的屋檐翼角的起翘远远陡于北方地区（图 13、图 14）。

图 13　南方，某建筑屋檐翼角
（资料来源：http：//xclulu84. blog. 163. com）

图 14　北方，某建筑屋檐翼角
（资料来源：http：//www. enorth. com. cn）

在对山海关城内民居调研时经常发现，民居的梁架材料不似官方的用材规矩，也不如山西、陕西有钱人家的宅院考究，关城内普通民居的梁架甚至有直接采用木料而未经过砍斫，大梁表现为一头大一头小的木材生长的自然状况。从用材多少看，囤顶民居的梁架结构可以减少梁和椽子等的木材用量，从而节约木材。囤顶民居屋顶的做法不需要瓦片，也节约瓦的部分投资。并且囤顶民居要比硬山民居低，屋顶的外部形态呈弧形，同硬山式屋顶相比，其屋顶面积明显减少，相当于减少了建筑的散热面积，因而建筑的弧形屋顶（囤顶）本身利于建筑节能（图 15、图 16）。

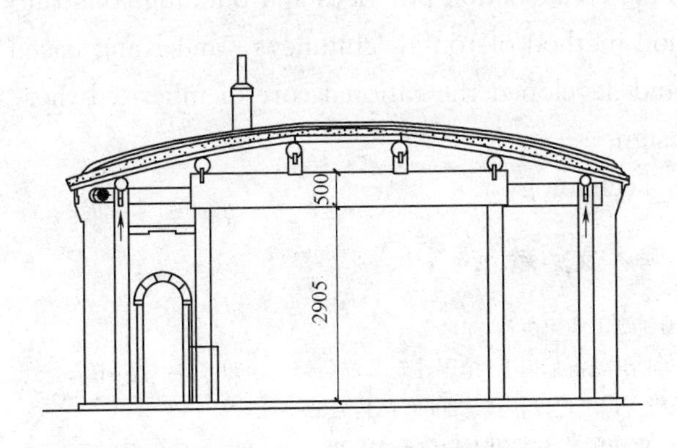

图 15　囤顶建筑剖面

图 16　烟囱

3　结语

本文通过在不同技术条件下对“可持续”内涵的不同理解，提出尊重环境首先要对环境进行全面的认识和理解，既充分把握其优势，又充分了解其弱势或劣势，由此而产生的中国传统建筑营造技术对环境的尊重体现在三个方面：趋利，避害，改善。并以安徽省宏村传统民居聚落和河北省秦皇岛市山海关区民居营造技术为例进行分析。

笔者认为从古代建筑营建技术中可以得到如下可持续性启示：

其一，对自然环境的适应性。最大限度地利用了自然环境。虽是囿于当时技术条件的限制，但从客观效果上，增加了建筑的适应性。

其二，人工为辅的增益性。在自然条件局限的情况下，通过局部的人工修建或营建，使得建筑的使用性和适宜性增加。如宏村的人工水系依托自然河流营建。

其三，细部构造的灵活性。不同地域，相同作用的建筑构件会有不同的细部处理方式，极大地体现了对环境和气候的适应性。

而其产生的中国传统建筑营造技术对环境的尊重体现在三个方面：趋利，避害，改善，以及上述的几点启示也可以在现代设计中尝试应用。

虽然“可持续”是现代建筑设计中较为新颖的理念，但其所包含的内容有些与古代中国的营建思想较为接近，中国古人在当时的社会条件下，遵循自然，在环境条件许可的情况下，进行人工营建，在这一过程中摸索了一系列的经验技术，这些技术有些本着节用思想，在尽可能少的付出下，营建更为适人的居住环境。

Sustainability Enlightenment from Construction Technology of Chinese Ancient Architecture

Abstract: Ancient Chinese, who followed the laws of nature under permitting environmental conditions, concluded a series of experiences and created many technologies on construction in the prevailing social conditions. These thoughts, such as Mo's conservation thoughts, are closed to sustainability. The paper has tried to understanding the theory about sustainability in different technical conditions. Taking the dwellings in Qinhuangdao as the example, it analysis of the traditional construction practices and building construction, especially introduces the construction method of roofs, chimneys, and Kang based on surveys. The paper trying to finding and developed the rational core of inherited these technologies in a modern architectural design.

Keywords: Sustainability; Conservation; Technology

参 考 文 献

[1] 刘大可. 中国古建筑瓦石营法 [M]. 北京：中国建筑工业出版社，1993.

[2] 冯柯，黄健. 山海关古城内明清传统民居院落空间结构探微 [J]. 中国建筑装饰装修，2009 (6)：176-177.

[3] 冯柯，黄健，张萍. 山海关古城传统民居装饰浅析 [J]. 建设科技，2009 (5)：102-103.

[4] 王晓强.《墨子》环境伦理思想研究 [D]. 重庆：重庆师范大学硕士学位论文，2011.

作者：冯 柯 天津大学建筑学院 博士研究生

燕山大学 讲师

孟 光 天津大学建筑学院 博士研究生

武警警种学院 讲师

亚洲遗产保护发展趋势研究
——基于 UNESCO 亚太遗产保护奖看亚洲遗产保护的发展

【摘　要】在发展中国家较多的亚太地区，遗产保护除了呼应世界遗产保护的先进思潮外，还应该切合其地区的社会发展水平。UNESCO 亚太遗产保护奖，体现着亚洲的遗产保护工作者应对其特殊国情、不健全的保护机制、城市快速转型以及全球化冲击等问题而作出的不懈努力。本文运用层级分析法对获奖作品进行了统计分析，在此基础上探讨了亚洲遗产保护如何在诸多限制的情况下，将国际遗产保护的原则和趋势加以因地制宜的灵活变通，实现保护效果的最优化和可持续发展。鉴于我国和亚洲国家存在经济、社会发展上的相似性，本研究对我国的遗产保护有一定的借鉴意义。

【关键词】亚洲遗产保护　发展趋势　UNESCO 亚太遗产保护奖　城市转型　全球化

1　研究背景：世界遗产保护潮流下的亚洲及中国现状

1.1　世界遗产保护潮流

世界遗产保护的历史源远流长，发达国家的遗产保护经过经济发展、城市化和现代化的洗礼，至今已形成一套较完善的体系[1]。而近年来，在全球化和信息化潮流的推动下，世界遗产保护呈现出综合的保护趋势，保护范畴从最初的单体保护、街区保护转换为将城市作为文化综合体进行保护。在《世界文化多样性宣言》的指引下，多种特殊类型的遗产，例如线性遗产、文化景观、现代遗产逐渐受到重视。[2]同时，非物质文化保护[3]、遗产的可持续旅游开发和经济利益再生等问题也被国际社会提上议程。①在当前全球化的社会环境下，遗产的信息化保护，如遗产数字化归档和遗产信息产业等已成为世界遗产发展的重要方向②。而强势的大众文化使得公众力量成为保护成败的关键因素③，UNESCO 针对青少年的“世界遗产教育计划”④、世界遗产志愿者（WHV）计划都是发展公众保护的风向标。

---

① 2011 年，联合国教科文组织制定了新的世界遗产与可持续旅游计划，目的为：实现对世界遗产旅游有关的可持续成果的共享；进行相互合作、协调，最终达成一个共同认可的国际框架。

② 西方文化遗产的数字化归档包括文化遗产信息数据库的建立，以及基于谷歌模型的文化遗产三维全信息数据系统的建立，等等。信息化潮流下的新兴文化产业包括基于信息平台的旅游线路、文化遗产虚拟旅游、文化遗产在游戏设计中的运用等。

③ 2012 年 11 月 8 日，纪念“世界遗产公约”40 周年会议上，提出京都远景，指出当前应该考虑文化遗产的社区保护、青年参与和遗产教育，以确保世界文化遗产的可持续发展。

④ 联合国教科文组织于 1994 年发起该计划，为青少年提供接受遗产教育的机会。近年来，在世界各地已经开办了多个教育中心。

1.2 亚洲及中国遗产保护现状

亚洲悠久的历史、复杂的地域环境和多样的气候类型决定了其多样化的建筑类型。此外，亚洲历史上纵横交错的文明脉络使其建筑文化呈现多元化特征。而亚洲的大多数国家和我国一样，属于发展中国家，正面临城市转型、经济迅速发展的社会经济状况[4]，现行的法律法规体系还不够完备，迫于政治压力以及市场经济的不良导向，建筑遗产破坏、人文环境流失的现象严重。[5]

1.3 UNESCO 亚太遗产保护奖

在发展中国家较多的亚太地区，遗产保护除了呼应世界遗产保护的先进思潮外，还应该契合其地区的社会发展水平。联合国教科文组织于 2000 年设立了 UNESCO 亚太文化遗产保护奖，以表彰在亚太地区遗产保护领域作出卓越成就的项目。迄今为止，共有来自 24 个国家的近两百个作品获得该奖项，获奖作品代表了所在地区的保护理念、工程基准和技术水平。理查德·恩格尔哈特（Richard A. Engelhardt）在 2004 年总结了奖项评选的五个原则：映射集体文化空间，非物质文化遗产的意义，原真性，知识的再现，将遗产通过合适的过程再利用，这些标准多偏重于保护方法论层面①[6]。迄今为止，我国共有几十个项目获得该奖项。鉴于我国和亚洲其他国家存在经济、社会发展上的相似性，所以对 UNESCO 亚太遗产保护奖的研究，对我国的遗产保护有积极意义。

2 研究概述：基于 UNESCO 亚太遗产保护奖的启示

2.1 研究关注点

UNESCO 亚太遗产保护奖的获奖实例，既顺应了世界遗产保护的潮流，又结合了各国的现实国情，在保护工程中应对。它们作为世界遗产保护在亚洲的风向标，能给我们哪些启示？本文将探讨应该学习世界遗产保护的哪些先进经验，如何应对自身环境不足带来的困难，以及如何根据实际国情发掘自身遗产保护的能量。

2.2 研究方法

本文先根据文献研究，归纳出当前亚洲遗产保护面临的典型问题，以及获奖项目的应对措施。然后，针对获得 UNESCO 亚太遗产保护奖的 180 个获奖实例，通过德尔菲法进行专家打分。统计每个面临问题和应对措施的项目数，再根据项目数进行指标统计（表1）。专家由天津大学的几位教师以及 AA Studio 的相关专业博士研究生组成。问卷共发放 8 份，回收 8 份。

然后，依照 Thomas L. Saaty 所提出的层级分析法（AHP）建立层级架构，进行项目评价。评分方式采用统一层级之间对比的方法，建立对比尺度。典型问题分为五个等级：优秀、较好、中等、较差、差。被评价子项 80%以上符合遗产保护原则为优秀，60%以上符合为较好，40%以上符合为中等，20%以上符合为较差，不符合为差。

接下来根据项目评价结果，对亚洲遗产保护的各方面情况进行指标统计，总结亚洲遗产保护存在的问题，以及获奖项目在实际工程中解决这些问题的方法。

① 作者还总结了奖项的几个标准：传达场所精神、确定合适的使用方式、解释遗迹的重要性、理解保护的技术手法、使用合适的技术和材料、植入新元素、影响保护实践和政策、保证项目未来的生存能力。而这些获奖作品一致体现出的主要特点是组织协作和合适的技术。作者还指出这些获奖作品都体现出三个特点：体现了当地组织的协作；复苏了区域的经济社会生活；使居民通过项目重新认识了当地的手工业。

利用德尔菲法统计的亚洲遗产保护面临的典型问题，以及获奖项目的应对措施　　表1

亚洲遗产保护面临的典型问题	获奖项目的应对措施		
政府投入不足	提倡多机构合作	发挥自营部门的力量	
1:28%,2:27%,3:20%,4:10%,5:15%	1:10%,2:22%,3:18%,4:30%,5:12%	1:6%,2:10%,3:28%,4:38%,5:18%	
政策不健全	培养社会责任感	将项目作为地区范例推广	局部政策修正
1:35%,2:20%,3:27%,4:8%,5:10%	1:0,2:7%,3:48%,4:33%,5:12%	1:3%,2:33%,3:25%,4:11%,5:28%	1:8%,2:30%,3:16%,4:24%,5:14%
资金不充裕	多方投资	成立专项基金	平衡保护和投资
1:43%,2:20%,3:7%,4:24%,5:6%	1:16%,2:44%,3:17%,4:18%,5:5%	1:0,2:25%,3:32%,4:28%,5:15%	1:15%,2:25%,3:35%,4:10%,5:15%
开发压力大	抢救濒危遗产	杜绝不当修缮	注重细节
1:42%,2:22%,3:7%,4:21%,5:6%	1:6%,2:30%,3:42%,4:12%,5:10%	1:8%,2:54%,3:21%,4:12%,5:5%	1:22%,2:58%,3:11%,4:5%,5:4%
全球化冲击	保留原住民	经营传统商业	组织社区活动
1:8%,2:22%,3:24%,4:16%,5:30%	1:2%,2:18%,3:32%,4:32%,5:15%	1:17%,2:12%,3:35%,4:21%,5:15%	1:0,2:7%,3:50%,4:22%,5:21%
	大众教育	雇佣居民施工	提供贷款
	1:0,2:13%,3:34%,4:12%,5:41%	1:22%,2:5%,3:23%,4:32%,5:8%	1:0,2:12%,3:55%,4:12%,5:21%

注：以上数字是项目为优秀、较好、中等、较差、差的统计比例，序号1为差，序号2为较差，序号3为中等，序号4为较好，序号5为优秀。

资料来源：AA Studio。

最后，根据指标统计，判断哪些措施已经解决了现存问题，哪些未解决，并预测未来的发展方向。

3　问题分析：亚洲遗产保护的发展方向

3.1　学习世界遗产保护的先进经验

获奖作品体现出世界文化遗产保护的发展趋势在亚洲的一些良好的、适应亚洲经济文化发展的经验。首先，通过细致、经济、实施性强的方案设计来弥补不健全的保护体制，采用合理的修缮方法，如坚持保留传统风格，在更新中对于原有建筑予以充分的尊重，同时合理使用新技术提升建筑功能。[7]如斯里兰卡Kandapola茶厂酒店更新项目（图1）①，将原有茶厂的内部结构、装饰和机械加以最大限度的利用，如保留原有水泥地面和外露管道，用废旧茶箱改造餐桌，将原锅炉房转换为新厨房并用锅炉烟囱排除油烟，在节省造价的同时彰显了历史性（图2）。同时，在不损毁历史原貌的前提下进行现代化更新，如修理工业的照明系统，将钢铁喷洒罐作为自动喷水灭火系统舱使用，等等。同时，注重人文环境的维持和更新，如将修缮后的遗产恢复为积极的公共空间，以延续地域文脉、保护区

① 这是将一个旧的钢木结构茶厂改造成一个精品酒店的项目。

域文化景观。如位于喜马拉雅山的印度弥勒寺保护工程（图 3），通过壁画保护和文档归案保持了这一珍贵社区宗教文化中心，恢复了该地区具有标志性的文化景观，为维护濒危的喜马拉雅地区的遗产树立了标杆。此外，不少获奖项目利用启动资金较低的创意产业为遗产带来的新鲜活力，免除了其衰败的危机。如日本横滨红砖仓库的改造工程（图 4），通过商业引入和创意产业的植入，被恢复为积极公民活动空间，让横滨市民可以在享受现代生活的同时追溯他们的城市的工业遗产（图 5）。同时，还运用网络平台将此建筑向民众进行推广，以延续横滨这一历史性的贸易枢纽的精神。

图 1　Kandapola 茶厂酒店更新工程
（资料来源：联合国教科文组织官方网站）

图 2　斯里兰卡 Kandapola 茶厂酒店大堂
（资料来源：联合国教科文组织官方网站）

图 3　印度弥勒寺保护工程
（资料来源：联合国教科文组织官方网站）

图 4　日本横滨红砖仓库
（资料来源：联合国教科文组织官方网站）

图 5　日本横滨红砖仓库中的创业产业
（资料来源：联合国教科文组织官方网站）

3.2 克服亚洲遗产保护自身的不利条件

根据统计情况可知，亚洲遗产保护存在以下的典型问题和应对措施。

1）提倡多方机构合作

在国家迅速发展时期，政府的发展重心偏向经济建设。一些项目通过发动多个机构共同对遗产进行保护以补充政府投入的不足。如，提倡政府、民间机构、个人的合作保护，从而积极调动外来资源，发挥私营部门的主导力量；同时，积极争取国际力量，提倡国际和社区的合作，例如云南沙溪登街古集市保护项目，由瑞士联邦理工大学和沙溪政府共同主持，并充分融入了社区的力量。

2）快速城市化时期的政策先驱

在快速城市化时期，受到经济驱动和政治策略的影响，遗产流失有不可阻挡的趋势。在强势的经济利益面前，只有最大限度地加强道德约束，才能增加保护与开发博弈的胜算。一些获奖项目从政策上将遗产保护提升到社会责任的高度上来，政府通过政策颁布、国民教育等方式，从思想建设上深入加强民众对遗产保护的认知。此外，在地区通过媒体宣传建立遗产保护的榜样，不仅可以为当地的遗产保护工作提供宝贵经验，还可以在社会道德层面树立标杆。如央视纪录频道推出系列纪录片《利顺德纪事》，通过向民众讲述这个百年老店的修复故事，起到了遗产保护的教化作用。

3）经济飞速发展时期的资金保障策略

在经济飞速发展时期，政府的经济重心多在城市建设和贸易发展之上，同时，由于缺乏完善的资金保障制度，如发展权制度、地役权制度等，使得遗产保护项目资金匮乏（图6）[8]。一些项目通过提倡多方出资来筹集到更加充裕的资金，如由政府和民间资本合作筹资、私人资本筹资或成立专项基金等。UNESCO亚太遗产保护奖的评选将“有私人资本参与保护项目”作为一项重要的评判标准，为亚洲遗产保护的资金保障发展提供了指导方针。

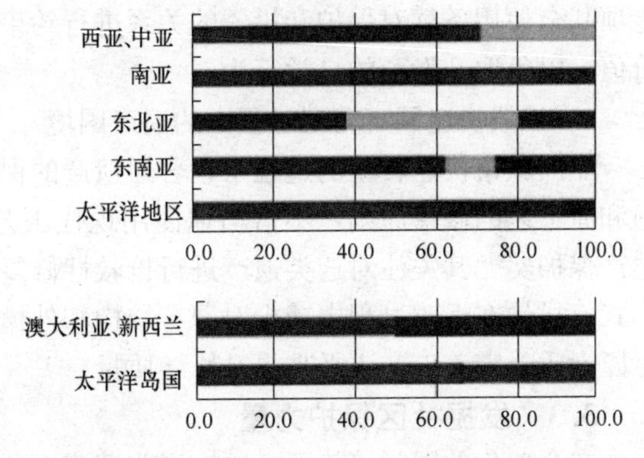

图6　亚洲自然和文化遗产有效的资金状况

（资料来源：Understanding World Heritage in Asia and the Pacific [Z]. The Second Cycle of Periodic Reporting 2010-2012）

实践证明，在各种资金保障策略中，成立专项基金是一种较为稳妥的方式。在飞速发展的经济环境下，民间资本额度易变，易受到投资利益驱使；私人资本总量有限，易受到个人意志影响；而项目专项基金设有专门的使用法则和财务管理流程，更有利于保护支出。

同时，在项目方案阶段制订合理的开发策略，使得开发不对项目造成损害，同时寻求后续资金保障，以提升项目的长期生存能力，也是这些项目的特色之一。如巴基斯坦米尔穆罕默德赛义德阿斯塔纳（Astana Syed Mir Muhammad）修缮项目（图7、图8）编制了长期的、实施性强的修复导则来实现项目的可持续发展，以应对当地薄弱的遗产保护法律体系。项目鼓励当地居民进行物资捐赠、参与有偿材料运送，这些举措在加强社区自豪感的同时增加了社区收入，并为项目长期的物质保障打下了基础。

图7 巴基斯坦米尔穆罕默德赛义德阿斯塔纳修缮过程
（资料来源：联合国教科文组织官方网站）

图8 巴基斯坦米尔穆罕默德赛义德阿斯塔纳屋顶细部
（资料来源：联合国教科文组织官方网站）

此外，保护和投资关系的平衡也至关重要。当前亚洲的大多数发展中国家，旅游开发是许多保护工程的重要资金来源。但商业化的更新容易使项目背离保护的初衷，从而使得保护方法和资金投入上都向投资利益倾斜。这些项目主要通过制定地方法律、保护规划和专项基金使用条款对保护和投资的关系进行约束。同时，加强公众宣传，提升保护的社会价值，以争取开发商的自觉行为。

4）挑战快速城市转型过程中的遗产困境

亚洲城市快速转型的过程中，普通遗产的保护易遭到忽略，如违背建筑原形式、原材料和原工艺的修缮原则，不恰当地使用现代工艺修复，忽略施工细节等。UNESCO亚太遗产保护奖尤其关注对这类遗产进行抢救性修复，如拆除不恰当加建、摒弃不合理的修缮形式、尽量在拆改过程中减少对原有结构和外檐的伤害。同时，通过提倡精细设计、加强工匠素质、完善工艺水平来提升修缮质量。

3.3 发掘社区保护力量

在全球化的国际趋势下，顺应当前潮流，并关注本土文化，发扬本地居民的保护能动性，做到遗产保护植根于民、服务于民，是近年来UNESCO亚太遗产保护奖获奖的重要特点。

1）加强本土力量、振兴社区精神

亚洲的大多数发展中国家，普通民众由于经济和生活的压力对参与遗产保护认知不足（图9）[8]。获奖项目对此进行了一定的有益尝试。如动员历史街区的留守老人利用社区记忆为修缮出谋划策，招募闲暇年轻人进行技术培训并参与施工以增加其收入，同时在节庆日组织社区活动以加强社区凝聚力。例如，北韩屋村再生项目，鼓励居民在设计和施工中参与意见以改善自身的居住条件。项目还基于当地民间团体和社区领袖建立韩屋村委员会，参与现状测量和方案审查。项目进行过程中，公众表现出了极大的热情，除了开展一系列的社区活动外，还建立了诸多民间组织，同时来自不同地域和领域的专家也参与进来，极大地推动了社区精神的振兴。

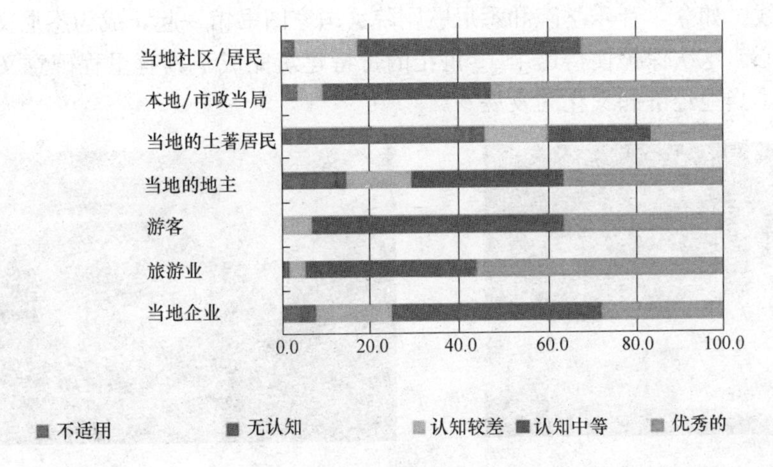

图9 亚太地区遗产保护的认知水平

（资料来源：Understanding World Heritage in Asia and the Pacific [Z]. The Second Cycle of Periodic Reporting 2010-2012）

2）技术培训、教育与传统复兴

通过项目进行技术培训可以使传统技术得到传承，并在培训过程中对公众起到教化作用。而让技术培训和就业相互关联的做法，可以让居民在获得收益的同时增强复兴传统文化的责任感。例如，蒙古Sangiin Dalai佛教寺院（Sangiin Dalai Monastery）修缮工程（图10）通过技术培训使当地工匠（图11）重新获得失落已久的技能。依托该项目，当地开办了一个小砖瓦厂，不仅为当地居民提供了就业机会，同时还为附近寺院将来的恢复工程提供材料。

图10 蒙古Sangiin Dalai佛教寺院修缮工程

（资料来源：联合国教科文组织官方网站）

图11 施工的本地工匠

（资料来源：联合国教科文组织官方网站）

3）促进经济文化发展

一些项目在保护的过程中，通过修缮更新改善原有建筑或街区环境，并大力发展相关旅游业，让遗产在街区经济中起到活化作用，并带动周围街区和城市的复兴，从而让保护促进经济文化发展，以提升保护的可行性。例如，澳大利亚新南威尔士州悉尼音乐学院（图12、图13）的更新工程，通过修缮还原了建筑的哥特式特征，使其形成当地城市中心的独特风景线。如今，音乐学院和悉尼歌剧院、国家图书馆一起，成为悉尼文化的代表和新兴旅游中心。这次保护使得这个 19 世纪的哥特建筑完成了具有里程碑意义的活化再利用，并带动了当地经济和文化的发展。

图 12　悉尼音乐学院的更新工程
（资料来源：联合国教科文组织官方网站）

图 13　悉尼音乐学院内部大厅
（资料来源：联合国教科文组织官方网站）

4　问题小结：亚洲遗产保护的发展趋势

通过对 UNESCO 亚太遗产保护奖的数据分析，可以分析出获奖项目对当前亚洲遗产保护不利状况的应对情况。

将获奖项目所面临的问题中，被评价为“差”和“较差”的项目进行汇总，绘制柱状图，可以得到需要改善问题的项目百分比。同时，比较已经解决这些问题的项目百分比，可知：

对于一些应对措施，解决问题的项目百分比大于需要改善问题的项目百分比（图 14

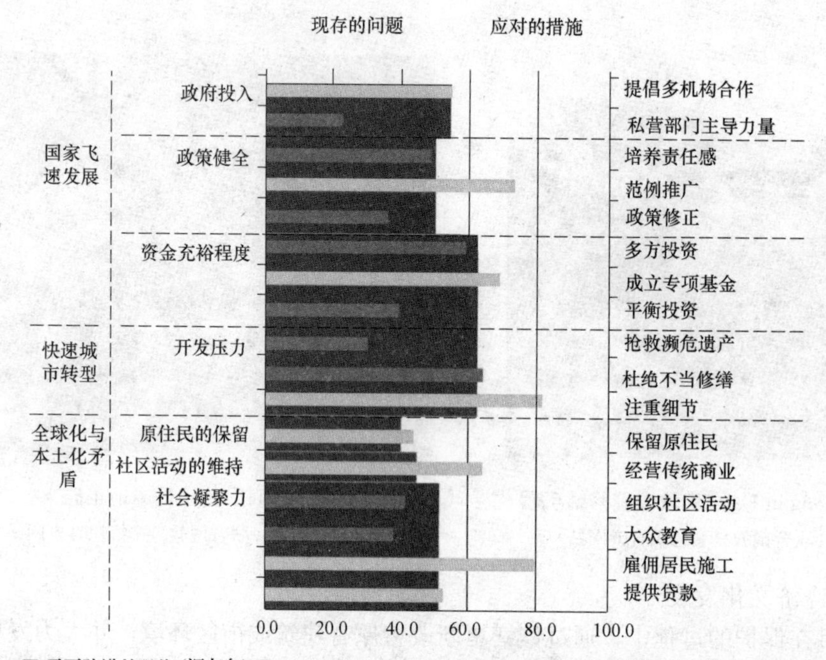

图 14　UNESCO 亚太遗产保护奖获奖项目对典型问题的解决情况
（资料来源：AA Studio）

中用浅灰色表示)，如多机构合作、优秀项目范例推广、成立专项基金、施工注重细节、保留原住民、经营传统商业、雇佣居民施工、提供贷款。这说明获奖项目较好地解决了相应问题。

对于其余应对措施，解决问题的项目百分比小于需要改善问题的项目百分比（图 14 中用中灰色表示)，如发挥私营部门力量、通过政策培养社会责任感、改进局部地区政策、多方投资、平衡保护投资机会、抢救濒危遗产、杜绝不恰当修缮、组织社区活动、进行大众教育。这说明获奖项目虽然对相应问题有一定的解决尝试，但是从整体情况看应对情况不乐观。这些措施也是亚洲和我国未来遗产保护应该重点发展的方向。

由于多种条件的限制，亚洲遗产保护必将是一个复杂的博弈过程：需要将国际遗产保护的原则和本国的政治、保护体制相结合，因势利导加以运用；同时，根据本国的经济、文化现状，将国际遗产保护的最新动向因地制宜地予以变通；并在多重的政策和资金壁垒，迅猛开发和旅游需求，复杂的人文和社会博弈中，寻求保护和发展的平衡，以实现限制条件下保护效果的最优化和可持续发展。

Research on Development Trend of Asian Heritage Conversation-Based on UNESCO Asia-Pacific Heritage Awards

Abstract: In developing countries of the Asia-pacific region, heritage conversation, in addition to follow the world heritage conversation trends, also should suit the social development of the region. UNESCO Asia-Pacific Heritage Awards, embody the unremitting efforts of Asian heritage Architects of copping with the special national conditions, the unsound conversation mechanism, the rapid transformation of city as well as the impact of globalization. Using the hierarchical analysis method, this paper make statistical analysis of the winning entries. Then discuss how to try to be flexible the principles and trends of international heritage protection, as well as adjust measures to local conditions, finally realize the best effect of conservation and sustainable development. As China has some similarities on Economic and social development of Asia countries, this paper has a certain reference significance on the future development of heritage conservation in our country.

Keywords: Asian Heritage Conversation; Development Trend; UNESCO Asia-Pacific Heritage Awards; Urban Transformation; Globalization

参 考 文 献

[1] (意) Bernard M. Feilden. Conservation of History Buildings [M]. Architecture Press, 2010.

[2] 林志宏. 文化多样性视野下世界文化遗产与历史城市的省思 [J]. 中国名城，2010 (11).

[3] Inglehart R, Baker W. E. Modernization, Cultural Change, and the Persistence of Traditional Values [J]. American Sociological Review, 2000, 65 (1): 19-51.

[4] (英) Ignacio Pichardo Pagaza, Demetrios Argyriades. The South Asian Administrative Systems: Heritage and Challenges [M]. Hong Kong: IOS Press, 2009.

[5] 建筑创作编辑部. 将文化遗产保护工作落到实处——专访国家文物局局长单霁翔 [J]. 建筑创作，2006 (4).

[6] Richard A. Engelhardt. Asia Conserved: Lessons Learned from the UNESCO Asia-Pacific Heritage Awards for Culture Heritage Conservation (2000-2004) [M]. UNESCO Bangkok, 2007.

[7] Zhang Qi，ZhengYue. A Case Study of Colonial Building Restoration in China [M]. International Journal of Architectural Heritage，Taylor & Francis.
[8] Understanding World Heritage in Asia and the Pacific. The Second Cycle of Periodic Reporting 2010-2012 [M]. United Nations Educational，Scientific and Cultural Organization 7，France.

作者： 郑　越　天津大学建筑学院　博士研究生
谢兴鹏　北京市规划委员会海淀分局　科员

太极图的天文学成因分析及计算机模拟实验*

【摘　要】太极图是中国传统文化的瑰宝，正确理解太极图的含义是了解中国传统文化的基础。学术界曾有很多人试图揭开太极图的起源之谜，但多不足为证。笔者从“太极”与“太极图”的文字起源出发，结合天文软件进行实验模拟，证明了太极图起源于中国早期立杆测影技术的理论，并借助实验数据还原了太极图的绘制方法。

【关键词】太极图　天文学　起源　立杆测影　计算机模拟

太极图是中国传统文化的伟大结晶，被认为是代表阴阳思想的中国符号。太极图从最初形成至今经历了多种类型，如太极先天图、周氏太极图、景岳太极图与左辅太极图等。但太极图究竟起源于何时且为谁所创，是长期以来困扰学术界悬而未解的问题。通常认为太极图最早为伏羲根据河图和洛书图形绘制，也有人说其与早期的轮纹、旋涡纹、鱼纹有关，还有人认为它起源于东汉魏伯阳所作的《周易参同契》，最后一种说法是太极图为宋朝初期的陈抟所绘。第四种说法被广泛流传并被大多数人认可，因为有大量的古文献可以为其作证。笔者认为，太极图是中国古代理论净化后的一种成果体现，它与中国早期哲学有深厚渊源，其成形年代应早于或等于中国早期哲学的形成年代。尽管关于东汉和宋初成形的理论有相应史料支撑，但因年代太晚而不足为证。

学术界有部分声音认为太极图源于立杆测影技术，即太极图的成因与中国早期天文观测紧密相关，笔者对此深为赞同。立杆测影是人类早期探索自然奥秘简单而有效的方法，世界各地的早期人类均使用过类似的方法来探索宇宙奥秘，中国先民在这方面走在了世界前列，至少在周代人们已经掌握了精确的立杆测影技术。① 中国先民通过立杆测影技术了解了太阳的运行周期，掌握了辨方正位之法，建立了早期的历法体系，并由此发明了圭臬、表、挚等一系列天文观测仪器。因从观察一根标杆的阴影便可获得宇宙奥秘，这根可以通天的工具便被神化，逐渐变得神圣、神秘乃至权威，最终演化成为如建木、都柱、权杖、萨满神柱等神物。作为中国传统文化伟大结晶的太极图是否源于立杆测影？立杆测影又与太极图的绘制具有怎样的关联呢？笔者将在以下文字中展开论述。

1 “太极”与“太极图”名称的天文学来源

“太极”一词最早出现在《易传·系辞》里，书中这样描绘：“易有太极，是生两仪；两仪生四象，四象生八卦。”正确理解这段文字是揭开“太极”与“太极图”文化起源的关键。一般人对它的理解为：“太极是万物始生前的混沌之象，当天地分开便出阴阳。一阴一阳为两仪。代表阴阳的两爻相重变化成四种卦象，四象相重变化

* 本课题为国家自然科学基金青年基金“中国古代建筑的天文学特征研究”资助项目，项目号为51308378。

① 自《周礼·地官司徒·大司徒之职》中记载：“以土圭之法测土深。正日景，以求地中。日南则景短，多暑；日北则景长，多寒；日东则景夕，多风；日西则景朝，多阴。日至之景，尺有五寸，谓之地中，天地之所合也，四时之所交也，风雨之所会也，阴阳之所和也。然则百物阜安，乃建王国焉，制其畿方千里而封树之”可知之。

成八种卦象。”①该解释从文字表面形态出发，认为阴阳观念是太极理论的中心概念，并由此而引发其他理论的推出。然而，这些传承了上千年的释义真的是正解么？太极图仅仅是起源于阴阳理论么？阴阳理论在中国有着广泛而深远的影响，以至于人们不愿意怀疑太极图最初的来源或许与之无关。为了揭开“太极”与“太极图”起源的真面目，我们不妨突破固守思维从造字角度来分析一下这句话的真正含义。

“易有太极”中的“易”是一个象形文字，甲骨文的写法为，金文的写法为。甲骨文由于与创造字体的时间接近，最能反映造字者的初衷。从“易”的甲骨文看，它的左侧为“彡”，右侧为一个坐着观“彡”或卦象的人。“彡”一方面可理解为卜卦时的爻卦（三）；另一方面“彡”，彰也，影也。故“易”字的本意为“坐在地上看影子或卦象人的活动”，而这即为“易”所代表的活动内容：观测竿影并预卜吉凶。金文虽然与甲骨文有一些改动，但大体还能看出事物的本质：左侧三点同甲骨文的“彡”，右侧则表示一轮太阳由地面升起。按照金文表面含义则与甲骨文解法相似，即“观测太阳升起后留下的影子”，这不正是观天测影么？为此笔者认为：“易”本初含义为“天文观测”，在后来的发展中，《易》被作为一本书籍出现在人们视野中，其意为记录天文观测结果或通过天文观测结果演绎其他成果的书，书内记载日月运行之道及由此推演的一般规律。“太”是“大”，“太极”即为“大极”。“极”由“木”与“及”合并而成，亟声。“及”会意字，甲骨文字形，从人，从手，表示后面的人赶上来用手抓住前面的人，本义为追赶。“及”与“木”结合为“极”，本义为房屋的正梁，表明木所处之范围。因中国古人一直采用“柱”或“竿”的日中之影来设定北极，北极的方向正为日中杆影所指示方向，同时中国人房屋讲究坐北朝南，正梁要指向正北，因此“极”也成为北的象征。北是日中之影所指示的方向，故“极”隐含“日中之影”之意，“极”也成为日中之影端点的象征，衍生出“尽头”、“极限”、“顶端”的含义。“太极”即“大极”、“无极”，即为“无穷尽”、“无极限”、“无端点”。由此可知“易有太极”所蕴涵的道理为“一根杆子的影子包罗万象，蕴涵着无穷无尽的道理”。

“是生两仪”的“仪”是关键字。《说文解字》说：“仪，度也”，即“仪”是测量物体有多长的量度。“是”为“直也。从日正”②，即为“日中”，古人根据“日中”之影来定位南北。所以，“是生两仪”指的是“杆影”在日中的影子可确定南北两个方向，即为“两仪”。

“两仪生四象”则可以理解为“南北”方向确定后，与之垂直的“东西”两个方向便由此定位，故为生“四象”。“象”，卦之象，“四象”也指四个卦象。故而“两仪生四象”便指由南北两个卦象变化成东西南北四个卦象。

根据以上理论要理解“四象生八卦”便不难了。由“卦”字可知“八卦”显然不只是八个方向，其应与“杆影”相关。何为“卦”？“卦”虽后来演绎成有象征意义的符号，并代表吉凶，但“卦”之起源则另有他意。《易·说卦》“观变于阴阳而立卦。”《仪礼·士冠礼》“卦者在左。”注：“有司主画地识爻者也。可见，卦乃人们‘观变于阴阳’情况而画爻于地来记录观测结果的符号。”又见卦字之组成，由“圭”与“卜”组成，音从“圭”。

① 唐朝经学家孔颖达疏：“太极谓天地未分之前，元气混而为一，即是太初、太一也。”

② 段玉裁. 说文解字注［M］. 上海：上海古籍出版社，1988：69.

"圭"本为古代测日影的仪器"圭表"的部件，其平放于石座之上，上面立着名为"表"的标杆，标杆的影子落在"圭"的刻度上，根据刻度的显示可以测定节气变化和四季更迭。为此，"圭"本为记录杆影结果的仪器。"卦"之右部"卜"为甲骨文字形，象龟甲烧过后出现的裂纹形，与占卜有关。这样，由二者结合而形成的"卦"字其初试之意便十分明显，即"卦"是通过杆影结果来占卜吉凶。可见，"卦"之本意，并非完全的占卜，占卜结果是建立在科学的杆影观测结果之上的，故而从"卦"字之创始便让我们找到了其起源于立杆测影的依据。人们观察杆影时要不断记录，除了记录四个卦象外，影子的四条极限值也是他们要记录的，即围合一年最小影区的冬至日出和日落方位以及围合一年中最大影区的夏至日出和日落方位。这四个方位正好形成四种卦象，加上前面四个卦象正好为八个卦象，故为八卦。由此可得到"四象生八卦"。

综合起来，我们对这段文字便有了新的解释，即"一根杆子的影子包罗万象，蕴涵着无穷无尽的道理。据日中测影可首先获得南北两个卦象，根据南北方向可确定东、西、南、北四个卦象。在东、西、南、北四个卦象的基础上，可以获得包括东北、西北、东南、西南在内的八个卦象"。由此可见"太极"与立杆测影有着十分亲密的关系。如果我们将前面这段文字按字义转化一下可得到这样一句"易有太极，可生两仪，可生四象，可生八卦"，即"太极"的内容本是通过一根杆子的影子，可以获得无穷无尽的卦象，因此可以从中得到两仪，也可获得四象，更可以获得八卦，"太极图"则顾名思义，是在这种观测结果的基础上绘制的一种天文图示而并非从最初开始便被冠以深厚的阴阳对立等哲学内容。

2 太极图绘制方法与天文学内涵

正如前文所述，太极图的绘制实际与立杆测影有巨大关联，且早在人们利用立杆测影法展开大规模天文观测时便已经成形，其成形年代不晚于八卦的创立时间。那么太极图究竟是怎样绘制的呢？它有怎样的天文学内涵呢？

笔者根据实验证明，太极图最初并非仅为高度抽象哲学的一个阴阳图示，其绘制手法也并非利用复杂的几何学手段完成，而是通过标杆一周年日中之影的长度所绘制的天文图示。即太极图最初的绘制是源于科学的天文观测结果，它是古代人们从生产实践中总结出来、与天体有着紧密关联的宇宙图示。图示中基本数据来源于北回归线标杆所观测的数据，用圆表示一周年，即地球围绕太阳公转的一个周期，以连接标杆日中之影的测量结果而形成的S形线，以周年内阴影曾到达区域和阳光常年所经之处划分阴影区域和阳光区域，即为"阴"与"阳"。图示中以标杆为中心，以冬至日中之影的长度画圆，以周年内不同时间获得的影长为量度划点连线，最终形成图示中所呈现的"S"形线。

由上可知，太极图起源于天文观测，其本身是一种天文学图示。但在长期的传承中只留其苍白的几何图形而丢失了原本先进的科学观测内容，这是文化传承的悲哀。因太极图蕴涵着太阳周年运行规律，揭示了宇宙奥秘而被人们认为是神的图示，在广泛应用中传承了其形的内容，却因多种原因在淡化了其原始的天文含义之后被冠以"阴阳"、"和合"、"天人合一"等新的内容。太极图绘制方法的失传使其被蒙上了更多传奇色彩，那些原始的、科学的天文观测内容已被人们淡忘殆尽，或许与中国历史上天文学研究视为禁忌和重视玄学与宗教有关吧。

3 太极图绘制模拟实验

为验证太极图的绘制源于立杆测影结果，笔者借助电脑软件，模拟标杆的天文观测场景并记录其日中影长，最后利用实验影长来绘制太极图形。

实验原理：太阳直射北回归线为夏至日，直射南回归线为冬至日。一年中，杆影日中之影冬至日最长，夏至日最短，且往复循环（图 1）。对这些日中影长用图示统一表示，便获得太极图。

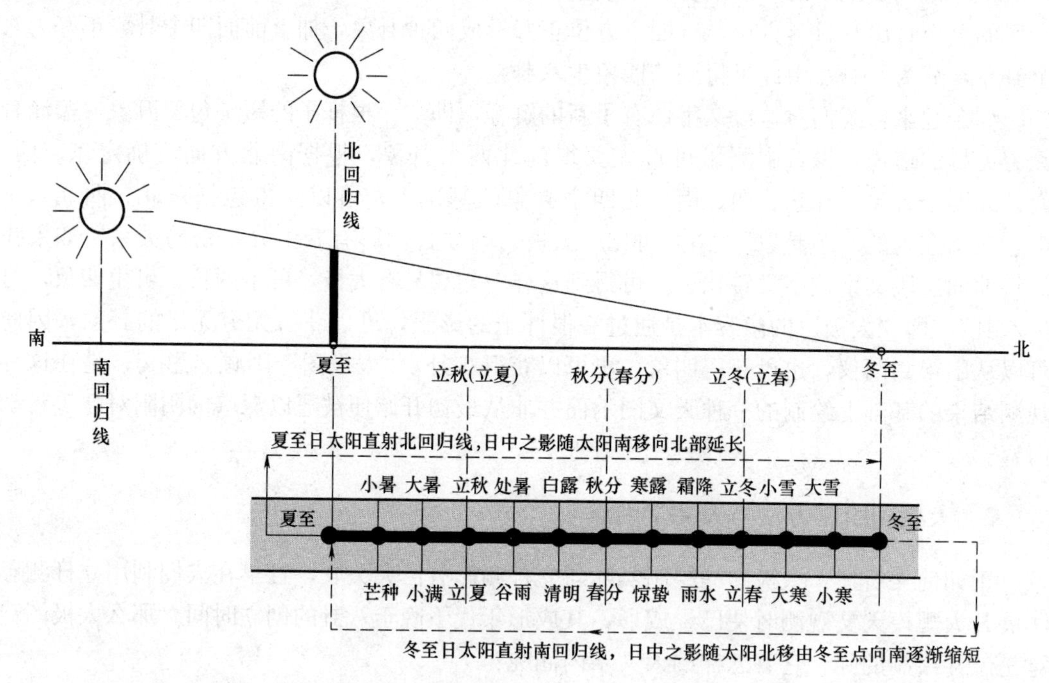

图 1 竖立在北回归线上的标杆日中之影运动图示

实验软件：Stellarium

实验地点：北纬 23°26″（北回归线）

模拟标杆：高度 10m

观测时间：24 节气

实验方法：假定在北纬 23°26″上任选一点竖立 10m 长标杆，通过软件帮助，分别获得 24 节气日太阳高度角和太阳直射点等数据，运用几何和数学方法计算获得该地点正午 12 点时标杆的影长，获得数据如表 1 所示。

10m 标杆 24 节气影长 **表 1**

节气(大约时间)	太阳高度角	太阳直射点	影长代号	影长(m)
冬至(12 月 21 日)	43°08″	−23°26″	22	10.75
小寒(1 月 5 日)	43°58″	−22°36″	23	10.41
大寒(1 月 20 日)	46°24″	−20°10″	24	9.52

续表

节气(大约时间)	太阳高度角	太阳直射点	影长代号	影长(m)
立春(2月4日)	50°13″	−16°21″	1	8.264
雨水(2月19日)	55°05″	−11°29″	2	6.99
惊蛰(3月6日)	60°39″	−05°55″	3	5.618
春分(3月21日)	67°24″	+00°00″	4	4.17
清明(4月5日)	72°29″	+05°55″	5	3.15
谷雨(4月20日)	78°03″	+11°29″	6	2.11
立夏(5月5日)	82°55″	+16°21″	7	1.23
小满(5月21日)	86°44″	+20°10″	8	0.56
芒种(6月6日)	89°10″	+22°36″	9	0.17
夏至(6月22日)	90°00″	+23°26″	10	0
小暑(7月8日)	89°10″	+22°36″	11	0.17
大暑(7月24日)	86°44″	+20°10″	12	0.56
立秋(8月8日)	82°55″	+16°21″	13	1.23
处暑(8月23日)	78°03″	+11°29″	14	2.11
白露(9月2日)	72°29″	+05°55″	15	3.15
秋分(9月23日)	67°24″	−00°00″	16	4.17
寒露(10月3日)	60°39″	−05°55″	17	5.618
霜降(10月22日)	55°05″	−11°29″	18	6.99
立冬(11月6日)	50°13″	−16°21″	19	8.264
小雪(11月21日)	46°24″	−20°10″	20	9.52
大雪(12月6日)	43°58″	−22°36″	21	10.41

太极图绘制方法：根据以上数据，设定圆心，以冬至日影长10.75m（一年中最长影）为半径画圆，再将圆周均分24等分（可看做24节气时间点），作为24个量度的准点。原点为标杆所在位置，从冬至（其他点也可）开始从原点出发以该节气影长为量度取点，以此类推描点，到夏至时影长归零，描点回到圆心（见图1）。夏至后，太阳向南移，基点由圆心（夏至量度点）转向外圈（冬至量度点），所有节气影长以外圈为基点向内测量度取点，最后将所有描点连线绘成“S”形。最后将阴影所涉及的区域涂成黑色，由此便得太极图（图2）。

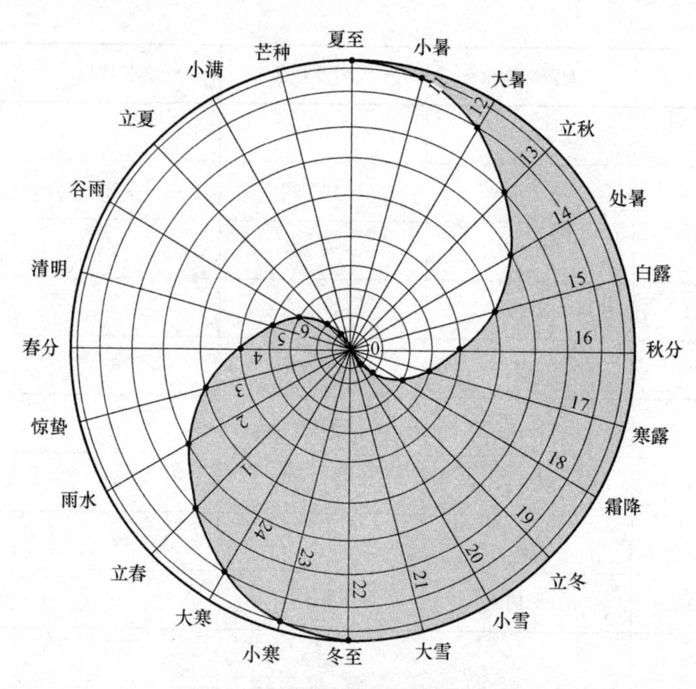

图 2　按照试验数据绘制的太极图

4　小结

太极图源于立杆测影技术，在经历了几千年的传承后，后人更多地继承了其阴阳和合等理念却忘记了原本最有价值的科学内涵。太极图起源于天文观测，为我们了解中国古代的天文学提供了实物支持，从其依靠立杆测影技术而绘制图形的依据可以得到太极图创立之初的社会进步状态，其时的天文学成就可以归纳为以下几点：

（1）已经采用日中之影定位子午线，并通过子午线获得四正四隅方位；

（2）已有明确的二分二至日概念，并能区分二分二至日的准确日期；

（3）已经掌握太阳一周年的运转周期和运行规律。

中国先民早在几千年前利用立杆测影方法开展天文观测时便已经发明了太极图，太极图的发明不但印证了中国优秀的天文学观测历史，还足以证明早在其他人类还处于蛮荒时代时中国已经具备了应用天文观测成果的能力，中国传统文化基础也由此诞生。然而，中国天文观测虽然起源很早且成果丰厚，但在后来的发展过程中却被统治阶层利用，玄学和宗教逐渐取代了天文学内容成为大众热门的话题，天文观测成为统计阶级的私有产品，玄之又玄的理论反成其道。正如太极图的传承之路一样，阴阳理论过度地使用而天文观测内容则被忽略了，导致当前人们对太极图的认识不够深刻。正确理解太极图的天文学起源对中国天文学史的研究有着重要意义。

Analyzing Astronomical Origin of Tai Chi Diagram and Simulating Observing by Computer

Abstract: Tai Chi diagram is treasure of Chinese traditional culture, correcting understanding of its mean is the fundamental to comprehend Chinese traditional culture. There have been many people attempt to uncover the mystery of the origin of Taiji diagram, but the evidence is not enough to prove it. The author carried out the research from the "Tai Chi" and "Tai Chi" text, combined with the astronomical software experiment, proved that Tai Chi diagram originated in the early Chinese measured pole shadow technology theory. And with the help of experimental data the author reduction the method of drawing the Taiji figure.

Keywords: Tai Chi Diagram; Astronomy; Origin; The Pole Test; Computer Simulation

参 考 文 献

[1] 十三经注疏·论语·卷9 [M].

[2] 杨时乔. 周易古今文全书 [M]. 台北：五洲出版社，1984.

[3] (汉) 司马迁. 史记·周本纪 [M].

[4] 邓可卉，李迪. 对圭表起源的一些看法 [J]. 科学技术与辩证法，1999 (5).

[5] 田合禄. 论太极图是原始天文图 [J]. 晋阳学刊，1992 (5).

[6] 曹军. 尧舜时代的天文发展情况——《尧典》中的测日定时 [J]. 殷都学刊，1998 (1).

[7] 莫海明，周继舜. 古典天文测时工具——日晷（sundial）溯源、结构装置及运用 [J]. 广西师范学院学报（自然科学版），2002 (1).

[8] 刘文英. "易"的抽象和"易"的秘密——圭表和日影的启示 [J]. 天府新论，1988 (2).

[9] 李士澂. 试析八卦太极图及其科学意义 [J]. 自然杂志，1989 (11).

[10] 刘蔚华. 易学方面的考古发现 [J]. 中州学刊，1987 (1).

[11] 苏开华. 远古太极图揭秘 [J]. 东南文化，1995 (2).

[12] 周伟民. 太极图辨与阴阳合抱图 [J]. 上海大学学报（社会科学版），1992 (1).

[13] 罗翊重. 太极图何以应是S形走向？——关于易图的"音—形—意"[J]. 内蒙古社会科学（文史哲版），1991 (1).

[14] 李仕澂. 论太极图的形成及其与古天文观察的关系 [J]. 东南文化，1991 (Z1).

[15] 沈建华，曹锦炎. 甲骨文字形表 [M]. 上海：上海辞书出版社，2008.

作者：陈春红　天津大学建筑学院　讲师

文化视角下新世纪外来建筑作品技术理念评析*

【摘　要】 新世纪以来，中国建筑在向深层次多领域全方位开放的同时，更加注重地域文化的回归。因此，来自异域的建筑师在中国进行建筑创作，必将与中国本土文化发生碰撞与交融，形成独特的外来建筑。文章对典型的外来建筑进行技术理念的分析比较，探讨外来建筑师采取的设计策略，以期为我国今后的建筑发展提供借鉴和经验。

【关键词】 新世纪　外来建筑师　文化学　地域性　外来建筑

在全球化的现代化进程中，随着外来文化的注入，中国传统文化的命运和前途遭受到一定程度的冲击。建筑作为文化的载体，不免首当其冲。外来建筑师在中国进行建筑创作时，与中国本土文化发生碰撞与交融，形成了独特的外来建筑。新世纪以来，国内一系列重大工程项目被国际知名建筑师事务所屡屡中标，外来建筑的数量和类型持续激增及扩展（图 1），使中外合作设计成为当今建筑多元化共存局面的一种表现形式，其受到的影响力和关注也随着建筑的普及化发展以及大众持续进步的价值观与审美观而降低。日积月累，人们只会在乎建筑的好坏与质量问题等。有学者指出，"好"的建筑应对中国当地的文化、技术、经济、环境等给出最贴切的答案，并应有明确、可操作的设计对策。① 可见，在这趋同化的世界，建造具有地域特色的建筑才是当今中国建筑发展的方向。

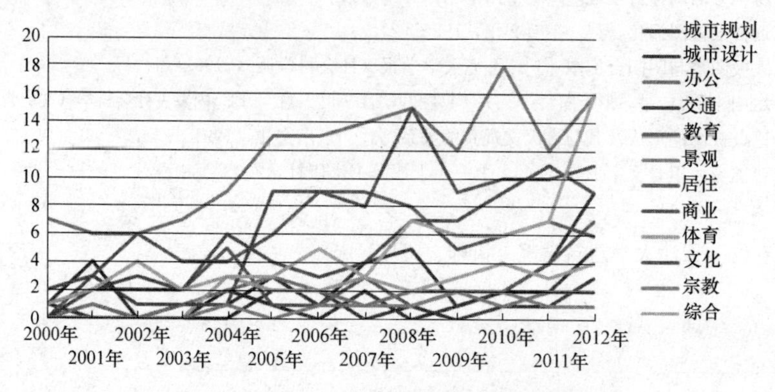

图 1　新世纪以来外来建筑数量与类型统计

1　新世纪外来建筑特点概述

据笔者的不完全统计，外来建筑绝大多数来自欧洲、美国和日本（图 2），并且呈现出与以往不同的特点，主要表现为分布片区化（图 3）、类型多样化（图 4）、理念多元化、造型特异化和科技创新化等。

*　基金项目：国家自然科学基金（编号 51308379、编号 51208340）；天津大学自主创新基金（编号 2010XJ-0121）。

① 缪朴. 只应选"好"的 [J]. 新建筑，2012 (3).

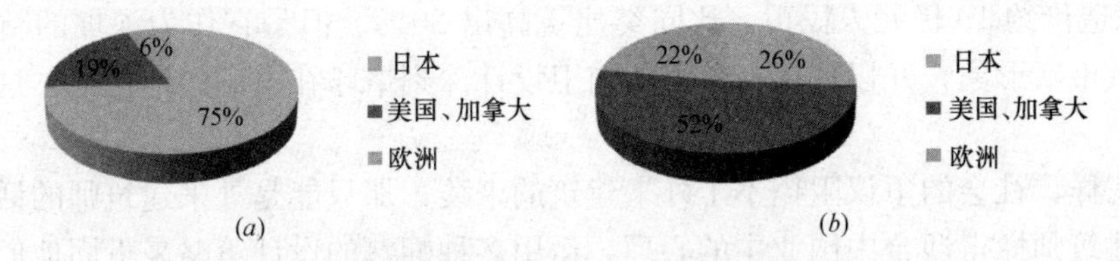

图 2　新世纪前后外来建筑师所属国家统计对比

（a）1987～1999 年外来建筑师所属国家统计；（b）2000～2012 年外来建筑师所属国家统计

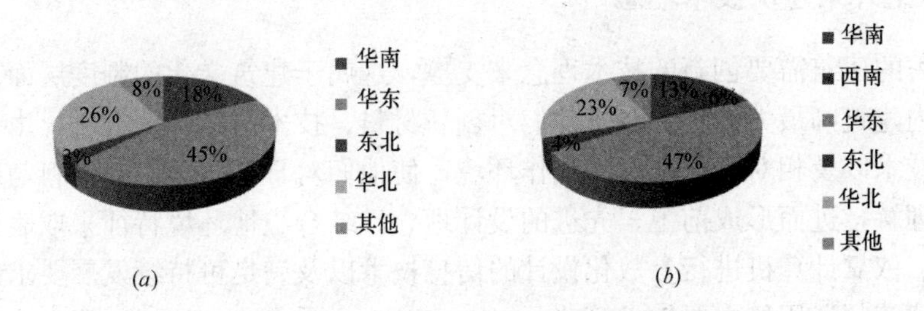

图 3　新世纪前后外来建筑分布统计对比

（a）1987～1999 年外来建筑分布统计；（b）2000～2012 年外来建筑分布统计

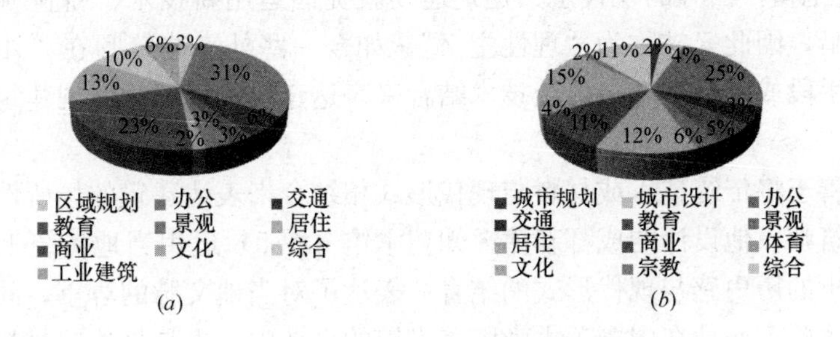

图 4　新世纪前后外来建筑类型统计对比

（a）1987～1999 年外来建筑类型统计；（b）2000～2012 年外来建筑类型统计

大量外来建筑的涌入，确实为中国建筑行业的发展带来了新结构、新技术与新材料，也为国内的建筑师提供了创新的理念与思维模式，但从某种意义上看，这种反差与碰撞从物质基础到意识形态都潜移默化地侵蚀着中国传统建筑文化，引来社会各界的广泛争议。其奇特、怪异、夸张的形象首先受到社会的争议——形态与周边环境格格不入，影响城市风貌、尺度突兀，标志性过强、不尊重中国文化等，这些还只是停留在艺术层面的。当时最轰动的当属北京奥运场馆的建设。然而，随着传媒影像文化的快速传播，司空见惯的视觉刺激已不再新鲜，争议焦点开始转向技术层面，直接关系到经济问题。客观地讲，外来建筑虽然为中国带来了先进的生态与信息技术，但基于地域性理念及现阶段中国的国情，适宜的建筑技术确实是必要的。但是由于外来建筑的业主大多为国家与地方政府，加之国家与城市的形象建设需求及业主的求异心理，这些具有标志性建筑的存在，在中国现今发展阶段是必然的、似乎也是必要的，资金问题在外来建筑中也就不那么重要了。他们不惜牺牲造价来取得最终成果的惊艳。其实，如果一座建筑可以赋予城市巨大的历史纪念性及精神力量，能够得到难以衡量的超值的文化报酬，必然是要在经济与技术方面付出一定代价的。地标建筑改变城市景观的价值，远远大于那高昂的设计费。万科中心的设计费高达

1 亿元，总造价约 10 亿元人民币，比同类建筑高出 20%。但是它作为深圳的新地标，有利于树立城市新形象，并以环保与节能的前卫设计深刻烙印在人们的记忆中，这个代价还是值得的。

无论怎样，社会的争议阻挡不了外来建筑的来袭，那只能是外来建筑师的话题效应罢了。外来建筑师懂得迎合中国业主的心理，运用多种娴熟的设计策略来巩固他们在中国市场的地位。

2　新世纪外来建筑技术理念

一座优秀的建筑需要创新的技术理念来支撑，这属于建筑文化的制度层面。外来建筑师相对于国内建筑师最大的优势在于他们对创新材料、技术与结构的运用。由于国外更为先进的科学技术以及相对宽松自由的创作环境，使他们对日新月异的新材料与新技术有着更加深入的理解，进而形成前卫、先进的设计理念。结合当地环境特征采取表达场所精神的情感技术、依靠计算机进行参数化设计的信息技术以及满足可持续发展要求的生态技术是当今外来建筑师运用的主要技术策略。

2.1　情感技术

早在 20 世纪初，西方的现代主义建筑运动就提倡运用新技术、新材料，而对建筑的情感性少有涉猎，因此又被称为“理性主义”。如今一些外来建筑师在“外来建筑”中注重运用新技术手段或现代理念与传统技术结合来表达建筑的情感，体现建筑的场所性及城市地域特征。

隈研吾是善于将传统技术或材料与现代形式相结合来表达建筑的场所性并赋予其情感的当代典型建筑师。他设计的成都新津·知艺术馆（图 5）运用当地传统工艺将瓦片用金属丝悬挂营造出的历史感与现代形式的结合，表达了对当地文脉的尊重，同时为教徒创造出全新的空间体验。而他在中国美术学院美术馆的设计中，也是将传统材料——瓦片悬吊在空中来组合墙面，形成一种游动的空灵感。还有些外来建筑师善于运用创新的技术构造方式来配合空间的体验需求。山本理显设计的天津图书馆通过创新的“墙梁构造”（图 6），实现了建筑室内的无柱大空间，空间里套有若干个封闭的小空间，或有开放的共享空间，共同创造多层次的空间体验体系。

图 5　新津·知艺术馆
（资料来源：http：//www.abbs.com）

图 6　天津图书馆室内
（资料来源：http：//www.abbs.com）

2.2　信息技术

参数化设计及计算机技术的运用，使扭曲面、非线性等以前难以分析计算的问题得到解决，使得建筑的外部造型与内部空间更加灵活。由奥地利蓝天组设计的大连国际会议中心（图 7）突破了建立在静态三维几何学上的传统建筑空间观，创造出跃动海浪的造型与动感浪漫的室内空间，犹如行云流水，回应大海的召唤。

图7　大连国际会议中心
（资料来源：http：//www.abbs.com）

哈迪德在银河SOHO的设计中也正是由于成功运用计算机技术，将其前卫的空间展现得淋漓尽致。建筑采用参数化设计，通过现代数字技术将传统的自然形态高度提炼，使其抽象化，进而融化在现代文明中。建筑从概念草图、建模推敲、功能设定、形态调整直到结构、幕墙与设备系统的整合及最后的施工结束都采用了独特的交流技术与三维计算，开创了全新的整合化的数字建筑设计过程，这也是如今信息化社会的必然结果与趋势。

2.3　生态技术

建筑与自然的和谐共处是人类一直以来的不懈追求。生态技术是可持续发展思想在建筑领域中的体现，是建筑师对建筑历史深刻反思的结果。外来建筑师在外来建筑的设计中，通过结合当地自然环境、可再生资源及其对高技术生态建筑的探索，为建筑的发展提供了一个可持续发展的趋向。

霍尔近几年致力于对生态技术的研究，取得了不少成就。他的作品当代MOMA遵循住房和城乡建设部绿色建筑标准的要求，开发研究出“超低能耗绿色建筑技术”，包括“能源设备系统”、“外围护系统”、“新能源系统”、“智能控制系统”等。小区具有良好的微气候，而且热环境舒适，全年室内温度维持在20～26℃，相对湿度30%～70%。[①]同时，成熟的水循环系统在夏天是一个冷却系统，在冬天又是一个巨大的取暖器，公寓每天产生的废水还会被循环再利用来绿化灌溉或冲洗卫生间，真正达到了可持续发展的要求（图8）。多项生态技术使作品获得了由美国绿色建筑委员会颁布的LEED-ND卓越奖，成为当时亚洲唯一的生态社区。而深圳万科中心项目完全依据美国LEED金奖建造，其生态技术以“低技术”为主，通过对场地的规划及单体的设计，合理利用自然技术，当地绿色建筑材料等低成本、低投入方式保护周边生态系统并与之平衡来适应当地地域气候特征。设计过程中各项技术单元均通过“整体统筹”的模式来操作，保证各项技术环节的统一协调和绿色目标的实现。

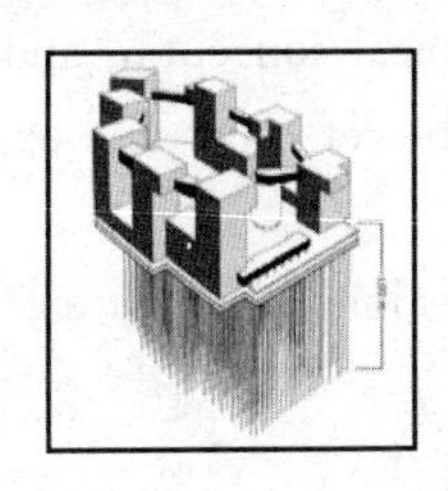

图8　当代MOMA地源热泵系统
（资料来源：http：//www.archcy.com）

3　结语

外来建筑师涌入中国的狂潮仍在继续，并将在一段时间内持续上演。城市无一不是在建筑的试验中发展起来的。大型国家标志性项目选择具有大量设计经验的外来建筑师进行设计，不仅更具话题效应，而且他们大胆想象、不惜牺牲金钱来挑战技术并有能力解决技术问题，是中国建筑师至今未能超越的。相比之下，中国本土建筑师关于中国传统的主题经常被提出，却少有具体的提案，注重一些形式的模仿，却忽视了自己内在的精神。在源

① 建筑创作杂志社编. 建筑中国六十年 作品卷1949-2009［M］. 天津：天津大学出版社，2009：330.

远流长的中国传统精神的基础上，如果没有对中国建筑核心的讨论与充满激情的研究与试验，很难做出自己的建筑。外来建筑师在中国还能支撑多久，不是由他们自身决定，也不是由低廉的劳动力决定，更不是由几个中国式标签的大师决定，而是主导权在所有的中国建筑师手里。一个踏实平和的心态是这一切的基础。客观地正视这一切，外来建筑师的教育和理论以及实践确实比我们毋庸置疑地好很多。但绝对差距再大，个体差距却是微小的。在这个复杂的全球化时代，相信经过时间的沉淀，我们可以静心着眼于自己灵魂深处积累的艺术感性，将外来的先进文化本土化，结合当地的特有条件与现代技术，创造属于自己的建筑文化。

Research on the Design Strategy of the Technique Concepts of New Century Foreign Architecture Works from the Cultural Perspective

Abstract: Since the new century, with the intensified globalization and regional trends, Chinese architecture has been opening to many fields deeply and widely, while local culture is paid more and more attention. Hence, exotic architects face a series of collision and blend inevitably between the foreign culture and the native culture while creating architecture in China, making the unique foreign architecture comes into being. The article analyses and compares the typical foreign architecture from the technical concepts, and researches into the design strategies of foreign architects to provide the reference and experience for the construction development of China in the future.

Keywords: New Century; Foreign Architects; Culturology; Regionalism; Foreign Architecture

参 考 文 献

[1] （美）斯蒂文·霍尔著. 用建筑诉说 [M]. 屈泊静译. 北京：电子工业出版社，2012.
[2] 薛求理著. 世界建筑在中国 [M]. 古丽茜特译. 上海：东方出版中心，2010.
[3] 薛求理著. 全球化冲击——海外建筑设计在中国 [M]. 上海：同济大学出版社，2006.
[4] 赵榕著. 当代西方建筑新范式研究 [M]. 上海：同济大学出版社，2012.
[5] 邓庆尧，邓庆坦著. 当代建筑思潮与流派 [M]. 武汉：华中科技大学出版社，2010.
[6] 唐纳德·麦克尼尔. 全球化的建筑师 [J]. 新建筑，2012 (3)：6.
[7] 邹德侬. 八十年代中国的外来建筑影响——四谈引进外国建筑理论的经验教训 [J]. 世界建筑，1993 (4)：54.
[8] 沈金箴，杨家文，张学飞，侍文君. 更加国际化的建筑，更加开放的中国城市 [J]. 新建筑，2012 (3)：26.
[9] 朱建平. 一个绿色建构：深圳万科中心 [J]. 建筑创作，2011 (1)：76.

作者：戴　路　天津大学建筑学院　教授
王婷婷　天津大学建筑设计规划研究总院　建筑师

“聚”与“散”
——浅析“分散簇群式”城镇空间组织结构在我国的现实意义

【摘　要】“新常态”正在改变着我们对于“城市化”行为与“城市规划研究”方法的既有认知与经验。本文立足于当前我国城市化发展的具体实践，从新常态下城乡区域发展的特定需求（区域生态、产业经济与社会文化）入手，结合发达国家的相关经验，就“分散簇群式”区域城镇空间组织结构的基本内涵、构建原则，及其对于我国“新型城镇化”建设的巨大现实意义进行了系统性的分析与论述。

【关键词】新常态　流通性　网络化　动态性　分散化　簇群式

1　缘起

伴随我国城镇化的快速发展，以消耗环境资源为代价，以空间的机械扩张为核心的既有城市发展模式已难以为继，由传统的“自上而下”发展模式引导的区域性城镇空间发展格局与城镇规划思维亟待转型与革新。

新世纪以来，交通与信息技术的快速发展正在改变着我国传统社会中的“城镇—乡村”二元社会结构。复杂科学所反映出的城市动态化特征，正在改变着我们认知传统城市与乡村的方法与角度。新技术带来的新通信方式正在改变现代城乡居民的行为模式。“新经济”的潜在发展需求，为那些长期蛰伏在大都市区边缘的环境资源良好的后发展地区提供了崭新的发展机遇。

新的数据抓取手段、数据处理方式，以及数据分析方法，为即时的城市分析与预测提供了全新的可能。数据的关联、耦合与复杂分析正在成为引导当前世界各国城市规划发展的主要技术手段[1]。从现行的规划发展趋势来分析，“流通性”、“网络化”与“动态性”已经成为当前世界各主要国家城市化发展的基本特征。

因应上述城市化发展的时代需求，基于“区域性生态环境本底”与“区域性基础设施建设”构建的，以“自下而上”式的社会组织模式发展的“分散簇群式”城镇空间组织结构再一次显示出其巨大的现实意义，成为欧、美大陆各主要城乡区域发展与复兴的主要选择。

2　当代“城市化”的全球发展趋势

2.1　我国“城市化”发展的现状与主要问题

1980年代以来，高水平的服务设施、交通与信息技术的快速发展、多元化的就业市场以及非技术劳力的巨大需求，使“快速全球化的特大城市”成为我国及其他各主要的新兴发展中国家“城市化”的发展目标。

这种“大而快”的城市发展模式正在逐步引发我国城市化的系列问题。首先，在区域层面上各主要城市圈区域均缺乏均衡发展的城镇体系；其次，在城市层面上居高不下的发展速度对城市的生活质量产生不利影响。各地区城乡之间、大中小城市之间的差距不断加大。

反观欧美等发达国家近半个世纪的城市化道路，正在形成一种可以让“大而快”与“小而慢”相辅相成的城乡协作和区域均衡发展的新趋势。如何借鉴先进地区经验，形成具体可行的实施策略，让“小而慢”的城市发展模式成为中国新型城镇化的重要内涵，切实关注城乡统筹，助力城镇体系均衡发展，是我国当代城市化的重大课题。

2.2 时尚“慢”生活与“国际慢城联盟”

城市化建设要反映并服务于城市人的生活需求。伴随科技与人文思想的发展，现代人对于美好“城市”与“城市生活”的评价标准正在发生转变：新经济社会正处于一个“地区与地区之间、人与自然之间、人与人之间”相互依存、愈发密切的时代。

现代“人”对于理想生活方式认识的转变，已经对城市化建设的交通设施、环境设施、场地与场所等的使用方法、维护管理方法、营造模式以及公园建造的结构和体系等产生重大影响。如何让“慢”生活融入全球化的人才、信息网络；如何在快速、紧张的中心城区中，体现“慢”生活节奏；提高生活品质，提升城市效率，减慢城市节奏，已经成为现代城市化建设的先进理念。

“慢城运动”起源于1999年的意大利。“慢城”是指建立一种放慢生活节奏的城市形态。截至2012年，全球已经有24个国家的135个城市获得“慢城”称号。在亚洲国家中，日本、韩国都有“慢城”。位于江苏省南京市高淳区东部的桠溪已经成为中国第一个获得国际认证的“慢城”。

根据国际慢城联盟的规定，“慢城”必须在城市人口、环境政策、城市发展规划、食品生产甚至青少年教育等方面满足54项具体规定。“慢城”一共有55条准则，人口必须在5万以下；市区减少噪声和交通流量；增加绿地与徒步区；支援当地的农民及贩卖本地制品的商店、市场与餐厅；保护当地美学与美食传统；培养热情好客与睦邻精神等。“慢城”的核心就是要倡导纯粹的生活，保护当地特色，对伴随全球化而来的同质化和标准化说“不”。这种“由快到慢”的精英生活模式很快风靡全球。“慢城”强调生活的品质，人与自然的和谐发展，强调在悠闲的生活节奏中回归生活的本质与体会生命的意义，倡导更加可持续的“生活方式”。

2.3 欧洲的国家经验

适宜的技术，“小即是美”，小而慢的生活方式，一直根植于欧洲城市的发展史之中。即便是在“全球化”、“大都市化”蔓延汹涌的现代世纪，区域化的发展趋势，以及均衡的、多中心的发展模式依然是欧盟各成员国追寻的主要目标。

欧洲城市发展的两个突出特点：一是城乡之间的协调发展，二是城镇体系的均衡发展[2]。当代欧盟国家愈发关注中小城市作为某个发展腹地的中心，在社会经济发展和城市均衡发展中所发挥的重要作用，这些作用包括：为市民提供生活与工作机会，把乡村与山区连接到国家乃至全球的城市网络，通过多个区域中心的建设形成维系区域城镇体系均衡发展的重要支柱等。这些密集的中小城镇网络多数位于大都市周边100km范围内，由于可以兼为人们的居住和工作提供具有吸引力的空间，而经常会成为那些高度专业化和具有竞争力的公司、大学的所在地以及文化活动的聚集地。当今，欧洲超过80%的居民居住在城镇群中，这些城镇群中的城镇人口均小于50万，并且超过75%的居民居住在人口少于25万的城镇中[3]。

最大可接受的通勤距离以及高等教育设施的可达性，已经成为欧洲各主要国家衡量地方的人口潜力的两个重要指标。在当前的全球化阶段，将"大都市区"作为经济增长、基础设施多样化、创新培训基地的关键性区域的诉求正在日益增长。在欧洲的城市体系中，"大都市区"变得日益重要，部分归因于知识经济时代"知识经济/新经济"在理论及实体层面对空间的需求，如充裕的人力资本、良好的基础设施和优美的环境等。上述条件已经成为支撑"知识经济"发展的必要组成部分，或者是特定类型的社会动力和经济产业文化的一部分。欧美各国对于大都市周边区域的持续关注，已经被看做是对"城市"和"后现代"生活方式的一种崭新需求。

1950～1960年代，欧洲各国均希冀在二战后借助单中心大都市区建设的繁荣，达成对外围多中心的城市区域中的中小城镇发展的涓滴效应或溢出效应。但是，上述建立于"中心地理论"的经济发展计划多数流于政府的公开报表之中，没能产生实质性的积极成果[3]。

至1990年代初，欧盟对于城市形态与城市可持续发展之间的关系的论述逐渐活跃起来：以传统的欧洲城市作为灵感来源，探讨更为密集与混合的发展模式。从1999年开始的《欧洲空间发展战略》（ESDP：European Spatial Development Perspective）、从2007年开始的《国土议程》（TA：Territorial Agenda）和从2011年开始的《国土议程》（TA：Territorial Agenda）等重要文献均提倡：均衡的地域发展可以由多中心的城市体系获得，相对于单中心城市体系，均衡的多中心城市结构更加有效、可持续和公平。欧盟对于"（更加）均衡以及多中心的发展模式"的标准解释是：维持甚至是支持某个城市作为"地域首府"，这里的"多中心"表示任何城市都不应该被遗忘。当代欧盟"空间融合"的城市化发展趋势集中反映了"多尺度"发展策略、"多层级"发展策略和迈向"网络化"的"城市区域"的发展趋向[3]。

上述发展需求均使"分散簇群式"城镇空间组织结构成为欧、美大陆各主要城乡发展区域的主要选择。

3 "分散簇群式"区域城镇空间组织结构的基本内涵

3.1 "组团布局，区域联动"的区域空间组织结构

"分散簇群式"空间组织结构——打破连绵式轴带发展的传统方式，形成利于生态圈循环与生态要素流通的开放式结构，而不是传统的以"圈层式"、"板块式"为主要特征的空间形态。"簇群式"细胞组织结构，为组团之间保留、插入具有生态效益的"绿色廊道"提供了适宜的空间，有利于水源涵养地区域和生态敏感性区域的生态资源利用与保护；同时，组团化的空间形态被网络化的区域交通系统串联，形成利于导向TOD发展模式的集约化绿色城市开发模式。

传统的城市空间组织模式，普遍将城市建设用地视为城市功能组织与生产物资要素流动的主要载体，忽视具有生态调节功能的"绿色空间"在强化原生态环境要素流动，维系区域生态环境持续发展方面的重要作用，而将城市绿地、公园作为调节城市生活与社区文化氛围的"舞台"与"道具"，镶嵌在城市建设区之中。

“分散簇群式”空间组织结构则将城市建设组团转变为服务于自然生境的“客体”因子——城市建设组团的存在与其内部的功能组织均以能否利于发挥良好环境的“旅游度假功能”、“微气候调节功能”以及“绿色农副产品的生产加工功能”为评判标准，并以此来组织城市建设组团的空间形态和系统结构。

3.2 具有生态学“毛细效应”的边界控制

“分散簇群式”空间组织结构同时关注在组团与自然边界之间形成“适宜的边界”——可持续发展的城市建设组团必须同时借鉴生态学的“毛细效应”，通过对形成“组团界面”的建、构筑物的空间形态、尺度，蓝、绿色生态廊道的尺度与开放度，以及道路与广场的形态控制与地面铺装的有效控制与引导，形成利于区域环境可持续发展的“边界效应”[4]。

3.3 “大分散、小集中”的城镇空间形态

小城镇要维系“乡土建筑”的建筑规模、街道尺度和原乡风貌的地景特色，以与大城市的“商业化”与“时尚性”形成差异化，做到因地制宜。同时，在那些交通与基础设施不甚便利的偏远地区，周边环境资源优势明显，更应该进行符合当地实际的小规模开发，建造小体量建筑，形成中、小尺度的城镇形态，依基地的原生状态而建，形成弯曲的街道、错落的台地和清新的社区。

3.4 开放、灵活的用地分区管控形式

结合特定的区位条件、地形地貌特征和开发建设时序所处的阶段特性，“分散簇群式”的城镇空间组织结构，在建设管理上普遍采用一种更加开放、灵活的用地分区管控形式，使每一分区组团在实现具体的建设开发时均可依据特定的市场需求采用适宜的开发模式、建筑风格、建设强度以及交通组织方式，以是否影响整个区域的生态承载力、空间环境品质和区域性景观风貌特质为限定性的“门槛”制约，以应对高动态的市场机制，赋予城乡区域多元化的建设风格。

3.5 “化整为零”的“城乡一体化”的发展格局

“分散簇群式”的城镇空间组织结构推动城乡区域由“单中心”向“多组团”，由“二元式”向“统筹式”转变，构筑科学的城镇化体系，加快城乡区域的基础设施配套建设，践行“以城带乡、以乡补城、多元互动、一体发展”的建设理念，践行以“组团式”发展推动城乡资源双向流动的特色城镇化发展之路。

“化整为零”的城市组团格局有利于“城乡一体化”的发展，也让绿色产业与城市功能有机结合，“分散簇群式”空间组织结构形成的每一个组团，均紧密结合所在区域的地形地貌与环境景观特质，形成可以具体彰显地方化区域景观格局的城市空间形态。重塑的城乡空间新风貌，有利于带动城乡的整体商机，增进观光潜力，刺激本区域的不动产市场并带动经济的多元化发展，促使政府、企事业单位与社区公民形成更加紧密的协作。

4 “分散簇群式”区域城镇空间组织结构的构建原则

4.1 生态优先，原乡地貌

依据“设计结合自然”的“生态优先”原则，城乡发展区域的城镇空间组织结构、建设用地的具体布局方式，以及开发强度的控制均源自于严谨科学的区域建设用地的适宜性分析。该分析是在整合生态适宜性、生态保护、矿产资源保护、景观体系、工程地质、产

业空间、基础设施支撑体系、城镇发展等因素基础上形成的，是用来引导未来城乡空间发展的“成长架构”。该架构明确了未来城乡建设区的成长方向与成长边界，旨在为城乡区域的远期发展奠定良性的结构性基础。

基于生态学理论研究的“区域城乡空间成长边界”，以及“区域生态环境承载力”是实现城乡区域协调发展过程中不可逾越的“红线”与“门槛”。

4.2 区域至上，精明发展

从“区域发展”的角度认识“城乡自身”在未来“更大区域空间”发展中的重要功能与作用，是研拟“分散簇群式”城镇空间组织结构的战略出发点。为此，城乡发展要善于因借区域性重大基础设施的建设，在实现人口集聚的初期，有目的性地在城乡空间组织结构、交通连接方式、居住组织模式等方面进行积极的管控与引导，以此带动本区域经济的持续发展，提高城乡居民的幸福指数。

借鉴国际社会建设“生态城市”的成功经验，将20万～30万人的中等城市，合理划分为几个4万～5万人的社区组团，并依据每个“社区组团”特定的区位生态发展条件，再次细分为若干个人口规模在1万～5万人之间的“田园城镇”，是现行绿色建造技术条件下我国“新型城镇化”可行的住居空间发展模式。

就我国特定时期的发展国情而言，策动城乡区域发展的核心原动力与目标价值取向，大多源自于其所依附的更为广大的外围区域——上位城市化发展区域。于是，城乡区域的发展必须“顺势而为”，主动面向上位区域，积极融入“区域性”或“国家级”的相关发展战略，秉持“区域至上”的发展理念，善于因借上位区域的重大发展战略与规划，适时快捷地重组与调整自身的区域发展计划与建设活动，达成“精明发展”，实现与更大区域的协同发展。

4.3 交通引导，物流通达

新时期，技术先进、设施完善、服务便捷的现代化交通运输系统与信息网络系统成为广大城乡所在地实现区域协调发展的建设重点。城乡发展区域要积极调动各方资源，充分利用国家及区域性重大交通与基础设施建设的契机，借势发展，在本区域与外围大区域之间建设并形成便捷、高效的物流体系（信息高速公路与物流高速公路），主动将自身区域融入到上位层级的相关发展战略之中。

各城乡发展区域要主动连接区域性机场、高等级动车站、物流编组转运站以及区域级CBD等核心区域，强化“人性化”的建设原则，提高区域道路交通系统衔接的“便捷性”，将自身纳入到世界级的“人才网络”系统和区域性的“产业组织”系统。

构建区域间“无间隙”的网络化交通体系，实现区域间“生产要素系统”自由的流动与交汇，是实现“分散簇群式”城乡发展战略的重要前提与必要条件。

4.4 品牌营销，产业关联

城乡发展区域内的各级“建设组团”均应结合自身的环境特色与产业发展条件特质，务实发展——依据各自的生态环境资源禀赋与物质矿产资源优势，将生态环境建设与产业经济发展有机融合，形成区域内各级“建设组团”在产业功能上的互补，以及上下游产业链的关联式协同发展。

城乡各级“建设组团”均应积极贯彻“因地制宜”发展原则，避免“地方化”产业在发展初期的“同质化”竞争状况，努力实现组团间的“差异化”发展，不断催生新产品与新体验，在更大的区域范围内实现传统优势产业品牌的“上游跨越”战略。

5 “分散簇群式”空间组织结构对我国“新型城镇化”的现实意义

“分散簇群式”城镇空间发展形态通过产业空间的集聚和非产业空间的有效控制，呈现不同的空间属性与发展态势，实现城乡空间的合理化布局与统筹式发展。

适宜的城镇空间结构是“集中”与“分散”的平衡。坚持“大分散、小集中”的组团化建设格局，有利于在近期集中几个区域实施优先发展，发挥重要节点的核心带动作用，并同时为城镇大区域的远期发展与产业升级预留充足的建设用地。

按照“分散簇群式”城镇空间组织模式和“区域性功能组合型”城市职能布局原则发展的新型城镇化区域，是连续完整的绿色生境和薪火相传的区域性历史文化积淀的完美融合，实现了项目所在区域的“都市性”与“生态性/自然性”的平衡式发展，对现阶段我国的“新型城镇化”建设与“美丽乡村”建设均具有重要的现实借鉴意义。

“Gathering” and “Scattering” —Analyzing the Practical Significance of Urban Space Organization of “Scattered—Cluster” Regions in China

Abstract: The “New Normal” is changing our existing knowledge and experience about “Urbanization” practices and “Urban Planning Research” methods. This essay which is based on current specific practical development of urbanization in China, proceeding from the definite requirements (regional ecology, industrial economy, and social culture) of urban and rural development under the “New Normal”, combined with relevant experiences of developed counties, systemically analyzes and discusses the basic connotation and constructing principle of urban space organization of “scattered-cluster” regions, and presents its great practical significance for the “new urbanization” construction in China.

Keywords: New Normal; Negotiability; Networking; Dynamic; Dispersed; Clustered

参 考 文 献

[1] 刘伦，刘合林，王谦，龙瀛. 大数据时代的智慧城市规划：国际经验 [J]. 国际城市规划，2014 (6)：38.

[2] 刘健，(德) 克劳斯・昆兹曼. “大而快”与“小而慢”相辅相成：城乡协调和区域均衡发展的必然路径 [J]. 国际城市规划，2013 (5)：1.

[3] (瑞典) 彼得・施密特著. 欧盟的中小城镇发展战略 [J]. 许俊萍译. 国际城市规划，2013 (5)：3.

[4] 杨沛儒. 生态城市主义：尺度、流动与设计 [M]. 北京：中国建筑工业出版社，2010.

作者：张开宇　北京交通大学建筑与艺术学院　讲师